文
普
化
华

PUHUA BOOKS

我
们
一
起
解
决
问
题

东方明见心理咨询系列图书编委会成员

（按照拼音顺序排名）

BUILDING MOTIVATIONAL
INTERVIEWING SKILLS
A Practitioner Workbook(Second Edition)

动机式访谈手册

［美］大卫·B. 罗森格伦（David B. Rosengren）著
辛挺翔 ◎ 译　王建平 ◎ 审校

人民邮电出版社
北　京

图书在版编目（CIP）数据

动机式访谈手册 / （美）大卫·B.罗森格伦
(David B. Rosengren) 著 ；辛挺翔译. -- 北京 ：人民
邮电出版社，2020.10
ISBN 978-7-115-54450-6

Ⅰ．①动… Ⅱ．①大… ②辛… Ⅲ．①谈话法—研究
Ⅳ．①B841

中国版本图书馆CIP数据核字(2020)第127249号

内 容 提 要

　　动机是我们日常做事的出发点，是决定我们行为的内在动力。本书以动机式访谈的最新研究与实践成果为基础，阐述了从业者如何识别自己或他人的动机，从而能够通过调动该动机，发挥个体的主观能动性，让事情得以更好地完成。

　　本书围绕动机式访谈的四个核心过程，即导进、聚焦、唤出、计划，将动机式访谈（MI）的核心技能（OARS+I）及易犯的错误融入其中，同时以动机式访谈的核心精神为指导，并辅以诸多案例，让读者在理解什么是动机式访谈的同时，掌握其运用方法。本书所阐述的价值卡片这一工具的运用，可以让从业者更好地觉察自己的价值观如何影响了自己的动机，也便于从业者和当事人探索价值观对当事人行为的影响。书中有关学习与运用MI的"八加一"个任务，能够帮助读者从整体的角度重新梳理动机式访谈，并且将动机式访谈与自己已掌握的技术相结合，进一步发挥出两者的最大功效。

　　本书适合心理学工作者、社会工作者、医务工作者及教师阅读。

　　◆　著　　　［美］大卫·B.罗森格伦（David B. Rosengren）
　　　　译　　　辛挺翔
　　审　　校　　王建平
　　责任编辑　　柳小红
　　责任印制　　彭志环
　　◆人民邮电出版社出版发行　　北京市丰台区成寿寺路 11 号
　　邮编 100164　　电子邮件 315@ptpress.com.cn
　　网址 https://www.ptpress.com.cn
　　北京七彩京通数码快印有限公司印刷
　　◆开本：787×1092　1/16
　　印张：30　　　　　　　　　　　　　2020 年 10 月第 1 版
　　字数：553 千字　　　　　　　　　2025 年 5 月北京第 18 次印刷
　　著作权合同登记号　图字：01-2019-4245 号

定　价：128.00 元
读者服务热线：（010）81055656　印装质量热线：（010）81055316
反盗版热线：（010）81055315

Building Motivational Interviewing Skills:
A Practitioner Workbook
(Second Edition)

东方明见心理
咨询系列图书
总序

江光荣

华中师范大学心理学院教授

中国心理学会临床与咨询心理学专业委员会主任

湖北东方明见心理健康研究所创始人

2019 年 5 月 22 日

　　我国的心理健康服务正迎来一个大发展的时期。2016 年国家 22 部委联合发布的《关于加强心理健康服务的指导意见》规划了一个心理健康服务人人可及、全面覆盖的发展目标。大事业需要大队伍来做，而且还得是一支专业队伍。但目前我们面临的挑战却是，这支队伍"人不够多，枪不够快"。推进以专业化为焦点的队伍建设是当前和今后一段时间我国心理健康服务事业发展的关键工程。

　　湖北东方明见心理健康研究所（以下简称东方明见）作为心理健康领域的一家专业机构，能够为推进心理咨询与治疗的专业化做点什么呢？我们想到了策划图书，策划出版心理健康、心理服务领域的专业图书。2017 年 4 月在武汉召开"督导与伦理：心理咨询与治疗的专业化"学术会议期间，一批国内外专家就这个想法进行了简短讨论，大家很快就形成了共识：组成一个编委会，聚焦于心理咨询与治疗的学术和实务领域，精选或组编一些对提升我国心理健康服务专业化水平有价值的著作，找一家有共同理想的出版机构把它们做出来。

　　之所以想策划图书，是觉得我们具有某种优势，能在我们熟悉的领域做出一些好书来。我们熟悉的领域自然就是心理学，尤其是心理咨询与治疗。我们的优势是什么呢？一是人，我们自己是心理学领域的人，我们认识的国外国内这个领域中从事研究、教学以及实务工作的人多，而且要认识新人也容易。二是懂，我们对这个领域中的学问和实务，对学问和实务中的问题，比一般出版人懂的多一些。有了这两条，我们就比较容易解决出书中的"供给侧"问题。至于"需求侧",虽然我们懂的没有供给侧那么好,但也还算心中有数。尤其是我们编委会中的多位成员同时也是中国心理学会临床心理学注册工作委员会的成员,这些年他们跟政府主管部门、行业人士、高校师生以及社会大众多有互动,对中国心理学应用领域的需求、心理服务行业发展热点问题,对新一代心理学人的学习需要,都有一定了解。

我们的想法是,不求多,也不追求印数,但专业上必须过关,内容求新求精,同时适合我国心理健康服务行业的发展阶段,以积年之功,慢慢积累出一定规模。

感谢东方明见心理咨询系列图书编委会的诸君,我们是一群多年相交、相识、相爱的心理学人,我们大家对出版这个书系的想法一拍即合,都愿意来冒失一回。

感谢美国心理学会心理治疗发展学会(SAP,APA 第 29 分会)和国际华人心理与援助专业协会(ACHPPI),这两个东方明见的合作伙伴对这项出版计划给予了慷慨的支持,使我们有底气做这件相当有挑战性的事情。

感谢人民邮电出版社普华心理愿意跟我们一道,为推进我国心理咨询与治疗事业贡献自己的力量。

Building Motivational Interviewing Skills:
A Practitioner Workbook
(Second Edition) | 中文版推荐序

蔺桂瑞

中国心理学会首批注册心理咨询督导师

国际认证萨提亚模式督导师

教育部普通高等学校学生心理健康教育专家指导委员会委员

　　心理咨询又被称为谈话疗法，这充分体现了它是一种通过谈话进行的专业性工作，语言自然在其中起着举足轻重的作用。由于在心理咨询过程中咨询师属于助人者，所以其话语是咨询工作的主要推动力之一。在实际工作中，咨询流派不同，咨询师所使用的语言倾向也有所不同。例如，咨询初始的提问，一个以问题解决为取向的咨询师可能会问来访者："你来咨询要解决什么问题？"他的预设是将心理咨询看成是为来访者解决问题的。一个积极取向的咨询师可能会问："你想通过这次咨询变得有什么不同？"他的预设是来访者自己是解决自己问题的专家，他要为自己负责。在搜集来访者信息上，一个精神分析取向的咨询师可能会注重询问来访者的童年、依恋关系；一个家庭治疗取向的咨询师可能会问注重问来访者的原生家庭情况；一个认知行为取向咨询师可能会着重问来访者对事件的想法。但是咨询师使用的所有语言，包括在提问、反馈、澄清、面质等各流派通用的基础技术中的语言，对咨访关系的构建、对咨询历程的发展、对咨询过程的推进都具有重要的影响。不同的语言将导向不同的方向。因此谈话的技能直接关系到咨询效果本身。

　　在多年的心理督导工作中，我发现，一些心理咨询师虽然学习了不少心理咨询的理论流派，但心理咨询谈话技巧的欠缺影响了他们对个案的理解，影响了他们对于咨询理论技术的应用，进而影响了他们咨询的效果。

　　咨询师欠缺谈话技巧的表现有多种：有的谈话先入为主，不能开放地探询自己的未知；有的谈话浮于表面，不能看到来访者的内在动力；有的谈话语言冗长重复，不能把握咨询的方向，如此等等，不一而足。因此，有些咨询师的个案咨询进行了数十次，甚至更长时间，却仍未能抓住要点，无法给来访者带来深度变化。

　　如今，我欣喜地看到《动机式访谈手册》的出版，书中提出的动机式访谈对于提升心理咨询师的谈话技能很有帮助。动机式访谈以人本主义治疗为基础，其中结合了积极心理学的理念，关注对话中的人及其语言背后的内在心理，注重心理的实际改变过程。虽然书中的方法与我学习的叙事治疗、合作治疗、萨提亚改变式系统治疗、完型治疗有许多相同之处，但是本书自有其独到之处。该书专注于动机式访谈本身，以动机式访谈精神为指导，以四个过程和核心技术贯穿全书，对访谈的过程及具体技术有着详尽的阐述，同时提供了大量的实操练习和应用案例，可以帮助心理咨询师提升对来访者语言理解的敏感性，了解其情绪感受、想法及深层动机，做到与来访者这个人本身而非其症状的深度联结，协助其进行深度改变。书中对于改变心态的描述，很符合实际工作中来访者的心理状态，有利于咨询师在面对来访者的进步出现反复时更能安在当下，给予理解，并与来访者合作，再次出发，终至达成咨询目标。

此书适用于所有心理学工作者、社会工作者及教师使用，当然，心理督导师运用本书对咨询师进行督导，也是个不错的选择。

此外，由于生活中人们每时每刻都在进行着谈话，所以这本书所提供的谈话方法也适用于我们日常的人际交流，适用于教师、医生、政府公务员、企业、商业等所有与人沟通交流的人员。

特此向广大读者推荐此书。

Building Motivational Interviewing Skills: A Practitioner Workbook (Second Edition) | 中文版序

大卫·B.罗森格伦博士

成瘾预防研究所

主席兼 CEO

对优秀、共情的倾听者之需要，如今更胜以往。动机式访谈（MI）的一大贡献或许就在于培养更善于倾听的从业者。从被倾听开始，当事人具有了改变的可能。我希望本书与诸君相伴，帮助大家走好这段旅程。

MI 走向全世界的步伐持续迈进，从未暂停。我所在的 MI 培训师顾问组的成员就来自日本、新加坡、澳大利亚、加拿大以及美国，如今 MI 也来到了中国。在我看来，人们对 MI 的传播与接受体现出一种普适性——尊重、希望，以及至诚为人，它跨越时空、人群以及文化而存在；同时，一个有意思的现象也被广泛观察到——人们更加相信自己主张的意见，而不是别人主张的意见。

当然，MI 的传播一定要深入浅出，方便人们理解，同时还要考虑目标人群的历史文化背景，其普适性方可落地扎根，但这项工作并不轻松。因此，我由衷感谢本书的译者辛挺翔。翻译图书是一个复杂而综合的过程，尤其就 MI 而言，其原本就聚焦在语言上，强调从业者对当事人话语的敏锐识别与巧妙回应，具有很强的技术性。所以这类图书的翻译更加困难，译者不但需要钻研 MI 的知识技能，而且还要投入大量的精力反复推敲，把握语言。想到辛老师的付出，这寥寥几句，实难言尽我的谢意。

辛挺翔老师是一位心理学实务工作者，他在学习 MI 的过程中与本书结缘，开始了翻译工作。这是一项艰巨的任务，他为之倾注了多少时间，付出了多少努力，投入了多少思考，都是我难以想象的，真是太出色了！我也要感谢北京师范大学心理学部的王建平教授，是您指导了辛老师的工作，支持他，帮助他。我还要感谢人民邮电出版社的柳小红编辑，感谢贵社为本书中文版发行所做的工作。

希望本书能给读者带来收获，让大家不虚此行。这是我衷心的希望，当然，这也源于辛挺翔老师的杰出工作。再次表达我深深的谢意。

Building Motivational Interviewing Skills:
A Practitioner Workbook
(Second Edition) │ 前言

　　本书首版问世已有 8 年，这期间斗转星移，诸多变迁——无论是在现实的大世界中，还是在动机式访谈（motivational interviewing，MI）的小世界中。这期间有几点变化深刻地影响了本书第二版的写作。

　　首先，《动机式访谈法》一书第三版已于 2013 年面世。米勒和罗尼克在这一版中删去了 MI 的原则及阶段，更清晰地区分了"持续语句"与"不和谐"——后者之前被称为"阻抗"；同时，他们引入了"MI 的 4 个基本过程"，用于说明 MI 如何展开，当事人又如何完成这个改变历程。第二版《动机式访谈手册》与这些变化保持了一致，并力求更加深入地理解这些过程。本书也遵照了米勒和罗尼克的书写框架，即以四个基本过程作为全书的架构，同时将 MI 的概念和技术融入这些过程中，随见随讲，自然展开。

　　其次，研究者们现已转变了关注焦点，从关注"MI 是否起作用"转为关注"MI 如何起作用"。现在，虽然还谈不上一步到位，但是关于改变语句、持续语句、不和谐在改变历程中的作用以及从业者的哪些行为会促进或阻碍改变历程都已经更加明确了。本书旨在帮助读者于思考践行 MI 基本技术中以及在运用时机的把握方面更加有的放矢，更具有方向性和计划性。例如，对每一个基本过程，我们都会针对性地予以聚焦，紧贴该过程的特点练习提问和反映。

　　再次，我在思考"MI 如何起作用"的时候，受积极心理学理念影响颇深。对于不太熟悉积极心理学的读者，该领域可被言简意赅地描述为"研究那些影响人们和社群积极向上的因素"。瓦格纳（Wagner）和英格索尔（Ingersoll）在其所著的《团体动机式访谈》一书中，引入了这些积极心理学理念，对弗雷德里克森（Fredrickson）提出的"积极情绪的扩展与建构理论"做了进一步的应用。这些研究成果与 MI 实践工作的结合，似乎构成一段天造地设的姻缘。虽然这些理念有待进一步的研究加以验证，但是本书还是将其收录了进来，并简单介绍了积极心理学领域相应的研究支持。

　　最后，我与私立非营利性组织"成瘾预防研究所"（Prevention Research Institute，PRI）开始合作的时间大约就是在本书首版问世之时。不巧的是，PRI 成立于 1983 年，这一年也正是 MI 诞生的年份，且二者有着相同的初衷：对于那些其实很需要改变却不考虑做出改变的人，是否还有更好的方法来帮助他们呢？数据资料为我们揭示了什么？PRI 最初着力于预防高风险的酒精或毒品使用，其时还没有 MI 可用，PRI 当时基于说服理论（persuasion theory）开展工作，特别是基于"说服的中心路径"（"说服的中心路径"与 MI 有几处不同，不过这里也是指鼓励谈话对象全面仔细地考虑所接收到的观点与理念，从而做出改变）。我得承认，对于使用"说服"这一措辞，我感到有些不太舒服，因为这正是 MI 教导我们需要避免的。不过，当我仔细察看了 PRI 的项目内容，深入阅读了说服理论之后，反而茅塞顿开：MI 和说服理论的核心之处有异曲同工之妙，似乎只是同一过程的不同命名而已。二者都追求长久而内在的改变，也都以支持个人选择作为第一要务。虽然 MI 与说服理论，还有最近的详尽可能性或推敲可能性的长期拟合性还有待观察，不过读者已经可以在"提供信息"一章中读到有关整合的具体证据了，并且这种整合会更普遍地体现在本书的语言使用（"我""我们"，而不是"你""你们"）以及我呈现观点顺序的方式上。

根据读者的反馈，本书第二版保留了一些练习，也删去了一些练习。另外，还新增了一些章节与练习。我重新划分、组织、修改和扩充了几章。"探索价值与目标"和"寻找远方的地平线"是新增的两章。新版约有 40% 的内容是全新的，另外还有 30% 的内容经过了重新修订或编辑。我希望保留下来的这 30% 的内容经得起时间的检验——当然，这一切还是交给亲爱的读者来评判吧。

我要感谢很多人。泰莉·莫耶斯[1]为我们理解 MI 的机制做了很多贡献，她也是本书第二版的编辑。泰莉思路清晰、做事务实而直截了当，这是她一贯的工作模式，并且体现在了本书的编辑工作中。我大爱她这种模式。她的指点帮我加强了需要关注的地方，也让我更好地理解了还有待进一步发展的 MI 模型。

吉尔福德出版社的工作人员都是很棒的合作伙伴。吉姆·格奥特（Jim Nageotte）一直在帮助我，给我提了很好的建议，才使本书的修订再版从设想变成了现实。简·凯斯勒（Jane Keislar）就像一位温和且熟练的牧羊者，驱赶着我那些迷路（跑题）的羊儿找到正路，回归羊群。还要感谢吉尔福德出版社的安娜·布莱吉特（Anna Brackett）、玛格丽特·雷恩（Margaret Ryan）以及马丁·科尔曼（Martin Coleman），他们给我提了很多好问题，也做了很棒的排版工作，还把手稿转制成了表格，提升了清晰感。最后，我还要再次感谢保罗·戈登（Paul Gordon）的封面设计工作。虽说我们不该以貌取书，但实际情况是，高颜值的封面才能吸引到大家阅读图书内容。同样，我还要感谢朱迪斯·葛罗曼（Judith Grauman）、凯西·克鲁尔（Kathy Kuehl）、凯瑟琳·莱博（Katherine Lieber）、艾丽西亚·鲍尔（Alicia Power）、艾琳·托马（Errin Toma）、安吉拉·瓦伦（Angela Whalen）还有吉尔福德出版社的市场团队，感谢他们

---

[1] 泰莉（Terri）是对泰莉莎（Theresa）的昵称。——译者注

为本书上市所做的工作。

当然，我也一定要感谢 MINT 的许多伙伴，他们在 MI 的方法、培训以及研究上贡献颇多，这也是本书赖以写作的根基。我没法具体说出某个名字，因为我想感谢的人众多，他们是我在 MINT 的一百多位好伙伴——我深知，本书能够成形，皆因我站在了他们这些巨匠的肩膀上。他们丰富的创意、无私的分享还有大家的工作热情，让我深感能与诸君一道共同努力推动 MI 的发展是我的荣幸。他们的智慧与友谊，我都视若珍宝。我还想特别感谢一下比尔·米勒[1]和史蒂夫·罗尼克[2]，感谢他们的无私与友谊，历经数载，历久弥新，我时刻心存感激。

我人生的一大幸事，就是能有机会在成瘾预防研究所工作。我常说，自己拥有全美国最好的工作——我可以和这么棒的团队一起工作，做着内容丰富、具有开创性的工作，这份工作改变了人们的生活，转变了很多人的人生。我实在想不出还有比这更好的工作了。很多时候，同事们都在帮助我成长、进步，包括我在推广 MI 遇到困难时，包括我在大型系统中使用量表实施 MI 的时候。我要学的东西还有很多，但我真心高兴能与这些好同事一起学习、共同探索。

最后还要感谢我的家人和朋友们，他们是我生命中的基石。能有他们，我深感蒙福——艾德（Ed）、朗达（Rhonda）、凯瑟琳（Catherine）、大卫（David）、科琳（Colleen）、斯图尔特（Stuart）、达德利（Dudley）还有坎迪斯（Candace）——是他们让我挺胸抬头，朝着正确的方向行走。我也要感谢我的姻亲们——这些可怜的人因为联姻认识了我——还得受着我的那些"搞笑的恶作剧"。感谢他们多年来的陪伴，凯（Kay）家的劳拉（Laura）、安迪（Andy）、迈克（Mike）和玛丽（Mary），还有艾达（Ida）——她虽已故去，但我对她的音容笑貌记忆犹新。我的哥哥陶德（Todd）还有妹妹南希（Nancy），我们既是手足也是朋友，有他们在身边，让我欢笑，让我感到鼓舞，让我享受着手足情谊。我的父母，查理（Charley）和玛丽斯（Marlys），是他们最先教给我倾听，让我懂得了投入倾听的意义。他们给了我太多太多，我的感恩之情无以言表。即便在本书第一版发行之后，我仍然在和父母学东西。父亲又一次向我传授了勇气与力量，也教给我人生的最后一课——平静而安详的离开。母亲向我展现了什么是真爱，也让我明白了当真爱离世后要如何继续生活。我家也有几位小朋友——凯特（Kate）、迈克尔（Michael）还有索菲亚（Sophia）——我的孩子们，他们有太多的地方让我感到骄傲了，特别是他们的性格都那么好。他们是我人生中最大的快乐，最荣耀的骄傲。最后的最后，我还要感谢我的妻子——史蒂芬妮（Stephanie）——她是我的贤内助、顾问、女神、搭档、支持者，也是鼓励我的人。我永远爱她的声音，爱她暖心的微笑，爱她开怀大笑时的纯朴，不管离得多远，我听见了都会展现会心一笑。感谢她为我所做的一切！

---

[1] 比尔（Bill）是对威廉（William）的昵称。——译者注

[2] 史蒂夫（Steve）是对史蒂芬（Stephen）的昵称。——译者注

1

第 8 章 交换信息 // 185

第四部分 唤出：为改变做准备 // 229

第 9 章 识别改变语句和持续语句 // 239

第 10 章 唤出动机 // 273

第六部分　动机式访谈的练习与实践 // 425

第 14 章　学习动机式访谈 // 427

附录　建立动机式访谈的学习社群 // 447

第一部分

前方的旅程

韦氏英英词典对"map"一词的定义为：

- A representation usually on a flat surface of the whole or part of an area.
- Something that represents with clarity suggestive of a map.

　　曾几何时，我也是个积极参加户外活动的人。我喜欢远足健行、背包畅游、划独木舟，以及皮筏漂流活动。现在，我上了年纪，健康状况不佳，还要照顾小孩儿，而且时间上也不方便，这些都让我难有机会再从事户外活动。纵然如此，户外经历中的某些核心内容，我仍会常常想起。所以我会援引其中的一些体验——主要用"皮筏漂流"来类比——以帮助我们思考和理解助人工作。

　　咱们就从这趟漂流之行的起点说起吧。首先声明，我可算不上专业的漂流向导。漂流向导都具备专业的知识与经验。他们熟悉水流规律，懂得水与河床的相互作用，明白皮筏的航行原理，而且他们还知道漂流者们该怎样合作才能顺利完成漂流之旅。他们也需要掌握行驶皮筏的各项具体技术。不仅如此，他们还必须了解这条即将进入的、要展开旅程的特定河流，了解天气等因素会如何影响这条河流。用皮筏漂流活动来类比**动机式访谈**是因为后者同样也包含这样的知识与技术。本书旨在培养、加强读者的 MI 技能。

　　这些知识与技能自然不可或缺。另外，要了解这条河流、顺利抵达终点，一张好地图同样不可或缺。地图要标明前方河流的基本地形，还要有协助我们确定位置与前进方向的细节信息。

　　当然，指南针是皮筏漂流活动必备的 10 种工具之一。它可以帮助我们辨明方位，尤其是在我们偏离了原定的行进路线时。我们还需要合适的装备，如结实耐用的皮筏子和桨（oars）[1]，这样才能走得更远。本书将循序渐进地讨论 MI 中相应的工具装备与知识技能。在本书第一部分中，我们会先在第一章概览全书的地图，然后在第二章中详述 MI 之旅的一些基本特征，最后在第三章中探讨如何借助 MI 的四个基本过程来辨明方位——我们的助人工作进行到了哪里？我们下一步又要去向何方？

---

[1] 英文"oars"含义双关，既指划皮筏子的"桨"，又是 MI 核心技术的 4 个英文词首字母的缩写。——译者注

Building
Motivational
Interviewing
Skills

第 1 章

导言

　　动机式访谈与时俱进，已愈发成熟。我在本书第一版开篇时，罗列了 MI 在各领域的应用情况，为的是向读者们展现 MI 的成长面貌。时至今日，再做这些，好像有点画蛇添足。若要衡量 MI 成长了多少，我们不如来看一些更具体的事物：由一众才华横溢的作者、研究者及临床工作者所写的 MI 书籍，这些书籍的主题涵盖广泛——这类书，现在出版了多少了呢？以下是自 2009 年本书第一版问世之后，吉尔福德出版社（The Guilford Press）推出的 MI 主题图书及其作者[1]。

　　● 《学校中的动机式访谈》（*Motivational Interviewing in Schools*；Rollnick, Kaplan & Rutschman，2016）

　　● 《动机式访谈与营养健身》（*Motivational Interviewing in Nutrition and Fitness*；Clifford & Curtis，2015）

　　● 《动机式访谈与焦虑障碍治疗》（*Motivational Interviewing in the Treatment of Anxiety*；Westra，2012）

　　● 《动机式访谈与糖尿病护理》（*Motivational Interviewing in Diabetes Care*；Steinberg & Miller，2015）

　　● 《动机式访谈与社工实践》（*Motivational Interviewing in Social Work Practice*；Hohman，2011）

　　● 《青少年与青年人的动机式访谈》（*Motivational Interviewing with Adolescents and*

---

[1] 关于书籍译名，已发行中文版的采用的是成书译名，尚未发行中文版的为暂用译名。——译者注

Young Adults；Naar-King & Suarez，2011）

•《动机式访谈与认知行为疗法：怎样结合，效果最佳》（*Motivational Interviewing and CBT*：*Combining Strategies for Maximum Effectiveness*；Naar-King & Safren，2017）

•《团体动机式访谈》（*Motivational Interviewing in Groups*；Wagner & Ingersoll，2012）

•《对犯罪者的动机式访谈》（*Motivational Interviewing with Offenders*：*Engagement，Rehabilitation，and Reentry*；Stinson & Clark，2017）

两本书有了新的版本：

•《动机式访谈法：帮助人们改变（第三版）》（*Motivational Interviewing*：*Helping People Change，3rd edition*；Miller & Rollnick，2013）

•《动机式访谈与心理治疗（第二版）》（*Motivational Interviewing in the Treatment of Psychological Problems，2nd edition*；Arkowitz，Miller，& Rollnick，2015）

另外，扎考夫（Zuckoff）与高斯卡（Gorscak）合著了一本供当事人及大众使用的自助式读物，那也是一本非常好的图书。最后还要说一下，其他出版社也出版了 MI 的图书，如舒马赫（Schumacher）和麦德森（Madson）合著的一本书就非常棒，书中内容是学习和使用 MI 时怎样处理常见的临床挑战。这方面的图书数量激增让人略感惊讶，当然，这也体现了 MI 在过往 8 年里发展的广度与深度。因此，我们很自然地也想问问：本书的最新版本是如何顺应 MI 的发展大潮，并在这缤纷的彩虹中加入自己的颜色的？

目标读者与成书初衷

本手册写给从事助人工作的从业者，这类助人工作广泛涉及不同的业务范畴与职业领域。虽然为了方便，本书通篇采用的措辞都是"从业者"（practitioner）[1]和"当事人"（client），但本书同样适用于教练员、健身领域的专业工作者、管理人员、矫正工作者、准专业辅助人员、朋辈咨询人员、内科医生、口腔卫生师、糖尿病健康教员、治疗物质滥用的专业工作者、社会工作者、咨询师以及其他为数众多的助人领域工作者。这些助人工作的共性在于：**助人者要与那些挣扎于"要不要改变"的人们建立关**

---

[1]"从业者"即实务工作者。——译者注

系，共同协作，一起度过这种挣扎，迈向改变。

本书可独立使用，也可以与前面提到的 MI 书籍结合使用。这些书籍针对不同的人群与工作设置，综述了 MI 的应用、实践和使用背景，同时还探讨了学习技巧以及其他领域的一些概念。但是，就 MI 的实操与练习而言，这些书所提供的机会在广度和深度方面都不及本书。本书是一本旨在扩展和深化 MI 技能的练习手册。

读者也无须先行阅读第三版的《动机式访谈法》（以下简称为 MI-3），因为本书在每一章里都会对有关概念进行概述，足以让读者建立知识储备，以便参与到我所设计的初阶或高阶练习中。对那些已经熟悉 MI 的人群，这种概述能起到回顾与复习的作用，当然这里有些比较独到的阐述，跟大家以前看过的内容相比，也许会略有新意；而对那些初次接触 MI 的人群来说，相关概念也获得了导入。不过，若能先阅读 MI-3，读者自然会更深入地理解 MI，本书的价值也能得以更好地发挥。

本书紧贴 MI 的最新概念，与我在工作坊的标准化培训步骤同步，同时有源有据地回溯了相关的前期概念，并提供了有助于理解 MI 的组织架构，便于初次接触 MI 的读者掌握本书的内容。本书根据 MI 的四个基本过程——**导进**（engaging）[1]、**聚焦**（focusing）、**唤出**（evoking）和**计划**（planning）书写各章，也据此考虑该怎么灵活地运用 MI 的核心技术（尤其是提问技术和反映技术）。总体而言，全书各章都保持了一定的独立性，当然，后面的章节提供的一些练习是基于前面的练习而展开的。对于那些已经熟悉 MI 概念或那些想以非线性方式学习 MI 的人群，本练习手册也支持"请看菜单，吃啥点啥"的模式。

跟上一版一样，本书是一部以言语 – 语言为载体的作品，但本书在设计练习时也考虑了多种形式的学习风格。这些练习和学习活动形式广泛多样，适用于不同风格的学习者，从而实现因人施教，以取得更好的效果。虽然我鼓励大家照单全收，尝试本书的所有练习，不过读者也不必勉强，可以有选择地进行。

具体目标

本书有三个主要目标。

第一个目标是让读者看一看 MI 在临床及培训案例中的应用。书里所举的例子是由我 30 年的临床心理工作经验以及 20 多年的 MI 培训工作经验积累而来的。诚然，

---

[1] 英文 "engage" "engagement" "engaging" 有 "使参与进来、使投入进来" 的意思。本书会根据上下文，译为"导进"或"参与"。——译者注

这些案例谈话当时的鲜活画面与丰富细节单靠书面文字难以体现出来，但这种形式可以让读者不慌不忙地细细玩味这些文字内容，"听懂"从业者的考量，可谓是塞翁失马。通常，要领会这些谈话的妙处，只听一遍肯定是不够的，所以书面形式的谈话素材反而满足了读者想要反复"听"的奢望。

第二个目标是为读者提供实践练习的机会。这些练习能让我们试炼技术。其中的一些练习，我们可以自己单独完成，而另一些练习则需要我们找人搭伴完成。这种搭伴练习也可以用在 MI 的小组学习或社群学习中。本书在每章的后面都附有练习所需的工作表。我建议大家多保留几份全套的工作表，因为有的工作表可能在后面的练习中还会再次使用。读者也可以根据自己的技能发展需要，有选择地复制相关工作表。

第三个目标是让本练习手册里的一些活动可以用在与当事人的工作中。也许，这些练习与活动集中在某一章节里或某一主题下，但它们其实也有很多种用法，可以在改变历程的不同节点上使用。尽管如此，这些练习与活动也并不能与 MI 画等号——其设计初衷虽然遵循 MI 原则，但最终判断它们是否符合 MI 终究取决于从业者如何使用这些素材。因此，若想将这些练习与活动运用到助人工作之中，读者理应先用这些素材积累经验，然后才能根据具体的情况与需要，做出相应的变化与调整。

章节组织

第 3 章介绍了 MI 的四个基本过程，其组织架构与本章类似。其余各章（第 2 章、第 4~14 章）都按以下形式进行阐述。

◎ 开篇

用具体的示例引出这一章将要探讨的问题与挑战。示例中的人物谈话与细节描写能将读者带入一个临床或生活的场景中，让读者仿佛置身其中。随后，读者需要思考："下一步要怎么做呢？"

◎ 深入认识

在该部分中，我们会导入这一章的有关概念。例如，在第 4 章的"深入认识"这一节中，我们探讨了什么是反映性倾听，它如何起作用，应用时我们要注意哪些细节。对于初次接触该领域的读者，这些信息为后面的体验式练习打下了基础；对那些相对熟悉 MI 的从业者而言，这类回顾也含有独到的新内容——我研究和培训 MI 的经验所得。而对于那些想精通 MI 的人来说，则正如心理学家杜李惠安所言，聚焦在独到与细微之处的刻意练习正是一个人日臻卓越、精益求精的标志所在。

◎ 概念自测

通过这个小测验，读者可以检查一下自己对前面内容的掌握程度。而对那些有经验的从业者则可以通过这个测验来判断：能否跳过不读"深入认识"这一回顾性的部分？测验之后，随即会给出答案与解析。

◎ 实践运用

在这部分中，我们会把 MI 的概念性素材整合运用到临床交流中，读者可观摩到 MI 的实践运用，特别是对 MI 具体技术的运用。

◎ 本章练习

这部分为读者提供了实践与练习的机会。每一章练习在形式与数量上会有不同，读者也不用一直找别人进行搭伴练习。不过，其中有些练习的确需要和别人一起进行（如和朋友、家人、同事或和当地咖啡馆里的咖啡师）。大家不用担心，这只是练习而已，不是说要你给自家表弟做心理治疗。

这些练习有的可能看起来简单，但做起来未必真有那么容易。俗话说，内行看门道，外行看热闹。其实技艺越精湛的人，也就越能看出其中的复杂巧妙之处。一个很明显的例子就是反映性倾听技术，通过练习，我们的反映性倾听在深度、方向性及灵活性上都会更加精进，也更有内容。同样，把某个练习做一遍并不等于我们就精熟于此了。我们可能希望（或者是需要）把某一技术反复练几遍才会感到自如一些，而若想得心应手，那恐怕还需要再练习很多遍才可以。所以，在着手尝试这些练习之前，请先复制这些工作表以便反复练习之用。就我的培训经验来看，那些优秀卓越的 MI 从业者基本上没有人觉得"某个练习对自己太基础了"。前文我们就提过，心理学家杜李惠安在其著作《坚毅》中写道：努力练习、专心致志、投入精力，以及对技艺细化分解地反复锤炼是精通一项技能的必由之路。通过这样的练习，我们在行为上建立了优秀卓越所需的自动化趋势，在思维方式上则扭转了"这个对我太基础了"这样的想法与认识。其实，恰恰是扎根基础的刻意练习才是"见门道"的深意所在。不过，刻意练习有别于简单的机械重复或死记硬背，需要我们对练习全神贯注、心无旁骛！

◎ 搭伴练习

虽然本书中的练习都可以一个人单独进行，但跟朋友或同事搭伴练习，或者在 MI

的小组学习或社群学习中练习是很有好处的。跟别人一起学习让我们有机会展开讨论、实际操练某些内容，并获得直接反馈，这些都是独自练习时办不到的。本书在每一章都特意设计了搭伴进行的练习。这类练习好似一面镜子，映射出的镜像可能就是"你之后与当事人的所言所行"，所以还是先借助这面镜子，结合别人的反馈好好排练一下，最后再登台演出！

◎ 其他想到的……

MI 培训师及从业者在实务工作中会有一些随手记录的感悟与发现，这些点滴零散的内容经过积累，汇总于此。这也是因为这些积累无论归入书中的哪个部分似乎都有点不妥。例如，"在做双面式反映时，想着要以'侧重改变'的那一面来结束。这样就能水到渠成地自然过渡到你想干预的那个方面了。"

这是我跟别人学到的，当时随手就记录下来了。我觉得应该记住这些领悟，但似乎也说不好该放在哪部分更合适。另外，MI 培训师和专家目前仍在争论的一些问题也会放到这部分中讨论，希望读者能借此看到 MI 的丰富多彩和与时俱进。

章节划分

我在前文中已经提到，本书根据 MI-3 里的四个基本过程划分为几大部分。每个部分都先简述了相应的 MI 过程，然后会提供素材或活动，以便让这个过程便于实际操练。每个部分的各章则进一步提供了实际操练这些过程的相应资源。

◎ 辅助材料

第二版中的这些辅助材料跟第一版比有所不同，不过还是可以促进读者在读完本书后继续深入地学习 MI。第二版中没有再保留"MI 资源"这个部分，因为网络上的资源现在已经相当丰富，再罗列这类清单便意义不大了。我建议读者访问"动机式访谈培训师网络"（Motivational Interviewing Network of Trainers，MINT），这里有最新的资源，其中大部分都是免费的。该网站还给出了学习 MI 的培训资源列表。

◎ 建立 MI 学习社群

除了搭伴学习，大家也可以考虑建立一个 MI 学习小组。附录中给出了建组的具体建议。学习小组的领头人只要是积极建组的人就行，不必一定是 MI 领域的专家。这部分的附录也有给小组领头人的建议，包括如何安排组织会面、如何保证小组的结构性。我建议读者仔细看看这方面的内容。

关于措辞与行文

本书始终在琢磨一个问题：该如何称呼"做出改变的人"和"协助他们改变的人"。鉴于本书涵盖了一系列宽泛的助人情境，因此没有哪个措辞能完美地匹配所有情况。所以，虽然我全书统一用的是"**当事人**"和"**从业者**"，但还是希望读者能根据自己的实践环境将上述措辞转换成更合适的称呼。同样，全书尽量都使用人称代词的复数形式，这样就不必对人称再做性别变化了。在某些情况下，如果没办法这样处理，我会使用男性称谓指代，以期阅读方便。

最后要说的是，成瘾预防研究所的同事让我明白了，在写作中使用第一人称（"我""我们""咱们"）及包容性的语言有多么重要。这样的语言风格主动要表达的意思是"咱们（我们）是一样的"。咱们学习 MI 的旅程本来就是一样的，咱们走在相同的道路上。仔细想想，这种表达也更贴合 MI 的思维方式——我们结伴同行，携手探索。虽然有时候，使用第二人称（"你"或"你们"）的确更合适，但我尽量不用第二人称。

自我介绍

我是一名临床心理学家，于 1988 年获得博士学位，并致力于研究如何提升当事人的动机。因为我深知，针对当事人问题的准确概念化、深思熟虑的干预方案、循证心理治疗这些都很好，但当事人却不见得照做，于是助人工作就走入了死胡同。这种现象促使我寻找解决方案，并最终在 1990 年与 MI 结缘。

最初，我的研究工作主要聚焦于如何在外展服务（Outreach）、导进及干预过程中使用短程干预。后来，我陆续参与的研究工作有针对酒精及药物滥用、HIV 风险行为、驾驶训练、酒驾风险的研究，以及针对酒精相关先天缺陷的预防性研究工作。我的工作设置涵盖了街头宣传教育、脱毒病区、评估中心、治疗项目、当事人家里及电话咨询。我所治疗的人群包括服刑人员、愤怒失控的青少年、心理障碍患者、物质滥用者、有就医与保健问题的人、有工作及就业问题的人，还有很多并未提及的，此处不再一一列举。后来，我的研究兴趣逐渐转到了"MI 的有效培训模型"及"MI 技能培训的评估方法"上，并最终落在了"执行科学"（implementation science）领域。**执行科学**简单来说就是研究我们如何将循证的方法带给从业者，并帮助整个从业领域成功地使用这些方法。我在其中所扮演的角色既是研究者，往往同时也是 MI 培训师、督导师和顾问。

1993 年，我参加了米勒和罗尼克在新墨西哥州阿尔伯克基市举办的"培养新人培训师"（training of new trainers，TNT）揭牌大会。在那次会议中，我自告奋勇地做了通讯简报工作。这项事业起初并不起眼，但经过众多同仁的努力奋斗，最终，一个国际性的 MI 培训师组织（即"动机式访谈培训师网络"）得以组建成形。该组织有一千多名会员，遍布六大洲，每年都会召开国际性会议。作为 MINT 的会员，我深感自豪，也由衷认同这一条核心原则：奉献多于索取。

在过往 20 多年间，我做的 MI 培训或讲座覆盖了非常广泛的人群和职业领域。每次活动结束后，在学员或听众的提问中，有一个问题始终如一："如何能多学一些？"我想说，自本书第一版问世以来，能回应这个问题的资源已经汗牛充栋，但其中有一个答案始终如一——请试试这本练习手册吧！

第2章

动机式访谈及其目的

开篇

机构里的一名培训师正在讲授继续教育课程，我坐在教室后面观摩，这时，一位叫莎拉（Sarah）的学员突然大声讲道：

"好，我会跟当事人说，质疑我是没有问题的，不过我也会跟他们说，我同样会马上反驳，跟他们讲讲道理。他们要是说得不对，自然要给他们讲明白啊。也得让他们知道，得听我的啊。"莎拉又在旧话重提。

有人点头同意；有人目光下垂，不想掺和到莎拉这番旧话重提之中；还有人摇头表示反对。我们的培训师站在讲台上，心里却有诸多考虑：

* 既然我们在培训、练习 MI，就要以符合 MI 的方式来回应这番话；
* 逐渐塑造这种回应，这样我们既能给予莎拉支持，又能针对其所顾虑的问题给出新的视角；
* 要顾及其他的学员，因为莎拉的这番话正在分裂大家的阵营；
* 提供一个备选的、更符合 MI 的看法供莎拉考虑；
* 不要陷在这个话题中，因为它偏离了本次课程的中心议题。

我坐在后面，不由想到这 20 年来，有些事物已然改变了，而有些却还是老样子。像莎拉这样多话又坚持己见的人始终被一些培训师视为刺头，是教学时的大麻烦。莎

11

拉在接受和应用所学概念与技术时不太顺利。她时常提出不同的看法，但她是发自内心地在为自己的当事人着想。不过，莎拉也是挺让人心烦的，我能看出来培训师疲于回应她，我觉得自己都很想去怼一怼莎拉，让她明白自己错在哪里了！我们的培训师开口说话了……

我们正处在重要的抉择时刻：无论是治疗、咨询还是在培训时，都经常出现这样的情况，即有人提出了反对意见，而我们并不愿意处理这些意见。实际上，我们可能会感到气恼、心烦或挫败，就跟我刚才一样（我猜那位培训师也是）。所以，我们得做出选择：给出事实？反驳对方的观点？无视这些反对，只要是这个人提的，我们就不必予以理会？拿全班同学来给莎拉施压？仗着我们的专业知识发表权威意见？或者我们在回应时聚焦在莎拉提出这种顾虑的理由上，努力理解她这番话背后的原因？我们要做怎样的选择，这正是 MI 的核心议题所在。

深入认识

◎ 旨在改变的谈话

MI 究其根本是一种"旨在改变"的谈话。这种谈话的进行方式有很多种。罗尼克、米勒和巴特勒（Butler）提出，可将这些进行方式看作"不同的谈话风格"，它们虽然都含有三类基本的沟通手段（提问、倾听、告知），但具体的构成比例却不同。这些"不同的谈话风格"可分为三种，即指导（directing）、跟随（following）、引导（guiding），每一种都有其适用和不适用的情境。从业者所要追求的不是只使用其中一种风格，而是要根据具体的情境需要，灵活娴熟地切换不同的谈话风格。

指导风格（directing style）一般在从业者提供专家意见时使用，常以"建议"或"行动方案"的形式给出。此过程是问题解决性质的，提供指导的人往往就是主导者。例如，在进行心脏起搏器 / 除颤器植入手术之前，外科医生会就问题状况、解决方案、执行过程与患者做沟通。这种由从业者给出的专家意见对于当事人来说可能是非常有帮助的，但这里面也潜藏着一种不平等的关系：当事人会依赖于从业者的决策、建议和行动。有时，这种指导风格可能会救人一命，例如，父母会在孩子跑向马路时立刻发出命令阻止，从而避免孩子受伤。这种风格的潜台词就是"我有办法解决当下的问题"。

相反，**跟随风格**（following style）是由当事人引领相应的探索，从业者则跟随其脚步。在这种风格中，当事人是主导者，从业者要做的是好好倾听并理解当事人的情况。从业者要先搁置问题顾虑，聚焦于"当事人是如何看待问题的"。例如，有位女士在考虑：究竟是继续做现在这份很稳定、被器重但并不能完全实现个人抱负的工作，还是离职，自己去创业（更有机会实现抱负，但也有巨大的经济风险）？通常，这里不存在所谓"正确"的选择，所以从业者要帮助当事人更清晰地理解自身情况——主要是保持倾听，并忍住不给建议。在当事人接到重大消息或被情绪淹没时，这种跟随风格尤其有益。谈话会随着当事人的步调与方向展开。从业者的潜台词是：何去何从，我接受并信任你的意见与判断。

在**引导风格**（guiding style）中，从业者与当事人会结成一个团队，彼此协作。双方将结伴同行，此时，从业者会指出各种各样的路线与选择，作为一种资源，表明"存在哪些可能""别人是怎么做的"以及"每种选择的潜在风险与收益"。在从业者如此的协助下，当事人将选出最适合自己的发展方向。不过需要强调的是，做出最终选择的一定是当事人自己。引导风格的潜台词是：我将协助你，由你来解决。MI 提炼自这种引导风格，是一种更为精湛的形式。

无论运用"指导""跟随"或"引导"中的哪一种谈话风格，从业者都会倾听、提问或分享信息，但这些沟通手段在特定的风格中会有所侧重。同样，上述每一种谈话风格均可以按照符合或不符合 MI 原则的方式来进行。最后还要说一点，虽然对这三种风格的区分挺直观的，但如果要画一条清晰的界线，明确分辨出从"跟随"到"引导"再到"指导"的切换，恐怕就比较困难了。其实在实务工作中，这种划分也不重要，因为我们的目标不是只使用一种谈话风格，而是要在这三种风格间灵活地切换，而且还要决定在某一时刻，具体哪种风格可能最有效。综上所述，MI 的入门定义也就浮现了出来。

MI 的入门定义：何谓 MI

> **MI** 是一种合作性的谈话风格，旨在加强一个人自己对于改变的动机与决心。

很明显，与另外两种谈话风格相比，**引导风格**更符合这个定义。MI 这种谈话风格的特点在于谈话双方都要贡献出专家意见用于讨论。这是一种合作关系。不过，该定义的后半部分也要求从业者思考一个特别重要的问题："我所使用的谈话风格有没有帮助当事人强化他们自己的改变理由？"想搞清这一点，我们就需要说一说"旨在改变"的谈话是如何发挥作用的。

改变准备度

我们的谈话对象（当事人）具有不同的**改变准备度**（readiness）。相信大部分读者都对这句话有心领神会的共鸣。事实上，大家可能也是希望能对当事人的改变准备度起作用、发挥影响才购买和阅读本书的。我们将回顾几个有关"准备度"和"改变"的基本概念，这些内容大多都出自普罗查斯卡（Prochaska）和迪克莱门特（DiClemente）提出的"改变的跨理论取向模型"。

- **对改变抱持矛盾心态是正常的。**假如人们对改变的需求特别明确，且执行起来不费吹灰之力，那人们早都做出改变了，那当事人自然也就不需要我们的帮助了。但是，正因为改变很难，人们对此才会有矛盾的想法及感受。MI 从业者认为，这种不确定性正是改变历程的一个组成部分，所以他们并不将之视为一种问题。实际上，矛盾心态贯穿整个改变历程，自始至终都会出现，即便当事人在持续努力、处于稳步改变之中，矛盾心态仍然可能存在。正是矛盾心态的这种持续性让我们不再幻想把它彻底解决，而是聚焦于帮助当事人打破这种矛盾的平衡，让天平向着改变倾斜。只要矛盾的平衡被打破了，我们的工作就是要保持并加强这种朝向改变的倾斜。

- **改变的过程通常是非线性的。**也就是说，当事人从"不改变"到"改变"之间不是直线通达的。有时当事人先迈出了几步，然后又退回几步；有时则是一下子就回到了做改变之前的旧有行为模式。通常，即便没有从业者的协助，当事人也会自行尝试做出改变，而改变有时进展顺利，有时则不那么顺利。

- **准备度不是固定不变的。**我们又回到了"准备度"这个概念。虽然在准备度的起始水平上，不同当事人在开始时各有不同，但更加明确的是，我们从业者可以对准备度施加正面或负面的影响。大家可以想象一下，在开篇的例子里，莎拉之后会如何反应可能取决于培训师对她说什么、做什么。

- **请关注当事人的准备度。**有的 MI 培训师将"准备度"视为当事人做改变的生命征象（vital sign），就像医疗护理领域将血压、体温及脉搏作为人的生命征象一样。从业者关注当事人的准备度水平能更好地把握会谈的方向。例如，如果当事人对做出改变很有信心，却觉得这种改变并不重要，那么从业者就要将工作重心更多地放在"探索改变的重要性"上。

翻正反射

翻正反射（righting reflex）是指从业者有一种倾向，即主动想纠正当事人生活中的问题，但这种做法反而降低了当事人改变的可能性。我们想要"助人为乐"的善良初衷让我们一见到当事人就想解决他们面临的问题。我们想帮助他们走出困境，过上更幸福、更健康、更积极向上的生活。我们为当事人谋求这些福祉自然没有任何问题。翻正反射的问题在于，从业者并未考虑到当事人可能存在的矛盾心态。

当事人存在矛盾心态其实很正常，他们常觉得没有必要改变，或者不可能改变。这就涉及改变的"代价"了，包括担心、不确定、关系的变化、金钱和时间花费等，所以还是维持现状吧。这些代价或因素都在影响当事人，让他们继续维持当前的行为模式。

一旦我们主动逼迫当事人改变，就等于在向这种矛盾心态施压，结果可想而知：当事人必然会**往回推 / 反抗**（push back）！米勒和罗尼克先前是将这种"往回推 / 反抗"称为**阻抗**（resistance），但后来经过进一步的考虑，他们认为"阻抗"这种叫法并不能充分体现这一过程中的人际成分。因此，现在他们使用的术语是**不和谐**（discord）。而且，这种概念化也得到了研究的支持：从业者的行为会直接影响当事人的行为，既可能是正面的影响，也可能是负面的影响。导致不和谐加剧的从业者行为包括：（1）试图让当事人相信自己有问题；（2）主张并强调改变的好处；（3）告诉当事人该如何改变；（4）警告当事人不改变的后果。另外，当我们觉得当事人非常需要某些信息时，可能正是翻正反射悄然发生的时刻。这种发生并不符合上述四种情况，所以可能会暗箭难防，尤其不利。这种形式的翻正反射并不显眼，因此我们可能更难觉察到它的发生。但是，结果是一样的，即当事人会往回推 / 反抗。

总之，由我们从业者主张改变有益反而会增加不和谐，降低当事人做出改变的可能性。从这个角度说，不和谐就是一种能量形式，从业者的某些行为会增强这种能量，而另一些行为则会释放与缓和这种能量。所以，不和谐增强就是在提醒从业者，我们需要调整自己的行为了。从业者需要觉察自己那种自然出现的、初衷良好的翻正反射，不要试图纠正问题，也不要主动地对抗不和谐，这样才能让不和谐最小化。与翻正反射不同，MI 使用的是一套"旨在引出当事人自身改变理由"的谈话风格和行动模式。

MI 的从业者定义：为何要使用 MI

上述观点不但帮助我们更全面地理解了 MI 的入门定义，而且还将我们引向了 MI 的第二种定义，从而回答这样一个问题：从业者的工作本已繁忙，为什么还要花时间、花精力来学习这种方法呢？

> **MI** 是一种以人为中心的咨询风格，旨在处理"对改变感到矛盾"这一常见问题。

在 MI 的这一定义中，各种元素逐渐汇聚到了一起。MI 这种谈话风格具有合作的特性，即我们共同参与谈话；从业者既不会告诉当事人怎样做，也不会告诉他们为何这样做，相反，从业者要做的是引出当事人自己的改变理由。之所以如此，是因为 MI 认识到，大多数当事人都会遭遇"对改变感到矛盾"这一核心问题，告诉他们怎样做往往会适得其反，反而让当事人更加坚定于"不改变"的态度了。MI 基于"当事人中心"的传统提供了一种回应矛盾心态的方法。下面我们要讨论的内容都深受"当事人中心"传统的影响。

◎ MI 的精神

卡尔·罗杰斯（Carl Rogers）的"当事人中心疗法"奠定了一种引导哲学，阐述了从业者该如何与当事人互动。而在 MI 领域，罗杰斯的观点又得到了发展与演化。米勒和罗尼克将这种互动哲学解释为一种精神面貌和思维方式，其具体包含四个要素，即合作、接纳、至诚为人和唤出。各部分都兼有体验元素与行动元素。这四部分的交汇就是 MI 的核心精神所在。

合作（partnership）。大家似乎都知道这是 MI 的基础，只是一旦我们急于帮助别人做出改变，就容易忽略了合作。要想更好地合作，我们就一定要将当事人视为主动参与的伙伴。在这种关系中，虽然从业者会分享重要的专家意见，但其合作性立场也容纳当事人持有关于自己的、关于自身成长史与环境的以及关于要优先做哪些改变的"专家意见"。从业者对当事人的"专家意见"予以尊重，这是合作中的体验元素。合作中的行动元素则包括从业者要积极主动地引出当事人的意愿与目标（同时，从业者也要对自己的意愿与目标保持觉察），创建一种积极正向的氛围，让改变成为可能。例如，我们作为从业者，要尽量少给出"你应该……"这样的指导性建议，以及"你不应该……"这样的禁止性建议，即便在我们要对当事人的某些决定表达关切与担心的时候。

接纳（acceptance）。接纳不仅包含合作中的元素，而且向前更近了一步。米勒和罗尼克认为接纳含有四个成分，即绝对价值、自主性、准确共情和肯定，这些成分明显体现了罗杰斯提出的"当事人中心"的传统。

绝对价值（absolute worth）。绝对价值是指我们相信每一个人都是有价值的，也都具备超越自己、让自己更好的潜能。因此，我们接纳和尊重每个人，即便他们的所作所为是我们非常不认同的。秉持这一点并不容易，尤其在当事人所选择的做法会给那些没什么选择余地的人（如儿童）造成负面影响的时候，此时从业者信守"绝对价值"是相当不容易的。MI 从业者既要表达自己的关切与担心，又要明白不能强迫当事人改变。即便是在强制矫正的设置下，当事人的自由受到限制，从业人员管控实施着强化物，但改变的选择权也一定要交给当事人自己。

自主性（autonomy）。自主性是指我们认为，每个人的人生方向一定要由他们自己来决定。这里务必要区分"**影响**"和"**控制**"。我们所做的工作会影响当事人的决定，但是做决定的最终还是他们自己，即使（或者说尤其）是在当事人服刑期间也要如此。为说明这个道理，我在此引用一句谚语，并对其稍加改动：我们能引领一个人到水源那里，却没法逼他喝水。从 MI 的角度看，再加上下面这句就更准确了：但是，我们可以帮助他意识到自己口渴了，这样一来，他就可能选择喝水了。请注意，后面这句话说的可不是"让他口渴"，那样就等于把我们的意志强加在这个人身上了。相反，我们是在帮这个人意识到、觉察到自己本已存在的内心意愿。

为了帮助当事人意识到自己的口渴，我们务必先要基于他们的视角来理解周围的情况。这种理解需要我们做到**准确共情**：既能够也愿意如当事人一样看待周围的情况，同时还能不让自己陷入其中。正是这两种属性的珠联璧合帮助当事人和我们从业者觉察到了当事人生活中的其他可能性，并携手迸发。

最后，当事人必然是先明白了"改变是可能的"，才会做出改变。有希望，才有改变，所以我们要滋养、呵护当事人心中（也是我们自己心中）的"改变之希望"：不是挑错、找问题、抓弱点，而是要找寻和确认当事人具有的优势（优点）与资源。米勒和罗尼克将这一过程称为**肯定**（affirmation），并再次提醒从业者：我们的**思维方式**是寻找当事人的优点，同时，**行动成分**（behavioral components）是主动让当事人注意到这些优点与资源。

绝对价值、自主性、准确共情和肯定这四个元素结合起来，共同构成了**接纳**（acceptance），它也是卡尔·罗杰斯思想的基石。罗杰斯在 60 多年前就教导我们：如果我们接纳当事人如其所是，他们的防御感自然就会下降，也会对改变的可能具有更高的开放性。

至诚为人（compassion）。这个道理似乎大家都懂，无须赘言，但事实远非如此简单。**至诚为人**是一剂对症的解药，专治那些可能操纵当事人以满足一己私利的从业者（或销售人员）。所以，**至诚为人**不只被定义为关心在意他人的苦痛煎熬，而且有更高一层的含义，即努力为这个人谋福祉。米勒和罗尼克将**至诚为人**写作为"一心一意地致力于为他人谋求福祉、争取最大的利益。"

唤出（evocation）。唤出是指引出当事人自己的意见与解决办法。当事人是自己的专家，他们经历过自己的困难挑战；哪些事物有利于自己改变，哪些事物又会妨碍自己改变，当事人对此是有经验的。虽然作为相应领域的专家，我们对当事人的问题具备一般性的知识储备，而且这些学识也能帮助我们做出有效的推测，但具体到某一位当事人，我们还是不知道他需要什么，想要什么。我们的目标在于唤出当事人自己关于改变的理由和方法，并在适当的时机提供一些意见供他们参考。我们也承认，有很多种方法可以用来帮助当事人，引出他们自己的改变动机并将改变落实到行动上。

这种引导哲学并非 MI 独有。实际上，MI 精神的诸元素早已出现在各类文献中（如各种宗教教义和各类心理学专著中）。研究表明，这种 MI 精神是针对从业者 MI 技能水平的重要预测因子，继而也能预测当事人的行为及治疗成效。米勒和莫耶斯在说明学习 MI 的八大任务时，就将学习 MI 精神放在了第一条，足见他们对它的重视程度。

核心技术

MI 所含的咨询技术与方法在许多治疗取向中也都可见。这些技术有的被用于与当事人建立融洽的关系，有的被用于探索当事人关切的议题，有的则被用于表达对当事人的共情。首字母缩写 OARS+I 代表了以下的核心技术：开放式问题（openended questions）、肯定（affirmations）、反映性倾听（reflective listening）、摘要（summaries）以及信息交换（information exchange）[1]。虽说在许多治疗取向中，这些技术都是基本功而已，但这并不意味着它们"简单"或"容易"。这里的每一种核心技术都可能被纯熟合理地运用，也都可能被用得一塌糊涂，所以从业者需要接受培训，从而在临床应用上达到专业水准。而在某些咨询流派中，这些技术是从业者始终都在使用的。本书将在第 4 章和第 5 章中更深入地探讨这些技术。

引出当事人的改变语句

MI 的第三个元素是其独有的，即强调引出当事人特定类型的话语，我们称之为"改变语句"（change talk）。MI 所用的很多干预的目的就是为了引出"改变语句"，然后再强化这种语句。其背后的依据是：如果当事人在会谈中发自肺腑地说想改变，那他们就更有可能把这种话语落实到行动上。阿姆莱茵（Amrhein）、米勒、亚梅（Yahne）、帕尔默（Palmer）以及富尔彻（Fulcher）的研究发现，改变语句的类型与强度可预测当事人改变的决心（commitment），继而预测他们改变的行为。另一些研究也发现，改变语句的出现频率是预测改变的一个重要指标，而且与 MI 的另外两个元素相比，我们可能更容易觉察到改变语句的出现。MI 的一个核心目标就是帮助当事人

---

[1] 米勒和罗尼克在最新版的书中，为了强调这些技术的主动属性，一概使用了动名词形式：asking、affirming、listening、summarizing 和 exchanging information。这种强调有助于我们理解这些技术。不过，鉴于首字母缩写"OARS+I"更便于学习和记忆，所以我们仍然使用这些词原来的用法及约定俗成的缩写形式。

清晰地表述自己的改变理由，增加当事人这类语言的出现频率，从而加强他们的改变意图。

在当事人矛盾摇摆之时，让他们自己（而不是我们）表达"做出某种具体改变"的理由和原因是**最**重要的。前文提到，当事人的矛盾心态会造成一种困局：从业者**主张**什么，当事人可能就**反对**什么。很遗憾，这种矛盾困局的结果往往是，咨询师出于好意努力说服当事人向着有益的方向改变（翻正反射），但常常只会收到当事人这般的回应："是啊，不过……"如果这种形式的动态循环一直持续，那当事人最后就会找个借口说自己不需要做出什么改变了，从而摆脱从业者的纠缠，留从业者独自泄气（或者也有从业者还真的会以为：当事人根本就不想改变）。本书第 9 章将更为详细地讲解改变语句和持续语句（sustain talk），第 10 章和第 11 章会给出回应每种语句的练习。

"MI 精神""OARS+I"和"改变语句"是 MI 的三要素。图 2.1 展示了这三个要素是如何交融结合而构成 MI 的。还要重申一遍的是，MI 的许多成分也可见于其他取向的心理疗法以及源远流长的宗教和哲学思辨之中。而 MI 的独到之处在于这些元素如何结合、在什么时机使用、怎样使用，以及其在引出改变语句中的应用。这些独到之处，也将我们引向了 MI 的第三种定义。

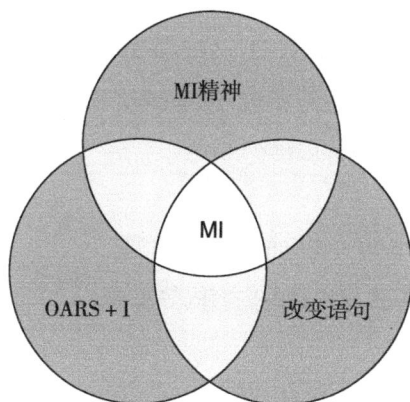

图 2.1　MI 的三要素

MI 的技术性定义：MI 是如何起作用的

技术性定义适合那些喜欢刨根问底、想弄明白事物运转原理的人——那些不甘于只给车胎补个气、给车加个油，还会掀起引擎盖，想搞明白发动机工作原理的人。

> # MI
> 是一种合作性的、目标导向的沟通风格，特别关注改变的语言。在接纳和至诚为人的氛围下，MI 引出并探索一个人自己内心关于改变的理由，从而加强其对某一具体目标的个人动机与行动决心。

在该定义中，MI 精神、OARS+I 以及改变语句仍然清晰可见。该定义不仅体现着 MI 鲜明的合作与谈话风格，同时还提到了"目标导向"。这样做的目的仍然强调引出当事人自己内心关于改变的理由，只是要"针对某一具体的目标"。这里同样提到了如何加强动机和决心的因果逻辑。最后，该定义还提出了一个 MI 展开的背景氛围：不但包含接纳，而且包含为当事人谋福祉。对一些读者来说，MI 技术性定义的信息量可能有点超负荷了；而在另一些读者看来，该定义诠释了 MI 背后的逻辑关系，这正是他们想要了解的。至于要使用 MI 的哪个定义，还请大家基于自己所在的工作场合和设置环境来决定。

概念自测

[判断正误]

1. MI 不过就是卡尔·罗杰斯提倡的一种态度罢了。

2. MI 的很多理念都源自其他的理论、著作或研究。

3. 在 MI 中，从业者要避免与当事人争辩。

4. 反映性倾听就是 MI。

5. **唤出**是指我们引出当事人自己的动机与资源。

6. 在 MI 中，说话的方式与说话的内容同等重要。

7. 矛盾心态意味着"否认"。

8. 不和谐是一种人际历程。

9. 具有方向性是 MI 的一个关键理念。

10. 自主性是指我们对当事人的行为不设目标。

[答案]

1. **错误**。我有一位要好的前同事就喜欢这样开 MI 的玩笑。MI 虽然是基于卡尔·罗杰斯的理念建立起来的，但 MI 不只是一种态度而已。MI 具有方向性和目的性。

它培养动机、与不和谐共舞、关注改变语句，还将 MI 的精神带到了会谈之中。

2. 正确。 MI 中的概念和技术的源头与出处众多，但这不等于 MI 只是新瓶装旧酒。MI 有自己独特的元素。

3. 正确。 我们要避免与当事人争辩，因为争辩会造成不和谐。这并不是说，我们要一直赞同当事人说的每一件事。MI 使用了很多方法（本书会讲到）来提供备选意见。不过，我们最初所持的基本立场还是怀着好奇心，尝试理解当事人是如何看待世界的。

4. 错误。 反映性倾听是 MI 的核心技术之一，但是，反映性倾听**并不是** MI。事实上，我见过一些从业者能做得非常准确，却与 MI 不符的反映性陈述。不过反过来看，正如本书第 5 章所述，我认为反映性倾听做得不好的人，MI 肯定也做不好。

5. 正确。 唤出是 MI 的精神成分之一，是指一种立场，即尝试从当事人自己那里引出信息、智慧、办法等。我们同样还会使用**唤出**（evocation）来引出当事人的动机，并将这种动机置于当事人的眼前，让他们得以看见，从而可供其考量。

6. 正确。 从沟通效果上看，从业者的态度与意图都很关键。试想"这对你有什么影响"这句话，即便措辞上一字不差，但从业者以讽刺挖苦的语气质问当事人，与从业者怀着好奇心、态度真诚地提问，效果会有天壤之别。

7. 错误。 矛盾心态虽然会让一个人困住（解决矛盾心态也是 MI 的核心目标之一），但它并不等同于"否认"。矛盾心态不是问题性的，而是改变历程的正常组成部分，在预料之中，也在情理之内。

8. 正确。 不和谐并非某种特定疾病或障碍所专有。相反，不和谐是人际历程的一部分，从业者可以对其产生影响——可能是雪中送炭，也可能是雪上加霜。从业者应将不和谐作为一种线索，帮助自己确定是否需要调整工作策略。

9. 正确。 方向性是 MI 的核心概念之一，包括两个成分：（1）关注那些支持当事人改变的谈话内容；（2）引导谈话朝向积极、具有建设性的方向发展。我们会关注某些内容，同时也会忽略某些内容。从业者通过仔细关注当事人的话语，引导谈话的方向，以培养当事人的动机、减少不和谐、引出当事人的改变语句。

10. 错误。 承认当事人的自主性与从业者设定目标这二者并不矛盾。MI 是主张设定改变目标的。不过，在早期**导进**阶段，这类目标设定工作还是要先放一放，因为我们先要为当事人创设安全的环境，以便他们探索自身与周遭，并判断我们是不是值得信任的向导。在 MI 的框架下，如果我们（从业者一方）对于当事人的某些行为觉得可能干系重大，此时我们可能也会设定重要的目标，例如，针对当事人考虑要不要捐献自己的肾脏；针对态度的转变；针对提升性行为的安全性；针对减少累犯行为；针对改善饮食和促进锻炼；针对减少专制型教养、促进权威式教养；针对戒毒。当事人一方可能也有自己的目标。我们要主动合作，将各种不同的议题梳理清楚，不过在这之前，我们务必先要探索"当事人看重什么、珍视什么"（这部分通常是放在**聚焦**过程中进行）。此外，我们也要始终意识到：无论做出哪种改变，未来何去何从，都要由当事人自己，也必须由他们自己决定和选择。

实践运用

让我们回到莎拉的例子上来。当时说到，我都有点烦躁了，而培训师在考虑怎么办。大家还记得吗，我当时已经准备上去跟莎拉理论理论了，好让她明白为什么自己说的不对（而我说的为什么是对的）。当然，这样做虽然我痛快了，却与 MI 的精神不符——无论是对莎拉，还是对其他也有同感的学员，这种做法都毫无益处。莎拉所说的话是不和谐的一种体现。因此，现在需要在培训班里做的是以更符合 MI 精神的方式来回应这种不和谐。通常，想要更符合 MI 的精神，最便捷的做法就是聚焦在合作上，全心全意地倾听和反映。以下是培训师（简称为"培"）和莎拉（简称为"莎"）的谈话，并附注解。

谈话	评注
培：你希望跟当事人开诚布公地讨论、对话。	克制了翻正反射，有意通过反映性陈述来表达对莎拉动机的理解
莎：对，我觉得他们应该怎么想的就怎么跟我说，不过要是说得不对，也得让他们知道啊。	莎拉回应认同，并重申了自己的观点
培：你不希望他们留下错误的认识。	倾听
莎：对啊，不能让他们觉得自己现在的行为还挺合理的。	不和谐开始下降
培：所以你会反驳他们，这样他们就不会抱着错误的想法越陷越深了。	非评判性立场；尝试表达对莎拉动机的理解
莎：是的！这就是我的工作职责啊。	莎拉觉得被理解了，又强调了自己的观点
培：所以你在用你所了解的、最好的方法来做这些工作，我估计，咱们班里的其他同学大概也会这样吧……	有意地培养一点改变的动机，并将评论延伸到其他学员身上
莎：是啊。	莎拉感到被理解、被肯定了，但她的改变动机没有多少变化

（续表）

谈话	评注
培：这些方法有时很管用。	肯定莎拉的观点，并寻找机会建立差距
莎：对！	不和谐降低了
培：但不是一直……	为了建立改变的动机，大胆地试探了一下，不过这种推测也比较合理
莎：对，不是每次都管用。有的人还没准备好改变。	不和谐降低了
培：你希望他们准备好……	该反映性陈述连接了莎拉自己，还有她想帮助当事人的良好初衷
莎：对，所以我做了这一行，我想帮助别人。	莎拉探索着自己的希望与价值
培：正是这种助人的心愿让你参加了现在的培训，以便丰富自己的助人技术。	倾听莎拉并强调她想学新东西的积极态度；关系中更多体现出合作，也尊重了莎拉的自主选择
莎：助人的心愿，还有，继续教育的学分（笑了起来）。	莎拉感到被理解了，这个玩笑体现出她心情的变化
培：（也笑了）我估计咱们班很多同学也都看重继续教育学分，当然同样看重的是，对于那些质疑我们的当事人，找到帮助他们的方法。	借助合理的推测导进莎拉和班上的其他学员，将他们的议题联系在一起
莎：（和莎拉一样，学员们都笑了，大家都点头。）	学员们的赞同与导进（参与）
培：所以，现在问题就变成了："咱们怎么知道，自己的做法对当事人有没有帮助呢？"	随着莎拉和其他学员的重新导进，培训师规划了谈话的方向，引领学员们去识别：哪些做法对当事人有帮助，而哪些没有

这段谈话虽然算不上完美，但也体现了我们前面讲过的 MI 诸元素。在谈话中，莎拉的态度从防卫自然转变为对改变更具有开放性了。这一转变也许尚未达到我们理想中的状态，但谈话还是创造了让改变得以发生的相应条件。创造这类条件便是导进过程的目标所在。

培训师没有尝试说服莎拉，而是很好地倾听莎拉，肯定她助人为乐的价值观，从而建立了合作关系。这段谈话的方向性和目的性也很清晰。培训师所做的反映性陈述并不是对莎拉说过的话予以简单重复，而是对她话语背后的深意做出了一定的推测，从而使莎拉可以考虑自己的深层动机，以更具开放性的心态看待培训师提供的观点。

培训师不只关注了莎拉的需求，同时也关注了其他学员的需求。培训师秉持这一立场，确认大家的共性成分，把握好时机，提出了一个相当精彩的问题。这让学员们开启了一次自我评价的过程，为改变语句铺设了道路，同时也让学员们重新聚焦在自己参加培训的初衷上。反映性倾听陈述（reflective listening statements）是贯穿本段谈话的主要技术工具，通过这种技术，我们强化了本章讲过的 MI 的各种元素。

本章练习

MI 精神是实践 MI 的关键所在，但这种精神难以被直接描述，所以我们以示范的方式呈现。好在我们大部分人都切身经历过能体现 MI 精神的事例：有些人关心、呵护着我们，对我们满怀希望，帮助我们进步，他们对我们的人生产生了深远的影响。这些人可以是老师、邻居、父母、教练或领导，不管具体称谓有多少种，我们都可以将他们统称为**人生导师**。本章的第一个练习[1]为我们具体示范了 MI 的精神。之后的几个练习帮助我们识别 MI 精神，培养共情的"肌肉"。最后一个搭伴练习，帮助我们聚焦自己生而为人的优势（优点）与能力，这种对优势的聚焦可用在我们之后的助人工作中。

◎ 练习 2.1　最爱的人生导师

是谁激励你学习，鼓励你勤奋进取、超越自我，让你实现了自己都不敢想象的成长？请你想着这个人并回答几个问题。这样做是为了总结出导师身上所具有的特点，同时了解与人生导师在一起时自己的感受与回应。如果你选不出哪位是自己的最爱，那就任选一位自己喜欢的人生导师完成这个练习即可（同时也想想看，自己是多么幸运啊！）。

◎ 练习 2.2　是否符合 MI 精神

请仔细阅读这个练习中从业者与当事人之间的谈话，体会其中是否体现了 MI 的精神。该练习给出了几个内容简短的谈话实例，请判断从业者所做的回应是否符合 MI 精神。符合请画√，不符合请画 ×，同时也请写下你的判断依据。之后将你的判断依据与答案解析进行比较。

◎ 练习 2.3　不忘初心

在前几个练习中，我们观摩了他人如何工作，现在也看看我们自己如何工作吧，

---

[1]　该练习改编自卡罗丽娜·亚梅（Carolina Yahne）的"最喜欢的老师"。

尤其要再次认真回顾一下我们从事助人工作的初心[1]。这份初心并不只是为当事人着想，也体现着我们自己的追求与抱负。练习 2.3 让我们有机会思考自己认为哪些品质对助人工作是重要的，这些品质又如何影响了自己的实务工作。而且，我们也要评估一下，自己所看重的这些价值如何支撑了 MI 的精神，以及如果想要将这些初心与 MI 精神结合得更加紧密，我们需要做出哪些调整。

◎ 练习 2.4　通勤途中

总会有些当事人是我们更容易共情和理解的；有些则不然。这里给出了几种练习共情技术的方法[2]，让我们在日常的出行途中就可以练起来。在该练习的第一种方法中，你可以找几件通勤途中（如大家开车、乘公交车、坐火车、乘飞机、坐渡轮或者散步时）常见的事，并用此培养自己的共情能力。具体的做法是，对于那些做出了愚蠢、恼人、危险行为的人（你可能只是注意到了他们，或者他们已经影响到你了），请你写一写他们的"难言之隐 / 背后的故事"。第二种方法是听广播，然后练习做反应。

◎ 练习 2.5　你要这样做……

"助人为乐"通常是从业者的核心价值之一。但是，该核心价值也会以翻正反射的形式让我们的助人工作陷入困境。练习 2.5 帮助我们觉察翻正反射，识别矛盾心态中的"持续面"，这一面可能会阻碍当事人接受有益的信息或建议。

◎ 练习 2.6　难缠的当事人

我们都遇到过很难缠的当事人。这一群体考验我们的业务能力，让我们体验到工作的艰辛，甚至让我们害怕他们的再次到来。请大家考虑自己工作环境的设置，再想一个可能很难缠的当事人。然后回答练习 2.6 中的问题。

搭伴练习

练习 2.1、练习 2.2、练习 2.3、练习 2.5 和练习 2.6 都可以用于搭伴练习。练习 2.4 还可以用于团体练习。练习 2.7 是一个搭伴进行的练习，不过你也可以自己单独练习。请大家回顾自己的故事，然后找出自己的优势（优点）。

---

[1]　该练习受到了扎考夫（Zuckoff）和高斯克（Gorscak）"价值分类活动"的启发。

[2]　感谢迪迪·斯多特（Dee Dee Stout）和克里斯·杜恩（Chris Dunn）提供这些练习。

◎ 练习 2.7　最美的回忆

该练习根据一个叫"可靠的优点"的活动[1]编写而成。请大家轮流回忆自己有生以来最棒的时刻，然后将这些美好的回忆画成一幅画并讲一讲。你的伙伴将从你的故事中找出你的优点。然后，请你想一想，如何让这些优点在自己的助人工作中发扬光大。

其他想到的……

将 MI 比作"在舞池中跳舞"还挺新潮的。这一比喻意在表达，跳舞需要双方协同配合完成动作。如果配合默契，两位舞者将共同舞出一套曼妙生姿、编排精巧的舞步。与之相反的运动方式是摔跤：每一方格斗者的动作都是力图让对手缴械臣服。所以，当遭遇挫折、面对当事人的不和谐时，我们可以问一问自己："我是在跳舞，还是在摔跤呢？"

大家对 MI 有一种常见的误解，即这种方法操纵当事人，让他们做出其实并非真心希望的改变。还可能有的一种误解是：MI 在临床工作中其实没啥用，因为只有当事人想做改变的时候，MI 才能发挥作用。我希望本章已道明了真相，读者自会了然，以上两种说法都是站不住脚的。MI 包含一系列具体的方法与策略，其核心在于尊重当事人的自主权与价值观，并致力于将当事人做出适应性行为改变的可能性最大化。MI 遵循人性中的自然趋势，从业者通过与当事人合作，在当事人的破坏性行为中探寻并识别改变的意愿，帮助当事人做出从长远来看对其最有益的选择。

练习2.1　　最爱的人生导师

想想那些给你人生带来深远影响的人。当然，可能我们会想到那些伤害过我们的人，不过在这个练习中，他们不在我们的考虑之列。相反，我们要回想的人对我们满怀期望，启迪我们看到自己未曾觉察的潜力，并鼓励我们为之努力奋斗，达成自我实现。这样的人可能有领导、督导、老师、教练、咨询师、邻居，当然，还有父母。可能正是他们，为我们打开了新的视野。

请具体想一想，是谁激励你学习，鼓励你勤奋进取、超越自我，让你实现了自己都不敢想象的成长？请花点时间写下这个人的名字、特点，还有和他在一起时你的感

---

[1]　感谢艾雷内·克里斯坦森（Elaine Christensen）提供这个练习。

受与回应。如果你选不出哪位是自己的最爱，那就任选一位自己喜欢的人生导师完成这个练习即可（同时也想想看，自己是多么幸运啊！）。下面说说我最喜欢的一位督导师。

AI

特点：AI 对我满怀期望，即便我缺乏经验，他也将我视为一名治疗师，并基于此给予我鼓励和期待。他鼓励我勇于展示自己，不隐瞒自己的不足之处。他的反馈会视具体情况而定：有时会像祖父一样温暖而慈爱，有时也会真诚而直接。不论回应我还是回应当事人，他都想得很周到。他用录像呈现和演示自己的工作，同时也给我们提供实务上的建议。上研究生期间我最喜欢的一门课就是 AI 教授的，课程名称为"接到律师来电时该怎么办"。他曾说过的一句话我在自己的培训课程中经常引用："你天真幼稚也好，愤世嫉俗也罢，这些都帮不了当事人。"

我的回应：尽管会犯很多错误，但我持续尝试，不断努力，因为我知道，他全身心投入地要将我培养成一名优秀的治疗师和心理学工作者。日复一日，我对自己的临床判断和技术更自信了，因为我知道它们都基于扎实的学习和实践。作为一名"以人为中心"取向的督导师，他教给了我"一名优秀治疗师"所需具有的精神和技术。最重要的是，他让我明白了，如果不能在治疗室中真实地呈现自己，就做不了优秀的治疗师；这意味着，要容纳自己的真实，所以即使在严肃的咨询谈话中，我也会保持自己本身的幽默感。

下面说说我最喜欢的一位教师。

Doc

特点：Doc 教授高中美术，他热爱这份工作。比起别的那些讲求组织、注重管控的课程，他的课堂是学生们可以小憩的地方，所以很受大家的欢迎。他会在课堂上播放音乐，学生可以在伴奏中独立创作，天马行空，不拘小节。他尊重学生的想法与选择，鼓励我们的无限创意，而不是墨守成规。他对我的作品表达了真心的兴趣，每天他都来仔细地看我工作，如果我问寻他的反馈，他会毫无保留；在需要的时候，他也会给我提供建议，但他从来不直接告诉我要怎么做。他让我对自己的作品负责，他也能清楚地区分交流艺术观点和朋友间闲聊侃大山的情况。他营造了轻松的课堂气氛，让学生得以探索自己的创造力和艺术潜能，他同样希望我能放手去创作自己的作品。他明确地说过，无论是绘画、雕塑还是其他的创造性工作，都别墨守成规，而要多创新。例如，在我高中毕业那年，我和一个同学想拍一部动画电影——这本身就跟其他同学的作业选题大为不同，更别说我俩对这方面基本一无所知。Doc 却回应说："很酷啊！你们打算怎么做呢？"这部电影让我们俩整整花了一年的时间：我们写脚本、学习动画技术、学着做剪辑，胶片也是拍了一卷又一卷。Doc 持续关注我们的工作进展，对我们的返工重来表示体恤，也会在我们不能如期完成工作任务时表达关切。他力促电影的"首映"，帮我们邀请观众，提供音响系统，还给大家做了爆米花。

我的回应：我尝试了那些自己从未设想过的事情。我犯了些错，但也有收获，在不知道事情怎么做的时候，我也不再怕露怯了。当我遭遇问题的时候，我也不会藏着掖着自己的不足之处了。我懂得了哪些是自己可以解决的，哪些不是。也许最重要的一点是，我一直盼着能再上那样的课，体验那种如沐春风的感觉！

下面，请回想一位自己最喜欢的教师或督导师。想想看，他有哪些特点，他是如何鼓励你努力学习、精益求精的。请回答下面这些问题。

他的名字是？

他有哪些特点？

他是如何鼓励你努力进取的？

你是怎样回应他的？

做完这个练习之后，请再仔细看看这位导师身上的特点，并对比一下 MI 精神中的合作、接纳、至诚为人和唤出。"合作"是指与别人和谐工作，一起解决问题、处理议题、实现设想的一种倾向。在合作过程中，每个人承担的角色虽然不同，但都是彼此支持的。"接纳"是指认可别人的绝对价值，认可他们有需要也有能力选择自己的人生道路，认可他们有能力做出明智的选择。"至诚为人"是指对于别人的福祉不只表达关切和担心，还要行动起来为他们谋求福祉。"唤出"是指其中一方汲取出另一方自身具有的最好的部分，在这位导师身上，MI 精神的四要素是如何体现的？

练习 2.2　是否符合 MI 精神

下面几个例子给出了当事人说的话和从业者的回应。请仔细阅读这些谈话并判断从业者的回应是否符合 MI 精神。符合请画√，不符合请画 ×，同时也请写下你的判断依据。之后将你的判断依据与参考答案进行比较。

1.**理查德**（莎拉的丈夫）：莎拉背着我跟别人风流，还对我撒谎，真是气死我了。真不敢相信我竟然一直被蒙在鼓里！我觉得自己真的像个傻子似的！

从业者：现在回头看，你都忽略了哪些迹象？

符合请画√，不符合请画 × _____

为什么？

2.**亚瑟**：我知道我爸说我抑郁了，但我没有。我不想去踢足球，可这不代表我就抑郁了啊。

从业者：爸爸不必要地担心你。你觉得他看到了哪些情况才会这样担心？

符合请画√，不符合请画 ×_____
为什么？

3. **塔尼亚**：我现在得想个办法，让自己振作起来。这次的健康问题让我情绪波动很大。我满脑子都是这些事。您认为我应该怎么办啊？

从业者：嗯，我确实有些想法，它们可能对你也有帮助。不过，我想先听听你都想过哪些办法。

符合请画√，不符合请画 ×_____
为什么？

4. **亚瑟**：我不会写这种傻乎乎的思维日志的。监测这种"失败者"思维就能帮助我了吗？我来这里是为了心情能好一些，现在却不得不关注这些让我心情更差的东西。

从业者：是啊，亚瑟，可能你说的没错。这个方法虽然对很多人有用，但不适合每个人。我们可能需要试试别的方法。我们说过一些处理心情问题的方法，你觉得试试哪个会对你有帮助？

符合请画√，不符合请画 ×_____
为什么？

5. **塔尼亚**：他们说我现在就得做手术。但我信不过他们，所以我还没定啥时候手术。

从业者：你怎么不听建议呢？他们可都是专家啊。现在就打电话安排吧——估计这周就排得上。

符合请画√，不符合请画 ×_____
为什么？

6. **莎拉（理查德的妻子）**：理查德就喜欢给别人制造负罪感，我受够他这一套了！好吧，我是出轨了。但其实我已经准备结束外遇关系，重新经营婚姻，好好过日子了，只是我觉得理查德是不会放过这件事儿的。可能我们就是应该离婚吧。

从业者：莎拉，只有你自己才能决定，自己是应该留在这段婚姻中，还是应该离开。我想知道，怎么样你会觉得比较有希望，可以跟理查德过下去了。

符合请画√，不符合请画 ×_____
为什么？

7. **佩琪（亚瑟的母亲）**：这帮人给我来了个出其不意的批斗会。我都没留神，这帮人就一个个地跳出来，对着我说了两个小时，说我喝酒伤害了他们。他们觉得我是个酒鬼！在喝酒这件事上，我可能是遇到了点问题，但我怎么也不至于是个酒鬼啊！

从业者：（温和地）佩琪，如果有种动物走起路来像鸭子，叫出声来也像鸭子，那这种动物可能就是鸭子了。所以我觉得，要是大家都说你是个酒鬼，那这个事咱们可能就得多关注一下了。也许你是在否认，你觉得呢？

符合请画√，不符合请画 × _____

为什么？

8. **劳埃德（亚瑟的父亲）**：我觉得亚瑟承担的家庭责任太多了。在他这个年纪，男孩子应该去参加体育运动，去追求女孩子。他呢，却一天到晚操心着弟弟，操心着这个家。他甚至还要管洗衣服的事儿。我跟你说，我这么大时可不干这个。我尝试让他回归正常一些的生活，比如去踢踢足球，他却冲我发火，说我不懂他。我该怎么办呢？

从业者：有酗酒问题的家庭，一般都会如此。可以试试给他推荐国际象棋社或学校报社的活动，别逼他踢足球了，怎么样？我觉得他更愿意接受这些活动。我还觉得，你也没有认识到亚瑟有多聪明。恐怕他是不会对踢足球感兴趣的。

符合请画√，不符合请画 × _____

为什么？

9. **塔尼亚**：大夫给我列了个好长的单子，上面都是一些为了健康我必须做的事情。这太让人头大了。我必须一天吃三次药。可我连一天喂一次狗都记不住。这些我根本做不到。但是我又怕如果做不到自己真的会死。

从业者：（积极鼓励）你能做到的。你一定会做到的。

符合请画√，不符合请画 × _____

为什么？

10. **理查德（莎拉的丈夫）**：我现在不知道要怎么办。我没辙了。我不想日子还是这么个过法。大夫，我该怎么办啊？

从业者：嗯，你俩来参加一个夫妻治疗工作坊怎么样？这周末我会举办一次这样的工作坊。虽然费用有点高，不过我觉得对你俩会挺有帮助的。这个工作坊也许还能帮你们重温当年想在一起的初衷。

符合请画√，不符合请画 ×＿＿＿＿＿

为什么？

练习2.2　参考答案

请大家注意，虽然我们在这里使用了简化的对错二分法，但评估 MI 精神一般是要基于一个连续体来考虑的。因此，对于是画√还是画 ×，我们的意见可能并不统一，所以我们之前写下的那些判断依据就特别重要了。以下是我的依据。

1.×。在本例中，从业者可能没有把握好唤出与合作。这位从业者如果能先关注合作中的支持性成分可能会更好些。具体来说，这位从业者没有把握表达共情的时机，反而直接跳到了信息收集上。

2.√。本例再次呈现了合作与唤出，不过这一次从业者先关注了关系议题。这位从业者先做了反映性陈述，然后提出了开放式问题，这样的提问会鼓励当事人探索改变的可能。

3.√。这位从业者没给自己套上专家角色的光环，而是主动寻求与当事人合作，且从当事人的利益出发行动。从业者并不回避当事人的寻求建议，而是要确保在合适的时机给出建议。从业者把握机会倾听塔尼亚对于改善自己处境的想法。

4.√。如果当事人不配合、不执行，即使最好的心理疗法也没法发挥作用。这位从业者避免了跟当事人争夺主导权，而是在寻求合作（在找替代性的方法）。

5.×。当事人需要做个艰难的抉择且被矛盾心态所困，这位从业者没有把握时机支持当事人的自主性（接纳的一个成分）。当我们这么努力推动当事人改变时，即使给出的理由很让人信服，从业者可能也只会得到当事人这样的回应："你说的对，不过……"

6.√。这位从业者承认，莎拉对其是否留在婚姻中拥有决定权，这体现了从业者接纳的态度；同时，从业者也将谈话的方向引向了自我探索与未来的希望。

7.×。面质通常会加剧不和谐。这位从业者违背了 MI 的一个重要理念：让当事人对其行为做出结论。从业者的这种做法有悖于 MI 中接纳与合作的精神。

8.×。运用 MI 时，我们一般不轻易给建议，即便这个建议是出于好意（也贴合实际情况）。因为给建议可能有悖于 MI 精神中的唤出、合作、接纳及至诚为人。从业者的建议是种"主张"，这可能就会引出持续语句或不和谐。

9.×。安慰、鼓励与支持都是重要的治疗干预手段，但它们始终都要让位于 MI 精神——MI 精神才是最最重要的。在本例中，从业者在回应时表达出"你别无选择"的意思，这有悖于自主性（接纳的一个成分）精神。而且，从业者也没有认识到：当事人的矛盾困局本身就能为其改变提供所需的动力。

10. ×。这种情况是很难抉择的，一方面，这个工作坊对两位当事人可能确实会很有帮助，另一方面，这位从业者明显也是工作坊经济收入的既得利益者。另外，还得考虑怎样向当事人提供信息。这些都是困难所在。在本例中，从业者主张参加工作坊违背了 MI 精神中的唤出、接纳（自主性），尤其违背了至诚为人的精神。在这种情况下，已经难以区分这位从业者是以当事人的福祉为出发点，还是以自己的利益为关注点。在本书稍后的章节中，我们再来讨论如何以符合 MI 精神的方式为当事人提供信息。

练习 2.3　　不忘初心

我们都曾拥有相似的初心，即希望自己成为某种类型的助人工作者。我们可参考以下这些品质，当然也可以称之为"价值"——无论哪个称呼都有助于我们描述自己所从事的工作。也许我们的观点可以被清晰地表述出来且它们可能也符合某一理论模型；或者，也许我们只是模模糊糊地觉得，助人者应该怎样做，应该是什么样子。无论以上哪种情况，这个练习都给我们提供了一个思考的机会，让我们想想自己应该具备哪些品质。

请阅读以下清单，圈出你认为助人工作必不可少的品质，而不是只圈选那些你觉得自己应该做的。清单末尾处留出了两处空格，以便大家可以补充其他未被提及的价值或品质。

接纳 接纳当事人如其所是	权威 主导助人工作，对当事人负责	真实 在助人工作中保持真我
自主 鼓励当事人自己做选择	关怀 关心当事人	安慰 提供当事人之所需
挑战 鼓励当事人接受困难的任务	奉献 为当事人奉献	至诚为人 关心当事人，并落实到行动上
信心 相信自己也相信当事人会成功	贡献 我的工作为当事人添彩	合作 与其他的助人者协同工作
创新 为助人工作带来新点子	可靠 对当事人来说，我是可靠、值得信赖的	职责 落实助人工作的职责与义务

（续表）

激昂 让我的助人工作充满热心与干劲儿	**专业性** 当事人认可我的知识和技能	**谅解** 帮助当事人接纳错误与局限
趣味 在助人工作中体会到趣味	**慷慨** 将我所拥有分享给当事人	**成长** 使当事人持续改变、成长
助益 对当事人有所助益	**诚实** 对当事人诚恳、真实	**希望** 对当事人保持积极乐观的期望
谦和 在助人工作中谦和、平实	**幽默** 为助人工作带来欢乐	**独立** 由我自己决定怎样与当事人开展工作
内心平静 在助人工作中体验到平静	**正义** 促进公正、公平地对待当事人	**知识** 给当事人提供有价值的知识
休闲 工作中悠闲、放松	**爱** 给予当事人爱，也接受当事人回馈的爱	**忠诚** 对当事人忠诚，值得信任
不墨守成规 质疑权威与规范，也鼓励当事人这样做	**开放性** 对当事人的新事物、新经验保持开放的心态	**秩序** 工作方式井井有条、组织妥当
激情 对助人工作抱有炽热而深刻的情感	**快乐** 享受自己的助人工作	**权力** 决定助人工作的性质与走向
目标性 助人工作要具有意义和方向	**理性** 助人工作基于推理与逻辑	**名誉** 被当事人喜爱
尊重 被当事人视为有价值的人	**责任心** 与当事人一起做出负责任的决定，并确保其落到实处	**冒险** 与当事人尝试新的理念和方法
安全 为助人工作提供安全的设置	**自律** 在助人工作中严于律己	**自尊** 在助人工作中对自己感到满意
无私 当事人的需求在先，自己的在后	**自知** 在助人工作中对自己有深刻的认识	**技艺** 助人工作的技术扎实、纯熟
独处 有自己思考的时间和空间	**精神信仰** 将精神生活与成长带入助人工作	**稳定** 对当事人保持稳定一致的态度与做法
容纳 接纳并尊重与自己不同的当事人	**传统** 遵循已获得广泛认可的助人模式	**财富** 助人工作满足我在金钱方面的要求与渴望
工作 努力做好助人工作	**其他价值**	**其他价值**

现在，请再查看一下这个清单，从中选出你最看重的 5 个品质（价值），把它们写入下表，并回答以下两个问题：

- 你为什么觉得该品质重要？
- 该品质在你的助人工作中是如何体现的？

请参考以下示例。

品质或价值	你为什么觉得该品质重要	该品质在你的助人工作中是如何体现的
示例：趣味	我认为积极情绪对助人工作特别重要，这样的情绪能让当事人看到、想到新的可能，并让这些可能变为现实	我对待工作虽然很严肃认真，但我也会开玩笑，甚至大笑，还会将轻松有趣的精神带入我与当事人的会谈中。当然，我是绝不会拿当事人开玩笑的

价值与品质会塑造我们在日常生活里的选择，无独有偶，它们也塑造了我们与当事人之间的互动模式。但是，生活中往往会上演时过境迁、初心易逝的情景，我们的助人工作在岁月的冲刷下也容易偏离这些价值与品质。这个练习给了我们一个机会，不仅让我们重拾初心，澄清自己的价值观，还让我们思考这些品质与 MI 精神四要素的符合程度。花点时间考虑一下，你所选择的价值或品质在哪些方面符合 MI 精神，如果想要更贴近 MI 精神，可能还需要做出哪些调整。

- "合作"是指与别人和谐工作，一起解决问题、处理议题、实现设想的一种倾向。在合作过程中，每个人承担的角色虽然不同，但都是彼此支持的。
- "接纳"是指认可别人的绝对价值，认可他们有需要也有能力选择自己的人生道路，认可他们有能力做出明智的选择。
- "至诚为人"是指对于别人的福祉不只表达关切和担心，还要行动起来为他们谋求福祉。

• "唤出"是指其中一方汲取出另一方自身具有的最好的部分。在当事人需要时，从业者会给出指导，但目的在于抛砖引玉。当事人的自主性得到尊重和鼓励。

品质或价值	该价值在哪些方面符合 MI 精神	可能需要做出哪些调整
示例：趣味	该价值不太能被归入 MI 精神的哪个元素里。不过，积极情绪能让我们与当事人建立合作，并能创建一种氛围——身处其中的当事人可以更具创造性，更有力量感，从而有助于当事人想出解决问题的办法，并将其落实到行动上	虽然，趣味能创建和谐融洽的氛围，但我需要考虑周全，别让这种幽默精神变成冒傻气，并确保其是服务于助人工作的，而不能偏离这个主旨

接下来，请强化在第二列写下的内容，并将第二列与第三列的内容相结合，再将其带入你的助人工作中。如果你决定付诸实践、行动起来，请先将"可能怎样做"写下来。

练习 2.4　　通勤途中

上下班通勤是我们日常生活的一部分；在通勤途中被别人惹到同样也很常见。这个练习让我们有机会在练习共情的同时为自己减减压。

第一种方法的操作步骤为：等某个讨厌鬼一现身（如强硬超车抢道的人、插在你前面狂挤地铁的人、一屁股抢了你正准备坐的座位的人、把飞机座椅靠背后仰到你腿上的人、打电话时声如洪钟的人等），请为其创作一段"难言之隐 / 背后的故事"。

示例

"沃利超车硬抢到了我前头。他今天过得很不顺。早晨上班路上，他把咖啡洒了自己一裤子，烫死了。他得赶紧调整好（把裤子弄干），因为他今天要做一场重要的工作报告，为了确保万无一失，演示文稿是熬夜修改到很晚才弄好的。紧接着，沃利又接到了爱人的电话，说塞西尔（他的狗）又在地毯上呕吐了，现在得谈谈塞西尔的去留了。然后，沃利正在整理东西时，新老板过来了，提了许多相关工作整改意见，告诉他下班前必须完成。因为这些事，沃利参加女儿的演奏会要迟到了。女儿是第三个出场，沃利保证过肯定会参加的。所以如果他开快点，可能还赶得上女儿的演出。"

请将这个故事继续往下写，直到你的厌恶感、受挫感消散，取而代之的是一种对他人境遇的体恤之情。大家想想在通勤途中遇到的类似情况。如果有人日常不必通勤，也可以想想在其他出行（如出国旅行）途中那些惹自己生气的人。

第二种方法所使用的素材虽然更真实一点，但仍然需要我们多运用自己的创造力。请打开收音机，调到一个你平常不听的谈话类节目上，且这个节目的内容必须有违你的信念或日常做法。请听一句主播或来电听众说的话，然后关掉收音机或调小音量，做一下反映性陈述——开口出声的那种。反复做上几遍，直到你觉得自己理解了这句话的意思（虽然可能并不赞同这句话）。另外，你也可以创作一下主播或来电听众的"背后故事 / 难言之隐"。

练习2.5　你要这样做……

在前面的练习中，我们使用过这些谈话素材，现在我们再增加一点信息，让这个练习略有变化。请读一读当事人说的话，识别从业者可能出现的关切与担心。从业者一旦想推动这种关心，就自然而然地会用上翻正反射了。请大家也揣着这份关切与担心，写下头脑中涌现出的"好"建议。然后，再考虑一下当事人矛盾心态中的"持续面"，这可能会阻碍他们接受这个好建议。这些都是当事人可能会有的想法。最后，想想当事人基于"持续面"会怎样回应这个建议呢？请写下他们可能说的话。具体示例如下。

1. **理查德（莎拉的丈夫）**：莎拉背着我跟别人风流，还对我撒谎，真是气死我了。真不敢相信我竟然一直被蒙在鼓里！我觉得自己真的像个傻子似的！我现在就找律师起诉她，孩子都归我，她就等着掏诉讼费吧！

翻正反射：理查德怒火中烧，这或许不利于他保证自己的最大利益。

"好"建议：我理解你的愤怒，但你现在就起诉她是不是有点不太成熟，这会给孩子们造成怎样的冲击，这些你都想过吗？

持续面：她都这样了……你竟然还说我只想着自己。

理查德：可能吧，但这也不是一天两天的事儿了，她要是在意我跟孩子，就不会搞这种破事了！说到底，是她自始至终都只知道想着她自己。

如果分别写出"持续面"和"当事人的回应"对你而言太困难，那就只写出后者即可。不过，"持续面"能让我们考虑到当事人可能出现的内心对白，而且我们还要认识到：当事人的这种自我对话，与他们回应我们时说的话，可能是不一样的。

2. 亚瑟：我知道我爸说我抑郁了，但我没有。我不想去踢足球，可这不代表我就抑郁了啊。当然，我不是这个世界上最开心的人，我也没法做到更开心。那又怎样？你要是跟我一样，估计你也开心不起来。

翻正反射：

"好"建议：

持续面：

当事人：

3. 塔尼亚：我现在得想个办法，让自己振作起来。这次的健康问题让我情绪波动很大。我满脑子都是这些事。您认为我应该怎么办啊？我睡不着觉，身体一直疼，一点儿力气都没有。我喜欢的事情一件都没法干了。

翻正反射：

"好"建议：

持续面：

当事人：

4. 亚瑟：我不会写这种傻乎乎的思维日志的。监测这种"失败者"思维就能帮助我了吗？我来这里是为了心情能好一些，现在却不得不关注这些让我心情更差的东西。我天天想的已经是这些东西了，我不想再想这些了——再也不想了。

翻正反射：

"好"建议：

持续面：

当事人：

5. 塔尼亚：他们说我现在就得做手术。但我信不过他们，所以我还没定啥时候手术。为了治这条腿，我都做了好几次手术了，根本就不解决问题——我还是在疼啊。新手术要是不能保证做完了能好点，我干吗要做？

翻正反射：

"好"建议：

持续面：

当事人：

6. **莎拉（理查德的妻子）**：理查德就喜欢给别人制造负罪感，我受够他这一套了！好吧，我是出轨了。但其实我已经准备结束外遇关系，重新经营婚姻，好好过日子了，只是我觉得理查德是不会放过这件事儿的。可能我们就是应该离婚吧。这就是我出轨的原因。这已经不是一天两天了。这事理查德也逃不了干系，也得负责。

翻正反射：

"好"建议：

持续面：

当事人：

7. **佩琪（亚瑟的母亲）**：这帮人给我来了个出其不意的批斗会。我都没留神，这帮人就一个个地跳出来，对着我说了两个小时，说我喝酒伤害了他们。他们觉得我是个酒鬼！在喝酒这件事上，我可能是遇到了点问题，但我怎么也不至于是个酒鬼啊！我爸就是个酒鬼，所以我知道酒鬼是个什么德行。我跟他绝对不一样！

翻正反射：

"好"建议：

持续面：

当事人：

8. **劳埃德（亚瑟的父亲）**：我觉得亚瑟承担的家庭责任太多了。在他这个年纪，男孩子应该去参加体育运动，去追求女孩子。他呢，却一天到晚操心弟弟，操心这个家。他甚至还要管洗衣服的事。我跟你说，我这么大时可不干这个。我尝试让他回归正常一些的生活，比如去踢踢足球，他却冲我发火，说我不懂他。我该怎么办呢？我要不管他吧，他就成天自己在那儿发愁。我要跟他谈点什么吧，他又没好气地跟我大吼。所以我也是没辙了，只能跟着感觉走，自己觉得咋做对就咋做了。

翻正反射：

"好"建议：

持续面：

当事人：

9. **塔尼亚**：大夫给我列了个好长的单子，上面都是一些为了健康我必须做的事情。

这太让人头大了。我必须一天吃三次药。可我连一天喂一次狗都记不住。这些我根本做不到。但是我又怕如果做不到，自己真的会死。所以我左也不是，右也不是，实在不知道该怎么选了，请你帮帮我吧。

翻正反射：

"好"建议：

持续面：

当事人：

练习 2.5　参考答案

翻正反射有多种形式。通常，一旦我们发现当事人的观点不正确，或者我们觉得可以用自己的知识或技能帮助他们时，翻正反射就会现身。请注意这些例子中的情况：在从业者看来很好的做法，实际上却阻碍了当事人的改变。在考虑当事人的内心对白与后续回应时，我们至少要做三件事。第一，要考虑当事人矛盾心态的"持续面"，这会藏在表象之下，也会藏在他们的言语之中。第二，要考虑当事人听这些信息时的反应，这可以帮助我们建立共情。第三，始终要想着，我们的行为会带来怎样的影响。最后这条的考量将贯穿本书，我们还会再次提到。

2. **翻正反射：** 亚瑟在否认自己的抑郁，而且好像在这件事情上他会放弃自己的选择，任其自由发展。

从业者： 嗯，我也说不好你是否抑郁了，不过如果你想，你还是可以做一些事情来让自己的心情有所好转啊。

持续面： 你这是在说，心情不好都是我自找的。

亚瑟： 比如呢？去想那些开心的想法吗？

3. **翻正反射：** 塔尼亚在寻求帮助。[因为塔尼亚看起来是准备好改变了，所以我们很容易就跳到给建议上，而忽略对其处境与困难的探索。]

从业者： 首先我们要做的就是让自己增加一点活动量。研究表明，活动对于管理慢性疼痛作用特别大。如果你不参加活动，你的生活会越过越窄。

持续面： 我知道自己的生活已经变窄了。我也一直在尝试做些活动。不管用的。我在尝试解决问题啊，但没觉得你有尊重我的努力。

塔尼亚： 太对了，不过要真有这么简单，我早就办到了。

4. **翻正反射**：这是一种 CBT 技术，研究证明，它可以有效地识别不良认知，亚瑟却反对这种技术。

从业者：我不是让你想开心的方面。因为有研究表明，这样做只会使你更不开心。相反，我是让你记录你的想法如何影响了你的行为和选择。一旦了解了这些，我们就可以着手挑战这些想法，让你拿回一些对事情的掌控了。

持续面：你说的也许都对［事实上的确都对！］，但不过只是说教而已，与其他大人的做法没啥不同。我不喜欢做这个，我也不会去做的。因为我根本就不喜欢这些想法。

亚瑟：不可能，我才不信呢。这玩意儿能神奇到可以改善我和父母的关系吗？

5. **翻正反射**：塔尼亚不知道如何是好了，她的医生们可能有办法解决这种导致疼痛的结构性问题。

从业者：对，可能的确没有人能保证手术的效果，这确实让人泄气。不过，你想过吗，如果有机会治本，我们至少应该先考虑一下吧？

持续面：先前的那些手术经历已经把我的改变希望都磨没了，我只记得疼痛、不方便，还有就是没啥效果。没有更明确、更有力的保证，我才不愿意再做手术呢。

塔尼亚：我一直在考虑这个呢，但是我不知道这算不算个机会。

6. **翻正反射**：如果离婚的威胁一直存在，那会阻碍夫妻双方开展建设性的谈话。

从业者：也许我们可以先放一放离婚这个话题，因为这只会把你们双方都逼得无路可退，到时候可能就难以回头了。我不希望你是身不由己地做出自己不想要的选择。

持续面：这些话我已经听够了，你根本就没有认真听我在说什么。他别想拿离婚威胁我，这个烂摊子他也是要负责的！

莎拉：好吧，我也说不清自己想怎么办了，但是如果要让我留在婚姻中，他就得改变。

7. **翻正反射**：佩琪感到受伤、窘迫和愤怒，这些都会妨碍她认识到酗酒对人对己造成的不良影响。佩琪对父亲的印象也不利于她正确评估自己酗酒的风险。

从业者：有个有意思的现象啊，我们对于"算不算个酒鬼"的看法会影响我们对自己喝酒这个事的评价。酒鬼，或者说酗酒者，其实有很多种形式，其中有的酗酒者看起来就比较正常。

持续面：就算你说的比唱的都好听，我还是觉得你们在贴标签，我才不会同意你说的这些。

佩琪：你说啥？

8.**翻正反射**：劳埃德在奋力挣扎。他想当个好爸爸，他在寻求支持和帮助。他关于"男孩子应该干什么、不应该干什么"的想法也在困扰他。

从业者：我能听得出来，你特别想帮亚瑟。但我觉得现在恰恰是你需要放手的时候，别再给儿子讲年轻的小伙子应该怎么做了。他对追女生和体育运动可能就是没啥兴趣。

持续面：你说你理解我、支持我，但实际上你根本就没有，因为你一直在说我做错了。我确实想得到一些指导，但你说的这些只会让我和儿子继续烦恼，而不会对我们有任何帮助。

劳埃德：那我应该怎么办？就让他这样成天一个人发愁吗？这样不行啊。

9.**翻正反射**：塔尼亚不堪重负，陷入了恶性循环，她好像想让我来管这事。她需要先找到方向。

从业者：嗯，好啊，让我来帮你重新振作起来吧。咱们先从服药这件事着手，因为这件事很重要。咱们要确定一个规律的吃药时间。睡醒了就吃药，还有上床睡觉前也吃药，这样安排怎么样？人们通常会在这些时刻安排日常例行的事儿，这样比较有条理，有利于事情的落实。

持续面：要是事情真这么简单，我早就办到了。你根本就不明白那到底有多难。

塔尼亚：现在的问题是我睡不着觉，所以我就常常熬着。然后我太累了，就会在沙发上睡着，而我浑身的疼痛让我去卧室都十分困难。于是，我待在哪儿，就睡在哪儿，这对我来说还容易点。

练习 2.6　难缠的当事人

我们都遇到过难缠的当事人。这一群体考验着我们的业务能力，让我们体验到工作的艰辛，甚至让我们害怕他们的再次到来。请大家考虑自己工作环境的设置，再想一个可能很难缠的当事人。

请针对这个人，思考三个问题。

1. 你和他的工作，现在进展到了哪里？

2. 你希望的进展是到哪里？

3. 是什么阻碍了这一进展？

现在想象你就是这个人。让自己真正在他的位置上思考。

1. 你和从业者的工作，现在进展到了哪里？

2. 你希望的进展是到哪里？

3. 是什么阻碍了这一进展？

先回顾一下上面的两组答案，然后再想一想 MI 精神的四个要素。

● "合作"是指与别人和谐工作，一起解决问题、处理议题、实现设想的一种倾向。在合作过程中，每个人承担的角色虽然不同，但都是彼此支持的。

● "接纳"是指认可别人的绝对价值，认可他们有需要也有能力选择自己的人生道路，认可他们有能力做出明智的选择。

● "至诚为人"是指对于别人的福祉不只表达关切和担心，还要行动起来为他们谋求福祉。

● "唤出"是指其中一方汲取出另一方自身具有的最好的部分。在当事人需要时，从业者会给出指导，但目的在于抛砖引玉。当事人的自主性得到尊重和鼓励。

根据 MI 精神的四要素，要改善与这位当事人的关系，你可能需要做出哪些调整呢？

假如你要换一种新的方式与这位当事人工作，会是什么样的方式呢？

练习 2.7 **最美的回忆**

请将你觉得自豪的一件事（其中有你的参与和贡献）画成一幅画。请确定这是你有生以来最棒的时刻——也许是你冲破了重重困境，苦尽甘来；也许是你舍己为人，无私奉献。无论是怎样的时刻，请把它画出来。大家不必介意自己的画工，画简笔画就好，不过也请尝试添加重要的细节内容。那个人是谁？正在发生什么？

请画在这里：

都画好后，请大家把自己的画拿给伙伴看看，并讲述自己的画作。

等你们轮流讲完之后，再拿出几分钟想想：你的伙伴在这次交流中展现出了哪些品质。以这些品质为线索，请从他的故事中找出三个优点（优势）并写在下面。这里给出了一个例子，大家组织语言时可做参考。

示例：你能很好地共情别人。尽管你对分配给自己的任务并不满意，但你会站在被服务者的角度看问题，替他们着想，考虑他们的期望。你做事儿能从被服务者的需要出发，而不是沉浸在自己的得失中。

1. 优点（优势）：

2. 优点（优势）：

3. 优点（优势）：

最后，请将从故事中听出的这三个优点（无论它们是明确的，还是隐含的）反馈给对方。反馈时，记得要包含具体的例子。

这些优点（优势）是你可以信赖的。这些优点（优势）反映最棒的你。在遭遇压力挑战时，它们就是你的基石，让你屹立不倒。但是，想要有意识地利用这些优点（优势），你首先需要认可它们的存在，拥抱它们的真实。该练习为我们铺设了一级朝这个方向迈步的台阶。就你自己的观察而言，这些优点（优势）在你的人生中发挥了怎样的作用呢？

如何将这些优点（优势）用在你的助人工作中呢？

Building
Motivational
Interviewing
Skills

第 3 章

引入四个基本过程

> 韦氏英英词典对 "processes" 一词的定义有：
>
> * A series of actions that produce something or that lead to a particular result.
>
> * A series of changes that happen naturally.

2013 年，米勒和罗尼克正式引入了 MI 的四个基本过程，即**导进**（engaging）、**聚焦**（focusing）、**唤出**（evoking）与**计划**（planning）。我们先来定义一下这几个过程。**导进**是建设（能让当事人对自己的现实困境展开探索的）安全之所和合作的关系。**聚焦**是要弄明白对当事人而言，最重要的事情是什么，同时设定工作议题。**唤出**是引出当事人自己的改变理由并决心付诸实施。**计划**是制定具体的方案，让当事人改变的决心可以操作，能落实到行动上。这四个过程为我们提供了一个理解如何跟当事人工作的框架；而在后文中，我们还会更深入地定义这些过程。MI 的这四个基本过程不同于普罗查斯卡和迪克莱门特在其 "改变的跨理论取向模型" 中提到的 "**改变过程**"。后者指的是在当事人**自身**的改变机制，此时，咨询师要努力顺应这种机制，让自己成为这部 "改变引擎" 的部件，发挥作用，使引擎运转良好。而 MI 的四个基本过程则是从业者与当事人**之间**互动的地图。既然是地图，那这四个基本过程就能帮助我们辨识和更好地理解与当事人的工作如何因人而异地展开，即 "怎么做、何时做、为什么做"。

虽然上述说明算得上言简意赅、表述清晰，而且 MI 培训师也都蛮喜欢 MI 模型的这种简洁性，但就这四个基本过程而言，有不少地方值得我们更深入、更全面地理解。米勒和罗尼克将 MI 的进行描述为一种按顺序展开的线程，就像一本书的情节逐步展开一样。不过，除此之外，他们也提到了这些过程之间其实是有重叠和交集的，每个过程往往会重复经历，而且也没有所谓的"完结"之说。实际上，根据实际需要，我们会重历已经走过的相应的过程。说了这么多，那么这些过程究竟是什么样的呢？我们又该怎样理解它们呢？更重要的是，我们要怎样付诸实践呢？

我认为，这些过程具备了三种属性。第一种在于让我们知道，在促进某个特定当事人做出改变的工作中，我们进展到了哪里。第二种在于告诉我们，当进行到这里时，我们的目标是什么。第三种在于指导我们如何运用相应的技术。我们仍以"皮筏漂流活动"做类比来一起理解上述的这些说法。

一次有向导的皮筏漂流活动的持续时间可能是一天，也可能是几周，我们与当事人工作的时程也是如此。这种漂流活动有四个元素，即河流、向导、当事人[1]、工具（如皮筏子、桨）。我们就先从河流说起。

首先，河流虽然是同一条河流，河水却已经不是同样的河水。换言之，即便我们两次踏入同一条河流的同一位置，河水也变了。上游的一切，此处的一切，下游涡流带回来的反水流，有诸多元素混合交汇在一起。打这个比方对于我们理解 MI 的四个基本过程有哪些启示呢？首要的一点便是喻义 MI 四过程的元素混合交织在一起。虽然如此，但这四个过程仍然具有一般性的展开顺序，如果某一过程未能很好进行，那么其后的过程也难以进展顺利。例如，若**导进**过程没有做到位，当事人无法感到足够安全，想进入**聚焦**过程的意愿自然也不会太高。又或者，如果我们并未足够深入地**唤出**当事人自己关于"为什么要做改变"的理由，就直接跳到**计划**过程，那恐怕当事人一遇到问题就要放弃努力了。所以说，MI 的四个过程能让我们知道，在这条改变之河中我们身在何处。这是非常重要的信息，它有助于我们开展工作，虽然我们心里清楚，这条河里的水是混合了所有的元素交汇而成的。

其次，我们在改变之河中的位置信息也提示我们此刻的目标，即在现阶段，当事人在做什么，而我们又该做什么。在现阶段，我们要尽量做到哪些，又要向哪里推进呢？现在是不是要彼此学习合作，即做我们在**导进**时要做的事？还是，现在我们已经在选择路线，即做我们在**聚焦**过程中要做的事？也许我们现在正陷于湍急的水流中，需要协同合作，找到前进的方向，即我们要有针对性地**唤出**当事人的改变语句，帮助他们从矛盾的横流中撑船而出。还是说，现在我们已经进行到了**计划**过程，从业者与当事人停船靠岸，在商讨如何完成前方的旅程？无论在上述哪一种情况下，从业者都

---

[1]　此处的"client"一词有"客户"的意思，指参加漂流活动的人，但也一语双关指"当事人"。此处都采用了"当事人"的译法，以保持措辞上的一致性。——译者注

如同"一名出色的漂流向导":不只顾好眼前,把握好当下的漂流,还会考虑到前方可能遭遇到的水流,提前绸缪。这样的向导无疑具备相应的航行知识,但若想漂流之旅顺利完成,向导也必得和当事人精诚合作。必须由当事人来决定,哪条路线最适合自己,如此他们才会努力划桨。以上表明,当事人会在特定的时间做特定的事。不过,此处的重中之重还是在于:当事人和向导一定要团结协作,才能完成漂流之旅。

再次,我们在改变之河中的位置以及相应的目标也决定了我们这些向导该怎样运用技术。技术的使用灵活多变,不拘一格,往往也会分场合、视情况而定。不过,无论是在河流漂流活动,还是在 MI 中,我们都会用到"桨"[OARS[1](+I)]来行船或推进。只是我们的用法可能会有不同:在不起波澜的河段中平缓航行,或者在又窄又湍急的激流中撑船前行,我们划桨(OARS+I)的方式还是很不一样的。举个例子来说。当水雾笼罩了皮筏子,我们看不清周遭与前路时,我们可能需要用反映这个技术来唤出当事人自己的资源;或者我们需要重新聚焦并确定,所选择的这条路线到底对不对。这时仍然会用到反映技术。但在前后两种情况中,反映技术的具体用法是有区别的。

最后,某些技术可能只在特定的情况下才会用到,或者在我们顺流而下的过程中会自然而然地用到。例如,只有在当事人决心将改变落实到行动上之后,我们才能进入计划过程。

总而言之,通过 MI 的四个基本过程,我们在工作中能知晓此刻在何处,该做些什么,包括何时要不动如山,何时又要去思考路在何方。另外,这四个过程也告诉我们要如何运用这些技术。当然,河流状况的改变往往是不可预料的,总会有意想不到的事情发生,我们也要对此有所准备。瓢泼大雨、大坝决堤、干旱少雨,这些都会改变河流的特性。同样,当事人在改变程式上的推进状况也可能发生突变。我们原本预计当事人会出现严重的不和谐,在实际工作中却发现,对方已经做好了进入计划过程的准备。同样,我们本以为当事人马上就要开始行动了,在实际工作中却发现,我们需要返回去重新聚焦,甚至是重新导进,只有这样才能再度进入唤出过程。

当然,上述有关河水属性及漂流活动的描述并不全面。实际上,与 MI 的从业者相比,漂流活动的向导们通常指导性更强。因为面对真实的河流时,特别面对一条波涛汹涌、湍急危险的河流时,以上过程的展开顺序可能是不同于 MI 的。例如,漂流活动可能需要计划在先,进入河流在后。河水总体上只朝着一个方向奔流;但当事人

---

[1] 英文词"OARS"一语双关,其本意指划船用的"桨",同时它也是 MI 核心技术英文单词的首字母缩写。——译者注

的心路历程及他们尝试落实到行动中的改变却并非如此。而且，无论我们是否踏足其中，也无论我们是否与当事人同行，这条改变之河都不会停歇，始终在奔腾涌动。所以我们可以看到，用漂流活动来类比 MI，其局限性还是比较明显的。

不过，仔细琢磨起来，即便是这些局限之处可能也依然蕴含着相似性。我们和当事人在一起的时间比我们不在一起的时间短太多。这不就是奔腾流淌的改变之河吗？我们与当事人工作，就好比把皮筏子先拉到岸边，我们会一起促膝而谈，一起度过这段时间。但当事人可能要继续前行，其旅途中可能并不会有我们相伴。另外，即便我们两次踏入同一条河流的同一位置，但河水也变了，我们也变了。于是我们要重回**导进**过程。所以说，用漂流活动做比喻，即便存在一定的局限性，也还是可以捕捉到"我们与当事人工作时挑战与互动"的本质，扣住这一主题。更具体些，该比喻揭示了向导和当事人各自的任务如何不同，这些任务又会在不同的时间阶段发生怎样的变化，以及彼此的合作是多么重要。

我们将按这四个基本过程来写作全书，讲解技术。虽然过程不同，最重要的技术也相应地有所不同，但我们所使用的这些核心技术还是相同的，我们会以此来完成这趟旅程。在每一章节里，我们都将回顾以下三个方面。

1. 我们在何处？
2. 当下与前方的目标是什么？
3. 在这种情况下，我们怎样运用技术？

第二部分

导进：关系的根基

韦氏英英词典对"foundation"一词的定义有：

- An underlying base or support.

- A body or ground upon which something is built up or overlaid.

- A basis (as a tenet, principle, or axiom) upon which something stands or is supported.

- The act of founding.

根基蕴含着稳定性，它让我们想到事物赖以建立的结构和基础。根基有深深扎根和牢固不变的含义。然而，关系却是动态变化的，所以我们自然会问：关系也有根基吗？

关系当然可以有根基，而且关系本身就是根基。实际上，问这么一个显而易见的问题，本身就显得有点荒唐和不明事理。仔细看看字典里对根基是怎么定义的，就能看出我们提出这个问题的角度有多么狭隘了。在字典里，根基就是指事物赖以建立、得以依托的基础。在 MI 中，这种根基就是关系。

根基在字典里还有"打基础"这一层定义，即为建设某些事物而最先采取的步骤。在 MI 中，这些最先的步骤是指从业者基于合作精神与当事人建立联结。我们不会想当然地认为这种关系可以自然形成，相反，我们要去建立这种关系。更进一步讲，这种关系建立在一种特定的"旨在改变的谈话"上，此类谈话遵循 MI 精神，关注当事人的语言（改变语句和持续语句）并运用相应的核心技术让前面两点得以实现。正是这三方面的相互结合让 MI 不同于其他形式的"旨在改变的谈话"，如以人为中心疗法或焦点解决疗法等。

导进[1]与脱离[2]

米勒和罗尼克认为，"打根基"的第一步就是要让当事人参与进来，即**导进**当事人。他们将此定义为建立彼此信任、相互尊重的助人关系的过程。该定义不但让我们充分重视治疗联盟的这些方面，而且也让我们聚焦于**"双方共同"**经历的过程，颇发人深省。在 MI 中，我们的关注点通常会放在创造条件上，以便让当事人感到安全，能舒心分享，也愿意主动地与别人建立联结，展开探讨与沟通。不过，该定义还蕴含一层意思，即作为从业者，我们一定要信任自己的当事人。秉持这一立场其实并不容易，尤其在当事人做出有损他人的问题行为时，或者他们一直以来的行为方式显然有违他们自己的个人利益时。因此，我们既要考虑那些影响当事人参与意愿的因素，也要考虑那些影响我们自己参与投入、影响我们信任当事人的意愿的相关因素，其中包括我们的价值观、初心、先前与当事人工作的体验以及我们的社会背景。本节后面提供了一个练习，帮助大家思考是哪些因素影响了我们信任当事人的意愿和能力。在下一章中，我们也会花点时间再讨论一下"价值观"这个议题，了解它如何影响我们助人工作的初心。所以，在与当事人建立合作关系之前，我们务必在这些重要的领域先对自己有个了解，正所谓能知己方能知彼。

米勒和罗尼克识别并确认了一些促进及阻碍当事人参与（导进）的从业者的行为。我们先识别从业者所做的那些阻碍当事人参与（导进）的行为，米勒和罗尼克将之称为"常见的从业者陷阱"。

- **评估陷阱**——为了某种需要而搜集信息，但没有将当事人作为**一个人**来关注。
- **专家陷阱**——从业者掌控着会谈结构，似乎搜集到信息就能给出正确的解决办法，没有将会谈理解成合作的过程。
- **过早聚焦陷阱**——片面地聚焦在问题领域，并未全面理解当事人**这个人**的生活全貌。
- **贴标签陷阱**——只关注诊断，看不到当事人**这个人**，和/或极力要让当事人接受诊断结果的合理性。
- **闲聊陷阱**——错把与当事人之间的闲聊当成会谈工作。

---

[1] 英文为"engagement"，含义是"使其参与进来、投入进来"。根据上下文的不同，本书会采用"导进"或"参与"的译法。——译者注

[2] 英文为"disengagement"，含义是"使其不参与"。根据上下文的不同，本书会采用"脱离"或"不参与"的译法。——译者注

相反，那些促进当事人参与（导进）的因素都是从业者关注当事人的参考框架并可据此开展会谈工作。以下四个促进因素，我们会用问句的形式呈现出来，旨在引发大家的思考。

- **目标**——此次会谈，当事人的目标是什么？愿望是什么？
- **重要性**——现在提到的议题与状况对当事人来说有多重要？
- **积极感受**——会谈在多大程度上给当事人带来了积极正面的感受，如希望等？
- **预期**——当事人预期这次会谈会怎么样？

有这几个问题指引，我们与当事人的初次会谈也就有了方向。而且，当事人可能也会问自己同样的问题。所以，这是一种能力，即为了当事人的福祉，我们从业者要达成上述问题所引申出的各种需求，同时还要理解当事人可能含蓄隐晦地回应这些问题。这种能力会帮助我们知晓，导进（参与）是否已经达成。我们会使用相应的技术做到/实现这些需求，本书后文将详细讨论此类技术。我简化了一下，将这些要求分成三大类，仍然搭配几个问题，以方便我们自查、反思自己做得如何。

- **创建安全与欢迎的环境**

   *只有感到安全，人才能产生积极正向的情绪。如何创建一个环境（situation），让当事人感到受欢迎、有价值？

   *具体做哪些事可以让对方感受到、体验到安全和受欢迎？

- **提问与倾听**

   *是什么让当事人决定来这儿找我说说呢？毕竟，如果不打算来，总能找到理由的。所以，当事人到底为什么会来？

   *这一状况是怎样跟当事人的生活、需求及其优先关心的事情结合起来而构成有机联系的？

- **提供易于接受的信息**

   *如何搞清楚当事人是怎么看待这种状况的？如何给出对方易于接受的信息，帮他更好地理解这种状况？

   *怎样基于当事人原有的经验赋予他们切合实际的希望，同时还能避免灌输与生硬的劝说？如何找到能给当事人带来希望的事物？

这三类需求及其所含问题可以帮助我们更深入地理解当事人**这个人**，让我们不拘泥于**自己的内心解读与回应**中（例如，这位当事人就是因为_____才来这儿的，他本人却不当回事），而是着眼于理解**这位当事人的内心世界及其回应**。因此，**导进**远非指我们与当事人建立流于表面的融洽关系，而是建立一种深度联结[1]。这种联结给当事人以安全感，让他们可以探索自己的问题行为和烦扰困境，也让我们明白其眼下的状况要如何放回其生活全景之中。举个例子，**导进**并非指弄明白对当事人而言做个好父母是什么样即可，而是指先要明白成为父母意味着什么，怎样融入当事人的生活之中。MI 所做的导进（参与）就是这一切的根基所在。

让我们仍回到漂流活动，借助这个比喻再理解一下上述内容。很明显，漂流之旅也有三类主题——我们在哪里、要做什么、该怎样做。我们是刚从起点出发，还是已经走过了一段旅程，正要重新踏入这条河流？我们目前要做的是要习惯同舟而行，还是要搞明白如何相互合作。最终，这些相应的技能（创建安全的环境、提问与倾听、给出易于接受的信息）会帮助我们理解当事人对此次旅程的期盼，当事人也就自然将我们视为提供帮助的旅途向导了。同样，我们也了解了当事人的生活，明白了如何将其眼前的状况融入其更宏观的生活全景之中，对其形成全面的理解。

导进中的关系建立取决于从业者在特定技术上的发展与进步，这是一个需要时间积累的过程。下面几章的内容将帮助我们塑造和磨炼这些技术。但在这几章之前，我们先来做几个活动。第一个活动聚焦于人或其他因素如何影响我们跟当事人的工作。第二个活动介绍了拉塞尔（Russell）的情况。在**导进**过程上，我们会以他为例，从而对他的状况有更深入一些的理解。在后文中，我们还会继续使用拉塞尔的案例素材来理解在 MI 的不同过程（**导进、聚焦、唤出、计划**）中谈话互动焦点的不同之处。

活动 Ⅱ a.	对我工作有影响的人与事

很多因素都会影响我们与当事人的工作。在练习 2.3 中，我们讨论了从业者的价值观以及初心的影响，除此之外，还有其他的一些人和事会影响到我们与当事人的工作。本活动启发大家思考，这些因素是如何影响我们导进和信任当事人的。

请先识别出那些在我们生活中举足轻重、影响深远的人。他们也许符合以下的分类，那就请在相应的地方写下这些人的姓名或首字母缩写。如果对你而言重要的人并未在以下分类中，请将其写在"其他"处。

另外，该**影响**既可以是正面积极的，也可以是负面消极的。无论是哪一种，只要

---

[1] 感谢斯蒂芬妮·巴拉西奥茨（Stephanie Ballasiotes）对"融洽"（rapport）和"深度"（depth）作了区分。——译者注

是对我们产生了重要影响的人就可以。

父母 / 照料者：

兄弟姐妹：

其他家庭成员：

朋友：

老师 / 教授：

教练：

老板：

其他成人：

队友：

配偶 / 伴侣：

男朋友 / 女朋友：

部队长官：

部队战友：

其他：

请大家从以上名单中再次选出对自己人生影响最大的 4~5 个人。在第一列写下他们名字的首字母缩写。在第二列写下他们每个人对人性的看法。在第三列写下他们的看法如何影响了你"信任别人"。

重要的人	他对人性的看法	如何影响了你信任别人

现在，想想那些影响了你对当事人的看法以及你和当事人的工作的人。这些人可能是教授、督导、同事、研究者，抑或某一理论的缔造者。请从中选出对你的助人工作影响最大的 4~5 个人。请简要写出他们每个人对当事人的看法和信任情况，然后再写下这些看法如何影响了你导进和信任当事人。

重要的人	他对当事人的 看法与信任情况	如何影响了你 导进和信任当事人

（续表）

重要的人	他对当事人的 看法与信任情况	如何影响了你 导进和信任当事人

　　研究表明，我们还需要考虑自己目前的社会背景所带来的影响。这些背景包括国家认同、所在社区、所属亚群体（如种族/民族、社团、联谊方面的亚群体），甚至还包括当下的时事动态。这类影响也许直接，也许间接，取决于这些背景因素与我们身份认同之间的关系。但是，这些因素就如同游泳池里的水，只要我们游泳，就不可能置身其外。

　　举个例子。在美国，"自强不息的个人主义"是一种妇孺皆知的价值观。该价值观主张每个人都要自力更生、不断进取，并将努力工作视为一种美德。虽然这些主张是否正确尚待斟酌，但它们的确影响了美国民众对人、对生活环境、对问题本质的看法。所以，请你也想一想，这类背景因素如何或潜移默化或明显直接地影响了你？

背景因素	主张人的价值所在	如何影响了你的价值观与信任感
国家		
地区		
所在地		
种族/民族		
社团		
其他		

　　这些带来影响的背景因素还包括大众传媒与广告等。鉴于本书篇幅所限，这方面的内容我们不做展开探讨，不过当你下次接触这些素材时，可多加留意，看看杂志里如何谈论或传达对于人性的一般性理解。

　　下面，我们来说说更具体的方面，请想一想自己从事助人工作的环境是怎样的？

该环境如何支持或阻碍了我们导进和信任当事人？

在我们的工作环境中，能对当事人公开说明的原则是什么？

在我们的工作环境中，对当事人内隐不明说的原则是什么？

在我们的工作环境中，哪些因素阻碍了你导进当事人（如环境缺乏隐私性；对当事人的承载力不足；在同时进行多个会谈，可提供的会谈次数、转介资源等存在局限性）？

现在，让我们把这些信息汇总起来。

总体而言，对于"信任别人"我们怎么看？

具体而言，对于"信任当事人"我们怎么看？

这些看法如何影响我们导进当事人？

再看看前述所有的影响因素，哪些是有利于我们导进当事人并让我们愿意在导进方面充分投入工作的？

哪些因素阻碍了我们的助人工作从而需要我们调整呢？

请再回想一下本节所提的要求——我们如何在这些技能领域做出改进呢？或者与目前相比，我们怎样整合运用这些技能呢？

创建安全与欢迎的环境：

提问与倾听：

提供信息：

活动 Ⅱ b.　介绍拉塞尔的情况，导进拉塞尔

拉塞尔，男，28 岁，离异，有两个女儿（分别为 6 岁和 8 岁）。大学期间，拉塞尔当时的女友艾蒂怀孕了。于是，他们决定结婚，拉塞尔也为了养家而辍学。他找了份体面但也考验体力的工作——在一家国际运输公司做货车司机。目前，他仍然在做这份工作。

拉塞尔和艾蒂虽然彼此相爱，但他们也都逐渐意识到，当时结婚太仓促了，他们其实还没磨合好，而两个孩子的降生又增添了新的压力，使这对小夫妻的关系雪上加霜。尽管尝试了夫妻咨询，但婚姻关系的破裂已是不争的事实，他们双方对此也都心知肚明。离婚的过程很艰苦，虽算不上反目成仇。拉塞尔和艾蒂也尝试合作，以便为一对女儿提供稳定、一致的成长环境。不过，俩人在教养方式上存在着分歧，这再次导致了俩人的矛盾与冲突。

拉塞尔住在一处两居室的小公寓里。一对女儿周中跟着妈妈住，周末会来拉塞尔

这里。他十分高兴见到一对女儿，周中也会想她们。但拉塞尔也感到精疲力竭，毫无喘息的空间，因为他经过高强度劳作的一周之后，周末整整两天还得照顾好这俩上满弦的女儿。拉塞尔偶尔也在周二晚上去见大学时的旧友。他虽然喜欢这样的小聚，但也羡慕同学们取得的学历、不错的薪水以及他们相对轻松惬意的生活方式。虽然离婚两年了，但拉塞尔多数时间都是孑然一人，有过的约会屈指可数。当他审视自己的人生时，他看到的是青春逝去、韶光不再，于是他厌倦了扛着责任逆水行舟。

拉塞尔所在的运输公司秉持对吸毒零容忍的政策，要求员工接受随机尿检。就在上周，拉塞尔的尿检结果显示大麻呈阳性反应。鉴于公司的零容忍政策，人力资源部的咨询师约见了拉塞尔。他被停职察看，同时被转介给公司外的咨询师进行四次会谈。运输公司会负担相应的费用，并要求咨询师出具工作报告（但未对报告内容做具体要求）。另外，鉴于吸毒司机可能带来巨大的风险，公司现决定进行常规尿检，而且只要在之后六个月里拉塞尔的尿检结果再一次呈阳性（大麻阳性），他就会被开除。

前文提到，米勒和罗尼克将"导进"定义为建立彼此信任、相互尊重的助人关系的过程，并识别出促进导进的因素。我们准备将该定义转换为可操作、可落地的方法，在帮助拉塞尔的过程中使用。

你认为，拉塞尔可能希望会谈带来哪些收获？请至少说出两种可能。

你认为，拉塞尔在目前的生活中优先关心的三件事可能是什么？怎么让会谈与这些优先事务结合起来？而哪些做法可能让会谈背离这些优先事务？

在拉塞尔身上，你观察到了哪些优点（优势）？请至少说出三点。

你觉得拉塞尔可能怀揣着怎样的追求与抱负？请至少说出三点。

是什么可能阻碍了拉塞尔参与进来？请至少提出三种阻碍因素。

下面的谈话是拉塞尔（简称为"拉"）和咨询师（简称为"咨"）的初次讨论。请通读这段谈话并在中间一列里写下咨询师所运用的技能大类。注意，在"提问与倾听"这类技能中，咨询师的回应可以是**提问**、**倾听**、**提问并倾听**，当然也可以是**倾听并提问**。在右侧一列的上方标有四种促进导进的因素，请尝试找出并写下咨询师所运用的促进因素。最后，还要关注拉塞尔的回应，以此作为线索，推测一下咨询师讲的话给他带来了什么样的影响。

	技能大类	导进要素
	· 创建安全与欢迎的环境 · 提问与倾听 · 提供信息	· 目标 · 重要性 · 积极感受 · 预期
咨：喝咖啡，还是喝茶？		
拉：都不用了，谢谢。		
咨：我在想，你对这个"员工支持项目"都有些什么了解。		
拉：我其实啥也不了解。我只知道，谁要是尿检没过就得来这里了。		
咨：你就赶上了……		
拉：对，我就撞他们枪口上了。		
咨：这件事你也没想到……		
拉：唉，尿检绝对是没想到的。		
咨：你知道，在我们深入交流之前，需要先说说隐私保护的问题。你觉得，咱们在这里谈到的内容哪些会被保密，哪些会被反馈给你所在的公司？		
拉：嗯，据他们说，这是给我安排的，应该是私密性的吧。		
咨：听起来，你似乎不是很相信这点啊。		
拉：这么说吧，有些话我不敢在这里讲，还是觉得不保险。		
咨：都说出来可能会惹来麻烦……		
拉：对。		
咨：你不想惹上这些麻烦。		
拉：（点头）		
咨：那我具体说说保密原则，看看会不会有帮助？		
拉：好啊。		
咨：其实咱们这个情况有点诡异，一方面公司跟你说这个会谈是私密性的，但另一方面付给我酬劳的也是公司，而且我需要给公司出具一份工作报告。		
拉：确实是这么个感觉。		

（续表）

	技能大类	导进要素
咨：虽然事情确实是这样的，但我还想补充几句。我的确会写一份报告。报告里会有你的名字、我们见面的日期和会谈的时长，以及概要性的工作进展。所以，假如咱们要为今天的会面写一份报告，内容可能如下："我们确立了一起工作的原则。"除此之外，我不会再透露咱们谈话的其他内容了。你觉得怎么样？		
拉：我觉得你这是补充了一大段话啊。（笑了起来）		
咨：（也笑了）不过看起来是有些帮助的。		
拉：嗯，这些话确实对我们有帮助。我之前在这方面有些顾虑。		
咨：希望你在这里可以收获自己所期待的，而不是你所在的公司期待的。		
拉：对。		
咨：如果要实现这个目标，收获你希望收获的，哪些事是咱们可以一起谈论的？		
拉：我也说不清。		
咨：你还没真正考虑过这些。		
拉：是的。不过，我要是能有一些休息的时间就好了。		
咨：你特别忙，所以找到让自己放松和娱乐的方法，同时又能不惹麻烦，这对你来说是件特别棒的事。		
拉：（笑了）对啊，可不能再惹麻烦了。		
咨：（也笑了）好的。看来，讨论这个也许对你有帮助。那其他方面呢？		
拉：嗯，女儿们很好，我也爱她们，不过她们也有点不好管，不听话。		
咨：或许咱们也可以花一些时间说说管教孩子的技巧。		
拉：对，这方面太需要了。		
咨：你也想了解这方面。		
拉：是呢，这真是帮大忙了。		
咨：好的，也许还有一些事情值得咱们一起工作的时候讨论，不过在详细谈这些之前，我想先总体上了解下你的生活，这能帮助我更全面地理解你的情况。所以，现在先给我讲讲你工作之外的生活情况吧。		

活动 Ⅱ b　参考答案

　　以下并不是有关拉塞尔情况的正确答案，而只是存在的一些可能性，旨在抛砖引玉，激发大家思考，以形成对拉塞尔更深层的一些理解。

　　你认为，拉塞尔可能希望会谈带来哪些收获？请至少说出两种可能。

　　1. 避免丢掉工作。

　　2. 学会缓解压力。

　　3. 改进教养女儿的技巧。

　　4. 让上级领导相信自己不会再吸毒了。

　　你认为，拉塞尔在目前的生活中优先关心的三件事可能是什么？怎么让会谈与这些优先事务结合起来？而哪些做法，可能让会谈背离这些优先事务？

　　1. 保住工作。

　　2. 提供稳定的家庭环境。

　　3. 教育好女儿。

　　4. 缓解压力。

　　在拉塞尔身上，你观察到了哪些优点（优势）？请至少说出三点。

　　1. 勤劳工作。

　　2. 承担责任。

　　3. 延迟满足个人需要。

　　4. 幽默感。

　　5. 退一步海阔天空的大局观。

　　你觉得拉塞尔可能怀揣着怎样的追求与抱负？请至少说出三点。

　　1. 在工作、养育孩子、个人需要之间取得平衡。

　　2. 回到大学念书。

　　3. 有更多的乐趣。

　　4. 建立自己的社交圈子。

　　是什么可能阻碍了拉塞尔参与进来？请至少提出三种阻碍因素。

　　1. 谈论吸食大麻的事可能会让自己丢掉工作。

　　2. 不确定咨询师会向公司老板反映什么信息。

3. 觉得自己的问题无解。

4. 不确定咨询会给自己带来什么。

拉塞尔与咨询师的初次讨论：

	技能大类	导进要素
咨：喝咖啡，还是喝茶？	创建安全与欢迎的环境	积极感受
拉：都不用了，谢谢。	中立，谨慎防备	
咨：我在想，你对这个"员工支持项目"都有些什么了解。	提问与倾听	预期
拉：我其实啥也不了解。我只知道，谁要是尿检没过得来这里了。	中立，没有改变	
咨：你就赶上了……	提问与倾听	创建安全与欢迎的环境
拉：对，我就撞他们枪口上了。	中立，没有改变	
咨：这件事你也没想到……	提问与倾听	创建安全与欢迎的环境
拉：唉，尿检绝对是没想到的。	中立，稍有一点负面情绪	
咨：你知道，在我们深入交流之前，需要先说说隐私保护的问题。你觉得，咱们在这里谈到的内容哪些会被保密，哪些会被反馈给你所在的公司？	提供信息，提问与倾听 创建安全与欢迎的环境	预期
拉：嗯，据他们说，这是给我安排的，应该是私密性的吧。	如实告知	
咨：听起来，你似乎不是很相信这点啊。	提问与倾听，创建安全与欢迎的环境	
拉：这么说吧，有些话我不敢在这里讲，还是觉得不保险。	表达了他的顾虑，也侧面反映了他优先关心的事	
咨：都说出来可能会惹来麻烦……	提问与倾听	重要性
拉：对。	确认	
咨：你不想惹上这些麻烦。	提问与倾听，创建安全与欢迎的环境	目标，预期
拉：（点头）	可能感到更多的被理解	

（续表）

	技能大类	导进要素
咨：那我具体说说保密原则，看看会不会有帮助？	提供信息，提问与倾听	预期，积极感受
拉：好啊。	与咨询师同步	
咨：其实咱们这个情况有点诡异，一方面公司跟你说这个会谈是私密性的，但另一方面付给我酬劳的也是公司，而且我需要给公司出具一份工作报告。	提供信息	目标，预期
拉：确实是这么个感觉。	更具体地表达了顾虑	
咨：虽然事情确实是这样的，但我还想补充几句。我的确会写一份报告。报告里会有你的名字、我们见面的日期和会谈的时长，以及概要性的工作进展。所以，假如咱们要为今天的会面写一份报告，内容可能如下："我们确立了一起工作的原则。"除此之外，我不会再透露我们谈话的其他内容了。你觉得怎么样？	提供信息，提问与倾听	预期，积极感受
拉：我觉得你这是补充了一大段话啊。（笑了起来）	笑，是积极情绪的体现，也是安全感提升的体现	
咨：（也笑了）不过看起来是有些帮助的。	提问与倾听	积极感受
拉：嗯，这些话确实对我有帮助。我之前在这方面有些顾虑。	积极感受持续但确认了对会谈的顾虑	
咨：希望你在这里可以收获自己所期待的，而不是你所在的公司期待的。	提问与倾听	积极感受，重要性
拉：对。	当事人继续深入参与（导进）	
咨：如果要实现这个目标，收获你希望收获的，哪些事是咱们可以一起谈论的？	提问与倾听	目标，重要性
拉：我也说不清。	当事人进一步参与（导进）	
咨：你还没真正考虑过这些。	提问与倾听	预期，积极感受
拉：是的。不过，我要是能有一些休息的时间就好了。	当事人更深入地参与（导进）	

（续表）

	技能大类	导进要素
咨：你特别忙，所以找到让自己放松和娱乐的方法，同时又能不惹麻烦，这对你来说是件特别棒的事。	提问与倾听，创建安全与欢迎的环境	积极感受，重要性
拉：（笑了）对啊，可不能再惹麻烦了。	积极情绪继续着	
咨：（也笑了）好的。看来，讨论这个也许对你有帮助。那其他方面呢？	提问与倾听	积极感受，重要性
拉：嗯，女儿们很好，我也爱她们，不过她们也有点不好管，不听话。	更深入地参与（导进）	
咨：或许咱们也可以花一些时间说说管教孩子的技巧。	提问与倾听	重要性
拉：对，这方面太需要了。	进一步强调了这方面的重要性	
咨：你也想了解这方面。	提问与倾听，创建安全与欢迎的环境	重要性
拉：是呢，这真是帮大忙了。	确认了重要性	
咨：好的，也许还有一些事情值得咱们一起工作的时候讨论，不过在详细谈这些之前，我想先总体上了解下你的生活，这能帮助我更全面地理解你的情况。所以，现在先给我讲讲你工作之外的生活情况吧。	提问与倾听	目标，重要性

请注意这段谈话末尾处的话题变化。因为当谈话进行到这里时，我们很可能会过早聚焦。此处的"提问与倾听"让我们视野更开阔，更能看到拉塞尔生活的全貌，从而能更好地理解他这个人以及他优先关心的事情。这也是导进的一个重要因素：开阔视野，而非只盯着问题领域。

第 4 章

运用 OARS：反映性倾听

开篇

卡尔十岁，这是他第一年打棒球。对于这项运动，卡尔知之甚少，但他热情似火，积极性很高。卡尔罹患注意缺陷／多动障碍，所以在练习和比赛中都很难集中精力。而且，虽说他的接球和投球技术都问题很多，但他极度渴望成为球队的投手。尽管教练并不看好卡尔的能力，但还是给了他许诺："你是有机会成为投手的。"不过，教练同时也叮嘱他需要练习投出好球。然而，卡尔当投手的热情并没有转化成回家后的规律练习，所以他的投球准确率自然没有大的提升。即便如此，教练依然遵守了自己的承诺：在一个风和日丽的日子，当球队转入防守局时，卡尔作为投手登场了，这一刻终于来了！但卡尔出现了控球问题，保送对手得了四分，这是该级别赛事规定每局可得的最高分了。下场走向休息区时，卡尔仍然斗志昂扬，甚至满脸欢喜地说："教练！我干得漂亮吧？我都让一个人出局啦！"随着球队陷入落后与被动的窘境，教练在休息区的入口处站立良久，此刻，他想对卡尔说……

要如何回复卡尔呢？根据教练想达成的效果，他有很多种选择。如果教练觉得孩子们开心就好，那他可能会说："好嗨哟！卡尔！"或者如果他认为孩子们需要鼓励和成功的体验才能保持兴趣，并更加努力投入，那他可能会说："你让一个人出局，干得好！投手需要具有百折不挠的精神，这是你所具有的！"或者如果他认为设定好目标并为之努力很重要，那他可能会说："是的，你让这个家伙出局啦。如果咱们下次比赛想把三个都投出局，那你平时需要怎么努力呢？"或者教练希望卡尔能更客观地评估自己的投球技术："卡尔，有些地方你做得不错，但有些地方我觉得还需要努力。你自己觉得呢？"当然，也许教练最看重的还是赢得比赛，此时他的回应中便可能有更多质问的成分："卡尔，你是把一个家伙投出局了，但防守时得让对方三个人都出局，这样才算合格的投手。我想支持你，但我得看见练习时你能投出很多好球，才能再派你上场。"以上所列举的种种回应，表明了一个道理：教练的目标决定了他会选择哪种回应，而他的回应又会让卡尔出现截然不同的反应。我们不难想象，卡尔想做投手的动机以及这一动机的未来走向很可能会被教练的回应所影响，导致迥然不同的状况。

在 MI 中，我们将这些简短的回应称为"核心技术"。这些技术本是咨询师临床技能库里的基本工具，但当咨询师们聚焦于某一取向的干预时，反而可能会忽视这些技术。其实，在咨询过程中有的放矢地运用好这些基本技术会带来意想不到的显著效果。

OARS+I 是下面这几个基本技术的首字母缩写：开放式问题（Open-ended questions）、肯定（Affirmations）、反映性倾听（Reflective listening）、摘要（Summaries）以及信息交换（Information exchange）。在会谈中，从业者会运用 OARS+I **有的放矢地**进行干预。这些技术既可以与更复杂、更庞大的干预组合相结合，也可以单独作为一种主要的干预方法来应用。而且，我们是有策略、有目的地在运用这些技术，为的是发现或探索某些主题（如改变语句），而不是另一些主题（如持续语句）——MI 核心技术的运用是**具有方向性的**。有目的、有方向地运用技术是我们在全书中都会反复提到的理念。鉴于反映性倾听对于做好 MI 来说非常重要，本章会特别聚焦于此。第 5 章将集中讨论核心技术中的 OAS 各部分，第 8 章将讨论信息交换。

反映性倾听是 MI 赖以建立的**首要技术**。从业者运用这种技术传达出对当事人的兴趣、共情与理解。从业者既可以表达对当事人的接纳，也可以温和地质疑、挑战当事人的观点；既可以鼓励当事人进行更广泛深入的探索，也可以鼓励他们先从问题论述中抽身出来，转换一下焦点。反映性倾听一般用于导进当事人，带动向前推进的势头，并让这种势头朝建设性的方向发展。

反映性倾听看似简单，实则非常富于技巧性，只有付出辛苦的努力才能做好。我自己作为一名培训师的切身经验说明：反映性倾听本该是从业者最需要努力锤炼的技术，实际上大家在该练习上花费的时间却很少。但是，如果不具备这项技能，我觉得 MI 根本无从开展。此外，我也从受训者和当事人那里学到，对反映性倾听技术要保持谦虚谨慎的心态。因为即便是如我一般经验丰富的从业者和培训师，也可能在会谈中出现一些问题时刻：症结就在于，当事人在讲，我却未很好地倾听。因此，只要有机会可以精进反映性倾听技艺，我就会有很大的收获，所以也建议大家：就算你已经做得很不错了，也还是要花些时间对这项技术精益求精。其实，对那些更富技巧的从业者而言，每次练习的目的不只是为了给出反映，还要练习有目的、有方向地做出反映。

深入认识

我们先来看看哪些方式**不属于**反映性倾听。实际上，很多临床工作中的常用技术都不属于反映性倾听。托马斯·戈登（Thomas Gordon）将这些干预方式分为 12 种，并称之为"路障"（roadblocks）。之所以叫"路障"，是因为戈登觉得这些干预方式都阻碍或干扰了当事人前进，削弱了他们改变的势头。就如我们会在下一章中看到的，提问是一种重要的核心技术，但提问会导致当事人停顿下来思考怎么回答，从而打断他们向前的势头。而反映一般会维持这种向前的势头，即使在方向有所偏颇时，也能让谈话继续下去。

其实有些路障运用在助人工作中大有可为。实际上，这些路障可能是适宜或恰当的干预方式，但我们务必认识到：它们不属于倾听。"表扬"就是一个很好的例子。估计大多数人都同意，在某些时刻、某些场合表扬当事人是非常重要的，这种做法也应该受到鼓励。例如，孩子们做得不错时，我们要求家长给予表扬。但另一些路障可能就不太容易被接受了。例如，我们大多数人都不会嘲弄当事人，但我们可能会表达出当事人做了"糟糕"的选择这层意思，这就暗示了我们的"不赞同"。以 MI 的视角来看，这里的症结并不在于从业者应该绝对杜绝这些路障（虽然有的路障有时还有点帮助，有的则明显没有），实际上却未能杜绝；而在于我们太多使用这些路障，而太少运用反映性倾听。

托马斯·戈登提出的 12 种路障

1.**命令**、**指导或指挥**——由权威者施加指导。权威角色可以是明确公认的，也可以是心照不宣的。

2.**警告或威胁**——与指导类似，但也包含另一层意思，即其得不到遵从时可能会有的后果。这层意思可以是一种威胁，也可以是对糟糕后果的一种预测。

3.**给忠告**、**给建议**、**给办法**——治疗师依靠专业知识和经验给出行动的建议。

4.**晓之以理**、**辩论**、**讲课**——从业者认为当事人对问题缺乏理智的判断，所以要帮助他们，让他们可以理智行事。

5.**道德说教**、**传教告诫**、**告诉当事人责任担当**——暗含的意思是，这个人需要被教导遵守道德规范。

6. **评判**、**批评**、**不赞同**、**责备**——它们的共同之处在于意指这个人有问题或者这人讲的话有问题。单纯的不赞同（意见分歧）也可以归入这种路障中。

7. **同意**、**赞同**、**表扬**——从业者对当事人说的话加以褒奖与赞同，同时，这也中断了沟通过程，并可能暗示了说者与听者之间关系的不平等。

8. **羞辱**、**嘲弄**、**人身攻击**——它们都或明确或含蓄地表达了不赞同。一般而言，从业者这么做是为了纠正不良的行为或态度。

9. **解释**、**分析**——这类做法很常见，也是咨询师们乐于去做的事：要找到根本的症结，搞懂此中玄机，并给出解释说明。

10. **宽心**、**同情**、**安慰**——从业者这么做的本意是想让当事人感觉好一点。但跟赞同一样，该路障干扰了沟通的自然进程。

11. **提问题**、**探查**——提问可能被误认为属于"良好的倾听"。因为其本意在于进行更深入的探索，以得到更多的发现。但此中暗含的一层意思是，如果可以提足够多的问题，从业者就能找到来访者困扰的解决之道。提问同样也会干扰沟通的自然进程，将其导向提问者的兴趣所在之处，但那不见得是说话人的兴趣所在。

12. **退出**、**打岔**、**附和**、**改变话题**——这些做法都在改变沟通的走向，同时可能还表明，当事人说的内容无足轻重，所以不必再继续这个话题了。

如果这些干预方式都不属于反映性倾听，那到底什么才是反映性倾听呢？首先，这是一种思维方式：从业者既要对当事人说的话有兴趣，又要尊重他们的智慧。这一点其实显而易见，当事人比我们更了解他们自己。哪些因素影响了自己的性格形成、人生选择、行为模式、态度与信念，当事人远比我们知道得多。当然，也有一些事物是我们能看到和了解，而他们却做不到的。此外，还有一些部分可能是从业者和当事人都看不清楚、都未充分了解的，这种情况让我们如同面对一座未知的冰山。

大家都耳闻过冰山（那些漂在海上的大冰块），其水下的部分要远大于浮出水面的部分。虽然每座冰山的水下部分占比不尽相同，但有一个基本道理保持不变：其水面之下的部分要远超我们所见。当然，如果说我们的当事人像冰山一样，这个比喻直观易懂，但如果说当事人**讲的话**也像冰山一样，这个比喻恐怕就不那么好理解了。下面我们就详细叙述这方面的内容。

当事人说了句话。我们听到什么、看到什么（当事人说话时我们观察到的）取决于我们的工作环境以及我们当天的心情感受。当事人讲的这句话就是露在水面上的冰山。而有些因素确实干扰了我们对冰山的感知——雾气会让我们看不准、听不清；而异常寒冷、晴朗、多星无月的夜晚同样会造成干扰。有些科学家就宣称，泰坦尼克号之所以沉没，就是因为刚说到的这种晴天，当然还有过快的航速。因为瞭望员看到了错误的地平线，所以泰坦尼克号才撞上了冰山。同样，在面对当事人时，也有一些因素会让我们如坠迷雾或让我们错认地平线。以亚瑟（Arthur）的情况为例，这位闷闷不乐的年轻人被父母带过来进行心理治疗，让我们一起看看可能会发生什么。

假设从业者问亚瑟关于来这里做治疗的想法，他可能回答说："我不知道该不该相信心理治疗这套玩意儿。"有一些情况不利于我们准确地看到、听到亚瑟的回复。例如，从业者可能漏掉了亚瑟话里的部分信息，而这部分可能非常重要，当然，也可能无关痛痒。也许是因为楼下有个舞蹈教室，一到晚上就热闹起来，所以就有点难以听清亚瑟说话了。也可能亚瑟说话的声音本身就很小。或者，可能从业者刚结束了一个特别困难的个案，还在努力转换思路，以便从刚才的工作中跳出来。也许刚刚的会谈延长了，从业者匆匆忙忙地核对信息、写记录、回顾个案素材，甚至都没来得及上趟洗手间，而且连着进行了两个会谈，一直没机会休息。又或者因为一整天都坐着，从业者已经感到腰酸背疼了。以上种种都如雾气一般笼罩着从业者，让我们看不清、听不准亚瑟在表达什么。

还有一些因素也会制造错误的地平线。例如，从业者会尝试理解听到的话语：对青少年群体的工作经验让从业者推断，亚瑟这个年轻人可能正在想的或感受的是什么。从业者推测的这些想法或感受，其中一些可能切中亚瑟的情况，但另一些可能相去甚远。从业者可能认为亚瑟不愿意来这儿，但父母执意让他来。从业者可能准确地读出了亚瑟的肢体语言与说话语气，却过度解读了其中的含义。因为亚瑟可能唤起了从业者对以前某位当事人的记忆，那是从业者觉得难办也不怎么喜欢的当事人。从业者所做的种种推测与假设可能就诱导其选定了错误的地平线，让其无法准确地知觉到冰山。

遇到这些问题时，我们该如何修正呢？要检查我们对冰山的知觉，最简单直接的办法就是把对冰山的知觉讲出来。把我们看到和听到的水面之上的东西反映出来。我们先来说说反映性倾听的一些基本要素，稍后再详谈什么是"反映"。

反映性倾听指的是进行陈述，而非予以提问。也许陈述的这句话和提问的这句话一字不差，但是所传达出的意思（和效果）却可能大相径庭。大家可以尝试将下面两句话读出声来，感受下其中的差异。

"你也说不好是否想来这里？"

"你也说不好是否想来这里。"

注意到了吗？我们读第一句话时，结尾处用的是升调，而读第二句话时，结尾处用的是降调。所以，第二句有点自说自话的感觉，但这是反映性倾听的特性使然。听者做出推测的目的在于确证或推翻说话人话里的意思。只要不是太离谱，听者的这句推测性陈述就能让说话人做出进一步的探索和澄清。这就带动了谈话，创造了一种向前的势头。相反，提问会中断当事人的信息流动。请大家思考买本书、阅读本书的原因，并针对下面两句话做出回答。

"你想学 MI ？"
"你想学 MI。"

你会如何回应这两句话？它们各自引发了你怎样的想法与感受？
有人提出，运用反映性倾听时可借助一些标准句型，如以下的示例。

"所以，你感到……"
"听起来，你……"
"你想知道，是否……"
"你……"

这些句型有助于我们常规性地运用反映性倾听。但也要留意，如果我们一成不变地使用这些句型，当事人会觉得老套乏味，认为我们只想把他们"套入治疗"，即认为我们在按照治疗套路出牌，而不是真心想要理解他们。如果我们反映的始终只是当事人话语中水面之上的那部分，那当事人同样会出现这种被"套入治疗"的感受。我们仍回到亚瑟的案例，来一探究竟。

亚瑟说："我不知道该不该相信心理治疗这套玩意儿。"这句话就是露出水面的部分。我们可以简单地回应："你不知道该不该相信心理治疗。"这的确是对亚瑟话语的准确回应。这种表层反映（用术语称作"简单反映"）非常贴近当事人说的话。这句陈述与当事人的原话只有一点点差异，但这也是为了表达从业者的关注与兴趣。此时，从业者说的话与当事人的话几乎一字不差，或者措辞非常接近。莫耶斯、曼纽尔（Manuel）和厄恩斯特（Ernst）提出，简单反映（simple reflection）可以表明当事人重要或强烈的情感，但并未超出他们的原话太多。同样，如果听者没有加入额外的观点或指导，那摘要也可以视作简单反映。表层反映可以让当事人趋于稳定，让沟通趋于稳定，也可以让谈话持续进行下去。

但对于亚瑟，我们还需要考虑水面之下蕴藏着什么。他可能想的是："我不知道要不要接受心理治疗。跟一个陌生人聊天感觉怪怪的，尤其谈的还是这些话题。而且，我哪能相信他不会把我跟他说的话传给我爸妈呢？但我要不做治疗的话，爸妈又会变本加厉地唠叨我。真是倒霉到家了！"

还有可能的是，也许亚瑟理不清自己的想法。他可能并未充分理解自己的全部想法与感受。或者他没有将那些影响自己思考与感受的各种因素组织起来。那天亚瑟在学校过得糟透了，然后就被老爸送到治疗师这里来了，逼着他谈谈未来。他脑子一片空白，只盼着赶紧离开这里。也可能亚瑟不习惯跟成年人交流。他可能就是那种典型的青春期男生，无论成年人问什么，都只会耸耸肩回答说："我不知道啊。"他或许了解很多方面的情况，也能分别讲出来，但就是没法整合起来表述。又或者，亚瑟完全可以表达这一切，只是还没准备好跟陌生人谈论这些。另外，还有一种可能：对于自己被强行带过来做治疗这件事，亚瑟心存怨气，所以下意识地就说了一些抱怨的话（例如，"我不信心理治疗这套玩意儿"）。上述种种可能都象征了潜在亚瑟这句话表面之下的冰山诸面。

通过这个例子，我们也能看到表层反映的局限之处。其所回应的是当事人说出口的话，同时还表达了我们关注并准确倾听了当事人的话语。但是，这种反映没法表达我们对于当事人这个人，或者对他们所关切之事的深入理解。表层反映虽然能让谈话继续下去，却无法带动谈话向前发展。这并非指简单反映应该被弃用。这种反映有非常重要的价值，特别是在从业者感到陷入麻烦中时，而且从业者也可以根据自己要回应的内容加以灵活运用。但是，表层反映毕竟有其局限性，如果我们只使用这个技术，那当事人和从业者都会觉得谈话毫无进展。

所以我们需要调整反映的深度，潜到水面之下去看一看。深层反映（deeper reflection）给出了当事人话里没有明确说出的信息，其所依据的是我们对水下所藏冰山的推测。图 4.1 描绘了水面以上和以下的冰山。通过调整反映深度，我们可以深化或提升会谈的亲密程度，还可以影响谈话的情感基调。

图 4.1　冰山模型

一般来说，反映的深度应该与情境相匹配。在一次会谈的开始阶段和尾声阶段，从业者通常都会运用表层反映。而在会谈的中间（核心）阶段，反映的深度应该逐渐加深。不过，对于那些难以控制情绪的当事人，运用表层反映可能更合适一些。选择反映深度的基本方针是：对当事人的意思知道得越少，我们往下"潜水"的深度就要越浅。

深层反映可以与当事人的原话有很多不同。这种反映有可能就当事人的情绪感受推论出更为丰富的含义，而且往往也能对相关信息进行认知重构。深层反映之所以被称为"深层"，是因为其在深度、带动性、方向性上都更进了一步（根据 MI 编码系统），无论反映出的具体内容是什么。当事人未予考虑的各方面可通过深层反映汇总在一起，不偏不倚地进行客观比较，从而提升当事人的自我理解（self- understanding）。以亚瑟的那句话为例，我们的深层反映可以是："你很无奈，因为这是别人替你做出的决定。"这句陈述虽然简短，但大大超出了当事人的原话，开启了全新的探索方向。我们借此看到，如果深层反映运用得当，则可以向前带动谈话。

在反映性倾听时切换反映的深度很重要，给出夸大或保守的反映性陈述同样也很重要。夸大陈述（overstatement）[即放大式反映（amplified reflection）] 可使人从原有的立场上退一步出来。面对当事人近乎坚定的立场时，我们可使用夸大陈述。从业者温和、真诚地继续强调当事人言语中绝对化或不和谐的地方，从而让当事人有机会审慎地判断：这是不是正确的立场？如果当事人能从这种立场上退一步，那说明从业者已经为当事人考虑其他的可能性创造了空间，这也就在不知不觉中做到了对情境的认知重构。如果当事人无动于衷，仍然秉持原有立场，那这样的陈述就是一种准确的反映了。例如，对亚瑟的放大式反映可以是："看来，你觉得一切都好。"此刻，真诚是非常重要的。若有任何讽刺挖苦的端倪，亚瑟都会有所察觉，然后或回以怒火，或抗辩反驳。鉴于此，从业者通常更喜欢保守陈述（understatement）。

保守陈述着重于当事人原话所表达的程度或者较之略逊的程度。保守陈述通常可以让某一话题继续并深入下去。与这两个概念具有紧密联系的是**引领**（leading）和**跟随**（following），不过并不等同。**跟随**是指从业者与当事人处在相同的谈话方向上，只是略微让当事人在前，从业者紧随其脚步。做跟随时，我们通常会用到保守陈述，而且是有方向、有目的地运用（即要反映什么或者要忽略什么都是有意为之的），但跟随技术并不着重于将当事人引领到下一个阶段。**引领**是指从业者在谈话中略微在前，带动当事人，并将当事人虽然没有明说但有隐含的信息呈现出来。这种技术被称为"**接续语段**"（continuing the paragraph），旨在将当事人领到一个他们未曾意识到的新方向上。在亚瑟的例子中，跟随性的回应可以是："你对父母带你来这里感到生气。"而引领性的回应则是："你搞不懂，父母干吗让你来这里，你可能很想知道原因。"在前一种回应中，从业者跟着当事人的方向走，将焦点放在当事人未言明的情绪上，从而加深了谈话。在后一种回应中，从业者主动将谈话领到了新的方向上，而这个方向是当事人未曾清楚表达出来的。一般来说，从业者对当事人都会先跟随，后引领。

双面式反映（double-sided reflection）突显的是当事人话里的矛盾状态。这些内容可能就是当事人前一刻刚说出口的，也可能是在这次会谈开始时讲过的，又或者是在之前的某次会谈时明确说过的。这种反映陈述可使用如下句型："一方面你觉得……而/同时另一方面……"每当运用双面式反映时，我都会习惯性地伸出双手，比作天平的两端。我也教当事人从倾向维持现状的那一面开始，以倾向改变的那一面结束，这样就自然而然地设定了一个起点，一旦时机成熟，便可从这里出发进一步探索改变。这里也充分利用了**近因效应**。研究显示，最后听到的信息更容易被记住，也更容易产生影响。另外，还请大家留心一下我们这里使用的连词。连词"但"倾向于让人忽略前面说的那一面的价值；连词"而/同时"让人承认这两方面各有所长。例如，我们对亚瑟的双面式反映可以是："一方面，你不想来见我；而另一方面，你也知道，某些方面得先有了变化，你才能不来见我。"

最后，反映性倾听要善用比喻。比喻是深层反映的一种形式，因为比喻既可以超越当事人的原话，有所引申，同时又可以保留话中的核心要义。比喻似乎能让当事人以全新的视角理解自身境况，为他们提供能吸纳新信息的组织图式和/或意象。例如，可向亚瑟做这样一番比喻："你看，这就好比有人逼着你玩游戏却不告诉你游戏规则，甚至不讲怎么才算单局过关，怎么又算全局通关。"游戏是一种日常活动，以此类比便于亚瑟理解当下的境况（将事物的各方面组织起来）。沿着该比喻的思路，即基于这种全新的认知框架，亚瑟或从业者都可以就改变当下境况再添加自己的观点或意见（即纳入新信息），而且亚瑟也不会感到不舒服。所以，比喻为当事人提供了理解及（可能去）回应某一境况的全新视角。以下是对不同类型反映性陈述的简要概括。

各类反映性陈述及其简要概括

表层反映——停留在水面之上，采用当事人的原话或非常贴近原话的措辞。

深层反映——超出当事人原话很多，以全新的视角呈现信息。

情感反映——陈述当事人明确表达出来的或隐含的情绪感受。

放大式反映——夸大陈述当事人的话，常常是通过继续强调其言语中绝对化或不和谐的地方来夸大当事人的意思。

双面式反映——将当事人矛盾心态的两个方面都反映出来。

接续语段——将当事人领到一个全新的而且可能也是他们未曾意识到的方向上来。

比喻——通常超越当事人的原话，但又保留了其话中的核心要义，从而为当事人提供一种理解自己境况的全新视角。

概念自测

[**判断正误**]

1. OARS+I 是 MI 的基本技术。

2. OARS+I 是 MI 独有的。

3. 反映性倾听是 MI 的关键技能。

4. 在 MI 中，反映性倾听具有方向性和目的性。

5. 好的反映性倾听就是只重复当事人说的话。

6. 运用不同形式的反映性陈述是很重要的。

7. 放大式反映温和地挑战了当事人的绝对化立场。

8. 你应该尽快开始引领当事人。

9. 准确的反映性陈述可以包括当事人没说过的内容。

10. 大家应该保持谨慎，少对当事人的意思做推测。

[**答案**]

1. 正确。OARS+I 被称为 MI 的"核心技术"，也是做好 MI 的基本功。

2. 错误。OARS+I 虽然是 MI 的基础，但却并非 MI 独有。实际上，很多从业者都在导论性质的访谈课程上学习过这些技术。但是，有方向、有目的地运用这些技术可能是 MI 独到的地方。

3. 正确。反映性倾听虽说只是 MI 众多技术中的一种，却是 MI 的支柱所在。很多培训师认为，如果大家想做 MI，那反映性倾听必须先运用纯熟。研究表明，MI 专家与新手的区别不仅体现在反映的频次上，还体现在反映的深度上。

4. 正确。实际上，严格的以人为中心疗法与 MI 的区别就在这里。技艺纯熟的 MI

治疗师会有的放矢地深化会谈并带动其向前。研究证据支持，MI 有助于当事人迈向改变。

5.错误。虽然表层反映需要紧贴当事人的原话，但如果治疗师始终只是复述原话，那当事人也会深感恼火。

6.正确。我们应该变化反映的深度，在工作中综合运用夸大陈述和保守陈述以及引领和跟随。

7.正确。做好放大式反映的关键是温和与真诚；否则就会造成当事人的阻抗。

8.错误。过快引领是一种不准确的倾听，是从业者尝试插入自己的议题，而不是在尝试理解当事人。

9.正确。绝对正确！反映就要包含当事人原话里没有的信息，正是这些信息才加深了反映的深度。

10.错误。虽然草率与随意要不得，但推测还是应该做的。只有这样，我们才能潜入水下就关切与担心之事加深相互的理解，同时（还可能会）开辟出一条向前的路径。

实践运用

以下是从业者和一位青少年当事人的谈话。这位当事人和父亲冲突严重，所以被带来接受心理治疗。这位父亲称儿子"寻衅好斗""是非不分"，因此想让他"洗心革面"。当事人却只想一个人待着，谁都别烦他。

请留意从业者的提问、陈述以及当事人的回应。本例体现出从业者对当事人的导进，该导进做得细致入微、润物无声，同时，通过该过程，从业者也为聚焦工作打开了局面。其他几种核心技术（OAS）在本例中的运用也很清晰明确。示例中将"从业者"简称为"从"，将"当事人"简称为"当"。

谈话	评注
从：这周过得怎么样？	开放式问题
当：挺好的。	话少的回应
从：说说看啊。	开放式问题
当：其实也没啥，真的。就是出去瞎逛逛，见见朋友。哦，要说跟我爸之间有点事儿，但也不是啥大事儿。你知道哈，我都懒得提他。	信息更多了；提到了跟父亲之间的事情
从：所以虽然不是啥大事儿，也还是发生了一些事情。	水面之上，表层反映

（续表）

谈话	评注
当：对。有天晚上他不让我出去，但我已经有安排了。这就是谁听谁的问题了。我们吵了起来，他让我回屋。我爆了，没理他就出去了。等我回家时，他拉上我弟弟们去小木屋过周末了，唯独扔下了我。他们走了更好。	当事人继续讲述，给出了更多的信息
从：走了的确更好。	水面以下，放大式反映
当：唉，我觉得是吧。我也不知道了。我的意思是，他就会人身攻击，挖苦人，我好像也这样回怼了他，这么干其实没啥好处——但我真的是气炸了。他挺不成熟的。	他不再坚持"走了更好"，而是承认了对于父亲离去的矛盾心态
从：他可能是不成熟吧，可能也算不上，但他的这种人身攻击和挖苦真的让你很烦。	水面之上；请注意从业者的重新措辞，将焦点引向了关键之处
当：对，他就是这么不成熟——骂我们烂泥糊不上墙，说我们是废物，就知道挖苦人。我最受不了他这种虚伪了，他自己就说一套做一套。我这话说得是挺重的，但这就是我的感觉！	他回应时情绪更强烈了
从：有的人你是想信任他的，但真是信任不起来……	水面以下，深层反映
当：对啊。我觉得我这人就说话算话。我要是说了会干啥，我就一定会干。比如说，今年夏天我玩滑板车撞了一个小孩的汽车，车门撞出个坑。这事儿你不会跟我父母说吧？	他谈得更深入了，说起了自己的价值观以及一次惹出问题的行为
从：不会的，除非这事儿对你或别人有危险。	给出信息
当：嗯，我跟对方说我会赔他的。他需要换个车门，还得给车喷漆。唉，我的车都报废了。我觉得他爸妈有点不好意思，所以就说不用我赔了。但我既然说了赔，就得算数。我要找份工作，挣钱赔人家。大概要 500 美元吧，可是一笔大钱呢。	他讲了自己非常看重的价值，我们可以更好地聚焦于此，这也提供了建立差距的相应线索，从而发挥激励作用
从：你愿意遵守诺言，即便没人逼你，即便这样做会让你付出一些代价。你非常看重遵守诺言。我想知道，你这是随谁啊……	肯定当事人的优点，同时探索该优点与其父母之间可能存在的关联
当：我不知道。妈妈吧，我觉得。不过我爸也还好。	他对父亲的立场有些软化了
从：嗯，可能是妈妈。不过你跟爸爸也不总像现在这样。	稍稍在水面之下，深层反映
当：对。	
从：嗯，看看我有没有充分理解你讲的内容啊。你……	开始摘要

这段谈话的末尾让人感受到了希望。这位年轻的当事人，被父亲冠以"寻衅好

斗""是非不分"的恶名，但事实上，他的价值观清晰明确，行为也与之相符，即便在没有外力逼迫的情况下，他也愿意信守承诺。他所看重的价值，还有意识到对父亲离开所持的矛盾心态，这些都表明激励性差距或许已经建立起来。假设你要对这段谈话做摘要，还可以加入哪些水面以下的深层内容呢？

本章练习

　　本章的练习会带我们由浅入深地学习倾听——从最简单的到最复杂、最富有技巧的倾听。这些练习循序渐进，逐个练下去会帮大家打下扎实的基础，不过，大家也不见得必须从第一个练习开始，而是可以选择自己练习的起点。第一个练习聚焦于"哪些是倾听，哪些不是倾听"方面。在 MI 中，我们建议从业者将当事人当作自己的培训师，即我们运用当事人的反应进行学习，明白我们自己哪些做得不错，哪些还需努力。不过，要实现这些，我们必须首先善于观察自己和当事人的行为。所以我们先练习观察技术，留心观察别人的表现，特别是那些受欢迎的电视脱口秀节目主持人。你可以看直播，也可以观看录制的视频，我比较推荐使用录下来的视频，这样便于调节播放速度，做更细致的观察。接下来，我们会练习潜入水下，探索冰山的水下部分。说得更具体一些，我们会对冰山靠下的、看不到的部分做推测。这个练习让我们更深入地思考当事人说的话，而接下来的练习则让我们基于这些观察给出相应的反映。再下一个练习又前进了一步，练的是给出具有方向性、目的性的反映，即对于当事人的同一句话，我们要练习强调其中的不同部分，从而影响谈话走向。接下来的练习是让我们整合以上步骤，做出复杂性更高的反映性回应。该练习通过整合深度反映以及具有方向性的反映来培养这种倾听技能。最后，所有的这些书面练习都是为了在真实的谈话中实践，有方向、有目的地运用我们的倾听技巧。

◎ 练习 4.1　留意路障

　　请全面开启自己的雷达，侦测路障是否存在——这能帮助你更具有觉察性，让你在沟通中铺设这些路障时更有意识。不过，若你跟朋友、邻居或家人谈话时拿个记录表去监测其中的路障，这恐怕不太礼貌。更妥当的一种方式是运用电视或电台的谈话节目，观察其中主持人对嘉宾的访谈。你可以选择一个"强势风格"的主持人，观察其在节目中的良好倾听，以及戈登提到的路障。在看完练习 4.1 的说明（在本章末尾）后，请看一期谈话节目，并记录主持人运用反映性倾听的次数及其设置路障的次数。但也请谨记，路障不见得就是不好的，主持人可以很好地把它们用在对嘉宾的访谈中。

但是，路障的确会阻断谈话的势头，并造成访谈者与被访谈者之间的不和谐。尽可能选择那种主持人就一个待解决的问题访谈别人的节目。但是，因为这些节目的播放速度可能比较快，所以你可以考虑将其录制下来，这样你就能随时暂停播放，以便进行思考和记录。或者，你也可以拿录音机录下电台里播放的谈话节目。收听、收看播客（podcast）里的节目也行。假如你觉得这些办法都不好用（如你可能不是听觉型的学习者），那还可以找找访谈节目的文稿，使用这种书面形式的素材。汇总你记录的次数，并回答后面的问题。

◎ 练习 4.2　留意倾听

关注完路障，下面请留意倾听。同样，选个电视、播客或电台播出的谈话节目，主持人跟嘉宾访谈的那种。这次请注意观察主持人的倾听技巧。如果有视频素材可用，请静音播放几分钟，观察一下主持人是如何表达兴趣与关注的。然后，打开声音，记录反映性陈述的次数。同样，你也可以把这个节目录制下来，这样就能慢速播放了。如果你还是觉得太快，使用谈话节目的文稿作为练习素材可能会有帮助。

◎ 练习 4.3　冰山一角

当事人说了一句话，其中有的部分我们看得到、听得见，即当事人谈话时我们可以观察到的，以及他所使用的措辞。但是，相对于他们说这句话时的想法和感受而言，这些明确表达的内容不过是冰山露出水面的一角。该练习是请大家仔细看看这冰山的一角并推测其隐藏在水面下的部分。当事人说的话列在了练习 4.3 的工作表中，请大家推测一下这些话背后的含义。我们也鼓励大家开阔思路。在做更精确的反映时，推测过程是内隐的，此练习旨在让这个过程外显出来。

◎ 练习 4.4　反映出冰山

该练习让我们进一步形成反映。在练习 4.3 中，我们做了推测，现在要基于这些推测做出反映性倾听陈述。这种反映性倾听陈述有时只需要把当事人话语中的"我"改成"你"即可。而另一些时候，我们可能需要更深地潜入水下，看冰山的水下部分，做出超越当事人原话的陈述了。该练习就落脚在"形成反映"，所以我鼓励大家不要只换个措辞而已，而是要做更深入的反映。如果我们仅仅是将"我"换成"你"，那恐怕并没有充分把握住这样的练习机会，以增强自己的反映性倾听技能。

◎ 练习 4.5　有目的地做反映

MI 具有目的性和方向性，因此，做反映时（在 MI 中），我们除了要对当事人的话进行推测外，还要对当事人话里的某些部分加以关注，同时忽略另一些部分。所以在使用过程中，从业者会聚焦在谈话中体现动机的那些内容上。不过，要具有这样的方向性，我们首先必须可以识别出并回应这些内容。在该练习中，我们会使用当事人话里的不同部分对其做出回应。对当事人的每一句话，我们都要给出三个反映性陈述——分别聚焦于不同的部分。请注意，当我们关注的部分不一样时（即具有目的性），我们的谈话也会被领向不同的方向（即具有方向性）。在本书的后文中，我们还会更多地讨论 MI 的方向性，但在该练习中，先让我们聚焦在"目的性"上。

◎ 练习 4.6　潜入水下：加深反映

通过前面几个练习，我们推测了水面之下的部分，并将之反映出来。接下来，我们要有目的地关注和回应当事人话里的不同成分。而后还将更进一步，将这些成分整合起来，有目的地做出反映。我们的目标是超越当事人的原话，为沟通注入更深的深度，同时提升谈话的丰富性、复杂性。同样，我们还是会合理推测当事人话中的含义（水面之下的冰山），同时运用特定形式的反映性陈述表达出来。

◎ 练习 4.7　倾听：旨在导进

我们已经练习了形成反映和加深反映，下面我们会专门练习怎样给出促进当事人参与的反映性陈述。还是请读一读当事人的话，然后对同一句话做两个不同的反映性陈述。不过这一次所做的陈述要有利于、有助于当事人的**参与导进**。先不用考虑**聚焦**、**唤出**或**计划**（若有需要，可随时翻阅前文，回顾这些内容）。

◎ 练习 4.8　意在倾听地进行谈话

做完前面几个书面形式的练习，我们逐步建立了相应的倾听技巧。该练习是让我们尝试实际运用这些技巧。简而言之，在交谈中，我们只做倾听，不做其他的事，看看这样的倾听将会如何影响交流。建议选择那种通常你会给别人建议、忠告的情境来练习，这样最有效果。那种想给别人建议的"驱迫感"可能很难置之不理，但还是请你只做倾听，看看会发生什么。另外，最好提前选择一下谈话的背景（例如，在今晚和爱人交谈时；在同事向我抱怨老板时；在孩子与我辩解为什么没有完成作业时），然后请使用本章结尾处的工作表，思考并回答其中的问题。我在工作坊培训中用过这个练习，有人反馈说，这样的交流让他们发现了结婚 20 年来从未了解过的事情。倾听竟会有如此神奇的效果！不过，假如这次练习没有想象的顺利，大家也不必介意，这是可以反复再练习的。

搭伴练习

本章的很多练习都可以搭伴进行。例如，可以录一期电视谈话节目，然后你们一起观看并记录其中的反映与路障。如果遇到有的地方不好归类，你们可以暂停播放，一起讨论问题出在哪里。在做练习 4.3 和练习 4.4 时，你们可以独立填写相应的表格，各自给出反映性陈述，并说明你们的推测。或者你们可以在观看电视访谈节目的视频时，在每个"当事人"说话后都按暂停，给出你们的反映性回应。为了丰富反映性陈述的形式，你们也可以尝试给出几个深度不同或复杂程度不同的反映。

还有一个练习可备选，可以请伙伴说一句描述其性格的话，然后你说"你是说……"这样一直推测伙伴的意思。这里有个限制，你的伙伴只能回答"是"或"不是"。请一直猜下去，直到你再也想不出新的可能性，或者伙伴觉得你已经猜中了。另一种反馈的形式可以是，伙伴只回答"近了"或"远了"来表示你陈述的内容是接近，还是远离了其核心意思。

你也可以跟伙伴练习有意倾听。请伙伴讲述上周末的事情，你只运用反映性倾听陈述，看看你能不能就这样坚持 5 分钟，一个问题都不问。你可以请伙伴讲讲他最近在努力想改变的事情。素材选择一定是伙伴分享起来没有不适感的。

等你感到游刃有余之后，就可以将这种具有目的性的倾听技术用在当事人身上了。如果你原来的工作风格与此大相径庭，那这种转变也会让当事人注意到，他们可能会问你怎么回事。你可以告诉他们，这是一种专业提升——你钻研工作力求业务进步，这种转变就是这样一种提升。这样一来，你就更能明确自己可以用心倾听、全然理解当事人说的每一句话了。如果同时能获得（当事人以及你所在机构）的知情同意，你也可以对会谈进行录音／录像，以便于日后回顾并使用练习 4.2 中的评定表格来评估自己的表现。你还可以请伙伴参与这个评估过程。请注意，回看／回听自己的工作录音／录像时，我们其实很容易聚焦于做得不够好的地方。所以，也请关注：自己在哪些方面做得不错？在下次会谈时，想在哪些方面继续发扬，再多做一些？如果你卡在这里说不出来，请伙伴给你些提示吧。

其他想到的……

反映性倾听看起来似乎比较容易，或者换个更确切的说法，反映性倾听没那么复杂，但并不等同于"容易"。若倾听时大家感到手足无措、毫无进展，那是你太黏附于当事人所说的内容了，即你始终待在水面以上。请对水面下的冰山做些推测。而这方面的技能，只能通过练习才会有进步，别无他法。

倾听为什么会帮到当事人呢？这个问题问得很精彩，不过本书篇幅有限，难以做出全面的回答。简而言之，因为我们帮助当事人组织并理解了他们自己的经验。我们所做的并不是鹦鹉学舌般地简单重复当事人的原话，而是要将我们听到的内容组织起来，形成结构，当事人可通过这些结构促进其问题的解决并向前迈进。也有一些治疗师将这个过程称作创建连贯的叙事。

当然，倾听的重要之处不限于此。罗杰斯称这是"一个人用心倾听另一个人"所带来的力量。也请大家想想自己生活中的经历：当我们被很好地倾听时，我们觉得这对我们有帮助吗？如果有，是怎样的帮助呢？

练习 4.1　　留意路障

请全面开启自己的雷达，侦测路障是否存在——这能帮助你更具有觉察性，让你在沟通中铺设这些路障时更有意识。可以用电视、播客或广播中的谈话节目（主持人访谈嘉宾的那种）作为这个练习的原始素材，也可以用 YouTube 上的视频作素材。你可以选择一个"强势风格"主持人，观察其在节目中的良好倾听，以及戈登提到的路障。也请谨记，路障不见得就是不好的，主持人可以很好地把它们用在对嘉宾的访谈中。但是，路障的确会阻断谈话的势头，并造成访谈者与被访谈者之间的不和谐。

练习步骤如下。

1. 回顾下表中列出的路障。

2. 请收看/收听一期谈话节目，电视里的、播客里的或广播里的都可以。尽可能选择那种主持人就一个待解决的问题访谈别人的节目。

3. 记录主持人运用反映性倾听的次数及其设置路障的次数。

4. 因为这些节目的播放速度可能比较快，所以可以考虑将其录制下来，这样就能随时暂停播放，以便进行思考和做记录。或者，也可以拿录音机录下电台里播放的谈话节目。下载播客里的节目也是一种选择。

5. 假如有人觉得这些办法都不好用（如你可能不是听觉型的学习者），那还可以找找访谈节目的文稿，使用这种书面形式的素材。

6. 汇总自己记录的次数并回答后面的问题。

托马斯·戈登提出的 12 种路障	次数
命令、指导或指挥——由权威者施加指导。权威角色可以是明确公认的，也可以是心照不宣的	
警告或威胁——与指导类似，但也包含另一层意思，即其得不到遵从时可能会有的后果。这层意思可以是一种威胁，也可以是对糟糕后果的一种预测	
给忠告、给建议、给办法——治疗师依靠专业知识和经验给出行动的建议	
晓之以理、辩论、讲课——从业者认为当事人对问题缺乏理智的判断，所以要帮助他们，让他们可以理智行事	
道德说教、传教告诫、告诉当事人责任担当——暗含的意思是这个人需要被教导遵守道德规范	
评判、批评、不赞同、责备——它们的共同之处在于意指这个人有问题或者这人讲的话有问题。单纯的不赞同（意见分歧）也可以纳入这种路障中	
同意、赞同、表扬——从业者对当事人说的话加以褒奖与赞同，同时，这也中断了沟通过程，并可能暗示了说者与听者之间关系的不平等	
羞辱、嘲弄、人身攻击——它们都或明确或含蓄地表达了不赞同。一般而言，从业者这么做是为了纠正不良的行为或态度	
解释、分析——这类做法很常见，也是咨询师们乐于去做的事：要找到根本的真正症结，搞懂此中玄机，并给出解释说明	
宽心、同情、安慰——从业者这么做的本意是想让当事人感觉好一点，但跟赞同一样，该路障干扰了沟通的自然进程	
提问题、探查——提问可能被误认为属于"良好的倾听"，因为其本意在于进行更深的探索，以得到更多的发现。但此中暗含的一层意思是，如果可以提足够多的问题，那从业者就能找到来访者困扰的解决之道。提问同样也会干扰沟通的自然过程，将其导向提问者的兴趣所在之处，但那不见得是说话人的兴趣所在	
退出、打岔、附和、改变话题——这些做法都在改变沟通的走向，同时可能还表明从业者认为当事人说的内容无足轻重，所以不必再继续这个话题了	
路障总数	
反映（表层与深层）总数	

请回答以下问题。

这位访谈者设置了多少次路障，又做了多少次反映？这两个数字有差异吗？你怎么看待这种差异？

区分反映与路障有哪些困难？

访谈者所设置的那些路障，你觉得哪一处合情合理？

根据你的观察，被访谈者与访谈者之间在哪些地方出现了不和谐？在这种不和谐发生之前，访谈者在做什么？

练习 4.2   留意倾听

关注完路障，下面请留意倾听。同样，选个电视、播客或电台播出的谈话节目（或者自媒体上的视频），主持人跟嘉宾访谈的那种。这次请注意观察主持人的倾听技巧（或者这方面的技能缺陷）。

1. 如果有视频素材可用，请先静音播放 3~5 分钟，观察一下主持人是如何表达兴趣与关注的。

2. 然后，打开声音，记录反映性陈述的次数。可以仍使用上个练习的表格，只记录反映的总数。也可以使用下面的表格，这个表格包含了不同的反映类型。

3. 同样，你也可以把这个节目录制下来，这样就能慢速播放了。如果有人还是觉得太快，使用谈话节目的文稿作为练习素材可能会有帮助。

类型	描述	次数
表层反映	很贴近当事人的原话；表达兴趣，让当事人保持稳定	
深层反映	超出当事人原话很多，也不用原话里的措辞；通常会对信息进行认知重构，从话里推论出更多、更深层的含义，可能还包括当事人的感受	
放大式反映	夸大陈述当事人的话，常常是通过继续强调其言语中绝对化或不和谐的地方来夸大原话的程度；可能会让当事人从原先的立场上退出来	
双面式反映	将当事人矛盾心态的两个方面都反映出来	
比喻	通常超出当事人的原话很多，但又保留了其话中的核心要义，从而为当事人提供了一种理解自己境况的全新视角	
路障		

请回答以下问题。

这位主持人常用哪种反映？

某些类型的反映是否比其他类型的更见效果？如果是，为什么会更有效？如果不是，你觉得是什么阻碍了效果的发挥？

当主持人不做反映性倾听时，嘉宾的情况通常会怎样？

如果在做练习 4.1 和练习 4.2 时，你分别观看／收听了两场不同的谈话节目，那这两位主持人在运用反映性倾听和设置路障上，有什么异同？

练习 4.3　　冰山一角

当事人说了一句话，相对于他们说这句话时的所思所想，这句话不过是冰山的一角。请对下面的每句话至少写出 5 个推测：这句话的言外之意是什么——水面下的冰山是什么样子的？将这些推测以当事人的口吻陈述出来，写在下面。

示例：我是个有条理的人。

我喜欢事物有秩序。

我依照常规做事。

我不喜欢事物出现意料之外的变化。

我喜欢自己的桌子整洁。

我想问题很有逻辑性。

请注意，这里有些话是很贴近水面的，而另一些则潜入探索水面下的冰山，即后者超出了"有条理"的意思。其中有些可能说错了，虽然它们或多或少地都与"有条理"相关。这样做能让我们找到冰山的轮廓。下面，请对每一句话都做推测，潜入水下探索其含义。请给每句话至少写 5 个推测。

我不喜欢冲突。

1.

2.

3.

4.

5.

我有幽默感。

1.

2.

3.

4.

5.

我自寻烦恼。

1.

2.

3.

4.

5.

我讲义气。

1.

2.

3.

4.

5.

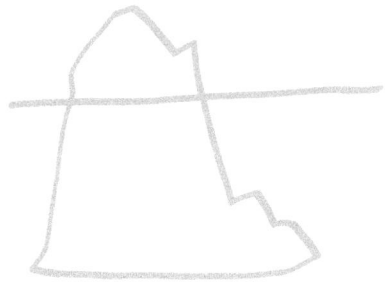

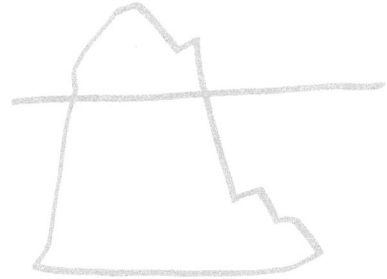

练习 4.3　参考答案

我不喜欢冲突。

1. 当人们的意见有分歧时，我就感到不舒服。

2. 我努力去解决分歧。

3. 我避免与人针锋相对。

4. 我寻求合作。

5. 我发起火来连自己都害怕。

我有幽默感。

1. 我喜欢笑。

2. 我会在日常生活中发现幽默元素。

3. 幽默帮我缓解压力。

4. 我挺容易笑的。

5. 我可不让自己那么严肃。

我自寻烦恼。

1. 我的反应方式有些问题。

2. 我时不时地虚度光阴。

3. 我敏感。

4. 我太敏感了。

5. 我真希望自己不用担心别人是怎么想的。

我讲义气。

1. 我会出手帮别人。

2. 我会出手帮别人，即便不该我管。

3. 要是别人犯了错误，我会谅解对方，不会计较。

4. 我看重别人讲义气。

5. 最恼有人背信弃义。

练习 4.4　　**反映出冰山**

在练习 4.3 中，我们对当事人说的话做了推测，以他们的口吻陈述并写了下来。接下来，请练习将这些内容转换为你可以说给当事人听的反映性陈述。有些只需要把当事人所说的"我"改成"你"就可以了；而另一些，我们可能就要更深地潜入水下看冰山，做出更多的推测。

示例：

我是个有条理的人。

我喜欢事物有秩序。………………………………你喜欢物归原处。

我依照常规做事。………………………………你依照常规做事。

我不喜欢事物出现意料之外的变化。………………变化会打乱你的安排。

我喜欢自己的桌子整洁。……………………………周围有条理时，你心情会更好。

我想问题很有逻辑性。……………………………你的思路很清晰。

请注意，这里有些陈述是很贴近水面的，而另一些则潜入水下探索冰山，即后者超出了"有条理"的意思。其中有些可能说错了，虽然它们或多或少地都与"有条理"相关。这样做能让我们找到冰山的轮廓。下面轮到你做这个练习了。请使用练习 4.3 中的素材，对每一句话做出你的反映性倾听陈述。如果你觉得练习 4.3 的表格空间太拥挤了，也可以把上面写的推测性话语誊到一张空白纸上，再对应着写下你的反映性陈述。

练习 4.4　参考答案

我不喜欢冲突。

当人们的意见有分歧时，我就感到不舒服。　当人们的意见有分歧时，你就感到不舒服。

我努力去解决分歧。　　　　　　　　　　　你调解各方。

我避免与人针锋相对。　　　　　　　　　　针锋相对会让你感到紧张。

我寻求合作。　　　　　　　　　　　　　　你求同存异。

我发起火来连自己都害怕。　　　　　　　　发火让你害怕。

我有幽默感。

我喜欢笑。　　　　　　　　　　　　　　　笑让你充满活力。

我会在日常生活中发现幽默元素。　　　　　你能发现身边事物中的幽默之处。

幽默帮我缓解压力。　　　　　　　　　　　你笑时，压力感减轻了。

我挺容易笑的。　　　　　　　　　　　　　你天生爱笑。

我可不让自己那么严肃。　　　　　　　　　你不让自己那么严肃。

我自寻烦恼。

我的反应方式有点问题。　　　　　　　　　有时你的反应方式引发了你的问题。

我时不时地虚度光阴。　　　　　　　　　　你不想虚度光阴。

我敏感。　　　　　　　　　　　　　　　　你容易受到伤害。

我太敏感了。　　　　　　　　　　　　　　你希望自己皮实点。

我真希望自己不用担心别人是怎么想的。　　你希望不用担心别人是怎么想的。

我讲义气。

我会出手帮别人。　　　　　　　　　　　　你会出手帮别人。

我会出手帮别人，即便不该我管。　　　　　你会出手帮别人，即便不该你管。

要是别人犯了错误，我会谅解对方，不
会计较。　　　　　　　　　　　　　　　　你可以谅解别人的错误。

我看重别人讲义气。　　　　　　　　　　　你也看重别人身上"讲义气"这种品质。

最恼有人背信弃义。　　　　　　　　　　　别人不讲义气会让你非常不舒服。

练习 4.5　　**有目的地做反映**

　　请阅读下面每句话，并写出三个回应。每个回应分别强调这句话中的不同部分。
下例将一句话的不同部分先分解开呈现，然后给出了对应的反映性陈述。在做练习时，大家只需写下三个反映性陈述即可。

示例

是挺快乐的，但这也长不了。我不能再继续这样了。

1. "是挺快乐的……"你很开心。
2. "但这也长不了……"你担心会发生什么。
3. "我不能再继续这样了……"现在该做改变了。

我知道自己不应该这么做，但她要是能退一步，局面也不至于这么火爆啊。这些事儿也就不会发生了。

1.

2.

3.

我最近一直心情低落。我也一直在尝试用别的事物缓解心情，而不是靠喝酒。但都不管用，只有喝上一杯才能让我心情好点儿。

1.

2.

3.

所以，我没有过度担心啊，我做完艾滋病检测都一年多了。

1.

2.

3.

我知道自己不完美，但他们也用不着事事告诉我要怎么做吧。我又不是三岁小孩子！

1.

2.

3.

我女儿觉得，抽个大麻不算啥事儿。她说很多地方抽大麻都逐步合法化了。她根本理解不了我为啥坚决抵制。

1.

2.

3.

练习 4.5　参考答案

我们将句子的不同部分与其反映陈述对应起来，这样呈现更清楚。

我知道自己不应该这么做，但她要是能退一步，局面也不至于这么火爆啊。这些事儿也就不会发生了。

1. "她要是能退一步……"你希望她可以给你一些空间。

2. "局面也不至于这么火爆啊……"你希望事情没这么火爆。

3. "我知道自己不应该这么做……"你本可以做一些其他的事。

我最近一直心情低落。我也一直在尝试用别的事物缓解心情，而不是靠喝酒。但都不管用，只有喝上一杯才能让我心情好点儿。

1. "我最近一直心情低落……"你心情一直很低落。

2. "都不管用，只有喝上一杯才能让我心情好点儿……"喝酒短期内会管用。

3. "我也一直在尝试用别的事物缓解心情，而不是靠喝酒……"你更希望能有别的方法可以管用，而不用依靠酒精。

所以，我没有过度担心啊，我做完艾滋病检测都一年多了。

1. "这都一年多了……"很长一段时间了。

2. "我做完艾滋病检测……"你想知道艾滋病检测结果。

3. "我没有过度担心啊……"你有点儿担心。

我知道自己不完美，但他们也用不着事事告诉我要怎么做吧。我又不是三岁小孩子！

1. "我知道自己不完美……"你有时会出错。

2. "但他们也用不着事事告诉我要怎么做吧……"他们这样做，你很烦。

3. "我又不是三岁小孩子！"你觉得自己被当成了小孩子。

我女儿觉得，抽个大麻不算啥事儿。她说很多地方抽大麻都逐步合法化了。她根本理解不了我为啥坚决抵制。

1. "我女儿觉得，抽个大麻不算啥事儿……"她的大麻使用让人担心。

2. "她说很多地方抽大麻都逐步合法化了……"她跟你争论。

3. "她根本理解不了我为啥坚决抵制……"她看不到你有多关心她。

练习 4.6 潜入水下：加深反映

请阅读下面每句话，并写出各种类型的反映。注意，有时某类反映可能不适合（如夸大反映），但也请尝试写一个。我们先来回顾一下各类型的反映。

深层反映：超越当事人原话，以全新的视角呈现信息。

放大式反映：夸大陈述当事人的话，常常是通过继续强调其言语中绝对化或不和谐的地方来夸大原话的程度。

双面式反映：将当事人矛盾心态的两个方面都反映出来。

情感反映：陈述当事人明确表达出来的或隐含的情绪感受。

示例

是挺快乐的，但这也长不了。我不能再这样继续下去了。

深层反映：嗯，这种快乐是有代价的。

放大式反映：你已经享受了最棒的时光。

双面式反映：一方面，你及时行乐；另一方面，你也能预见这种快乐即将会完结。

情感反映：你担心之后自己会怎么样。

我知道自己不应该这么做，但她要是能退一步，局面也不至于这么火爆啊。这些事儿也就不会发生了。

深层反映：

放大式反映：

双面式反映：

情感反映：

我最近一直心情低落。我也一直在尝试用别的事物缓解心情，而不是靠喝酒。但都不管用，只有喝上一杯才能让我心情好点儿。

深层反映：

放大式反映：

双面式反映：

情感反映：

所以，我没有过度担心啊，我做完艾滋病检测都一年多了。

深层反映：

放大式反映：

双面式反映：

情感反映：

我知道自己不完美，但他们也用不着事事告诉我要怎么做吧。我又不是三岁小孩子！

深层反映：

放大式反映：

双面式反映：

情感反映：

我女儿觉得，抽个大麻不算啥事儿。她说很多地方抽大麻都逐步合法化了。她根本理解不了我为啥坚决抵制。

深层反映：

放大式反映：

双面式反映：

情感反映：

练习 4.6　参考答案

我知道自己不应该这么做，但她要是能退一步，局面也不至于这么火爆啊。这些事也就不会发生了。

深层反映：你希望改变这个局面。

放大式反映：看来这事儿都怨她，都是她的问题。

双面式反映：嗯，她有一部分责任，同时另一部分，你知道你本可以不那样做的。

情感反映：这个局面让你心烦意乱。

我最近一直心情低落。我也一直在尝试用别的事物缓解心情，而不是靠喝酒。但都不管用，只有喝上一杯才能让我心情好点儿。

深层反映：虽然不太顺利，但你一直在寻找用喝酒以外的方法缓解心情。

放大式反映：喝酒才是唯一的出路。

双面式反映：你知道喝酒可以短期管用，同时，你也知道这不是个长久之计。

情感反映：努力了半天也没什么结果，你很无奈。

所以，我没有过度担心，我做完艾滋病检测都一年多了。

深层反映：你有过高风险的行为。

放大式反映：你很放心。

双面式反映：你觉得自己的行为向来都注意安全，同时，你也想到自己也是有过一些风险行为的。

情感反映：因为你的性生活比较活跃，所以你总还是有些不确定，有些害怕。

我知道自己不完美，但他们也用不着事事告诉我要怎么做吧。我又不是三岁小孩子！

深层反映：你不希望父母是这样的。

放大式反映：他们不让你自己做任何选择。

双面式反映：看来他们管得太多了，同时，你也知道有些事你本来可以做得更好。

情感反映：你越来越气，最后，感觉你真像一个三岁小孩子一样，只能噘着嘴说"不要"了。

我女儿觉得，抽个大麻不算啥事儿。她说很多地方抽大麻都逐渐合法化了。她根本理解不了我为啥坚决抵制。

深层反映：她看不到你的担心，只看到你的"插手干涉"。

放大式反映：你觉得这样下去会有大问题，但女儿却不这么觉得。

双面式反映：一方面，你想帮女儿；另一方面，你也知道自己的方式方法会引起冲突。

情感反映：你很怕她有个好歹。

练习 4.7　　倾听：旨在导进

我们已经练习了形成反映和加深反映，下面我们会专门练习怎样给出促进当事人参与的反映性陈述。还是请读一读当事人的话，然后对同一句话做出两种不同的反映性陈述。不过这一次所做的陈述要有利于、有助于当事人的**参与导进**。先不用考虑**聚焦**、**唤出**或**计划**（若有需要，可随时翻阅前文，回顾这些内容）。

1.我希望女儿的饮食能健康一些。要是她还像现在这样，我真担心她的健康。估计你也知道，她不太愿意听我的，所以好像我也贯彻不下去。

反映 A：

反映 B：

2.现在好多地方大麻都合法化了，所以我觉得总提过去如何如何真是没啥意思。当然，啥事儿过度了都是个问题，所以我不会抽得太凶，而且非要那么说的话，喝酒不更是个问题嘛。对，我老婆对我抽大麻这个事很不乐意，她总怕孩子们发现，但我不是还天天去上班嘛，而且我也做家务啊。

反映 A：

反映 B：

3. 家里人觉得我承担得太多了，觉得我太累了。我认为他们根本不懂我才会这么想。我就喜欢做这些，人跟人不一样，他们觉得这是负担，那是他们啊。不过我也明白，做这些事有时真会精疲力竭，而且我也没时间陪他们了，这是我不想要的。

反映 A：

反映 B：

4. 我希望自己有信仰，我向往精神生活。但信教的人里也有一些伪君子，我就是跟他们处不来。我很反感他们说一套做一套，口是心非。还有就是那些宗教团体宣扬的东西，有的我真难以接受，我觉得简直是在搞笑。

反映 A：

反映 B：

练习 4.7　参考答案

请谨记，**导进**的目标在于尝试以当事人的视角来理解周遭，尝试理解当事人的生活全貌，并努力创建安全的环境。

1. 我希望女儿的饮食能健康一些。要是她还想现在这样，我真担心她的健康。估计你也知道，她不太愿意听我的，所以好像我也贯彻不下去。

导进：

反映 A：你太想帮助女儿了。

反映 B：你担心女儿的健康。

2. 现在好多地方大麻都合法化了，所以我觉得总提过去如何如何真是没啥意思。当然，啥事儿过度了都是个问题，所以我不会抽得太凶，而且非要那么说的话，喝酒不更是个问题嘛。对，我老婆对我抽大麻这个事很不乐意，她总怕孩子们发现，但我不是还天天去上班嘛，而且我也做家务啊。

导进：

反映 A：人们这样看大麻好像是不太公平。

反映 B：因为大麻的事儿，家里有点不好过啊。

3. 家里人觉得我承担得太多了，觉得我太累了。我认为他们根本不懂我才会这么想。我就喜欢做这些，人跟人不一样，他们觉得这是负担，那是他们啊。不过我也明白，做这些事有时真会精疲力竭，而且我也没时间陪他们了，这是我不想要的。

导进：

反映 A：你喜欢做这些事儿。

反映 B：家里人担心你。

4. 我希望自己有信仰，我向往精神生活。但信教的人里也有一些伪君子，我就是跟他们处不来。我很反感他们说一套做一套，口是心非。还有就是那些宗教团体宣扬的东西，有的我真难以接受，我觉得简直是在搞笑。

导进：

反映 A：你向往精神生活。

反映 B：你一直在尝试融入宗教团体。

练习 4.8 意在倾听地进行谈话

待你准备妥当了，请找一个人来交谈，在真实的谈话中实际练习倾听技术。最好可以提前选定某个时段的谈话，当然这次谈话依然是自然开展的，这样才有最好的练习效果。请尽量选择那种通常你会给别人提建议、给忠告的情境，并努力克制这种习惯。请在完成这次交流后，回答下面的问题。

不用其他的技术（如提问），只是"有意地倾听"，你的体会如何？

你的谈话对象有何反应？

你是怎样做到切换使用不同类型的反映性倾听的？

每种类型反映性倾听的难点分别在哪里？

通过这番交谈，你对自己的谈话风格有了哪些了解？

第5章

运用 OARS：开放式问题、肯定及摘要

开篇

芭芭拉坐了下来，搓着手，一脸紧张。她是来做职业评估的。委托单位请从业者评估芭芭拉的认知与学业技能，以便就上大学对她来说是否现实取得评估意见。芭芭拉小时候发育很正常，但在 14 岁时，有一天她突然在学校里抽搐起来。随后，医生在芭芭拉的脑部发现了肿瘤。虽然经过手术，医生成功地摘除了脑瘤，但手术也影响到了芭芭拉的认知功能。她还是那个为了拿 A 而努力学习的学生，但现实很残酷，芭芭拉得靠特殊教育服务才能完成高中学业，包括要靠特别多的单独辅导才可以明白书本中的概念。

理论上讲，委托单位明显认为芭芭拉的目标不切实际。但她现在已经 32 岁了，高中毕业这么多年也有了很大的变化。在等候室里，芭芭拉又说了说评估的目的，也与从业者讨论了心中的疑问，然后，她签署了知情同意书。

"你一脸担心啊。"评估施测者率先开启了话题。

"我真心还想上学，就怕你评估后告诉我说不行。"

"因为之前有人跟你这么说过……"

"嗯，也算，也不算说过。反正我是得了肿瘤之后上学才开始费劲的，但靠点儿帮助，我是能行的，而且我觉得自己现在也更成熟了。"

"你想做个有成就的人，也觉得上大学就是通向成功的那条路。你感觉自己已经

做好了准备，也相信自己能够做到。"

我们要往哪个方向展开呢，此刻有很多选择。目前为止，我们主要学习的是**导进**，其他几乎还未涉及，不过我们已经学会了如何运用各种不同的反映性陈述。那么，从反映性倾听这里开始，我们要去向何处呢？又怎么到达那里呢？

如第 4 章所述，MI 是靠核心技术带动会谈向前发展的，特别是促进**导进**过程的进行。这些核心技术也是咨询师临床技能库里的基本工具。为了便于记忆，我们使用它们的首字母缩写 OARS+I：开放式问题（Open-ended questions）、肯定（Affirmations）、反映性倾听（Reflective listening）、摘要（Summaries）以及信息交换（Information exchange）。第 4 章专门讨论了反映性倾听，在第 5 章中，我们将聚焦于开放式问题、肯定及摘要上。虽然在**导进**过程中确实也有一些信息交换，但更充分的信息呈现还是在**聚焦**过程中。因此，我们也把信息交换放在第 8 章也即在探讨**聚焦**过程时讲述。

深入认识

◎ 开放式问题

在与当事人交流时，从业者势必会提出一些需要当事人简短回答、旨在收集信息的问题，即便如此，MI 的信息收集过程也主要基于开放式问题。这种提问方式设定了一种非评判的基调，有助于当事人探索自己的问题领域。当事人对开放式问题要回答的信息更多，不能只限于回答"是 / 对"、"不是 / 不对"或"上周三次"这样的答案。所以，我们一般不问："你多长时间喝一次酒？一次喝多少？"而是会问："你喝酒的习惯是怎样的？"通常，这个问题可能太过模糊或宽泛了，所以当我这么提问时，当事人经常会询问："什么意思？"我会加以澄清："说说你在什么情况下会喝酒。"这样的问题便开启了当事人的讲述，接着我们会运用反映性倾听进一步引导谈话的方向。让我们说回皮筏漂流活动，如果用这个比喻来看，那么开放式问题是推船离岸，是助我们河道转弯，而反映性倾听则通过更加精细入微的动作，导引我们前进的方向。

通常而言，导进过程所提的问题都比较宽泛，至少刚开始导进时是这样的。随着咨询的推进，我们的提问可以越来越具体。但我们也希望给当事人留出足够的空间，这样他们就能跟我们谈谈他们自己所看重的、所关心的事物了。

当然，我们的提问通常也具有目的性和方向性。对那些做好了合作准备的当事人，或许仅仅邀请他们加入谈话就行。例如，"今天是什么原因让你来到这里的？"不过，更常见的情况是，当事人对于做改变的心情是矛盾的，所以他们需要更多的帮助才能开口说出来。这并不是说我们需要先跟当事人闲聊一会儿，好让他们放松下来，感到自在。闲聊不仅可能耽误会谈要谈的事情，而且可能反倒无法让当事人在第一时间感受到我们理解他们的处境，也不会评判他们，从而真正安心自在。所以，我们准备一些宽泛但并非寒暄性质的问题将有助于会谈的展开。请从促进导进（参考）的角度来考虑和构思这些问题。例如，一名被父母强行带过来的青少年，我们可以对他说："你爸爸有点担心你的事儿。你觉得他为什么会看重这件事情呢？"当然，如果我们已经知道了当事人的问题核心，也可以直接问："你感到有点心情低落。具体是什么情况呢？"不过，在导进过程中，尤其在导进不和谐的当事人（discordant clients）时，从业者先提出更宽泛的、有关当事人生活全貌的问题，之后再聚焦某个感兴趣的领域（不是一开始就陷在某个特定的问题领域中）总是大有帮助的。

"嗯，来这里不是因为你觉得有需要，而是缓刑监督官[1]（或当事人的丈夫/妻子/伴侣/老师/医生/上司等）让你来的。我想咱们可以一会儿再谈这个话题，首先还是介绍一下自己吧。比如，你是谁啊，你的生活是什么样子啊。"

还有一类从业者的行为，虽然就行为本身而言，它们符合 MI，却不太好归入 OARS 的任一类别。开放式陈述（Open-ended statements）是"反映"和"提问"的混合体。例如，"我想知道，如果你打算停下来，会是什么情况。"严格意义上来说，这种形式不算提问，但又比较像提问，因为这明显会引发当事人给出更多的信息。在 MI 的研究中，我们将这类陈述视为提问，通常 MI 的培训师也会这样处理。

我们以这些导进性的问题做开场白有利于建设合作性的氛围，有利于在第一时间建立融洽的咨访关系。这种开场形式让当事人知道我们了解什么以及我们对于会谈的态度如何。尤其重要的是，这类开场白向当事人传达了我们秉持的非评判性立场。如第 2 章所述，非评判性立场正是 MI 精神的一种核心要素。

在**导进**过程中提开放式问题也能拓宽讨论的范畴。我们不将焦点局限于某个问题领域，而是将当事人作为一个整体的人来看待，对他们形成全面的理解。当我们新开始一次会谈，或者着手建立一段新的助人关系时，将焦点放在积极正向的开放式问题上会特别有帮助。例如，"在现在的生活中，你觉得自己成功的地方有哪些？"或者也

---

［1］ 缓刑监督官（probation officer）与下文的假释官（parole officer）职能相近，主要区别在于前者涉及罪犯服刑前的缓刑工作，后者涉及罪犯完成部分服刑后的假释工作。——译者注

可以表达得诙谐一些："说说最近一次让你笑喷的事情吧。"

相反，我们要尽量避免使用反问句，因为这样提问只会获得一个发问者想得到的单一答案。通常，反问句的本质是说话人要表达自己的关切与担心，问句形式起到了含蓄表达的作用。例如，以下这样的反问句："你要是同意……这事儿不就简单多了吗？"因此，我们最好将关切与担心直接表达出来，将其作为一种信息提供给当事人考虑。第 8 章将详细讨论如何进行这样的表达。

通常，我们可以用一个比例指标来表示良好的 MI 操作。MI 的研究者一般采用 2∶1 的比例（反映性倾听∶提问问题）作为 MI 的专家级操作标准。很多 MI 初学者的水平都远远达不到这个比例，他们通常要问两个或以上的问题，才给出一个反映性陈述。MI 初学者的会谈类似下面的例子。

> **从业者**：那，你认为抽大麻也不算个问题啊？
>
> **当事人**：又不跟喝酒似的，我觉得不算。
>
> **从业者**：是什么让你觉得这不算个问题呢？
>
> **当事人**：依我看，政府对大麻有偏见。
>
> **从业者**：政府没有公正合理地看待这件事情。
>
> **当事人**：喝酒毙命的可比抽大麻毙命的多太多了。

我们的研究发现，通过两天的工作坊培训，初学者的这个比例会略有提升，达到 1 个反映∶1 个问题，当然这是需要进行大量的练习才能达到的。在 1∶1 的比例下，会谈面貌类似下例。

> **从业者**：你怎么看抽大麻这个问题？
>
> **当事人**：这个跟喝酒可不一样。
>
> **从业者**：抽大麻让你觉得比较安全。
>
> **当事人**：说"安全"算不算用词不当啊。
>
> **从业者**：那恰当的词是什么呢？
>
> **当事人**：我也说不好。**两害相权取其轻吧**。对，是个成语，不是一个词。
>
> **从业者**：你觉得，抽大麻的风险好像小一些。

大家可能会问，为什么反映与提问的比例如此重要？这里包含了多方面的原因。如前所述，在 MI 中，从业者努力开启一种向前的势头，然后再加以导向。提问会阻断这种势头，所以戈登将提问归到了沟通路障里。虽然有时提问很有帮助，但我们的确容易陷入其中，太过依赖这种方式。从业者一般都善于提问，尤其是提封闭式问题，这样可以获得简短、具体的信息（如"你结婚多久了"）。但遗憾的是，持续提问会让我们陷入"专家陷阱"。

谈话一旦成为"问与答"的形式，双方的关系就不再是合作性的了，而是变成了一种调查的性质，被提问者自然会期待在这个调查过程结束时，提问者能给出正确的答案。"专家陷阱"通常在医疗设置下发生：患者来就诊，讲出自己的症状，期待医生或护士会问正确的问题，然后给出解决办法。但是，这种陷阱不只发生在医疗环境中。总之无论是哪个职业领域，这种陷阱都会造成不良的副作用，即让当事人成为被动的接收者，从业者需要一力完成所有的工作。

这种交流风格也制造了一种预期，即提问者是专家，他们比当事人更了解、更明白当事人的问题。如此一来，双方的关系就不再是合作性的、力促当事人参与的，而是成为一种上下级的关系，此时治疗的成功便只取决于从业者了。的确，从业者具备专业能力，可以分辨和鉴别问题的性质，但治疗若要取得成功，通常还需要当事人的主动参与，这一点至关重要。例如，外科医生能通过搭桥手术解决静脉和动脉血管阻塞的问题，但患者必须进行身体康复训练，也要改变生活方式，才能维持治疗的效果。很明显，上下级关系和被动的当事人是与 MI 精神不相符合的。为了跨过这些陷阱，MI 培训师通常鼓励从业者每提一个问题，就做一次反映性陈述，当这一比例稳定之后再考虑进一步提升：每问一个问题，就做两个或两个以上的反映性陈述。这样的会谈面貌类似下列情况。

从业者：我已经了解了你对大麻的态度。还有哪些事儿是你想做的，虽然可能谈不上极度热衷？

当事人：我在沙发上待的时间常比我想待的更长。

从业者：有些事儿是你想外出去做的。

当事人：没错，我想外出去做一些事儿，比如去见见朋友。

从业者：你看重人际关系。

当事人：是啊，但我迟迟见不了他们。我觉得总有做不完的工作。

从业者：而这种情况不是你所希望的。

另外，我们要区分"开放式问题"与"封闭式问题"。MI 的培训和研究都对这两种问题做了明确的区分，前文已经提到了要这样做的原因，此处还要补充一条：封闭式问题的路障性质比开放式问题更严重，更容易阻断谈话的势头。不过，在实际落地操作中，二者就没办法始终泾渭分明了。对一个开放式问题的回答可能也不过寥寥数字，例如，青少年对一个精心设计的开放式问题可能只是耸耸肩，或者只是说一句"不知道"；相反，一个封闭式问题也可能引出较长的回答，就好像我们提的是开放式问题一般，所以，开放式问题和封闭式问题之间的区别可能并没有看起来那么重要。实际上，最新一版的《动机式访谈治疗忠实度编码手册》（MI Treatment Integrity coding system，即 MITI 4.1）已经不那么强调将开放式问题的占比作为 MI 熟练程度的指标了。但是，在此还是要明确地告诫大家，总体来看，开放式问题与封闭式问题会造成不同的影响，尤其是与那些不和谐程度较高的当事人工作时。在这种情况下，我们很容易落入"问与答"的陷阱之中。因此，我们在培训 MI 时，还是要强调多问开放式问题，少问封闭式问题。

最后讲一下，MI 里有一种特殊形式的问题，叫作"关键问题"（key question）。顾名思义，关键问题问的是："下一步呢？"虽然这个问题也可以用来稳固和加强当事人的决心，但它通常是为了澄清当事人是否做好了进入行动阶段的准备。所以，在很多节点上我们都可以问这个关键问题。但我们要明白，在**导进**或聚焦过程中问关键问题时机尚早。我们要在**唤出**和**计划**过程中问关键问题，所以相应地，我们也将关键问题放在本书后文中详细探讨。

◎ 肯定

如第 2 章所述，MI 尝试让当事人逐渐感受到自己的优点、潜质，帮助他们建立自我效能感。我们想支持或帮助当事人养成"我能行"的态度。迪克莱门特认为，大多数寻求专业人士帮助的人都是自行改变未果者（self-changers）。他们想靠自己做出改变却力不从心，无法让自己或他人满意。因为屡战屡"败"，他们在求助时，低落的士气往往如影随形。因此，从业者的一种角色就是要给当事人注入希望和信念，让当事人明白，自己其实是可以改变的。对于做改变而言，乐观主义似乎是一种重要的元素，而且我们也可以对乐观主义的样貌和强度施加影响。肯定就是将当事人重新引向其可获得资源的一种方法。

在 MI 中，**肯定**（affirmations）是对当事人及其优点的欣赏性陈述（statements of appreciation）。实际上，米勒和罗尼克认为，如果我们未能深入地了解和欣赏一个人，就做不到真心实意地肯定对方。因此，反映性倾听的过程就颇有肯定的性质，尤其是在当事人感到被人深深地理解、接纳和赞赏时。不过在这方面，肯定要比反映性倾听做得更丰富。肯定会使当事人专注在自己的身份认同、优点（优势）和潜能上，这些都可作为资源帮助当事人解决自身的问题和困扰。这种对优点和潜力的觉知，加上正向积极的情绪，能让人们对生活中更多的可能保持开放的态度，其中也包括"做改变"的可能。

做肯定所采用的形式通常是清晰明确、真心实意地说出对当事人的理解与欣赏。例如，有位母亲被儿童保护服务署传唤，她很担心会失去对孩子的监护权，从业者可以对她说："你最放不下孩子们，你全心想留住他们，也会为此奋斗。"再例如，有的人反复接受戒毒治疗，你可以对他们说："你下了很大的决心，即便会遭遇退步反复，你也要改变自己的人生。"

MI 培训师会提醒学员，要当心别把肯定当成一种计谋：当事人一旦觉得自己在被从业者评判或者感到从业者高高在上，那他们就会有负面的反应。当然，说到什么是"肯定"以及具体要怎样做时，这里明显也存在文化和背景上的差异。为了避免所做肯定被当事人感受为一种计谋，MI 培训师们给出了以下建议。

- 请聚焦于具体的行为上，而不是聚焦于态度、决定和目标上。
- 避免使用人称代词"我"。
- 聚焦于描述而非评价上。
- 关注非问题领域，而不是问题领域。
- 肯定是将吸引人的品质归为当事人自身的属性。
- 培养当事人一种"可胜任"的世界观，而不是"有缺陷"的世界观。

在 MI 培训中，我们会对赞扬和肯定加以区别。赞扬带有评价与评判的性质。赞扬常以"我"字陈述开篇，虽然会有例外，但也常常如此："我觉得你非常牵挂孩子们。"现在，MI 的从业者基本达成了一种共识，要使用"你"字陈述来表达肯定："你是……""你感到……"或者"你认为……"这种人称代词上的变化将肯定从外在优势上移开，重新锚定在当事人的内在品质上。如此一来，当事人就不太能忽略这些信息，也更有可能会将它们放在心上。肯定传达出的是对当事人这个人的欣赏。这一观点符合自我肯定理论。该理论认为，让人们将注意力聚焦于自己的身份认同、价值观与潜能上可降低他们在思考威胁性刺激时的防御。虽然在研究上还有待区分自我肯定和他人肯定的不同影响，但显而易见的是，这种肯定过程对当事人是有益的。

然而在实务工作中，我们用的最少的核心技术恰恰是肯定。这种情况颇为遗憾，当事人本已在生活中饱受打击，所以条件反射般地预防自己会被别人指点自己的缺点、失败，或者会被批评不够努力。所以请大家想一想，自己作为一名助人工作者，有人了解并肯定了你的工作做得有多好，这会为你的生活注入怎样的力量？我在做 MI 培训时，常会请从业者讲讲自己有生以来最棒的时刻。请他们的练习伙伴听出其中的优点，然后基于听到的内容做出肯定（是第 2 章练习 2.7 的一种变式）。这个练习是必须做的，而且人人都喜欢，每当大家听到每个人的高光时刻，并有机会将这些内容反馈给对方时，教室里的氛围都既热烈又温馨。在我们继续探讨这个练习时，人们脸上都洋溢着微笑，他们表达了很多欣赏与感谢之情。如果请大家谈谈这个练习，每次都有人会这样说："我知道只是个练习而已，不过……感觉真的很棒。"

阿波达卡（Apodaca）和同事发现，肯定是唯一一种既能增加改变语句又能减少持续语句的从业者行为。换言之，当我们做肯定时，会增加当事人回复改变语句的概率，同时也降低他们回复持续语句的概率。这个研究发现十分引人注目，但还需要进一步研究为什么会这样，而且也有观点认为，如果肯定做得一塌糊涂，反而可能会增加持续语句。有一种解释是：肯定有助于让人觉得自己更有能力去做改变，因此他们也就开始去预想这些改变了。这很自然，一旦人们感到自己有能力改变，他们就更有可能做出改变。班杜拉（Bandura）研究了自我效能感，明确地提出了以上观点，MI的早期著述也结合了这种观点。

同样，积极心理学也对促进人们积极向上的因素做了严谨的研究并为我们揭示出肯定为何如此重要。芭芭拉·弗雷德里克森（Barbara Frederickson）致力于研究积极情绪的价值，她发现，积极情绪能帮助人们拓展视野，看到更多的可能性，而这些在人们被负面情绪笼罩时是难以看到的。肯定似乎能带来一些积极情感，其中较为常见的是"希望"与"自豪感"。我们可以进一步检验以上观点：在我们给出肯定时，看看人际关系的积极变化。鉴于本书的篇幅所限，我们只能简单提一句这方面的研究。弗雷德里克森发现，当符合某些条件时，如安全、人与人之间的同步性、全心全意地关注他人的福祉等，人与人之间会形成强烈的关系联结，即便是在陌生人之间，即便只能维持一小段时间而已。"全心全意地关注他人的福祉"这种条件在 MI 中被称为**至诚为人**。虽然反映性倾听可能有助于创造这些条件，但发现和肯定一个人内在的优点则会带来这种最有威力的积极情绪（弗雷德里克森称之为"爱"，这与米勒所说的异曲同工）。最后，该研究还表明，这些人际联结即便短暂，也极具效果，也可能给当事人带来巨大的改变，使他们真心实意地对改变敞开心扉。我想，这一点可能就是威廉·米勒和史蒂芬·罗尼克所说的，至诚为人是**真正的 MI** 所不可或缺的要素。

脑成像领域的研究也为该解释增加了一些有力的支持。研究显示，人脑对于积极情绪有不同的反应，同样，人脑对改变语句和持续语句的反应也不相同。可能在肯定过程中我们刺激了相应的重要脑区。虽然这些发现还有待进一步检验，但目前的数据表明，真心实意的肯定有助于当事人说出改变语句。

所以我们自然应该多做肯定。实际上，与其他几项核心技术相比，肯定的确是用得较少的一种。做肯定要真情实意，小心别太卷入，也别太强硬。要是当事人觉得你不够真诚，那你们之间的关系就会反受其累。不要针对那些天经地义的事做肯定（如猫吃鱼、狗吃肉等），因为这反而会惹恼当事人。大家可以将当事人的困境重构为他们的个人优点："持续努力真的很难，你却具备这样的优点，能够始终坚持。"而且，做肯定也不用非得一本正经。当你很了解一个人时，完全可以将肯定做得轻松诙谐一些。在我们表达欣赏和肯定时，开一些玩笑可以顺势借力引导当事人更深入地认识自己、觉察自己。

做肯定虽然没有很特定的结构要求，但理应是一种正面积极的陈述，即肯定聚焦于优点上，而非短板上。例如，"你努力躲着可卡因"这句话虽然开头半句是在做肯定，但后面却聚焦于"躲着什么"上。相反，我们看看更为正向积极的陈述："就算诱惑如此巨大，你也能打定主意，比如不吸可卡因。"和焦点解决疗法里的提问类似，我们也会问一些问题（例如，"这么长时间你都保持着清醒，你是怎样做到的呢？"），从而引出可做肯定的信息。请当事人做自我肯定（如让他们讲讲过往的成功经历与自身优点）同样很有效果。但即便是在当事人的自我肯定过程中，我们也要拿好镜子，通过反映和摘要来强化和深化当事人对于自己的描述。

还有一些方法也能让我们获得做肯定的素材。运用其他的核心技术可以引出这些信息。深挖某些具体方面也能获得这些信息。例如，探查先前改变的"不成功"经历会有帮助。通常而言，我们与当事人探讨这些经历是为了了解他们做过哪些努力，评估他们所做的事情，理解他们的顾虑与恐惧。但其实还有一点，这种探查能为我们提供契机，重新聚焦于当事人**做到**了什么上，即在这些尝试中体现出了当事人的哪些优点？请关注这些优点！就算结果不尽如人意，我们也可以进行重构，因为这体现了当事人对于改变的坚持不懈与强烈愿望。我在近期的培训中就遇到了一位咨询师，她略显难堪地说起自己参加了好几回执照考试都没通过，但她还打算再考。我回应她："你没有轻言放弃，而是决心做到这件事。"她听后热泪盈眶，感受到的是力量而不是无力。同样，关于自我肯定的研究也指出，聚焦于非问题领域是特别有价值的。例如，可以引导当事人聚焦于他们最看重的 5 个价值观以及他们是如何践行这些价值观的。

负面的或不和谐的行为同样可以被我们重构后用于做肯定。显然，我们都会遇到一些对来参加会谈持消极态度的当事人，尤其当他们是因别人的建议而前来时。从业者可重构这样的经验，并肯定当事人。例如，我们可以说："虽然你心里还有疑虑，但今天你还是来了，你一定是下了很大的决心吧。"或者可以说："你对于来这里有顾虑是很自然的事。这说明你是下定决心、克服困难才过来的。"大家可能注意到了，上面两句话或多或少也含了些评价性的元素。你可能没办法完全不掺杂评价。但请尽量觉察到这种评价，不要让它成为你所做肯定的主要形式。

我们不断探索有价值的信息，做肯定不是这个过程的终点，而是其中的一部分，特别是在**导进**过程中。我们可以请当事人详细说说具体是怎么做的，这样就能不停滞在刚刚的肯定上，而是向前更进一步。例如，我们在上一段做了肯定，然后就可以接着问："你是怎样坚守住这份决心的？"总体而言，提问"怎样／如何"和"什么／哪些"都是很好的问题，它们有助于当事人给出具体的说明。"你是怎样／如何……""你做了什么／哪些……"

有时受训学员觉得，要肯定当事人，倾听他们就好，不用再额外做其他的工作了。虽然这种倾听本身就让当事人感受到了支持，起到了肯定的作用，但我们还是应当更直接地给出肯定。打个比方，我们会向恋人表达爱意，虽然我们的行动可能已经在传达这种感情了，但对恋人说"我爱你"依然是非常重要的。而且，请大家想想看，如果除了说"我爱你"，再加上以下这些话将会产生多么巨大的效果："你能给人带来阳光，你总会看到别人最好的那一面，关注那一面，因此人们也会感同身受，张开双臂拥抱这个最好的自己。你的幽默风趣能帮助别人融入进来，而不是拿他们的弱点取乐开涮。"

另外，我们还要区分一下肯定与"打气"（cheerleading）。可以将打气理解为翻正反射的一种延伸形式，我们觉得有必要也有意愿帮助当事人克服、解决、度过前进途中的任何困难险阻。我们把自己的信念"借给"当事人，但也是在让当事人去依赖我们，依赖我们的信念与观点。当事人可能觉得我们的信念与观点并不那么正确，因为他们才更了解是什么东西挡住了自己前进的道路。实际的情况是，一旦我们这样打气，便会引出当事人的持续语句。相反，肯定则有助于当事人认识到自己的技能、长处、潜能，从而迈步前进。**当事人**才是我们工作的中心，所以，我们的工作要基于他们，而不是我们从业者。这也解释了前面例子中的真谛，即"你没有轻言放弃"这句肯定的话为何对那位咨询师有那么大的影响。

最后，莫耶斯指出，将肯定区分为"作为事件的肯定"（affirmations）和"作为风格的肯定"（affirming）可能是比较重要的。她解释说：作为事件的肯定，如果从业者没有做好（如做成了打气），则颇有弄巧成拙之嫌；但作为交流风格的肯定，则更潜移默化，弄巧成拙的风险也更小。二者可能有着相同的机制，但肯定风格细微到没法具象成一个事件。我们再回到前面那个"表达爱意"的比喻，在行动中表达爱意很重要，但说出表达爱意的话，以及**如何说出**这些话，也是特别重要的。

◎ 摘要

通过思索什么是助人历程，一般性的说法要怎么说，基于心理治疗的语境怎么讲，尤其是放在 MI 中又该怎样去理解，多年后我得出了这样一个观点：助人历程中的部分工作是我们帮当事人组织他们的过往经验。我们在上一章中就提过这个观点。它与叙事疗法的观点很一致，并且在心理治疗领域也不是什么新观点了。这个我们耳熟能详的观点需要我们在工作中给当事人反馈的要比他们原本说的话更多，即反映的层次要更深，而不是简单重复当事人的原话，所以，即便他们说得含含糊糊，或者压根就没有明说，但通过反映，其中隐含的意思也能让当事人自己更为了然。这种信息组织工作就是摘要的要义所在。

米勒和罗尼克认为，摘要是一种特殊形式的反映性倾听。摘要有三种不同类型：汇集性摘要、连接性摘要和过渡性摘要，这三者之间存在交叉重叠，但通常各有其用途。在每种摘要中，做摘要的人都要先想好，该摘要要包含哪些信息，排除哪些信息，又要如何呈现这些信息。做摘要最好言简意赅。那种迂回曲折的大段摘要无法帮助当事人组织经验，因其更像独白，故而会失去摘要的效果。

同时，这种简明扼要也带有选择性。从业者应选择那些有利于当事人前进的素材，并时刻谨记 MI 的原则。第 2 章已提及其中的两个重要观点，即矛盾心态在改变历程中的影响和改变语句的重要性。特别要指出的是，如果我们跟持矛盾心态的当事人只强调改变的好处，就容易引起当事人的抗辩反驳。因此，摘要不能单纯聚焦于对改变有利的一面上。同时，MI 的首要目标之一就是引出并强化改变语句。所以从业者要关注改变语句，只要当事人提到了类似的语句，我们就应当在摘要中对其特别予以强化。回到本章开头芭芭拉的例子上，我们可以这样做摘要：

"你今天过来主要是因为委托机构要求的，你自己其实并不是很想来。你担心这个评估会影响上学的事儿，同时，你也认识到，上学对你而言是有挑战的。但是，你有自己的优点，这些年你也一直在成长，所以我们要做的部分工作就是帮助你用好这些优势和资源，从而让你成为一个有成就的人。"

这段摘要虽然只有简短的三句话，却包含了多个意思，且以一种通俗易懂的方式呈现出来。这几句话也为芭芭拉提供了一种结构，帮助她组织自己的经验："你不想来这里，你有担心的事情，但我们有共同的目标，即让你成为有成就的人。"这段摘要并没有无视芭芭拉的矛盾心态，但也没有就停在这里止步不前，而是找机会去做肯定，并通过强调一个重新考量的目标（即做个有成就的人，这样既可以包括上大学这个选项，也可以不包括）来结束这段话。这样做摘要之后，下面就可以由当事人来回应这段摘要了，或者我们也可以问她是如何进步成长的。

上面这段摘要就是米勒和罗尼克说的**汇集性摘要**（collecting summary），主要是为了把信息汇集在一起，再呈现给当事人，同时保持谈话向前推进。因为摘要尤其有助于强化改变语句，所以在一次 MI 会谈中要反复多次进行。米勒和罗尼克指出，一段好的摘要可以为当事人展开一幅鸟瞰的全景图——当事人既可以因从业者关注谈话中的特定部分而获得肯定，又可以因为信息的汇集交织而获得一种全然的视野。

米勒和罗尼克在早期著述中提出过警示，不要过多地做摘要，以免谈话变得造作不自然。也就是说，这样做摘要就变成只为了使用技术，而不是为了更好地理解我们的当事人。这里我再补充一点：我们所做的摘要也一定要和自己的性格、风格相符。作为一名从业者，我之所以会按一定的时间间隔做摘要，主要是为了确保自己能记住和理解当事人所说的信息。不做这样的复述，我会遗漏掉重要的信息。不过，我使用的摘要一般非常简短，只有两三句话。

连接性摘要（linking summary）与汇集性摘要之间的界线较为模糊，但总体上，二者的用途不同。连接性摘要是把当事人此刻说出的信息与先前说过的放在一起作比较，意在突出前后之间的联系或割裂。该技术特别有助于建立差距，发挥激励作用，还可以用来探索当事人的矛盾心态——当我们进行到**唤出**过程时，这些工作尤其重要。做摘要的人并不去评价当事人的矛盾观点，而是将其放在平等的位置上，由当事人自己来分配权重。跟上一章讲过的双面式反映一样，连接性摘要使用的连词是"而 / 同时"，不是"但 / 但是"。因为"但 / 但是"会否定掉前面说的一切——"你这个想法真不错，但是……"或者"我喜欢你这身衣服，但是……"——使用连词"而 / 同时"则可以让两种意见同时存在，这也是当事人内心的真实体验："你想让大家都别烦你，一个人静一静，同时你也不确定要不要这样做。"最后，从业者还可以通过连接性摘要将当事人忽略的或间接的信息，以及当事人先前说过的内容整合进来。示例如下：

> "你现在想的是，这样的夫妻关系也没什么大不了的。因为现在你们都已经冷静下来，冲突也平息了。同时，你也说过，这种情况会反复循环。而且，你太太还说，你要是不做改变，她就离婚，同时你也说过自己不想再一次又一次地面对这种情况了。"

过渡性摘要（transitional summary）同样另有用途。从业者会用这种摘要来选择或改变会谈的方向。过渡性摘要有时会使用类似以下这样的过渡语："看我有没有充分理解了你说的内容"或者"我听你说了自己的情况……"这些句子成了过渡性摘要的一种标志。这种摘要可能稍微长一点，也能作为一个铺垫来引出开放式问题，从而将谈话引向新的方向，或用来结束会谈。过渡性摘要还可以用来铺垫关键问题。虽然过渡性摘要可以涵盖很多方面，但还得提醒大家，之前说过的两点不能忘，即言简意赅和帮助当事人组织经验。一旦当事人听的目光呆滞或者我们自己越说越迷糊，就意味着这个摘要太长了。此时我们就该停下来，即使这样显得有些突兀。我常常看到别人（当然也包括我自己）想组织一个很长的摘要，最终却使摘要更加晦涩难懂。所以最好停一停，先核实一下我们是否理解了当事人，然后再往下说。一个过渡性摘要类似以下示例：

"这次会谈时间快到了，我还想确定一下，看我有没有正确理解了你说的话。今天你来这里是因为有这条假释规定。你其实不确定能不能信任我这个假释官，因为先前在这方面你有过不太好的体验。同时，你也很清楚，自己不想再回监狱了，所以你在尝试改变。你不再跟原来那帮人交往，也搬到了别的地方住。你做出了不同的选择和决定，虽然这并不容易。你想要把握好这段和我会面的时间就是你的决定之一，同时，你还没完全想好具体该怎么做。有没有什么是你说了而我没有提的？"

对于这样一个比较长的摘要，通常是要请当事人来做纠正或补充的。这样做是将建立合作关系落实在细节上，同时也是查漏补缺，这样我们就能完整理解当事人说的话了。

在实务工作中，人们一般不会停下来考虑，下面要用哪种摘要。但是，知道有三种不同类型的摘要及其各自的用途，然后再落地展开还是很有好处的。米勒和罗尼克提出，我们要根据自己与当事人所处的过程来切换使用不同类型的摘要。在**导进**过程中，我们要努力传达出对当事人的非评判性理解，所以主要运用汇集性摘要。在**聚焦**过程中，当事人已然明确了自己最看重的事物，所以汇集性摘要和连接性摘要都会用到。在**唤出**过程中，我们要用摘要来建立差距，强化听到的改变语句，所以会使用汇集性摘要和连接性摘要，可能在某些点上还会用到过渡性摘要，以帮助当事人巩固决心，进入计划过程。在**计划**过程中，我们要用摘要来强化当事人已经为实现目标而采取步骤的行为，同时也要强化当事人已落实到行动上的改变承诺。在巩固计划时，我们可能更多会运用过渡性摘要，而在制订计划时，一般我们会使用汇集性摘要和连接性摘要。

概念自测

[判断正误]

1. OARS 是从业者临床技能库里本已具备的基本技术。

2. OARS+I 就是 MI。

3. 作为 MI 的初学者，通常我们提问题要比做反映多。

4. 封闭式问题是不好的。

5. 肯定是发现和欣赏当事人优点的陈述。

6. 研究支持用"你"字陈述来做肯定。

7. 在 OARS+I 中，肯定这项核心技术被用得最多。

8. 在做摘要时，务必关注到当事人的矛盾心态，并用"但 / 但是"连接矛盾的两个面。

9. 肯定是让人感到舒服，但在改变历程中并不怎么重要。

10. 我们使用 OARS 核心技术，不仅帮助当事人明了自己所讲的话，而且也帮助他们组织和理解了自己的经验。

[答案]

1. 正确。OARS 并非 MI 所独有，而且从业者一般也都学过用过。但是，有方向、有目的地运用这些技术可能就是 MI 的独到之处了。

2. 错误。OARS+I 不是 MI，虽然要做 MI 必然会学习这些技术，但还有一些元素也是不可或缺的。例如，OARS 就可能以不符合 MI 精神的方式被使用。

3. 正确。的确如此。我们的目标是两个反映对一个提问，因为研究表明，该比例可提升改变语句的出现概率。但是，对于初学者而言，我们先要稳定做到一个反映对一个提问的比例，然后再追求将反映与提问的比例提升到 2∶1。

4. 错误。封闭式问题并不是"不好"，它只是一种工具。在工作中，我们要尽量少用封闭式问题，多用开放式问题。但在有些情况下，提封闭式问题更合适。总体来看，还是要多问开放式问题，少问封闭式问题。

5. 正确。肯定旨在关注当事人的内在资源。再次提醒，我们不去赞扬（即外部的评价），也不去"打气"，而是要去发现和欣赏当事人的内在品性、品质和价值。对当事人说"你看重诚信"，要比说"我觉得你是个讲诚信的人"或者"我明白，你这么做是因为你讲诚信"作用更好。

6. 错误。这方面还没有实证研究的支持。这种看法是基于经验和观察而得出的。很多从业者都同意，"你"字陈述可避免当事人对肯定做出负面反应。这种共识可能会随着研究的进展而改变。

7. 错误。在 OARS+I 中，肯定这项核心技术往往被用得**最少**。从业者似乎都在关注其他的核心技术，而遗忘或忽略了肯定。相反，从业者可能确实觉得，MI 的全部过程本身就是一种肯定，没必要再如此清楚明确地做出肯定。这话虽然说得也对，但直接而明确地告知当事人我们发现了并欣赏他们的优点还是非常重要的。肯定也有利于制造积极正向的情绪。

8. 错误。我们都习惯使用连词"但/但是"，而这个连词会抹杀前半句的重要性。相反，"而/同时"可以将两种意见放在同等的位置上。请想想下面两句话带给你的感觉：

"发型挺好看的，但是也挺短的。"

"发型挺好看的，而且挺短的。"

感觉到有什么不同了吗？

9. 错误。肯定不仅是人们乐于听到的，而且也是改变语句增加和持续语句减少的预测因子，这对于改变历程十分重要。

10. 正确。假如只是举着一面镜子，那我们帮不到困扰中的当事人。我们不但要帮助当事人重新听到他们跟我们讲过的话，而且还要有选择地关注一些内容，忽略另一些内容，然后再将这些信息反馈给当事人，反馈的方式要有助于他们更好地理解自身的情况。

实践运用

让我们回到芭芭拉的例子，接着前面的对话继续谈。

谈话	评注
从：你想做个有成就的人，也觉得上大学就是通向成功的那条路。你感觉自己已经做好了准备，也相信自己能够做到。	深层反映
当：是啊。我认为自己更成熟了，脑部的疾病也治好了。	给出了更多的信息
从：嗯，我们可以先说说这件事。你说自己有了一些改变与成长，可不可以具体说说。	表层反映，然后是一个开放式问题
当：我更了解自己的脑子哪方面还行、哪方面不行了。我知道自己理解东西要慢一点。也因为我比别人慢，所以我必须请别人多做解释，然后依靠一些线索来帮助自己记忆。	给出大量信息，还有自己的领悟
从：你已经了解了自己脑部的功能状况，也接纳了这个现状。	肯定
当：是的。搁在原来可不行。我曾装作一切都没有发生，自己还是一切如初，所以谁跟我提情况不同了，我就跟谁急。我跟我爸妈也急过，因为我不想要这些不同。	当事人加深了谈话的深度

（续表）

谈话	评注
从：似乎承认了这些变化，就意味着你不得不放弃人生中向往的一些事物了。	深层反映
当：是呢，我觉得是这么回事儿。我今天也有这个担心。	她将话题拉回到自己顾虑的事情上
从：听起来，你对自己有很清晰的认识。你不想欺骗自己，同时你也想做成一些事情，你担心自己能不能实现这些，一方面是因为今天的评估结果，另一方面是因为想到了之前在学校里的不容易。	肯定，作为连接性摘要的开头部分
当：我想是吧。我虽然担心今天的结果，但也想知道自己到底行不行。我觉得我能行，但心里其实也不确定。	承认有一些自我怀疑
从：既担心今天的结果，也希望这些结果能指导自己。	深层反映，加入了合作性元素，旨在**导进**
当：是啊。	确认了反映是准确的
从：而我们的最终目标是"做个有成就的人"。请讲一讲，假如你是个有成就的人了，无论上没上大学啊，那你的生活会是什么样子。	接续语段，然后是一个开放式陈述——我们将其划入开放式问题——为谈话提供了新的方向、新的组织框架
当：有一份自己喜欢的工作，薪水足够自己生活。	给出了一些信息
从：自己喜欢的工作……	表层反映
当：我的意思是，既然是一份工作，其中肯定也有我不喜欢的方面，即使这样，每天早上起床时，我也不会对要上班感到犯怵，而且也希望工作是需要我动些脑筋的。	给出了更多的信息
从：不是非得一切完美，能体现出你的价值，体现出你的贡献就好。	深层反映
当：没想一切完美。	她把路拓宽了
从：工作所得薪水够你自己生活，这是一方面。还有哪些方面能体现出"你是个有成就的人"？	用反映连接前面的信息，用开放式问题询问更多的信息
当：我希望感到充实，感到自己有用，也能做出自己的贡献。我还希望自己能开开心心的。	给出了更多的信息
从：而现在你体验不到这些。	深层反映，向下探索冰山
当：有时还是可以体验到的。我很开心自己做妈妈了。大部分时间里，我跟先生也相处得很好。经济方面有时虽然有点儿不宽裕，不过总体还不错。要是我们再多挣点儿，自然就更好了。	从更开阔的视角，给出有关自己生活的重要信息

（续表）

谈话	评注
从：有些方面，你希望达到的目标其实并不遥远，当然你觉得再好点儿就更好了。	用表层反映来组织
当：我觉得是这样。	当事人表示同意，她有关自身情况和目标的组织框架，似乎有了变化，开始具有了一种更宽阔的视角
从：那其他方面呢？	开放式问题
当：我希望自己的工作能对社区有贡献。	她补充了更多的信息
从：你很想让身边的事物变得更美好。	肯定
当：这些年来，很多人都在帮助我，我希望自己能报答大家。	给出了更多的信息
从：看我是否充分理解了你说的话啊。生活中有很多方面，你已经达成了心愿。你是孩子的母亲。你和先生感情很好。还有一些事情是你希望达成的：多挣点儿钱，有一份体现自己价值的工作，早晨醒来不会怵头去上班的那种。你也希望能回报自己生活的社区，听起来这对你更重要，比工作还要重要——当然工作也是很重要的一件事。那么，我想知道，在你定义的"有成就"里，上大学这件事是怎么体现的？	过渡性摘要，将谈话带回到上大学的问题
当：我觉得，是我一直认为上大学才是实现这些事儿的出路。	给出了对自己认知的一些觉察
从：就好像非得这么走才行似的，虽然你现在也好奇自己为啥会这样想。	深层反映
当：可能是上大学成了我的一个心结，所以我才会总这么想。可能也不是非得上大学吧，我现在觉得有些事应该会更容易些。	她在探索，并给出了新信息
从：也许不只上大学这一条路呢。	具有方向的表层反映
当：说来奇怪，我觉得自己现在没那么焦虑了。	她注意到了自己的内在反应
从：就好像两扇门都打开了一样。我们有了更多的方向可以选择，就没那么憋得慌了。	深层反映
当：对。我现在没那么担心这个测验了。	当事人的看法变了
从：无论如何，是会有很多选择的。	接续语段

在这段谈话中，从业者运用了所有的核心技术。一开始是仔细倾听当事人说的话，寻找机会做肯定。然后用提问引出信息并转换了谈话的焦点。从业者运用摘要这一技术帮助当事人组织了其经验，保持向前的势头，并将各种观点连接了起来。再次重申，这里的首要目标还是导进。但我们也看到了，即便是在导进过程中，从业者也

并非只是跟随当事人，任由她如其所愿地引领谈话的方向。从业者运用深层反映来探索冰山，澄清理解；用过渡性摘要将话题带回开篇部分当事人所说的担心上；用肯定发现并认可了当事人的潜力；当事人也注意到了自己的生理与情绪变化。即便是在**导进**过程中，这位从业者也在创造并导向前进的势头。

这段谈话也体现出，在开始会谈时，当事人和从业者可能会带来两个不同的议题。当事人的议题是要确保自身利益（即上大学）；从业者的议题是帮助委托机构合理使用基金（即确定上大学是否是明智的选择）。在**导进**过程中，从业者和当事人可以先找一个更宽泛的、彼此都同意的议题（帮助她聚焦"有成就"是什么意思），该议题同时符合双方的目标。从业者运用 OARS 建立了这样的一种合作关系。我们也会在第 7 章中更深入地探讨议题设定。

本章练习

◎ 练习 5.1　转换封闭式问题

我们经常会习惯性地向当事人提封闭式问题。这个练习的目的是让你将封闭式问题转换成开放式问题，无论这些封闭式问题是不是你在自己的工作环境中使用过的。做完转换练习后，请再想几个自己在工作中提过的封闭式问题，写下来并将其转换成开放式问题。

◎ 练习 5.2　提问：旨在导进

该练习的目的是让我们根据当事人在四个基本过程中的位置来练习提问。在该练习中，你会读到当事人的一句话，请就此提出两个不同的问题，提问旨在有利于**导进**当事人。等后面探讨其他几个过程时（**聚焦**、**唤出**、**计划**），我们还会再用到同形式的素材，练习在相应的过程中提问。

◎ 练习 5.3　找机会做肯定

在该练习中，你会读到有关某位当事人的素材，请想想他的情况，发现并写下他们的优点，然后基于这些优点来做肯定。尽量使用"你"字表达。

◎ 练习 5.4　我当事人的内在优点

在该练习中，请想一想自己工作环境中的当事人。请想想他们所遇到的困难与挑战，还有他们展现出来的优点与资源。这个练习可能有点难，因为我们通常关注的都是缺点，而不是优点。我们举了一些例子来帮助大家完成这个练习。

◎ 练习 5.5　形成摘要

请阅读文稿素材，将从业者所使用的各种技术标出来。然后，请大家想象自己就是这位从业者，并写下自己认为合适的摘要。

◎ 练习 5.6　行车中的实时广播，做摘要

我们在第 4 章中使用了播客、电台或电视里的谈话节目来练习做反映。现在我们将之扩展，练习形成摘要。你也可以用报纸上解忧专栏（advice column）的素材来做这个练习。

搭伴练习

本章的所有练习都可以搭伴进行，包括练习 5.6，对其略作改动的形式可以如下：买一份当地报纸，找一篇专栏文章，练习的一方先出声朗读文章的前两三段，读完后停下来；然后，练习的另一方即听文章的人，尝试给出一个开放式问题、一个肯定和一个摘要；最后，原朗读者要再给出内容有别的一套开放式问题、肯定和摘要。做完一轮以后，双方交换角色，再做一遍。

搭伴练习还有一些形式可用。它们基于"弗吉尼亚土风舞"（Virginia Reel）练习中所使用的各种各样的问题。练习双方一个人当倾听者，另一个人当谈话者（可轮流交换角色）。选择其中一个问题提问，并聚焦于 OARS 的使用：在有关该问题的谈话中，要确保每一种核心技术至少使用一次。就一个问题继续谈下去，等练习双方确实再无话可说之后，交换角色，再做一遍练习。

"你起这个名字是有什么故事吗？"

"说说你第一次骑不带训练辅助轮的自行车时的情况吧。"

"你的第一次约会是什么样的呢？"

"放假时你喜欢做什么？"

"假如可以换一种职业，那你会做什么呢？"

"退休后，你想做点儿什么？"

"下一步你有什么打算？你打算如何活得更健康、更幸福？"

另一种练习方法是去获取一份修订版模拟会谈视频评估（Video Assessment of Simulated Encounters-Revised，VASE-R）。VASE-R 模拟了使用物质的三位不同的当事人，并提示访谈者写出回应。请练习双方一起观看 DVD 素材，当事人每说一句话，就暂停 DVD 并写出一个反映性陈述、一个肯定以及一个开放式问题；然后请你们讨论一下所写的回应，之后再听当事人的下一句话。等到做摘要时，请你们各自选择不同类型的摘要并写出来，然后再尝试一起写出第三种类型的摘要。

最后，大家与当事人工作时，一次会谈可以只聚焦一种技术。这里并不是说，在一次会谈中只使用一种技术，而是请大家有意识地找机会多练习某一种特定的技术。例如，你可能计划在一次会谈中至少要肯定当事人三次。请留意当事人对这些技术的反应，然后与练习搭档进行讨论。

其他想到的……

莱芬韦尔（Leffingwell）、纽曼（Neumann）、巴比特斯克（Babitske）、里迪（Leedy）和沃尔特斯（Walters）推测，我们可基于一些社会心理学原理来促进 MI 的效果。他们认为有两个概念尤其重要，即防御偏差和自我肯定理论。

防御偏差（Defensive bias）指的是人们会将威胁自己的信息最小化的一种倾向。莱芬韦尔及同事发现，做出高风险行为的当事人倾向于低估风险，质疑风险评估的准确性，另找理由来解释情况。研究者已发现这种倾向与很多问题行为都有关系。

莱芬韦尔及同事认为，**自我肯定理论**（Self-affirmation theory）可能可以解释这种倾向。具体而言，当事人很乐于维持一种正面的自我价值观，即认为自己是有能力、负责任、适应良好的。一旦当事人做出与之不符的行为，他们就会体验到认知失调，因此也一定会反应性地降低这种心理不适感，特别是他们会将现实状况轻描淡写，淡化实际的信息。鉴于运用 MI 的从业者通常会带领当事人面对现实困境，所以人们的这种"防御偏差"倾向会造成合作上的挑战便是很自然的事情了。

莱芬韦尔及同事还发现，在触及那些会挑战当事人自我价值的内容之前，先将他们导进到自我肯定活动中，将有助于降低防御偏差，甚至即使这些自我肯定活动与后面的主题没有直接关联，也可以有这样的效果。例如，请当事人探索重要的个人价值就可能起到这样的保护性作用。这些结论同样表明，在就问题领域的消极方面询问当事人之前，将他们导进探索其中的积极方面可能会使问题行为对其个人价值的威胁性有所降低，从而也就降低了他们的防御偏差。这种变化可能直接体现在当事人说的话语中："我现在能明白了，这种行为也会让我收获一些东西，所以就算我真这么做了，其实也没那么不可理喻；当然，如果我不做这种事儿，会更好。"

如果考虑以上说法，那我们要不要跟当事人探讨持续语句呢？这已经是 MI 培训界广泛讨论的一个话题了。虽然有资料显示，应该谨慎行事，但我觉得这事尚无定论。不过，务必提醒大家，该技术需要有策略、有区别地使用，不能一招鲜。该技术符合这样一个观点（在后面的唤出过程中我们会再讨论）：重要的不仅仅是改变语句的出现，其实改变的**天平**以及持续语句也都很重要。

练习 5.1　　转换封闭式问题

我们经常会习惯性地向当事人提封闭式问题。这个练习的目的是让你将封闭式问题转换成开放式问题，无论这些封闭式问题是不是你在自己的工作环境中使用过的。做完转换练习后，请再想几个自己在工作中提过的封闭式问题，写下来并将其转换成开放式问题。请尝试就每个封闭式问题写出两个不一样的开放式问题。

你今天还好吧？

1.

2.

你结婚了吗？

1.

2.

你一般喝酒一次会喝多少？

1.

2.

今天你在学校过得愉快吗？

1.

2.

练习 5.1　参考答案

你今天还好吧？

1. 你这一天里，哪些方面比较顺利？

2. 要是今天能重新来过，你想从哪儿开始？

你结婚了吗？

1. 请讲讲你生活中已有的重要关系吧。

2. 你家庭状况是怎样的？

你一般喝酒一次会喝多少？

1. 一般在什么情况下你会喝酒？

2. 请讲讲你的夜生活是什么样子吧。

今天你在学校过得愉快吗？

1. 你今天吃午饭时跟同学们交流啥了？

2. 今天发生了哪些有趣的事儿啊？

练习 5.2　提问：旨在导进

该练习的目的是让我们根据当事人在四个基本过程中的位置来练习提问。在该练习中，你会读到当事人的一句话，请就此提出两个不同的问题——提问旨在有利于**导进**当事人。等后面探讨其他几个过程时（**聚焦**、**唤出**、**计划**），我们还会再用到同形式的素材，练习在相应的过程中提问。

1. 我觉得小孩儿得明白，我才是家长，他得心里有我。可他总是冲我粗鲁无礼，我可忍不了这个，这是对家长的不尊重。

问题 A：

问题 B：

2. 我搞不懂咱们要在这里做啥。

问题 A：

问题 B：

3. 我爱孩子们，但有时她们真快把我逼疯了，然后我就做了我不该做的事。

问题 A：

问题 B：

4. 我烦透了处理这堆破事儿。我再也干不下去了。必须得做些改变了。

问题 A：

问题B:

5. 我的问题就是我老婆, 还有她没完没了的抱怨。

问题A:

问题B:

** 附加题 **

6. 又来这一套: 说了半天都是老掉牙的东西, 不过就是换了个说法而已。

问题A:

问题B:

练习5.2　参考答案

1. 我觉得小孩儿得明白, 我才是家长, 他得心里有我。可他总是冲我粗鲁无礼, 我可忍不了这个, 这是对家长的不尊重。

问题A: 请再谈谈 "作为家长" 对你意味着什么?

问题B: 你在生活中是怎样教育小孩儿的?

2. 我搞不懂咱们要在这里做啥。

问题A: 你怎么看为什么会来这里这件事呢?

问题B: 你觉得什么样的信息会对你有帮助?

3. 我爱孩子们, 但有时她们真快把我逼疯了, 然后我就做了我不该做的事。

问题A: 你备感压力时, 一下子就做出了自己不喜欢的行为, 那事后你会对这个有什么感受呢?

问题B: 你没被压垮逼急的时候, 情况是什么样的?

4. 我烦透了处理这堆破事儿。我再也干不下去了。必须得做些改变了。

问题A: 你说自己在处理那堆破事儿, 那都是些什么事情呢?

问题B: 你整体的生活是什么样的? 还有这堆破事儿跟生活之间又是什么样的关系呢?

5. 我的问题就是我老婆, 还有她没完没了的抱怨。

问题A: 发生什么事情的时候她就不抱怨了呢?

问题 B：看来，你太太因为某些事情不开心啊！那你呢？

** 附加题 **

6. 又来这一套：说了半天都是老掉牙的东西，不过就是换了个说法而已。

问题 A：你怎么看这套东西？

问题 B：你不喜欢生活里的这一面。那，哪些方面是你喜欢的呢？

练习 5.3　　找机会做肯定

在该练习中，大家会读到有关某位当事人的素材，请想想他们的情况，发现并写下他们的优点，然后基于这些优点来做肯定。尽量使用"你"字表达。

这位糖尿病患者最近更换为用胰岛素泵治疗，但她的血糖水平却开始波动，不是过高就是过低。她每天至少检查五次血糖，一旦觉得有需要就用泵给自己补充胰岛素，但这样一来却矫枉过正，不是导致血糖过高了，就是过低了。现在，低血糖会让她在半夜惊醒。糖尿病健康教员想尝试跟她谈一谈这种有问题的使用方式，她却回应道："不就是你推荐我使用这玩意儿的吗？"

1. 优点：

2. 肯定：

不到一年，这个年轻人已经是第三次在青少年法庭出庭受审了。他因藏有大麻而被捕。他们一帮无家可归的年轻人在大街上闲逛，其间，有几位大学生与他们发生了口角。他跳出来，动手就打。之后警察赶到，制止了他们的殴斗，此时他口袋里的大麻已经掉落在地了。他每次出庭时都是一副满不在乎、傲慢无礼的样子。

1. 优点：

2. 肯定：

这位繁忙的总裁抱怨说自己忙得要死，生活里的各种事务让她应接不暇。她一直很疲惫，早晨 5 点闹铃响起时，她感觉自己真心不想起床。她也发觉，跟前几年比，自己的酒是越喝越多了，因为她这种上满弦的状态往往会持续到深夜——她不得不先哄孩子睡觉，然后再去处理这一天的邮件。先生虽然担心她的压力太大，但每当他尝试沟通这件事时，都会遭到妻子的一番咆哮：她才是家里的主心骨，她说了算。

1. 优点：

2. 肯定：

埃尔默今年95岁。他一个人生活，不过现在是住在提供照护服务的养老院中。他偶尔会参加大家组织的身体锻炼，也很享受邻里之间的互动交流。他会参加家庭聚会，但在人多的场合他听大家说话很吃力，所以常常觉得自己形单影只。埃尔默也越来越不记事儿了，所以什么事儿都得反反复复地给他解释说明，他却还总抱怨别人说不清道不明。他儿子就觉得老爸没完没了地提要求，抱怨来抱怨去，其实就是想使唤人。

1. 优点：

2. 肯定：

特鲁迪吸烟。她知道这对自己不好，但也觉得那些提醒她、告诫她的人很烦。后来，她才逐渐意识到自己的这种社交习惯已然是完全成瘾了。她曾试过戒烟，但没有成功。实际上，她觉得跟生活中的其他事物比起来，吸烟是自己的私密事儿。但她也会觉得吸烟不妥，所以有负罪感，也尽力不让别人发现。

1. 优点：

2. 肯定：

阿莫斯是个"硬汉"。正如他自己所说："我踏实干活儿，体面做人"。他为高层建筑吊装钢筋，这个工作可容不得一点儿失误，不然一失手就会铸成大错。但阿莫斯不愿意听任何人的叮嘱唠叨，包括他的上级领导的嘱咐，这种态度让他吃了不少亏。妻子也抱怨他这人"让人有距离感"；但阿莫斯听得莫名其妙，甚至不知道妻子是什么意思。虽然阿莫斯爱着妻子，也会告诉对方自己的心意，但同样也会因为妻子喋喋不休的唠叨以及总要求他多说点儿话而恼羞成怒。他会为妻子买花，偶尔也看妻子喜欢的电视节目，而且毫不打折地干好自己的那份家务活儿。所以当妻子要求阿莫斯去咨询学习如何更好地沟通时，他大为光火。昨晚，当妻子再次提到咨询的事时，阿莫斯对她破口大骂。他现在虽然为此感到愧疚，但也不想就此让步。

1. 优点：

2. 肯定：

练习5.3　参考答案

一位糖尿病患者控制不了自己的 A1C（糖化血红蛋白）。

1. 优点：

· 在尝试控制自己的糖尿病（一天检查五次血糖；补充胰岛素来控制血糖）。

· 坚持检查自己的血糖水平。

2. 肯定：

· 你下定决心要控制好血糖，虽然有时候不那么顺利。

不到一年，这个年轻人已经是第三次在青少年法庭出庭受审了。

1. 优点：

· 保护自己的朋友。

· 坚持自己的立场，纵使会吃亏。

2. 肯定：

· 你是个讲义气的朋友，你保护其他人，即便因此会遭遇麻烦，你也在所不惜。

这位繁忙的总裁抱怨说自己忙得要死，生活里的各种事务让她应接不暇。

1. 优点：

· 愿意为了家人拼命奋斗。

· 始终迎接挑战，即便已经疲于应付了。

· 能延迟满足自己的需求，先去满足别人的需求（孩子的、邮件发送者的）。

2. 肯定：

· 你是那种极度努力的人，只要你觉得有必要，就能延迟满足自己的需求。

埃尔默今年 95 岁

1. 优点：

· 他既独立又合群。

· 他一直在找方法保持自己的活力与健康。

· 他想跟家人相处，所以会问他们很多问题。

2. 肯定：

· 你真心想与别人相处，特别想跟家人相处。

特鲁迪吸烟

1. 优点：

· 她有主见。

· 能觉察到自己行为上的变化以及相应的不良影响。

· 想更健康地生活。

2. 肯定：

· 你有主见，不会被别人的观点左右，而且，只要决定了，你就会落实到行动上。

阿莫斯是个"硬汉"

1. 优点：

> ·他爱妻子，也尝试以自己的方式来表达心意。
>
> ·他甘愿面对批评与非议，岿然不动。
>
> ·他能意识到自己做过头了。
>
> 2.肯定：
>
> ·你深爱着妻子，且想用自己愿意的方式来表达。

练习5.4   我当事人的内在优点

请想一想自己工作环境中的当事人：他们遭遇了什么样的困难与挑战？他们展现出了什么样的优点与资源？例如，在社会福利救济工作中，我们常会遇到一些当事人申请获得更高的救济金，却不愿多谈自己的困境。在该情况中，当事人的优点可能包括以下内容：

- 能看明白福利救济系统是怎么运作的；

- 能看到机会；

- 知道自身有哪些优势以及如何用其满足自己的需要；

- 能想出新办法来让福利救济系统满足自己的需要；

- 能根据自身利益主动地做决策、做选择；

- 有决心、很坚韧、不怕丢面子。

现在，请想想你的当事人。请不要将"优点"放在明显负面的评价上（如我的当事人**最擅长**说瞎话），而是请找出他们这一行为之下蕴藏的真正优点。尽量多写一些，直到你实在写不出来为止。请想想这些优点给当事人带来了怎样的资源，你又要如何跟当事人沟通，才能让他们意识到这种资源，从而建立起一种积极、正向的改变势头？可按以下步骤进行。

1.列出当事人的优点，并聚焦其中的每一个，回答以下问题。

2.当事人是如何体现出该优点（优势）的？

3.该优点如何帮助了当事人？

4.用"你"字陈述写出肯定内容。

练习 5.4 工作表

例如，一位近期有过心脏病发作的患者还继续吃高脂食品。

优点：决心自己拿主意，自己说了算。

　　如何体现出？

　　　　当医生告诉他必须改变饮食习惯，否则就等着心脏病再度发作时，这位患者拒绝改变自己的行为。

　　如何有帮助？

　　　　这让他对那些有失控征兆的情境，保留了一定程度的掌控感。这让他觉得自己是个言行一致、实话实说的人。这符合他的价值观。

　　写出肯定内容。

　　　　你不会因为别人逼着你干什么就乖乖地就范。你一定要自己来决定这件事是否合理。有时这可能要顶着很大的压力。

（如果会有多个不同的情境，可复印该表）

你的当事人

情境：

优点：

　　如何体现出？

　　如何有帮助？

　　写出肯定内容。

练习 5.5　　**形成摘要**

　　请阅读文稿素材，将从业者所使用的各种技术标出来；然后，请大家想象自己就是这位从业者，并写下自己认为合适的摘要。建议先选定摘要的类型（汇集性、连接性、过渡性），然后再动笔写出来。还要提醒大家，摘要中包含什么、不包含什么，都是具有选择性的。等你做完一段摘要后，请再做一段不同类型的摘要。

从业者 / 当事人的谈话	回应时的技术类型
从：请说说你今天来职业康复处的原因吧。	
当：你指的是什么？	
从：你希望有什么收获？	

（续表）

从业者 / 当事人的谈话	回应时的技术类型
当：我要回去工作，养家糊口。我的疼痛好点儿了，所以我得做点事儿了。	
从：感觉好点儿了，所以你在考虑回去工作。	
当：是的。我是说，这两个月来我一直担心家里的财务状况，不过我之前太难受了，所以什么都做不了。	
从：你现在感觉好些了，所以有机会处理那些一直担心的事儿了。	
当：我不想让太太工作那么多个小时。她真的透支了，而且她自己也有健康问题。我太想照顾家人了，我不能在家躺着了。	
从：你不愿意在家闲待着。你想为家庭做些事。但现在还没有做到，所以你心情不好，想到太太付出这么多时，你更是很心疼。	
当：是啊。我工作了一辈子，直到背部受伤——突然之间，我就什么都干不了了。现在，我需要找些事儿做啊——但目前还是闲待在家的状态，这让我很难过。	
从：（写出一段摘要）。	

练习 5.5　参考答案

从业者 / 当事人的谈话	回应时的技术类型
从：请说说你今天来职业康复处的原因吧。	开放式问题
当：你指的是什么？	
从：你希望有什么收获？	开放式问题
当：我要回去工作，养家糊口。我的疼痛好点儿了，所以我得做点事儿了。	
从：感觉好点儿了，所以你在考虑回去工作。	反映
当：是的。我是说，这两个月来我一直担心家里的财务状况，不过我之前太难受了，所以什么都做不了。	
从：你现在感觉好些了，所以有机会处理那些一直担心的事儿了。	反映
当：我不想让太太工作那么多个小时。她真的透支了，而且她自己也有健康问题。我太想照顾家人了，我不能在家躺着了。	
从：你不愿意在家闲待着。你想为家庭做些事。但现在还没有做到，所以你心情不好，想到太太付出这么多时，你更是很心疼。	肯定。简短的汇集性摘要

（续表）

从业者 / 当事人的谈话	回应时的技术类型
当：是啊。我工作了一辈子，直到背部受伤——突然之间，我就什么都干不了了。现在，我需要找些事儿做啊——但目前还是个闲待在家的状态，这让我很难过。	
从：所以你来这里，也是因为现在能来得了了。这两个月里，你根本来不了。但现在你能来到这里了，这一点很重要或者说很关键——因为你想再度开始工作，照顾家庭和太太。你就是这样的人。 （或者）	连接性摘要，用来巩固动机 （或者）
从：看我有没有理解你说的话。你觉得身体已经好点儿了，所以你决定过来。在你无法工作的时间里，你心情很不好。但你现在可以为家庭做贡献了。你准备好了。你想过要做哪类工作吗？	过渡性摘要，开启了新的探索方向

练习 5.6　　行车中的实时广播，做摘要

我们在第 4 章中使用了播客、电台或电视里的谈话节目来练习做反映。现在我们将之扩展，练习形成摘要。仔细听节目里的对话，在你收集到足够的信息后，暂停或关掉播放设备，就听到的内容写一段摘要。请记住，摘要言简意赅，而且要包括当事人的矛盾观点，并要强化他们的改变语句。你也可以用报纸上的专栏素材来做这个练习。

为什么这个练习叫"行车中的实时广播，做摘要"呢？因为在日常通勤过程中，大家只要待在车里，就有机会做这个练习了。而且车里的电台也没有录音功能，所以我们就听实时广播吧！

第6章

探索价值与目标

开篇

体育广播中的广告时段刚一结束，主持人就向听众朋友们介绍了一下本期节目的主题。

"今天我们聊聊在青少年比赛中家长们的故事。这位是本期节目的嘉宾主持，迈克，他可是一看比赛就激动啊。嗨，迈克，我有些好奇，看比赛时你会说点儿啥呢？"

"'行啦，裁判！快让孩子们打球吧！'或者'都咋啦？这是干啥呢？'"

"你没冲教练或孩子们大喊大叫吧。"

"当然没有，我可没跟教练或孩子们喊过。"

"是吗？你明明在吼裁判员啊。那些裁判不也是小孩子啊，人家要不免费当，要不就一场比赛才拿3美元劳务费。"

"不对。那帮人一场比赛能挣10美元，而且他们才不是小孩儿呢，基本是一帮中年人了。"

"哈，即便如此，你跟人家大喊大叫，不觉得丢脸吗？"

"他们最起码别那么懒啊。我说，都给点力吧——在球场上多跑跑啊！"

"你这个有点儿像……冲你女儿的老师大喊时一样？你跟人家喊过吧？"

"没没没，我可不干那事儿。再说了，这帮人又不是我女儿的老师。"

"所以你就肆无忌惮啦？小心点儿吧，别让人家把你从体育馆轰出去，到时你也看不了女儿的比赛了。你就不怕吗？"

"怕啊，我没觉得这事儿多光彩，但不也没被轰出去过嘛。我是一看比赛就来劲，喜欢跟人抬杠拌嘴，好像还刹不住车。我告诫自己啦，别让孩子们难堪，我也真不想那样，结果却还是这个德行。我也搞不懂这是为啥。"

"哎，我倒突然想到，还有个事儿——这究竟是谁的比赛啊？你的，还是你女儿的？迈克，你这人善解人意，也替人着想，但好像在跟女儿抢比赛似的，这也太违和了。我想说，你自己也打过比赛，高中大学时你就是最棒的校队运动员，后来你都参加过职业赛事了。作为家长，我知道你很为孩子们着想，更关注孩子们的需要，而不是你自己的需要。所以我想问问，这究竟是谁的比赛呀？"

"哎呀！"迈克顿了一会儿，然后声音也变缓和了，他说："在这个环节，我是头一回拿笔记东西，你这句话说得真好，太到位了！'这究竟是谁的比赛呢？'"

在这段对话的末尾几句里，主持人跟迈克的沟通略微有了一点儿变化——是什么变化呢？如果我们细究谈话中的核心技术，那就是反映与提问，这都是我们之前讲过的，并没有新的东西。但最后这几句沟通确实有其独特之处。虽然他们两人前面说的某些话也可能发挥了作用，但这些话不足以让迈克改变自己的看法与视角，甚至有几句还引发了迈克的抗辩反驳。似乎是主持人问的那个问题："这究竟是谁的比赛？"以及主持人提醒迈克——让他觉察到他对别人的共情，他有关"作为家长"的信念——这些都触及到了一个重要领域：迈克所看重的价值。为什么这些价值会如此重要，超越了其他的原因，可以让迈克不再抱怨裁判员，不再大喊大叫呢？

深入认识

我的一位同事在为受训学员讲授 MI 时提到，很多疗法都在关注"做哪些改变"和"怎样做改变"，但 MI 关注的是"为何做改变"[1]。罗克奇（Rokeach）探索了价值观在人们生活中的作用。在他看来，价值观能引导人的决策与行为，虽然还不能说一贯如此。罗克奇发现，我们区分一个人的核心价值（core values）与非核心价值（peripheral values），这其实也符合我们的常识。各种价值在我们心里的权重不尽相同。但罗克奇也发现，让人们认真思考各种价值之间的关系可以引发这些价值优先级的改变，继而可以带来行为的长期改变。请注意，在讨论这些内容时就好像我们已经提前

---

[1] 虽然很多人都曾提过这个思路，但我最早是从克里斯·杜恩（Chris Dunn）那里明确听到这种说法的。

进入了**聚焦**过程和**唤出**过程，但其实我们现在仍处在**导进**过程中。

若打算创建一种安全的环境，并尝试理解当事人这个人本身，那我们探索价值与目标恰恰是正确的方向。因为这方面的探索能让我们更深入地理解当事人当下的状态以及他们对未来的规划。

◎ 价值

价值探索有正式的形式，也有非正式的形式。非正式的形式之一就是观察与倾听当事人可能表达出的价值观，并将其反映出来。在开篇中，那位广播主持人就说："迈克，你这人善解人意，也替人着想，但好像在跟女儿抢比赛似的，这也太违和了。"然后他又补充道："作为家长，我知道你很为孩子们着想，更关注孩子们的需要，而不是你自己的需要。"这两句话都反映出了主持人所观察到的"迈克看重的价值"。

另一种非正式的形式是通过提问来引出价值，如下例所示。

"你生活中最重要的三到四件事是什么？"

"想想生活中哪些方面可以定义你这个人的核心本质？"

"你自己处于最佳状态时是个什么样子？"

"假如我去询问你的某个朋友，他（或她）会怎么定义你这个人呢？"

"假如你在拍自己的真人秀节目，有摄像机天天跟拍你，大家会在节目里看到怎样的你呢？"[1]

此外，探索价值还可以使用一种更为正式的方法，如价值卡片分类（values card sort，VCS）。VCS 会用到一套卡片，每一张卡片上都印有不同的价值，这些卡片可以被分在不同的类别中。我们在网上搜索"可打印的价值卡片"（values card printable），就能找到这些卡片素材。价值探索练习有很多种变式，下面我讲讲我的用法。

我一开始会请当事人将这些卡片分为"不重要"和"重要"两类。自然会有很多卡片被分在"重要"这一边。请大家花一点时间做肯定：这里有很多都是当事人重视的。另外还请谨记，我们大部分人其实都有很多自己看重的价值。

下面请当事人将"不重要"的那些卡片放到一边，并从"重要"的那些卡片中再选出 5 张左右"最重要"的放在被命名为"最重要"的一边。然后，请当事人讲讲每一张最重要的价值卡片（无所谓先讲哪张，后讲哪张）上面印的词语（价值）对他们来说意味着什么？我会共情性地倾听，努力搞懂当事人对每种价值的独特理解，倾听

---

[1] 感谢米切尔·斯蒂芬（Michelle Stephen）和 PRI 提供这种探索价值的形式。

这些价值背后的主题、相互之间的联系或张力关系。在这个过程中，请务必秉持非评判的态度，并灵活使用 OARS。

在**导进**过程中，价值分类做到这个程度就可以了。现在，我们已经更深入地理解了当事人这个人本身，也明白了这些价值为什么对其那么重要。不过一般而言，MI 治疗师在**聚焦**和**唤出**过程中，还要对这些价值再多问一些问题，会询问当事人，这些价值是如何在其生活之中得以体现的。我们将在第 10 章中再具体讨论这方面的内容。

探索价值虽然可能具有回溯性（好像我们在寻找这些价值观的源头），但真正的目的其实在于理解当下，也在于引导当事人关注未来。牢记这一点是非常重要的。因为 MI 并不会忽视过去，但也不会花费那么多的时间再回首，追求不留死角的全面检索。相反，我们要努力将当事人带到当下的此时此刻，还要从此地出发，开始对未来的样貌加以憧憬和期待。当我们考量这些价值时，重要的落脚点是它们**现在**对于当事人意味着什么。英格索尔与瓦格纳指出，对价值进行探索有益于将关注点从问题领域移开，拓宽（相应工作设置下的）个体或群体的视野。更开阔的视野将有助于当事人对新的机会持开放性的态度。

随着人们的关注焦点从问题领域转移到价值领域，其情感基调也会发生明显的转变。对于那些被强制治疗的当事人，请他们讲述自己珍重的事物（价值）通常会软化其原有的尖锐棱角。也就是说，人们可以重新思考，"我是什么样子"（现实自我）以及"我想成为什么样子"（理想自我）。不过，这种转变实现起来并非总是一帆风顺。

◎ 希望与目标

如果说"价值"的主要着眼点是当下，那么"目标"就主要放眼于未来了。目标是人们有兴趣达成的事物。我们也需要将目标与希望 / 梦想区分开来。希望和梦想是一些更宽泛的东西，我们对此心存愿景，如我想当个更棒的老公。而目标则是具体的、人们可以通过行动达成："每天，我会拿 15 分钟出来，只倾听妻子，听听她在想什么，而不去打断她，也不去给啥建议。"希望与目标，这二者都很重要。希望能鼓舞人们努力超越当下的境况，而目标则给这些希望"装上了翅膀"。

我们早在导进过程中就想从"希望"推进到"目标"。这确实很有诱惑力，但是这种推进可能会导致我们过早地从**导进**过程跃进到**计划**过程。也就是说，在一次会谈或改变历程的初期，我们可能会听到当事人说出一些有关改变的、犹豫试探的话语，而我们可能也会满心期盼地要把握这种良机。我们看见了这种可以帮助当事人前进的机会，自然忍不住想要顺势设定某些具体的目标。不过，一旦如此行事，我们就落入了陷阱之中——认为**"怎样**做改变"和**"做哪些**改变"要比**"为何**做改变"更重要。

如果说这是一支舞蹈，那此刻所跳的舞步正是想引出此番信息，但也只是点到为止，并不会进行到具体实现这些改变的问题解决阶段。同样，该任务也有正式的和非正式的两种形式。

非正式的形式仍然会基于反映和开放式问题。这方面的开放式问题，如下例所示。

"生活中，有哪些事儿是你想推动的？"

"想到自己的未来时，你希望到时能实现什么？"

"回首往事，如果你能弥补遗憾，完成某些自己想做的事情，那会是什么呢？"

"你希望做成哪些事儿，在之后的 3~6 个月里？在未来 5 年里呢？"

"你希望妻子（或丈夫）怎么看你？"

"如果我们的合作顺利，结果蛮有成效，你希望那是什么样子？"

这些问题都具有假想性，请当事人想想自己所希望的未来图景。跟价值分类一样，通过仔细倾听，我们也能区分出当事人的希望与目标，并用反映、肯定和摘要来突出、肯定和加深谈话。

同样，我们还可以通过更为正式一些的方式来引出这些目标。例如，我们可以请当事人做预想：请当事人闭上眼睛，或者将注意为集中在咨询室里的某一个点上——无论是什么都行，只要当事人觉得舒服就行，然后做深呼吸，放松身体——这方面的具体方法有很多种，网上可以找到相应的示范。这些方法的目标状态是既能保持放松，也能集中注意力。我个人偏爱的方法是，用鼻子深吸一口气，屏住片刻，然后用嘴呼出。我会带领当事人一起做五六次，然后回归正常的呼吸方式，并将注意聚焦于对身体的觉察上，我常用的指导语是："请放松身体，同时也保持觉察。"在当事人进入放松状态后，请他们想象（从此刻算起的）未来 6 个月的情况。操作时的具体情况可能会因人而异，不过可以请大多数当事人去"看到"（see）或"感受到"（feel）或"体会到"（sense）其所希望的未来。让他们进入到想象的场景之中，并去觉察"迎来这样的未来时自己体验到的一切"，请他们处在这种体验中，享受这种体验；然后，再把当事人带回此刻——随着你倒数几个数，让当事人做好准备，睁开眼睛，回到现在。接下来，可以提一系列的问题，旨在询问当事人的内在意象体验。所问问题，如下例所示。

"发生了什么？"

"谁出现了？"

"迎来这样的未来时，你体验到了什么？"

"这样的未来是什么样的？你有怎样的感受？"

"在你想象的这段时光中，你在做的事情里，哪些是现在已经在进行的呢？"

最后这个问题很明显可作为一种过渡，通向**聚焦**和**唤出**过程，所以我们需要做到心里有数，想好了要走多远。另外，预想技术虽然本身不算 MI 特有，却可以用来达成**导进**阶段的多个重要目标，包括建立安全感、引出正向情绪，而且尤其重要的是——孕育希望。

还有一种方法可用来探讨希望和目标，即创建有关未来的时间线（future timeline）。我们拿一张纸，一端标记为"现在的自己"，另一端标记为"未来的自己"。具体的时间跨度根据当事人的年龄及问题领域各有不同。对于成年人，这样的时间线可以更长（以年来计算），而对青少年可能就要短一些了（以月来计算）。针对某些预想长远未来的能力明显有限的群体（如针对某几类物质的使用者），时间线相应也要短一些。遵循 MI 的精神，我们在此项工作中只做一些建议，具体留给当事人自己决定时间节点怎么设置更合理。然后，我们请当事人在时间线的不同节点上填入内容，如此一来，这个连续的时间线就变成了一张地图，等当事人做好准备进入**计划**过程时，我们会再度用到这张地图。不过在现阶段，还是意在引出这些时间节点，并与当事人讨论，为何这些时刻对他们而言是重要的。

当然也有很多富于创造性的方法可供借鉴。例如，我们可以请当事人画出或拼贴出（使用从杂志上裁剪的素材）一张画，呈现出自己想要成为的样子；写一份使命宣言，或者起草自己身后事的讣告[1]。这里的重中之重是要导进当事人，营造正向积极的情绪（虽然也可能出现一些负面的感受，如下文所述），帮助当事人确认希望与目标，然后再使用 OARS 跟当事人一起探索这些领域。这里引用米勒和罗尼克所运用的比喻：想象一下，如同与当事人促膝而坐，一起翻看一本相册，他（或她）向我们讲述着每张照片里的故事，我们则通过 OARS 来加深自己对其的理解。

米勒和罗尼克提出了**一致性**的概念，指一个人行为与价值观的匹配一致，这是我们的心之向往，但往往难以达到。好像人之本性就是如此，我们总会在这方面起起伏伏，难说契合。同样，对于自身行为与价值观之间的差距，我们也是有时觉察得到，有时觉察不到。进入**聚焦**和**唤出**过程后，我们会请当事人关注这种差距，但此时我们意不在此；不过即便如此，询问当事人的价值与目标自然也会让他们将目光投向这里。

---

[1] 请读者认真思考可能存在的文化差异。——译者注

我想到了广播里迈克的变化。主持人问他"这究竟是谁的比赛呢"这个问题激活了迈克的核心价值：做一个能设身处地共情孩子的父亲。此后迈克的关注点似乎就从"公平与努力"这种排名靠后的价值上，转到了关注"作为父亲的初心"与"自己的行为"两者之间的差距上来了。

概念自测

[判断正误]

1. 反映和提问可以引发当事人的抗辩反驳。

2. MI 主要关注**"做哪些**改变"以及**"怎样**做改变"。

3. 让人们认真思考各种价值之间的关系可以引发这些价值优先级的改变。

4. 探索价值可帮助从业者在安全的氛围中更深入地理解当事人。

5. 探索价值为我们提供了肯定当事人的机会。

6. 在导进过程中探索价值时，我们应该尽量去建立差距。

7. 探索价值能改变会谈的情绪基调，特别是在跟被强制治疗的当事人工作时。

8. "希望"和"目标"意思相同。

9. 在导进过程中，如果当事人提到了目标，我们应该顺势将其细化成具体的步骤。

10. 米勒和罗尼克认为，人们力求实现价值与行为的一致，但往往达不到。

[答案]

1. 正确。实际上，正如开篇对话中的情况，反映和提问可以引发当事人的抗辩反驳。我们会在后面的章节中继续探讨这个问题，但现阶段我们还是要强调：MI 是具有方向性的，我们选择去注意某些方面，同时忽略另一些方面，因为这些方向可能对当事人更具有建设性。

2. 错误。MI 主要关注的是**"为何做改变"**。**"做哪些**改变"以及**"怎样**做改变"会放在四个基本过程的后半部分讨论；**"做哪些**改变"以及**"怎样**做改变"更多取决于当事人自己，同时某些疗法会更关注这些方面（如认知行为疗法）。

3. 正确。罗克奇的研究表明，只是让人们认真思考各种价值之间的关系就可以引发这些价值优先级的改变，继而可以带来行为的长期改变。

4. 正确。探索价值可有助于从业者在安全的氛围中更深入地理解当事人。探索价值会让当事人自己决定要分享多少内容；同时，探索价值也为信息分享提供了一种形式和载体。

5.正确。了解当事人看重的事物（价值）为我们提供了机会，让我们不仅理解当事人"是什么样的人"，还能明白"他们想成为什么样的人"。这两方面都为我们肯定当事人提供了宝贵而丰富的素材。

6.错误。这句话的关键点是"在**导进过程**中探索价值"。建立差距是一种**唤出过程**。我们现阶段要做的只是去理解当事人看重什么、看重的原因，即便我们知道该过程往往也会激起当事人一定的内在反思。仍要提醒大家，唤出当事人的内在资源并不是现阶段要做的事。

7.正确。就我自己的经验而言，探索价值可以改变会谈的情绪基调，尤其是在跟被强制治疗的当事人工作时，因为他们的负面情绪往往都很高；当然，大部分当事人也都会体验到类似的情绪基调改变。这就好比船儿回港、鸟儿归巢，当事人渐渐看到了最棒的自己，体验到了更多的安全与宁静。

8.错误。"希望"和"目标"意思不同。希望更宽泛，是我们心中的愿景。目标则更具体化，也是实现希望的方法和途径。

9.错误。在**导进阶段**，我们还不能推进到问题解决上来，即便我们颇为摩拳擦掌，也不行。该阶段旨在理解"这些目标为什么重要""这些目标是如何与当事人更宏大的希望保持一致的"。在后面的**计划过程**中，我们会使这些目标可操作化，也关注当事人的执行意图。

10.正确。这一点很重要。不仅是当事人达不到，我们从业者其实也达不到。这是人性使然。

实践运用

让我们回到迈克的例子上来，请想象我们就是那位主持人。我们继续聊刚刚的话题，并使用相应的技术，同时还要注意保持自然，别听起来跟"电台节目里的心理嘉宾"似的。

其中，主持人简称为"主"，迈克简称为"迈"。

谈话	评注
迈：哎呀！（顿了一会儿，然后声音也变缓和了）在这个环节，我是头一回拿笔记东西，你这句话说得真好，太到位了！"这究竟是谁的比赛呢？"	
主：所以你喜欢这句话。	表层反映
迈：对。我的确在插手干扰她的比赛。	他更直接地表达了这样的看法
主：同时，让女儿自己享受比赛，也是你看重的事情。对你来说，为什么这点很重要呢？	探索水面以下（深层反映）。注意，这里的开放式问题，目的不在于建立差距，而在于理解当事人所看重价值的本质
迈：我觉得啊，作为家长，有些事儿是最起码的。例如，你给孩子们什么，得看他们有啥需要，别变成只满足咱们自己的需要。这比赛无关我的需要，虽然我很爱看她比赛吧，但这比赛是她需要的，是她的高光时刻。所以当我狂喷裁判员时，其实我有点喧宾夺主。	给出更多的信息与领悟
主：嗯，这是女儿需要的，需要我们做家长的来给她创造。这个看法很深刻啊，作为足坛名宿，你对如何当家长的理解很深刻嘛。	反映与风趣的肯定
迈：嗯，还好吧。其实我爸妈就是这样做的，他们是我的好榜样。	当事人补充了信息
主：就是说，你知道该怎样做。	深层反映
迈：当然啦。	迈克没有就此补充新信息，但很可能他在拿心里的榜样角色与自己的行为作比较
主：我蛮好奇的是，你会站在别人的角度看问题，这不仅是你具备的一种能力，也是你很看重的一种方式。那你如此看重这个的原因是什么呢？	基于第二个价值，做了肯定。接着问了一个探索性的问题

　　这不是一次治疗性的谈话，将之视为朋友之间的一次坦诚交流可能更合适。我们看到主持人在使用核心技术，有意将焦点放在了对迈克的理解上，并努力加深这种理解。同样，我们也发现，在这番对话中，一旦听到了某种端倪，我们会感受到一种张力，推动、迫使我们建立差距、引出改变语句，但现阶段，我们要做的只是导进当事人。快速地通过导进阶段，步入**聚焦**过程，在并未全面、充分地了解当事人的需要及相应缘由的情况下，这样做有可能颇具建设性，对当事人有帮助，但也可能时机尚早，并不合适。说到这里，大家自然就会问：那我们该在何时进入下一个过程呢？哪些线索表明时机恰当？稍后，我们会在**聚焦**阶段（第三部分）中详述这些问题，但现

在我们抛砖引玉，简单谈谈：对时机的判断与决策要根据当事人自身、我们的干预环境、双方的关系程度、当事人的导进程度和准备程度，以及尤其重要的当事人的节奏（pace）设定。同时还要将这些因素与我们对想要快速地推动当事人做改变之倾向的自我觉察结合起来，权衡利弊，取得平衡。

本章练习

◎ 练习 6.1　从日常生活中读出价值

　　能敏锐听出人们表达出的价值观是大有好处的。大多数时候，人们不会直说这是我所看重的，而是会通过行动来表达，或者是将其蕴藏在所说的话语之中。该练习先请大家阅读一些人物故事，看看能否从这些素材中"听出"人们所看重的价值。"**人在纽约**"（Humans of New York）网站有很多这样的素材，素材结合了人物的照片及其原话引述且经常更新。大家对故事主人公价值观的推测，无所谓对错。大家要练习的是保持敏锐，每读一个故事，请描述这个故事/照片，推测主人公潜在的价值观，想想自己可能给出的反映，以及可以提出怎样的开放式问题。如果有人不方便登录这个网站或者这些素材并不适合自己的需求，那可以在谷歌上搜索"**人们的故事**"（people's stories），搜索结果中有更多可供选择的素材。请用该练习所附的表格做记录。

◎ 练习 6.2　从日常生活中听出价值

　　现在，我们来听听实时播报的节目。收听谈话类的播客节目——人们在节目中讲述自己的故事。美国的"**故事众生**"（StoryCorps）节目提供了故事素材库。美国国家公共广播电台（National Public Radio，NPR）也设有这样的广播节目，节目邀请人们亲口讲述自己的故事。大家也可以收听 NPR 的一档散文分享类节目"**我认为……**"，其中的价值观表述更为直接明了。我们会听到人们（无论其是否知名）朗读自己写的文章，阐述自己的信念。这些文章的篇幅会略长一些，所以请想一想，当作者读完文章时，你会给出怎样的摘要？要练习出声讲出自己的摘要，然后再问一个有助于进一步导进当事人的问题。别的一些播客节目，如"**陌生人**"，也提供了引人入胜的故事素材，可供练习使用。请用该练习所附的表格做记录。

◎ 练习 6.3　找出希望与目标

　　这件事做起来可能很容易，也可能很难。很多时候，只要被问到这些问题，人们都会直截了当地讲出自己有哪些希望和目标。但是，假如我们不直接询问这方面，那要找出人们的希望与目标就颇为不易，与大海捞针、荒山寻宝类似了。大家可以再次登录"**人在纽约**"网站，再读故事，找出主人公的希望与目标。或者，大家也可以收听"**故事众生**"节目，体会故事中的希望与目标。但这些元素，并非在每个故事中都显而易见。相反，在大多数故事里，它们其实不容易被发现。所以，大家要对可能会指向希望与目标的语言保持敏锐，因为很多人会以间接的方式对此予以表达。请注意倾听那些在不经意间吐露心声的语言，其中所体现的是改变语句的**愿望**（desire）形式："但愿……""我希望……""我想要……""要是我可以……""只要……"。在开始这个练习之前，建议大家回看下艾伦·莱姆（Alan Lyme）对 MI 的精彩演示，这是他基于"筛查、短期干预及转介治疗"（Screening, Brief Intervention, and Referral for Treatment，SBIRT）项目所做的演示。跟前面的练习一样，请描述情境，找出主人公的希望与目标，然后给出一个反映作为回应，再提一个问题。请用该练习所附的表格做记录。

◎ 练习 6.4 我当事人的希望与目标

当然，我们始终在朝一个目标前进，即将 MI 的技术应用到与当事人的工作中。想想自己目前的当事人。你觉得他们怀有怎样的希望与目标呢？花一点时间找出这些希望与目标，然后将这些内容整合起来，形成一个摘要，并设计一个问题，等你们下次会面时使用，从而使当事人更深入地参与针对该领域的讨论。要想着去问这个问题。之后，请设想一下，当你告诉当事人你这一周来一直在想着他们的事情，特别是在思考他们的希望和目标可能是什么样的，你的当事人会有多么惊讶和开心！如果你现在没有合作的当事人，那在这个练习中就请想想你熟悉的人，方式相同。

◎ 练习 6.5 我的价值观

在第 2 章里，我们请你对助人工作做了自己的价值分类，但仅靠这个活动不大可能获知有关某个人价值观的完整信息。本章的这个练习也需要上网下载卡片素材，先要将一系列的价值卡片打印出来，然后才能进行分类。请根据所附表格中的说明完成以上步骤。这些前期铺垫工作也是帮你做好跟当事人进行这个价值探索活动的准备。

◎ 练习 6.6 拓宽视野

如前文所述，当事人来访时，通常只盯着自己的问题领域。我们要具有全局视野，看到当事人这个人整体，只有这样才能更好地帮助到大多数当事人，即便不能说没有例外。在这个练习中，请你设计一些问题，询问当事人生活的其他方面，从而了解他们是什么样的人，他们看重什么（价值），以及他们可能有哪些目标。

搭伴练习

本章的所有练习都可以搭伴进行。例如，在练习 6.6 中，你们可以各自设计出问题，然后相互问一问。请记住，要用反映来探索谈话对象给出的答案，当你听出对方的优点时，也要对此做出肯定。在另外几个练习中，你们可以一起读或一起听故事，然后各自独立地将练习表格写好。练习出声讲出自己的反映和摘要，这会帮助我们听听哪里讲得不错，哪里讲得不好。练习 6.5 可能最适合搭伴练习，需要你倾听伙伴讲述其最看重的东西。这让我们有机会拓宽谈话，从而进一步探索冰山，而 OARS 正是我们的工具。

其他想到的……

正好可以在这里说说关于临床会谈录音的一些考量。我们能回听自己与当事人的会谈，发现其中的亮点，以及还需多加关注的地方，这么做的好处是无可比拟的。而且，数字录音设备越来越便宜了，录音效果也不错，在大一点的商店里就能买到。你可以向自己的当事人解释，录音是为了提升业务水平，更好地帮助他们；然后征得当事人同意录音（同样，大家也应该先认真查阅一下，自己工作环境中有关会谈录音的规章）。与练习伙伴分享录音，能获得更多的反馈与专业建议。需要特别关注的是，你是在持续地**导进**当事人，还是过快地跳到了**计划**阶段（以及问题解决阶段）？回听录音时，如果你发现自己的表现属于后一种情况，这就提示你需要放慢一些节奏来跟当事人工作。

以下是大家可关注的几点。

"我做了多少个反映？"
"我问了多少个问题？"
"我每问一个问题，做几个反映？"
"我跟当事人的合作程度如何？"

最后一个问题，可以参照下面的一个 1~5 的量表来回答。

我做了所有的工作			我们轮流做工作				我们一起合作	

1   2   3   4   5

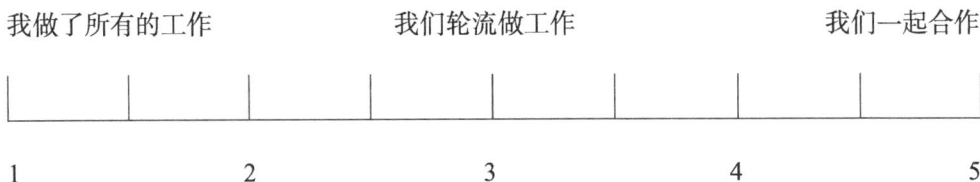

还要提醒大家几点。首先，我们关注的是逐步改进，而非一步完美，即我们所追求的是在一定的时间跨度内听很多次会谈的录音，看改变是否朝着我们希望的方向推进。其次，当事人做改变时，无法在同一时间兼顾所有，面面俱到。聚焦在一个领域，取得一定的进步，可能才更现实，也更有可能做到。最后，我们在初学阶段，最好能做到问一个问题就给出一个反映，即问题与反映的比例为 1 : 1。之后，等我们可以把这个比例稳定住了，再看是否可以将之提高到 2 : 1。

练习 6.1 **从日常生活中读出价值**

能敏锐听出人们表达出的价值观是大有好处的。大多数时候，人们不会直说这是我所看重的，而是会通过行动来表达，或者将其蕴藏在所说的话语之中。该练习先请大家阅读一些人物故事，看看能否从这些素材中"听出"人们所看重的价值。每读一个故事，请描述这个故事 / 照片，推测主人公潜在的价值观，给出反映，问一个开放式问题，还要记得——现阶段的目标是**导进**当事人。

"人在纽约"网站有很多这样的素材，素材结合了人物的照片及其原话引述且经常更新。大家对故事中主人公价值观的推测，无所谓对错。如果有人不方便登录这个网站或者这些素材并不适合自己的需求，那可以在谷歌上搜索**"人们的故事"**，搜索结果中有更多可供选择的素材。

示例

描述照片 / 故事：照片里有一位男士，身穿学位服，头戴四方帽，面带微笑；有一位女士，带着两个女儿，看起来都不到四岁。人物的原话引述："这两年来，我都是凌晨一点才到家。现在，我又可以做爸爸了。"

价值：刻苦努力、教育、家庭、成就，还有可能最重要的是"做爸爸"。

反映：你很看重教育，但你最重视的还是家人。

刻苦努力、牺牲与成长都是你所看重的，你也希望能传承给孩子们。

开放式问题：是什么让你可以做出这样的牺牲？

以下给出练习框架，大家可以复制使用，也可以按照书中提示下载相应表格。

描述照片 / 故事：

价值：

反映：

开放式问题：

练习 6.2　　**从日常生活中听出价值**

现在，我们来听听实时播报的节目。收听谈话类的播客节目——人们在节目中讲述自己的故事。美国的"**故事众生**"节目提供了故事素材库。美国国家公共广播电台也设有这样的广播节目，节目邀请人们亲口讲述自己的故事。你也可以收听 NPR 的一档散文分享类节目"**我认为……**"，其中的价值观表述更直接明了。我们会听到人们（无论其是否知名）朗读自己写的文章，阐述自己的信念。这些文章的篇幅会略长一些，所以请想一想，当作者读完文章时，你会给出怎样的摘要？要练习出声讲出自己的摘要，然后再问一个有助于进一步导进当事人的问题。别的一些播客节目，如"**陌生人**"，也提供了引人入胜的故事素材，可供练习使用。以下给出练习框架，大家可以复制使用，也可以按照书中提示下载相应表格。

你从故事中听出了哪些价值？

怎样的摘要可以涵盖这些价值？请将自己的摘要先出声讲出来，然后再写下来。

怎样的开放式问题可以引出对价值的更多讨论，还不会走得太急太远，超越**导进**。

你为什么会关注这一价值？

练习 6.3　　**找出希望与目标**

虽然直接询问当事人，他们也可以讲出自己的希望与目标，但多数时候，我们还是通过提问别的方面，再做反映，从而引出这些内容。所以，如果当事人没有明说，要听出并回应他们的希望与目标确实是不小的挑战。为了帮大家热身，建议先回看下艾伦·莱姆对 MI 的精彩演示。这是他基于"筛查、短期干预及转介治疗"项目所做的演示。请大家在后面表格里写下自己的答案，再对着下面例子里给出的内容看看自己所写的内容。

做完了这些，接下来可以有多种选择。YouTube 上有很多 MI 的范例；这是一种选择。但其中的问题是，这些素材很多都相当直白，直接询问了当事人的希望与目标，所以不太能帮大家提高敏锐性。不过，如果大家想多做一些练习，这些素材也是不错的选择。

另一种选择是，大家可以再次登录"**人在纽约**"网站，再读故事，找出主人公的希望与目标。或者，大家也可以收听"**故事众生**"节目，体会故事中的希望与目标。但这些元素并非在每个故事中都显而易见。相反，在大多数故事里，它们其实不容易被发现。所以，大家要对可能会指向希望与目标的语言保持敏锐，因为很多人会以间接的方式对此予以表达。请注意倾听那些在不经意间吐露心声的语言，其中所体现的是改变语句的**愿望**形式："但愿……""我希望……""我想要……""要是我可以……""只要……"。与在前面的练习一样，请描述情境，找出主人公的希望与目标，然后给出一个反映作为回应，再提一个问题。请用该练习所附的表格做记录。

示例

描述情境：一位女士被医生转介前来，她与社工师艾伦·莱姆讨论了自己的压力以及喝酒问题。会谈是短程的，没有想做成一次较长程的治疗性会谈。

希望 / 目标：她来这里是想开处方药（目标），但更宏观一些的希望是想更有效地管理压力。她还确认了另外几个目标：去工作；让"喝酒"处于可控状态；能有个人跟她说说话。

反映：艾伦做了多个精彩的反映，大家可能也会这么做。下面给出一个备选的简洁的摘要。

"你来这里是希望找到一些管理压力的方法，你首先想到的是开药。你也想到了其他的一些有可能帮助自己达成目标的方法，如跟别人聊聊天、改变喝酒的方式等，好让事情处于可控状态，你也能去工作。"

开放式问题："当你觉得事情都更可控了，那你的生活会是什么样子呢？"（注意这个问题虽然意在**导进**，但是可能也会引出**改变语句**。当然，希望与目标，会和**愿望**形式的语言有重叠交叉，这是很自然的，也在意料之中。）

现在该你做练习了。还有一个附加的练习点，请区分出希望与目标，并讲明自己的区分依据是什么。以下给出练习框架，大家可以复制使用，也可以按照书中提示下载相应表格。

描述情境：

希望 / 目标：

反映 / 摘要：

开放式问题：

练习 6.4　　**我当事人的希望与目标**

　　想想自己目前的当事人。你觉得他们怀有怎样的希望与目标呢？花一点时间找出这些希望与目标，然后将这些内容整合起来，形成一个摘要，并设计一个问题，等你们下次会面时使用，从而使当事人更深入地参与针对该领域的讨论。要想着去问这个问题。之后，也请设想一下，当你告诉当事人你这一周来一直在想着他们的事情，特别是在思考他们的希望和目标可能是什么样的，你的当事人会有多么惊讶和开心！

　　如果你现在没有合作的当事人，那在这个练习中就请想想你熟悉的人，方式相同。如果你不清楚当事人有什么希望和目标，那请花点时间想好可以提哪些问题从而引出这方面的信息。以下给出练习框架，大家可以复制使用，也可以按照书中提示下载相应表格。

　　当事人（首字母或化名）：

　　　　希望 / 目标：

　　　　反映 / 摘要：

　　　　开放式问题：

　　询问当事人希望与目标的问题：

　　示例："假如今后几年的生活一切顺心，你想象下，那会是什么样子？"

练习 6.4　参考答案

可用于询问当事人希望与目标的问题举例如下。

"假如今后几年的生活一切顺心，你想象下，那会是什么样子？"

"今后的六个月里，你希望做成哪些事情？"

"当你想象自己未来的生活时会想到些什么？"

"生活中有哪些事儿，你一想到它们可能会发生就很兴奋？"

"当你弥留之际，回首人生，有哪些事儿是你希望能重新来过的？"

"你希望自己的（工作、家庭、人际、休闲）生活，今后几年是个什么样子？"

练习 6.5　　**我的价值观**

　　价值卡片分类（VCS）会用到一套卡片，每一张上都印有不同的价值，然后这些卡片又可以被分在不同的类别中。在网上搜索"可打印的价值卡片"就能找到这些卡片素材；或者也可登录 MINT 的网址获取。价值探索练习有很多种变式，下面说一下我推荐的方法。

第一步是将这些卡片分成"不重要"和"重要"两类。自然会有很多卡片被分在"重要"这一边，这很正常，不必介意。等分完两类卡片之后，将"不重要"的那类卡片放到一边，请从"重要"的那些卡片中再选出 5 张左右"最重要"的，并放在命名为"最重要"的一类中。第二步则是针对每一个"最重要"的价值，填写下表，回答几个问题。

- 该价值对我意味着什么？
- 我为什么觉得该价值重要？
- 该价值在我生活中是如何体现的？

下表是一个示例。

该价值对我意味着什么	我为什么觉得该价值重要	该价值在我生活中是如何体现的
例子：乐观 我要尽力去发现各种可能性，而不是各种问题	我认为，无论生活中发生了什么，自己的态度才是关键的。这并非波丽安娜式的信念（Pollyannaish belief），觉得一切自有安排，或者一切都会好起来，因为人世间会有那些可怕的、荒诞的行为举止。相反，乐观主义者坚信，寻找什么就会得到什么。因为我寻找的是积极正面、充满希望的东西，所以这也会让我和别人收获这些	人挺容易陷入消极低落的情绪中，所以我会努力关注，对当下一切美好的事物都心怀感恩，心里也想着如何能发现这些珍贵的事物。当不好的情况发生时，我也会努力走出来，吸取教训，积累经验，继续进步。我会积极主动地找方法，想办法，自己有意识地养成乐观主义精神

对我而言最重要的 5 个价值

该价值对我意味着什么	我为什么觉得该价值重要	该价值在我生活中是如何体现的

请再看看这个表中你所填写的答案，哪些地方让自己觉得有意思或蛮惊讶的呢？哪部分让自己觉得被肯定了，或者感到获得了支持？

假如今后几年里，这些价值在你的生活中生根发芽、茁壮成长，那会是什么样子呢？

练习6.6	**拓宽视野**

来访时，当事人通常只盯着自己的问题领域。我们要具有全面视野，看到当事人这个人整体，只有这样才能更好地帮助到大多数当事人，即便不能说没有例外。在这个练习中，请你设计一些问题，询问当事人生活的其他方面，从而了解他们是什么样的人，他们看重什么（价值），以及他们可能有哪些希望与目标。下面所列的各个领域可能很值得探索一番，你会有收获，但估计也有一些领域是你觉得重要却没有在下面列出来的。例如，下面就没有包括"教育"，但你也许觉得完全应该纳入进来。所以，如果遇到这种情况，请在**其他领域**中补充你看重的方面。

配偶 / 伴侣 / 恋人：

家庭：

工作：

趣味 / 娱乐：

健康：

精神信仰：

营养：

冒险 / 刺激：

成就 / 雄心：

希望 / 梦想：

其他领域：

练习6.6　参考答案

配偶 / 伴侣 / 恋人：

- 很多人（虽然不是所有人）都有恋人。你的情况如何？
- 请讲讲你跟恋人是怎么认识的？怎么互有好感的？
- 你们现在的相处模式是什么样的？

- 你希望你们的相处模式是什么样的?

家庭:

- 请讲讲你现在的家庭情况。
- 家里有哪些开心的事儿?
- 吃晚饭时, 家人之间都聊些什么?
- 你对孩子们寄予了哪些希望?

工作:

- 人的一生要追求有意义的事业。请讲讲你所追求的事业吧!
- 你孜孜以求、全情投入, 那你在追求什么呢?
- 工作和事业与你追求的东西, 结合得怎么样?
- 你在工作上有什么目标?

趣味 / 娱乐:

- 生活中, 事业很重要, 娱乐也很重要。你如何给自己的生活添乐趣, 或者说是如何休闲娱乐的?
- 在什么时刻, 你会完全放松、身心惬意?
- 家庭生活, 与这些放松活动 / 时刻, 结合得怎么样?
- 在你的愿望清单中, 有哪些想去玩的项目呢?

健康:

- 请说说你的健康状况。
- 你现在的健康状况与之前相比如何?
- 你采取了哪些办法关照自己的健康?
- 你对自己今后几年的健康状况有什么样的希望与目标?

精神信仰:

- 很多人都有精神信仰, 那是他们生活的重要构成。你的情况是什么样的?
- 参加宗教团体与精神信仰的关系是什么样的?
- 你觉得在你今后的生活中, 精神信仰会起到怎样的作用?
- 你觉得, 这个方面可能会有哪些变化呢?

营养:

- 你的食谱是什么样的?
- 你这一天的饮食安排一般是怎样的?

- 规律的饮食习惯对于你所希望的健康和家庭情况起到了什么样的作用？

- 你是如何安排营养膳食的？

冒险 / 刺激：

- 你会做哪些冒险的或刺激的事儿？

- 在寻求感官刺激这件事上，人们各有差异，有的人很喜欢刺激感，有的人不怎么喜欢这种体验。你的情况是什么样的？

- 哪些机会是你把握住了，也觉得特别自豪的？

- 在今后的几个月里，你会在生活中安排哪些冒险或刺激的事儿？

成就 / 雄心：

- 你看重哪方面的成就？

- 在雄心壮志这件事上，人们各有差异，有的人只要自己需要的就行，活得比较简单，有的人则想雁过留声人过留名。你的情况是什么样的？

- 假如现在是你的弥留之际，回看一生，你说"这辈子值了"，那会是因为哪些经历呢？

- 假如有位朋友在主持你的庆功宴，他（或她）会说些什么呢？

希望 / 梦想：

- 你在追求哪方面的希望 / 梦想？

- 是什么鼓舞你要比现在做得更多、更努力？

- 你儿时的人生志向是什么？现在呢？

- 当你深夜辗转反侧、思考未来时，你希望未来是什么样子？

其他领域：

- 你是如何在生活中富于创造性的？

- 如果周六下午的闲暇时光你可以安排自己想做的事，你会做什么呢？

- 最适合你的学习方式是什么？将来你想学点儿什么呢？

- 音乐在你生活中有什么样的作用？

- 你喜欢做哪些运动？又喜欢看哪些赛事呢？

- 你觉得还有哪些方面是我应该了解但还没有问到的。

第三部分

聚焦：规划出方向

韦氏英英词典对"focusing"一词的定义有：

- To bring into focus.
- To come to a focus.
- To cause to be concentrated.
- To adjust one's eyes or a camera to a particular range.
- To concentrate attention or effort.

现在，我们已经学习了 MI 的基本技术，与当事人关系的基础也已经确立，那我们自然会问：接下来我们要向哪里进发呢？这个问题看似易于回答，其实际上却难以讲清楚。从业者们有可能流露出各种迷茫，他们可能会说："我用了核心技术，但好像也没啥进展啊。"所以，回答刚刚那个问题，就成为改变历程中关键的一环了。我们要去向何方？在皮筏漂流活动中，也有这个问题，所以我们仍然用这项活动来类比 MI。

此刻，我们已置身河流中，对于如何展开旅程已积累了更多的经验。不过，还有几个重要的问题等待我们回答：我们到底要去向哪里？怎么知道我们是否到达？又怎么知道走哪条路线？

答案不一而足，甚至可能千差万别，这取决于我们的当事人、我们工作的环境设置以及我们的专业特长。简言之，我们需要一个前进的方向，否则，我们和当事人便可能不断从一个话题跳到另一个话题，注意力和努力都难以聚焦，自然也难有实质性的收获。所以，我们要么是在原地打转，要么是毫无头绪地在水与岸之间乱撞。

究其根本，聚焦就是确定要走的方向，但聚焦还有更多的作用：可以帮助我们和来访者将其生活元素纳入进来，予以关注；让我们的注意力和努力更集中。从 MI 的视角来看，聚焦有三个要素。

1. 制定并保持一个具体的议题。
2. 发现哪些事物对当事人重要。
3. 认识到这是一个逐渐展开、循序渐进的过程。

三要素彼此交织、相互作用，这在下面几章里会有明显的体现。第一个要素即有一个具体的议题，通常在我们的工作中体现在许多方面，以下是一些例子：确诊并治疗某一疾病；协助进行心理教育；帮助犯罪者回归社会，避免其再犯；保护未成年人，帮助他们健康成长；降低高风险饮酒和药物使用的相关问题。

当事人往往带着他们自己的议题前来：想知道自己为什么会莫名地发烧；不想因为阅读困难而丢脸难堪；想尽量避免从业者接触；不想让法官、配偶/伴侣、老板再唠叨自己；或者就是想知道，自己到底怎么了。诚然，当事人可能有自己的着眼点，但他们的议题不一定就是我们最终工作的落脚点。随着我们发现"哪些事物对当事人重要"，新的领域可能会浮现出来，也给出了更多可供探索的路径。当然，我们也一定要觉察和谨记，哪些议题是我们（从业者）带进来的。更详细的内容，我们还是放在下面几章里讨论，看看怎样将这些要素结合起来。

此外，聚焦自然也是一个逐渐展开、循序渐进的过程，不只是对从业者而言，对当事人来说也是如此。在会谈之初，当事人可能觉得自己要谈的议题已经明确，但随着他们开始进行更深、更广的探索，就会有其他的元素与议题进入其觉察范围，被其意识到。我们和当事人所认为的焦点（如让父母不再烦扰我们的青少年当事人）就转变成为对当事人的孤独感、郁郁寡欢、生活中难觅愉快的活动等议题的探索。

这种逐渐展开的特点也意味着从业者要持续关注治疗的目标，否则，无论是当事人还是我们从业者，都容易迷失在他们生活的各方面之中，漫无目的，走到哪里是哪里。虽然，在开放式的心理疗法中，这种"走到哪里是哪里"的方式有自己的一席之地，但在大多数设置下，以及大部分的付费治疗方案中，这种做法都不被支持。在PRI中，我们会用泰莉莎·莫耶斯博士首创的术语"终点线焦点"（finish-line focus）来指引自己的助人工作。这并不是指会议要保持一个专一不变的目标；也不是指从业者通过终点线，达成了干预目标。这个术语意在表达的是，我们要帮助当事人抵达他们自己的终点线。所以，此中方向性不只体现在核心技术层面，还体现在我们助人工作的整体全景中。时刻谨记工作具有方向性，能帮我们免于让谈话转向有意思但终究没有建设性的弯道，从而走进死胡同。因此，大家在关注眼前发生的一切的同时，也要放眼远方的地平线。

让我们回到漂流之旅的三类主题上：我们在哪里、要做什么、该怎样做。现在，我们已然离岸，入水漂流。我们也讨论了要去哪里的很多选项，但还没有决定目的地。这是一条遍布分支岔路的河流，有的岔路会延伸分化成新支流，出现全新的方向。如果要给这趟旅行规划方向，那就需要将这些选项缩小选择的范围——不过，我们先得明白"当事人想去哪里"。具体操作时，我们可以运用核心技术，另外，多给当事人提供一些有关此次漂流的河流信息也会有利于他们选出适合自己的方向。请大家秉持引导风格，聚焦于信息分享、开放式问题、深层反映上，以帮助当事人还有我们从业者理解"这次旅行会给当事人带来什么"。在我们做摘要时，也要设定焦点，以便将各种选择与可能性更好地组织起来；同样，在做肯定时也要有焦点，从而强化当事人的自我效能感，使其坚信自己能完成这次旅途。

我们仍使用拉塞尔的案例素材，来展现**聚焦**过程。这里并非要从头到尾地演示整个**聚焦**过程，而是先要呈现如何开始这个过程。

活动 Ⅲ	与拉塞尔聚焦

还记得拉塞尔吗？男性，28 岁，离异，有两个女儿（分别为 6 岁和 8 岁）。周末，拉塞尔会和女儿们一起过，但其余时间里，他就独自一人生活了。拉塞尔在一家国际运输公司做货车司机，这份工作很考验体力。他的生活似乎只有两件事，即工作和照顾孩子，他基本没有自己的社交时间。他来找你是因为大麻尿检呈阳性，而其工作单位对吸毒持零容忍的态度。

我们再来明确一下聚焦中的三要素。

1. 制定并保持一个具体的议题。

2. 发现哪些事物对当事人重要。

3. 认识到这是一个逐渐展开、循序渐进的过程。

我们来看看，在咨询师与拉塞尔的谈话中这三个要素是如何体现的。第一步，先要制定议题。在这个案例的工作设置中，对拉塞尔和咨询师来说，哪些事物可能比较重要？

在第二部分的活动中，我们推测了拉塞尔所希望的会谈收获、他优先关心的事情以及他始终不忘的追求与抱负。这些内容对于他所面对的议题的逐渐展开与演进都至关重要，但我们同样也需要从一些更具体的方面来着手切入。在之前那段对话的末尾部分，我们听到了一些可以合作的领域。下面是这部分的对话示例。

咨：如果要实现这个目标，收获你希望收获的，哪些事是咱们可以一起谈论的？

拉：我也说不清。

咨：你还没真正考虑过这些。

拉：是的。不过，我要是能有一些休息的时间就好了。

咨：你特别忙，所以找到让自己放松和娱乐的方法，同时又能不惹麻烦，这对你来说是件特别棒的事。

拉：（笑了）对啊，可不能再惹麻烦了。

咨：（也笑了）好的。看来，讨论这个也许对你有帮助。那其他方面呢？

拉：嗯，女儿们很好，我也爱她们，不过她们也有点不好管，不听话。

咨：或许咱们也可以花些时间说说管教孩子的技巧。

拉：对，这方面太需要了。

咨：你也想了解这方面。

拉：是呢，这是帮大忙了。

咨：好的，也许还有一些事情值得咱们一起工作的时候讨论，不过在详细谈这些之前，我想先总体上了解下你的生活，这样能帮助我更全面地理解你的情况。所以，现在先给我讲讲工作之外的生活情况吧。

我们听见拉塞尔明确地说想找到管理压力的办法，还想知道更好的育儿方法。当进行到这里时，我们觉得似乎已经找到议题了，所以很容易一下子就冒进到问题解决上。但是，请再多看看我们找到的这些议题。这两个领域的问题虽然可能都助推了拉塞尔吸毒，但我们还没有很好地搞清楚：这些事物是怎样结合在一起的？拉塞尔更看重哪件事呢？

假如对话继续进行，要了解拉塞尔生活的各方面，我们可以问他哪些问题呢？请至少写出三个问题。

现在，假设我们选择探讨"教育孩子"这个议题。我们想了解拉塞尔的目标是什么，以便能给出一些对他有价值的建议了。这并不是突兀的跃进，而是从一个宽泛的领域，进展到更具体、更聚焦的方面。我们问拉塞尔哪些问题能有利于这种聚焦？请至少写出五个问题。

活动 Ⅲ　参考答案

在这个案例的工作设置中，对拉塞尔和咨询师来说，哪些事物可能比较重要？

1. 需要明确，物质使用是不是个问题。

2. 评估拉塞尔生活中的物质使用情况。

3. 弄清楚拉塞尔的当前目标和长远目标都是什么。

4. 弄清楚哪些事物对他而言是重要的。

5. 弄清楚拉塞尔有哪些优点和可用资源（自身的或外界的）。

在本案中，上述第3、4、5条所做的工作明显是导进，并可能为第1条和第2条创造出条件，从而获得更多的信息。假如想了解这些方面的全貌，我们可以问拉塞尔哪些问题呢？下面的一些例子供大家参考，但并不局限于此，大家还可以想出很多其他问题。

- 请讲讲现在生活中比较顺利的事情。

- 你觉得自己擅长哪些事儿？

- 我知道你来这里的原因，也明白你的处境，但是我还不太了解你本人和你的工作。请再讲讲你的工作，还有平时的生活吧。

- 在业余时间里，当女儿们不在身边时，你喜欢做些什么呢？

- 社交生活如何？你喜欢什么样的社交活动？平时怎么安排的？

- 我知道你离婚了。那你现在是怎样安排约会或朋友见面的？

- 精神信仰对你的重要性如何？你怎么看宗教团体呢？

- 你有哪些娱乐活动？

- 如果未来的 5 年里各方面一切顺利，你的生活大概是什么样子呢？你会通过哪些事儿来判断自己的目标实现了呢？

下列这些问题可帮助我们和拉塞尔在"教育孩子"这个议题上聚焦，做摘要供大家参考使用。请注意，这些问题要穿插在大量的反映性倾听以及偶尔的肯定和做摘要中进行。我们绝对不能只是按照下面的顺序一个接一个地把问题问个遍。而且，可能不用特意问，当事人也会把我们感兴趣的信息披露出来，所以很多问题自然就不用再问了。

- 请再讲讲你教育孩子的事儿吧。咱们就先说说，你觉得作为家长，哪些事儿是重要的？

- 你觉得，要做个好家长的话，应该坚持哪些原则或信条呢？

- 你会带着女儿们玩点什么呢？

- 在跟女儿们相处中，最难熬的时候是什么时候？

- 你现在是怎么应对这些时候的？

- 哪些办法管用？

- 哪些办法不管用？

- 你想如何管教孩子？

第 7 章

寻找远方的地平线

开篇

"今天怎么样啊？"

"还行吧，我也说不好。"本（Ben）是康复机构里一位年长的患者，他坐着轮椅，不太爱说话。半年前，他还是活力四射、爱说爱笑的人，但现在，因为罹患脊髓瘤，他的双腿已经瘫痪。

"你也说不好。"护士停下了手里的工作跟他说起话来。

"我搞不清楚了。"本喃喃地说，声音微弱，低落之情溢于言表。

"有些新的变化。"护士接话说道。

"我说不好。我现在……不清楚自己该干点儿啥了……我以前是清楚的。"他忍不住叹了口气，"我现在脑子里一片空白……"

"刚做完手术住院那会儿，你的目标很明确——要努力锻炼，努力让自己可以再走路。而现在，目标不那么明确了。"

护士看得出来，本在艰难地思索着。他深深地吸了一口气，又缓慢地呼了出来："我的化疗结果并没有那么好。不知道今后会怎么样。我觉得，我是妻子的负担，也是家庭的负担，我真不想这样。"言至于处，这位有尊严也体贴人的男士，几近落泪。

我们的护士颇感为难。她虽然不是咨询师，但受过 MI 的培训。她知道这个人正在痛苦挣扎，于是运用了 MI 的技术，避免了翻正反射，也没做空洞苍白的安慰。相反，她做了反映性倾听，让本逐渐敞开了心扉。但是，护士还得去照顾其他的患者，也还有别的工作要做，所以她想，把本转给医院牧师、医生或社工或许是个选择；但她也明白，本这是在向自己倾诉心声，这样的助人时机一旦错过，可能就不会再有了。在她看来，护士工作不仅要照护他人的身体健康，还要给予他人情感上的关怀，这是非常重要的。于是在快速权衡之后，她决定与本进行一次简短而有的放矢的谈话，但在这之前，她必须先离开这间病房去安排一下工作。在考虑自己时间限制的同时，护士也没有忘记：这个男人正处于痛苦挣扎之中，在谈话中**聚焦**不但可以顾及自己的时间限制，还能帮助本找到某些落脚点，有所依托，以便让他心中的愁云消散、迷茫平息。

"本，我看得出你很痛苦，我也想和你谈谈这些，但我得先跟护士站的人打个招呼，告诉她们我需要一些时间，请她们帮忙给几位患者查房。我觉得咱们的谈话可以分三个方面。第一，我们可以说说你的治疗，还有今后的情况。第二，我们可以说说你的家人，这一切对你和他们都意味着什么。第三，也许我们可以再聊聊你现在的体会，还有你今后的打算，多长远的都可以聊聊。嗯，我先离开一分钟，正好你也想想这些问题，我马上回来。咱们这样安排可以吗？"

深入认识

以上谈话体现出了我们从事助人工作时常遇到的很多情况。助人工作通常由一系列任务构成，我们可以基于这些任务类别提前开出"助人方子"，但这些方子怎么可能就如此卯榫正对、毫厘不差地切合当事人的情况呢？而且，要完成这些任务，我们通常都有时间限制，必须要在一定的时间内来做这些事。所以对于诸项任务自然需要区分轻重缓急，即先关注哪些，后关注哪些。然而，实际情况却是，在很多的助人设置中，我们需要涵盖到的任务还要更多一些，但用于做这些事的时间反而更少了。这是从业者们面临的共同难题。

当然，我们可以说"这部分工作不归我管，是另一个人的职责"，以此把助人工作的任务界线保持得特别严格。但是，如果真的这么做，可能我们也自缚了手脚，限制了改善当事人的生活、提升他们的福祉的潜在可能。在 MI 看来，这些时刻虽然短暂即逝，却可能影响深远，所以对从业者而言这是一个机会。我们并非要在此刻展开治疗，但我们要在此刻做出回应。为了确保效果，我们的回应不能漫无目的，碰到什么算什么。我们一定要帮助当事人和我们自己找到远方地平线上的一个点，以此作为确定方向的参照。不过在这之前，我们务必先设定出会谈的议题。

◎ 议题来源

先提醒大家，我们与当事人工作时的议题来源可能有三类或者更多。第一类议题源于当事人自己。这类议题千差万别，取决于当事人来见我们的背景原因。对一些当事人而言，尤其是被强制前来者，议题也许就是"别再有麻烦了，别再纠缠我了"。而对另一些当事人来说，议题可能是想解决困扰自己的问题（如某种不健康的人际关系等）。有的当事人会提出具体的事由（如想开处方药、没钱交房租等）或业务（如清洁洗牙、治疗进食障碍等），而另一些当事人则需要获得信息（如怎样享受公共医疗服务等）。当然，也有一些当事人之所以来访，是因为他们觉得有必要做些改变了，却并不清楚自己的具体需要是什么。第二类议题源自我们从业者。前面已经提过，此类议题包括"理解具体的问题""将改变的历程概念化""将技术运用到会谈之中"。第三类来源则与助人工作的环境设置有关。这类话题可能包括我们工作单位的要求、转介机构的规定以及有关各方提出的需求。请想象一下，某位青少年因在校行为问题被老师转介前来治疗，这时的议题构成会有多么复杂，学生本人、咨询师、咨询服务方、教师、学生家长以及学校都与这次工作有关系，都会参与其中。于是我们不禁要问："那该从哪里入手呢？"在 MI 中，答案直接明了：我们从当事人的议题入手。

秉持这一立场，不代表我们会忽视其他来源的议题。相反，我们只是承认以下事实：倘若**这位**当事人会改变，那他一定是从自己的利益出发才这么做的。所以，我们需要去探索那些对当事人很重要的事物，这样的探索之路，其中最直接、最少弯路的一条正是我们对当事人抱有好奇心。这说来容易，可是助人为乐之情常会在这个时候帮倒忙，让我们难以对当事人的讲述保持开放与好奇。翻正反射（想帮忙、想纠正问题）往往在此刻悄然侵入，即使是最出色的从业者有时也难以幸免。我的小女儿就跟我家的一位世交分享过感受："我喜欢跟您说话，因为您不是一说话就想着纠正别人，不像我爸似的。"明明我应该是更懂这些的，但我似乎也在不知不觉间慢慢滑落到这些陷阱里了！倘若自信地认为，洞悉正确答案的那个人是我们从业者，那这种看法会干扰我们发挥专业技能，即不利于我们细心倾听、充分探索、帮助当事人发现那些重要的事物。假如护士小姐急匆匆地对本做保证、让他安心，可能就错过了一次更深入、更具有意义的谈话——旨在理解此刻本的需要是什么。

聚焦过程的终极追求在于促成当事人与从业者之间目标的匹配，从而形成具体的议题。但这种匹配也不是在某一次会谈中就能完成的。当事人的目标与动机会逐渐展开，呈现给我们，也呈现给他们自己。请回想一下，在第 5 章开篇中芭芭拉的情况：

她起初的议题是"想上大学",但随着谈话的进行、探索的深入,她自己和从业者都清楚地认识到,她的目标不只局限于上大学。这段谈话就是逐渐展开的。

鉴于从业者与当事人持续的会面和交流,所以议题也会随着治疗进程的发展而发生演变。换言之,那些最初让当事人来访的缘由,往往与其之后持续来做治疗的原因不同,同样也不同于他们的最终目标。被强制来访的当事人,包括我这么多年来治疗过的青少年,一般刚来时的目标都是:不要再跟我们见第二面了。所以,最初的议题就是:想搞清楚,若要不再回来跟我们见面了,他们必须做哪些事。随着时间的推移,这个最初的目标往往会被其他的目标所取代,但我们首先还是要对这个最初的议题保持开放性和回应性。所以很明显,**聚焦**过程需要我们不止一次地反复进行。

此外,在一次次的会面交流中,如在一个连续治疗的设置中,我们除了要有总体的干预目标之外,还需要有针对每一次会谈的具体目标。例如,在酒精与药物治疗的设置中,干预的最终目标可以是"不再有高危的酒精及药物使用问题",但在特定的一次治疗会谈中,具体目标可能是"当事人学习针对饮酒和嗑药的拒绝技巧"。要再度提醒大家,有的议题也许我们觉得非常重要(如给当事人提供机会学习有循证基础的不复吸、不复饮技巧),但当事人可能觉得没那么重要(如"对我来说,喝酒是个问题,但抽大麻算不上")。在牙齿保健的设置中,总体目标是"良好的口腔健康",但在具体的一次保健工作中,可能会专门解决某个特定的问题,如专门治疗某颗蛀牙。所以,无论会谈是连续进行的,还是间断开展的,通常我们在每次会谈时都有必要**重新聚焦**。

至于我们的议题,还有其他各方参与者的议题,应该公开透明地告知当事人。当然,诸如具体在什么时候告知、怎样告知以及告知时持多大的透明度等,这些并不容易把握。例如,面对得了中耳炎的患儿,医师助理的议题可能就是:解决孩子耳朵的疼痛,还不能过量开抗生素。于是我们的医师助理将自己的议题告知对方的方式可以像如下所示。

"咱们先说最要紧的事——您的孩子正在疼痛中煎熬呢。咱们要找出导致疼痛的原因并加以解决。现在,医生们都对抗生素有所顾虑,担心用得太多、太频繁反而会造成病菌的耐药性。所以我们会尽量确保所开的抗生素能起效就好。我们要看看孩子的情况,用抗生素会不会缓解他的疼痛,如果还是没作用,咱们就要考虑一些其他的方案了。"

通过这段话,从业者告知了对方自己的议题,同时,这段话也聚焦在了当事人所关切的问题以及他们希望达成的目标上。这段话始于当事人的情况,也止于当事人的情况,但从业者自己的议题(避免过量开药)也被清楚明确地讲了出来。具体**怎么**

做我们将在第 8 章 "分享信息" 一节再来说明，到时我们也会讲讲几种不一样的**聚焦**风格。

◎ 议题连续体

米勒和罗尼克对议题的状态做了分类，以便于我们有针对性地进行工作。当然，更准确地说，议题的状态其实分布在一个连续体上。连续体的一端是一个清晰明确、已然知晓的议题；连续体的中间是从业者与当事人可选择去做的若干任务；而连续体的另一端是无论对从业者还是对当事人而言都不明确的任务和议题。既然我们说的是连续体，那各部分之间的界线其实就比较模糊了。不过，这三个部分（类型）也有共同之处，即都要从总体目标过渡到具体目标，都基于引导风格来使用 MI 的核心技术。下面我们依次来说说这三个部分。

连续体的第一个部分为**议题已知**（known agenda），这部分拥有一个已知的议题（如中耳炎的例子），并需讨论如何解决与之有关的问题与困难。这方面的讨论通常开门见山、直达主题，但如果从业者想体现出 MI 精神里的 "合作" 与 "自主性"，那就需要将这些元素融入讨论之中。这让我又想起了那句话："简单，但未必真有那么容易。" 这一点在中耳炎的例子中就很明显，要将相互竞争的两个议题安排得当，着实需要有高超的技巧。这种讨论中一个常见的部分是从业者为当事人提供信息。

连续体上的第二个部分为**议题规划**（agenda mapping），这部分存在多个相互竞争的议题，如本的情况就是如此。有好几个方面可让从业者和当事人聚焦，所以需要得出结论：究竟聚焦在哪个方面。这些多元的议题方向也许是随着时间的推移逐渐显现出来的，本的情况就是如此；或者，这些不同的选择从会谈一开始就已经显露无遗了。

连续体上的最后一个部分为**定向**（orienting）：在当事人和从业者都不清楚焦点在哪里时，双方就需要共同探索可能的选择，找寻到前行的方向。这类状态可能在心理治疗中最常见，但也可能出现在其他的从业场合中，如流浪者救助中心、刑事司法工作或医疗护理工作中。例如，帕斯卡（Pascal）在考虑进行心理治疗，我们来看看他说的这段话：

"我其实也不知道自己想要什么，但我知道自己不想要什么。我不想别人来告诉我干这干那，或者给我布置一堆练习，还得天天写下来做记录。你知道吗，我不过是想有个环境，找个人说说我经历的这些事儿，整理整理思路罢了。这几年啊，尽是些烂事儿，我都不知道自己该怎么办了。我想找个人说说，对方能听我说，也许还能给我点儿建议。"

无论在哪种议题状态下，我们都有着共同的追求：放眼远方的地平线，选择最有收益的那个点，始终朝它航行进发。当旅途之方向明确清晰时，如在第一类的议题状态下时，我们的工作就相对开门见山。我们会结合使用 MI 的各种核心技术，包括信息分享。请注意这里的措辞，**包括信息分享**（including information sharing），这一点非常重要。因为在面对这类议题状态时，我们容易指导过度，给当事人太多建议。虽说这种做法可能也合情合理，但这又变成了从业者的独角戏，而忽略了当事人的客观角色，即他们是改变历程中重要的、主人翁性质的合作伙伴！稍后，本章会给出例子，我们可以看一看，始终使用 OARS、彼此合作（即便是在提供信息时也不例外）在现实情境中起到了怎样的作用。

在第二类议题状态下，旅途的方向有很多（像极了本的情况），此时我们就要用到戈巴特（Gobat）及其同事提出的方法了：**议题规划**。他们为此确定了 6 个核心领域：确定患者的谈话主题，确定临床工作者的谈话主题，达成优先级共识，建立谈话的焦点，合作，导进。在做议题规划时，从业者与当事人一起合作，以确认会谈之中和会谈以外值得探索的元素。从更宏观的架构上看，议题规划是一个简短但要周期性进行的过程。

在实际操作层面，议题规划过程有三个核心部分（虽然在实际操作时，这些部分也会相互融合）。第一，先有一段结构化的陈述，让当事人了解我们在做什么以及为什么这么做。这段陈述也可用来澄清从业者的角色任务，说明在当下情境中从业者的忠诚也是要一分为二的。例如，咨询师有义务向外部管理机构报告危险情况，所以此番陈述也可用来申明这种设置。第二，议题规划为我们提供了一种"斟酌选项"的方法，其中可能会用视觉素材做辅助。第三，双方要达成一个一致性的共识，并聚焦于此，米勒和罗尼克称之为变焦拉近。下面我们依次讲讲这三个步骤。

结构化的陈述可通过多种方式来进行。其中的一种就是开门见山、直奔主题。示例如下：

"咱们今天谈 15 分钟。我这里有一些事情需要跟你交流，但我也希望咱们确实会谈到你关心的事情。你今天最想谈的事情是什么？"

该步骤的目标是确定出一到两个主题作为会谈的焦点，尤其在时间受限时。可能你需要做好准备，因为当事人可能会告诉你："时间不够用啊，想谈的话题还很多啊，并且很多问题是缠在一起，分不开的。"这些时刻都是我们进行认知重构的绝佳机会，也可以用来简短地进行信息交换。示例如下：

"你说得对。咱们确实没有那么多时间，所以如果想保证效果，咱们就得认认真真地聚焦，真正做到有的放矢。虽然很多事情纠缠在一起、分不开，但积极的一面是，如果咱们在某一方面开始做出改变，其他的方面也会受到影响，发生联动。所以说，再仔细看看这些方面，咱们也知道只能从中选出一个来聚焦——哪方面是你最关注的呢？"

通常，当事人会认同这番陈述，并确定一个会谈主题。但如果并未如此，那就先继续向前，别让这番陈述变成争论不休，之后，等事情谈不完或谈不到位时，你可以重新提议"聚焦某一方面"。另外，我们还会遇到一种情况，就是这个话题的讨论刚刚展开，当事人就又提出了自己关注的另一个事情。对此，我们可以这样回应：这个新话题很重要，只是它与原来确定的议题有所不同。问问当事人是否想更换议题，同时提醒他们，保持焦点往往能事半功倍，效率更高，收获更大。示例如下：

"嗯，我们谈起了你的父母，这离开了我们预定的议题。看起来，父母的话题对你也很重要。我想知道，你是否想更换一下议题，来谈谈父母，还是想继续原来的议题？这由你来决定。我还想说的是，我们大家都知道：选择一件事情来讨论，往往更有帮助。"

从业者的议题也可以加入这些探讨之中。以下这段是一位学校心理咨询师和洛瑞（Laurie）的谈话，这位年轻女性因疑似抽大麻而被转介前来。双方的谈话较长，其中的**聚焦**部分如下：

"嗯，我的议题是请你讲讲学校的生活如何，请先讲几分钟，然后我有一些问题问你，关于物质使用和你在校生活的情况。但我也想听听你的看法。你认为，我们今天拿出时间来交流，谈哪些话题会有帮助？"

还有一种方法是使用视觉辅助工具。很多年来，罗尼克都在使用一种清单法辅助进行议题规划。这种方法的基本思路就是创建一个可视化的清单（如利用一个餐盘或一张标有多个圆圈的纸张），其中包含我们工作设置中常见的谈话主题。在缓刑监督工作中，这些圆圈代表的主题或许就包含：自由时间的管理、旧朋友、老邻居、找工作、羞耻感、金钱、家庭、生活状况、物质使用等。在心脏病护理工作中，清单的条目可能包含用药管理、减肥、节食、锻炼、吸烟、饮酒、抽大麻等。这张纸上也要留一些空白的圆圈，供当事人填入对其重要但清单中未涵盖的主题。例如，在假释观察所，议题规划的引入可像以下这段话这样：

"如何用好今天的会面时间，我们的选择有很多。这张纸上列出了一些话题，我们可以讨论诸如'老邻居''羞耻感''找工作'。你也看到了，还有一些空白的区域，因为可能有一些事情是你今天觉得特别重要但在这张纸上却没有列出来。请仔细看看这些话题，你认为哪一个最重要，是要我们花时间谈谈的？"

虽然也有例外，但我们一般都会从当事人的议题入手。在当事人选定议题之后，你也可以加入自己的议题：

"除了要讨论'羞耻感'这件事，出于我的工作需要，我也会跟你讨论一下'找工作'和'居住状况'这两个话题。好，我们一定要留出点儿时间来谈谈这两个方面。那我们先来谈'羞耻感'，这方面的情况是怎样的？"

议题规划这项工作涵盖的内容其实更宽泛。例如，议题规划工作可以在当事人来访治疗之前，或者是在候诊室等待之时就开始进行了。而且，议题规划还可用来提及那些我们觉得当事人难启齿的话题。例如，一位物质滥用领域的咨询师就可以在其议题中提出谈一谈当事人尿检结果最近呈阳性这件事。在实际展开讨论之前先提及这个议题会让当事人做好讨论这件事的心理准备。但这并不是指当事人应该提前想好如何回答，而是说当事人有了将会讨论这件事的心理准备。

同样，我们可以通过议题规划与当事人讨论"需要做评估"这件事。如果评估用时相对较短，只将其作为议题中的一个条目即可。如果评估用时较长，那我们可以使用一种"三明治法"，即把评估放在两段结构更开放的谈话之间。一般而言，这两段书挡式的谈话需要限制时长，因此需要加入结构性的元素，以便让当事人知道有这种时限。以下这段话是一个示例：

"今天，我们有90分钟的时间，我们需要做一份问卷。但在开始之前，我想先安排出10分钟左右听你讲一讲自己，这样我可以更好地认识你、了解你。然后，我们会用大部分的时间来做这份问卷。最后，我们还会安排5~10分钟的时间谈谈之后的计划。这么安排，你觉得如何？"

当然，最开始的10分钟怎么安排、做些什么，这取决于评估的目的以及从业者与当事人之间建立的关系。我们先前探讨过正向情绪的作用，在此，我也发现了与之一致的情况：用正面的措辞提问并展开讨论，同样会很有帮助，比如以下示例：

"你现在的生活中，顺心的方面有哪些？"

"你觉得自己有哪些优点？"

"朋友们会说你有哪些优秀的品质呢？"

当助人工作停滞不前时，做议题规划和议题协商会很有帮助，这在传统的咨询设置中尤其适用，在"从业者与当事人建立长期关系"的诸多背景中也同样适用（例如，代谢病医生每季度要见一次糖尿病患；资源班[1]教师常与接受个体化教学的学生见面；口腔卫生师与患者每半年约见一次）。所以，做议题规划时重新商讨工作的焦点必不可少。

在议题连续体的第三个部分，情况就比较复杂了。在开始阶段，要优先安排什么、要做什么任务对当事人和从业者都是模糊不清的。这是一张没有路标的地图。在这种情况下，MI 的合作元素就要来到舞台中央、成为核心角色了。从业者和当事人一起合作，双方都提供"专家意见"，促进对当下现状的理解，从而携手解开这个谜题。当事人一方的任务是给出有关当下状况及自身经验的认识；从业者一方的任务是提供有关改变历程的知识，给出某一特定领域的专家意见，充满好奇地进行探索。然后，双方共同的任务是绘制一份彼此都认同的、用于议题规划的地图。地图既然是新绘制的，那随着探索的进行对其做出调整和修订便必不可少。从业者的任务是细心倾听、提供意见，以便帮助地图成形，然后再确认出前进的路线。

从业者的这些任务也体现出，为什么在**定向**部分，用"跟随"和"指导"作为临床上的谈话风格可能会遭遇问题。因为我们在此刻往往尚不具备明确清晰的前行方向，也就无从**跟随**，所以一旦踏入地图上还未标记的未知领域，我们极易陷于无目的的漫游之中。**指导**则可能导致在没有全面充分理解这片土地的情况下就过早地采取行动。相对而言，在**引导**风格中，我们既可以一起绘制这片土地的地图，又能共同决定前行的方向。很明显，**引导**风格在传统的咨询设置中尤其适用，而在复杂的医疗环境中（这类环境往往倾向于在"清晰明确的地图"到位前就启动检查和治疗）也同样适用。当然，在医疗设置中，我们会顾虑时限和医保报销的问题，但从业者可能还是要考虑：比起在状况不明时就采取行动，是不是花点时间仔细倾听一下患者，后续的工作可能才更具有建设性呢？如下例所示：

"我来这儿是因为我觉得精疲力竭，一点办法也没有了。我有慢性疼痛，睡眠也不好，所以精力也很差。而且我的肾脏也长期有毛病，好像我还很容易生病。这些导致我要四处看医生。但他们似乎都是各人自扫门前雪，就没有一个人能把握全局、找到病根儿的，他们每个人都只治疗眼前的一小部分问题。我就觉着这些零碎的问题其

---

[1] 资源班是美国特殊教育体系里的一种教学设置。——译者注

实是相互连着的，不能分开看，但他们对我的这些看法根本不屑一顾。我知道，我的情况不会恢复到以前了，但我也不想就这么放弃啊！不过有时候，我真觉得自己快坚持不下去了！"

对于医疗提供者而言，以上的情况颇为复杂，而且也可能因为翻正反射，在时机尚不成熟的情况下，就沿着某些方向开始治疗了。这种做法或许也能收获正面积极的结果，但鉴于先前的经验，恐怕很可能还是会以徒劳无功收场，只落得从业者挫折无奈，当事人灰心丧气。所以在这种情况下，从业者的细心倾听不但可以更好地理解当事人的身体及医疗状况，还能探索出那些对当事人而言最具有建设性的行动路线。

◎ 提及困难的议题

除了要确定前行的方向，从业者通常还得和当事人讨论某些困难的话题，这些话题往往是当事人不那么想谈的。也许正是这样的困境才激发了读者对 MI 的学习兴趣。此处的核心问题在于，临床工作者或从业者所关切的问题，当事人却不认为是个问题。所以，从业者该怎样提及这样的议题，同时还能避免产生不和谐呢？

诚然，世间不存在什么魔杖，让我们挥一下就能使这些问题即刻"止痒"［史蒂芬·罗尼克喜欢用痒（itchy）这个词来形容"讨论困难话题"时的感受］，但一些要点、技术和技能可以帮助我们取得进展。当然，无论哪种技术都无法放之四海而皆准，但通过实操练习，我们可以学习、精进并有效地使用它们。当我们使用这类技术处理困难话题时，请谨记以下要点。

开始触及这些话题时，请大家抱持好奇的态度，意在更多地理解相应的情况。大家的目标不是让当事人招供或坦白某个问题，而是理解其行为或问题与其个人的处境和世界观是如何相符一致的。不能在一开始就带着偏见——"这里出了问题"。这方面的语言与措辞非常重要，从业者秉持公开透明的原则尤其有益。因此，大家在表述意图和议题时，也要提醒自己务必注意"表述的方式"。

前文我们提过，面质程度高的做法可能会导致**不和谐**。估计大家也都能预料到，当事人开始可能会说"这不重要啊"，尤其当他们觉得自己的性格、判断或行为被质疑、被挑战时，更会如此。所以，在讨论这类话题之前，务必先做**导进**工作，意在创建一种安全的氛围，使当事人可以安身其中，从而跟从业者一起对困难的议题展开探索。

最后一点，大家在跟当事人探索问题时，不要忙着搜集证据来支持自己的观点。请谨记，此时的重点在于当事人说出改变语句，并对"为什么一定要改变"形成了自己的看法。同时，从业者如果有关切的问题，请直接跟当事人分享（可以立刻展开充分的讨论）。这方面的建议我在第 8 章与第 10 章中还会讨论。

这几点非常重要，请大家时刻谨记。具体来说，要提及困难话题或者展开一次这样的讨论，有四种方法可供采用。首先，我们可以引出当事人对相应状况的看法，并尝试回到他们生活的背景中，更全面地理解其相应的行为、面对的问题或我们关切的方面。采用该方法时，可以请当事人讲讲他们的某种行为与其价值观之间的关系，即二者是如何相符一致的，以此来理解他们的背景与价值观，从而有助于我们开展**导进**工作。

其次，我们可以请当事人讲讲他们日常的一天，如从早餐时间讲到夜晚上床睡觉。请大家对此怀着好奇心与兴致，并询问相关的细节（但也别把一个小时的时间全用在这里）。下面是一个示范性的例子。

"通过你的讲述，我对你的生活有了一些了解。可我还不太清楚，你平时每天是怎么过的。了解这些对我们开展工作很有意义。所以请讲讲你每天的生活吧，咱们就从早晨醒来说起：每天早上，你会……"

通常，我们需要问当事人一些问题，以引出细节信息（例如，"你一般几点起床？""然后你做了什么？""早餐时是个什么样子？"）。如果当事人在对日常一天的讲述中并未提及相应的问题行为，那我们可以直截了当地询问这方面：

"有时候，孩子们很不听话，特别难管，你也有些力不从心，请讲讲这类情况吧。"

此处有几点要提醒大家：请不要使用**问题**这个词（除非当事人自己就用了这个词），请小心避免人为造成**不和谐**。另外，我们还可以请当事人讲讲他们比较顺心的日子，即那种一切都挺好，没遭遇什么问题，没陷入什么困境的日子。这类讨论聚焦于积极正面的事物，与某些治疗取向（如焦点解决疗法）以及前面说过的积极心理学研究异曲同工。

再次，我们可以将相应的行为正常化。该方法有几种不同的操作形式。第一种形式为循序提问（embedding the inquiry in a sequence），即在一系列的提问中自然而然地嵌入一个问题，如此一来，就不显得那么突兀和有侵入性了。例如，在做评估时，一旦问完当事人小学和初中时的受教育经历，我马上就跟着问一下物质使用的起始情况：

"很多人第一次喝酒都是在初中或高中时。你呢？你第一次喝酒是在什么时候？"

第二种形式为范围覆盖（bracketing），即从业者给出一定的话题范围、请当事人从中选择，这样他们就可以选出一个自己也能接受的答案了。这种覆盖范围广泛、让当事人从中勾选的做法避免了他们"报告不充分"的情况，特别是在涉及敏感话题时。但是，正常化某一行为并不代表这种行为就是可接受的，这种方法仅仅旨在表明：某种行为具有一定的谱系范围，人们可能做的各种程度都涵盖在这个范围内，所以无论当事人选取了其中哪个选项，大家作为从业者也不会对此过于震惊。示例如下：

"两口子闹矛盾、吵架的方式各种各样：有的夫妻会细致地讨论矛盾之事；有的会大喊大叫；有的则谁也不理谁，打冷战；有的会砸东西或者凿墙；有的会发生肢体冲突，例如，有的会扇耳光，有的会拳打脚踢，还有的会薅头发。以上这些都是夫妻之间可能出现的吵架行为。你们两口子呢，闹不开心时，你们会是怎样的情况呢？"

也可以更简练一些，示例如下：

"说到喝酒，有的人一天只喝一罐啤酒；有的人一天就会喝 24 罐。你的情况是什么样的呢？"

当然，在这一过程中，从业者能不能内心平静、安住自然地倾听当事人所给出的种种答案尤为关键。一旦当事人感到从业者在评判自己，那扇刚刚开启的对话之门就会再度关闭。其实稍后，我们始终可以再返回到某个议题上，表达自己的关切与担心，但在一开始，无论当事人给出什么样的信息，从业者都应以"全然地接纳"的态度作为最初的回应。因为在这个关键节点上，当事人一般都害怕别人给他们贴标签。在听到当事人谈出这类困难话题时，我们使用 OARS 非常重要，也尤其有帮助。

对当事人的决定或立场表达关切与担心，从业者应该觉得这是使命的必然，是肩负的责任，但从业者也应该深思熟虑，想好怎么做这样的表达和沟通。MI 的从业者不会跟当事人说"你哪里错了"，而是会提供一种不同的、更有利的观点或视角。从业者说得对不对、有没有意义则交给当事人做最终的判断与决定。

最后，如果有个话题需要讨论，但一时间又无从切入，此时"表达关切与担心"同样也有用处。当然这或许会造成不和谐，所以我们也要做好应对的准备——随时使用 OARS，重新将关系带回到和谐融洽的状态。例如，如果我们担心某位假释犯要回归的环境，因为其中都是那些先前和他一起使用物质的老友们，而这样的环境对当事人颇具风险。此时，我们可以说：

"我不知道下面这些考虑是否对你有帮助。你想回到原来常去的地方，跟老朋友们待在一起，我对此感到担心。我担心这很可能会让你重走老路，包括再次吸毒。你跟我说过，这次蹲监狱就是因为吸毒。你也说自己不想再回监狱了。当然，要由你自己来决定怎么选择，怎么做。我担心的这些事儿，你怎么看？"

这段话含有三个要素。首先，从业者的关切与担心是直接表达出来的，不带评判，而且引用了当事人说过的话。其次，从业者申明了当事人对于"选择与改变"所肩负的责任。最后，从业者也询问了当事人的看法。

此处让从业者跃跃欲试的是，很想接着刚刚表达的观点，继续表达自己的主张。这就落入了"未经许可的劝说陷阱"（persuasion-without-permission trap），这是我们要避免的。即便只是略做尝试，这一劝说陷阱也非常有可能造成不和谐。更具有帮助性的做法还是使用 OARS 来理解当事人的观点与看法。"表达关切与担心"以及"运用劝说"这些技巧我们会放在第 8 章中再做更全面的探讨。

概念自测

[判断正误]

1. 虽然在某一情境中可能同时存在多个议题，但其中最重要的还是从业者的议题，所以我们要从这个议题入手。

2. 如果当事人不清楚自己想要什么就前来治疗，那他们并没有准备好做治疗。

3. 时间上的压力可能会导致我们跟当事人过早地去做一些并没有建设性的努力。

4. 我们觉得自己清楚当事人的需求——这可能会对沟通和改变造成阻碍。

5. 既然我们已经知道"翻正反射"的存在，也就能杜绝它对我们工作的干扰了。

6. **聚焦**过程的终极追求在于促成当事人与从业者之间目标的匹配，从而形成一个共同的议题。

7. 如果从业者和当事人的会面交流持续进行，那么议题通常也会随着治疗进程的发展而发生演变。

8. 在提及困难的议题时，我们应该抱持一种好奇的态度，有兴致去了解其行为或问题与其个人的处境和世界观是如何相符一致的。

9. MI 的核心特点之一就是要规避那些令人"发痒"的话题。

10. 使用视觉素材辅助有助于我们引入困难的话题，从而展开讨论；也有助于当事人对讨论相关主题做好心理准备。

[答案]

1. 错误。我们会优先于、偏重于当事人的议题，当有多个议题同时存在时尤其如此。通常，我们也会从当事人的议题着手。

2. 错误。常会有当事人在不清楚自己想要什么、需要什么的情况下前来治疗。因此让他们离开有违 MI 的核心宗旨：与当事人会面——无论他们的改变准备度如何——就算他们没准备好，没想清楚，也和他们会面。还有，MI 也不觉得：当事人一定得是"走投无路了"，才能准备好做出改变。

3. 正确。很遗憾，真实情况就是这样，我们很多人也都经历过这种压力，也常以加快进度来应对，但最终，这种加快会让我们和当事人都心生挫折感。

4. 正确。"我们知道正确答案"这种看法会阻碍我们全然投入地倾听当事人。我们要既能为当事人提供不同的视角，也能全心全意地接纳和理解当事人对周遭的看法，并在两者间取得平衡。

5. 错误。唉，如果是这样就好了。事实上，翻正反射可不是一劳永逸可以解决的，而是需要我们时刻保持觉察的。

6. 正确。有些情况是我们从业者也不确定的，如当事人是否应该收养孩子或者是否应该捐献肾脏；但对另一些情况，我们的议题很明确，如减少不安全的性行为、结束亲密伴侣间的暴力等。无论以上哪种情况，**聚焦**都旨在让当事人和我们从业者达成一个共识，即朝向哪里努力，合作会有收获。

7. 正确。除非当事人的改变目标一开始就特别明确，如来治疗中耳炎的，否则，随着当事人和我们从业者全面、深入地了解有关情况，议题往往也会随之发生变化。尤其是在当事人被强制治疗的案例中，这样的议题变化更多见。

8. 正确。这一点至关重要。秉持好奇的态度，从业者所表达出的是对当事人福祉的关切与担心；这种好奇和兴趣，也会帮助从业者秉持着探索发现、欣赏赞叹之态度，而不是挖材料、找论据，以便之后可以面质当事人。我们并不是在给当事人挖坑，而是在努力理解他们。只有真正理解了当事人，我们才能给出符合其需求与愿望的意见。

9. 错误。当然不对！虽然 MI 力求避免不和谐的升高，而且可能有时也会建议"先不要聚焦于那种可能增加不和谐的讨论"，但是，MI 也直接处理那些令人"发痒"的话题。MI 鼓励从业者与当事人就这方面开诚布公地谈论，但前提是当事人对谈话的氛围感到安全。

10. 正确。使用视觉素材辅助不但能帮我们做议题规划，还能帮我们引入那些困难的主题。我们虽然不是必须使用这个方法，而且也不见得用得那么正式，但视觉辅助所提供的结构性还是大有帮助的。该方法也能让当事人对可能会讨论不太舒服的话题做好心理准备。再次提醒大家，不是说当事人要准备好怎么回答，而是说他们知道也接受会有相关话题的讨论。

实践运用

最近，眼科医生给我开了每天都要滴的眼药，用于防治更严重的并发症。他给的医嘱颇具常识性："每天睡前，右眼滴一滴。"简单直白，重点突出，傻瓜式的操作，对吧？因为我们有一个已知的议题，即保护眼睛，同时也有第一线的治疗方案，即滴眼药。因此，焦点明确，且医生采用的也是指导风格。

我完全同意医生的意见，但是，在前三次例行的滴眼药中，我就忘了两次。很明显，我对这件事、对这个眼药没啥可矛盾的。我问过医生有什么副作用，他的回复让我安心满意。鉴于没怎么滴过眼药，所以我也问了怎么操作会比较好。医生给我演示了具体滴法，也教了我怎么不眨眼、怎么避免眼药滴到眼睛外面。我觉得我都掌握了。我也把眼药放在洗脸池旁边，这样方便自己看得见，提示自己别忘了。但我还是没记住，这到底是怎么回事啊？

让我们退回到就医现场想象一下：如果医生用了引导风格，而非指导风格展开这段对话，那又会是什么样呢？其中，医生简称为"医"，大卫简称为"卫"。

谈话	评注
医：我建议你在晚上睡前滴眼药，很多患者也都是这样安排的，效果不错，因为滴完眼药闭眼有助于药物的吸收。当然，可能你自己也有更好的安排。你觉得怎么做最好呢？	提供信息；支持我的自主性，尤其也尊重我对自己情况的"专家意见"；询问我的看法
卫：我觉得这样就挺好的。我可以把眼药水放到洗脸池的台子上。	我没有抗拒，因为我是想保护眼睛的
医：你估计这样就保险啦？	放大式反映
卫：呃，可能也不保险吧。	引发了我更深的思考
医：可能会遇到些情况……	医生接着我的话说道
卫：我一般不会睡得太早，虽然我希望早睡。所以临睡前，我已经很累了。我有个习惯，就是睡前一般不开灯，只用橱柜下面的夜灯照个亮。	我开始思考可能出现的情况

（续表）

谈话	评注
医：所以你很可能就看不到眼药瓶，也就忘了滴眼药了。	深层反映——接续语段
卫：我觉得还真有这个可能。	我认同医生说的
医：那怎么做，对你来说更可行呢？	医生的回复，没有直接给出解决办法，而是在询问我的意见
卫：显然我可以开灯，但我又不太想这样做。我想，或许我可以早晨滴呢，到时就没那么着急了，因为那时我在洗脸池那块儿会待更长时间，这样安排会不会更好一点儿？有什么问题没有？	大家看到我执拗的一面了吧，我也给出了一个备选方案
医：你想的解决办法适合你自己，能让你规律持续地滴眼药，这才是最关键、最重要的。看来你放在早晨滴会比较可行。	医生强化了我的自主性，还有我做改变的能力
卫：是的，我的情况就是如此，我觉得，这样也更能跟我的日常习惯结合起来。	我们就如何安排滴眼药，形成了意见共识
医：还有吗？可能起到帮助的？	医生想确认一下，我们有没有遗漏什么
卫：嗯，我可以贴张纸条，或者每天设个闹铃提醒自己，设在上午十点左右就行。但我觉得也不是很有这个必要。我还是先试看吧，看看早上滴是否行得通。	我提了一些备选方案，也许会派上用场，但我觉得"放在早晨滴眼药"这个方案，本身就足以行之有效了

在这段对话中，我们发现**聚焦**过程和**计划**过程是高度融合的。鉴于这段对话中的议题已知、动机明确、当事人也不存在什么矛盾之处，而且还有明确直接的解决办法，所以出现这种融合也是很自然的事情。但在此处，大家还是要留意：从业者是如何使用核心技术同时结合**聚焦**过程将当事人（这个例子里就是我自己）带进了讨论，并使双方就更可能成功解决问题的方案达成共识。请留意，有关"日常一天"的信息是怎样帮助从业者和当事人破解难题的，如了解当事人的日常习惯。

在现实中，这段对话的时长不会超过 2 分钟。当然，对繁忙的从业者而言，这是给会谈时间再添压力，但这段谈话也是一笔投资——可能在下次会谈时，我们就不必再跟当事人讨论"为啥你会不滴眼药""为啥滴眼药很重要"这类话题了。放眼整个治疗过程，此刻多拿出一点点时间来讨论，后面可能就会节省更多时间，而且对医生而言，那种因患者不遵医嘱用药而带来的挫败感也会随之减少。

本章练习

本章的这些练习比前面几章的更为直接。换言之，像"议题设定"和"了解日常一天"这样的练习，多做演练虽然很有帮助，但这些内容其实可以直接在跟当事人的会谈中实际运用。这些练习就是先要大家明确：本章讲到的四种方法（即议题设定、了解日常的一天、正常化、表达关切与担心）如何用在我们和当事人的会谈工作中，又要在何时使用。下面请尝试落地实践这几种方法。

◎ 练习 7.1 走哪条路

我们在议题连续体上划出了三个定点，以之为参照物指引我们的**聚焦**工作。该练习请大家针对具体的案例情境想一想：这种情况放在议题连续体的哪个部分展开工作最合适？需要记住的是，既然是连续体，那这上面的一些区域到底该归入哪个部分可能也就不会那么明确了。

◎ 练习 7.2 议题规划

请创建一份清单，将你工作领域里常见的、当事人需要处理的议题涵盖其中。虽然这只是一份清单，但还请大家略微花点时间，设计得吸引人一些。练习 7.2 给出了一个例子。大家可以用微软的 word 软件来绘制该清单，这样便于复制和修改，满足工作上的需要。等清单绘制完成之后，大家还需要编写一段介绍语（即引入语），然后就请实践这项技术吧。

◎ 练习 7.3 日常的一天

大家在练习提及困难的话题时，可以先从询问、了解当事人的日常一天来入手。先练习写下你跟当事人工作时使用的引入语，然后略作修改，就可以将其用在你跟朋友的谈话中。例如，你可以询问朋友，平常的一个工作日是怎样度过的？等大家做完了非专业背景下的练习（询问朋友），就可以尝试跟当事人询问他们日常一天的情况了。

◎ 练习 7.4 将某种行为正常化

有些话题是颇为敏感的，所以从业者也不太好问。看看以下清单里有没有：愤怒、饮食、喝酒、嗑药、性事、犯罪行为、教养方式、财务、服药、自我照顾、性别认同。我们常使用两种方法来将行为正常化，即**范围覆盖**和**循序提问**。在该练习中，大家要运用这些技术打开敏感的话题。

◎ 练习 7.5　将当事人的行为正常化

　　大家可以想想自己在工作中必须要询问当事人的敏感话题有哪些，请列个清单。如果有 5 个以上，那就请选择最常见的那 5 个。然后，编写**范围覆盖式**的问题，或者是编写**循序提问式**的问题，或者两种形式都写一写。大家可以用这些问题询问清单中所列的那些行为。请大家仔细考虑自己工作的环境设置与风格特点，基于这些编写的问题才更适合自己的工作背景。写好后，请在下次与当事人会谈时尝试使用这些问题，而后再基于自己的实践经验做相应的修改。我们刚开始尝试与实践新技术时难以达到完美，所以肯定需要调整和改动，只有如此，技艺才能日趋纯熟。

◎ 练习 7.6　表达关切与担心

　　这是让大家练习如何表达关切与担心——大家要先想好怎么表达，然后还要实践完成。大家先试着预测一下当事人可能会回应什么，然后请写下有关的提醒（关切与担心）。做完练习后，大家可尝试向自己的一位当事人去表达这种关切与担心。

搭伴练习

　　以上几个练习都可尝试搭伴进行，可由其中一方扮演当事人。这样的练习方式能让大家有机会实验和精炼自己的语言。先由一个人扮演当事人，依次把练习都做完，然后讨论，请"当事人"基于自己的视角说说哪些地方效果不错，哪些地方效果不好，然后，练习双方对调角色，再进行一遍。

◎ 练习 7.7　限时轮流答

　　这个练习不但有趣，还能锻炼大家思维的敏捷性。将书上列的问题清单裁成小条（一张小条上只有一个问题行为）并折叠后放到一顶帽子里。然后，自己跟小伙伴轮流抽纸条，一次抽出一张。每抽出一张，就有 30 秒时间，其中一方必须要触及纸条上的问题行为，请使用本章学到的方法，哪一种都行——议题设定、了解日常的一天、将行为正常化、表达关切与担心。有时，你们可能会很快完成，立刻交换轮次，但有时可能需要花上不少时间。这个练习有两种进展的方法，大家可以读读后面的说明，看看先从哪一种开始。祝大家练习愉快！

其他想到的……

MI 这种取向要求我们跟当事人分享主导权，而且还要求我们能耐受改变历程中的不确定性。试想，如果我们习惯于使用更偏指导的沟通风格，那么主导权分出去而前景却不明朗时，我们自然会感到不安。我有一个好用的口诀，一旦我因此心中惴惴不安时，我就会想："是影响，不是控制。"我们可以影响别人，但我们不能，也不应该尝试控制别人。我在自己的工作中也会关注方向性和目的性，从而有利于更好地影响到当事人。

如果**导进**和**聚焦**做得好，我们就更有机会听出和看到当事人的优点，改变也更有可能会发生。但是，我们也需要能全身心地投入才能看得到、听得见这些；颇具讽刺意味的是，在使用新技术时，我们往往会感到紧张，以至于无法全然地投入进来。请记住，随着练习与实践的增加，对新技术的运用也会越来越游刃有余，到时候，在我们眼中，改变之端倪与机遇也就愈发醒目清晰了。

通过本章的练习，我们发现**导进**和**聚焦**过程有交叉和重叠，有些工作也分不清究竟要放在哪个过程中更合理。你要是对此颇感费心不解，难以明确，那恭喜你——咱们算是英雄所见略同！所以说，这四个基本过程之于我，真如河流一样，既区分上下游跟不同的河段，河水又奔腾流淌，交融不分。

练习 7.1　　走哪条路

我们在议题连续体上划出了三个定点，以之为参照物指引我们的**聚焦**工作。该练习请大家针对具体的案例情境想一想：这种情况放在议题连续体的哪个部分展开工作最合适？需要记住的是，既然是连续体，那这上面的一些区域到底该归入哪个部分可能也就不会那么明确了。假设**导进**过程现已完成，那我们现在就要选择最合适的议题连续体位置来展开工作了。同时，也请大家写下一段话，用以向当事人介绍和引入**聚焦**过程。

示例：戒酒中心——初次咨询会面

当事人：我说说我为啥来这儿吧。我开车让交警给截了，我当时血液酒精浓度快到法定浓度（0.15）的两倍了。一开始，我真没觉得自己是危险驾车，就觉得是自己倒霉，警察找茬。后来啊，我来这里上戒酒课，才发现自己的血液酒精浓度有这么高，但我自己根本没感觉，我这酒量也太猛了。唉，这就是困扰我的地方。我是一点儿也没觉得"已经可以了，别喝了"，所以我会担心，我得能感觉到才行啊！我还很烦的是，老公也抱怨个没完，说我天天全栽在这个事儿上了。我常得处理酒驾的问题嘛，所以老公确实需要多花些时间陪孩子。反正我们总为这个吵架。

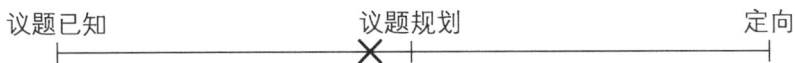

议题已知	议题规划	定向

为何选该位置：很明显，有三件事是这位女士在意的。对她而言，哪件事优先级最高呢？虽然她此时身在戒酒中心，但这仍然是不明确的。所以，我是在中间偏左一点的地方标记"×"，因为我知道，之后有机会还要回来讨论其余两件事。

引入语：这一上午，你考虑了很多事情，各个措施好像都想了一遍：你对前面的戒酒课程有了了解，一直还在想着这件事。另外，到底是彻底戒酒，还是采取些什么措施让喝酒别再那么危险了，这也是个问题；最后，酒驾这个事儿，也让你的家庭生活很不平静。好像这些都值得咱们一起聊聊。那今天咱们从哪个说起呢，哪件事情你觉得最重要呢？

情境 1：行为健康专家——咨询

当事人：我犯了心脏病，大夫让我改改生活方式，我也是没辙了，所以来您这里咨询咨询。我觉得大夫说得都对，但我就是不知道该如何开始。这些事情都太难了。他告诉我要戒烟、要调整饮食、要戒酒、要运动减重40磅。但我现在只想在沙发上躺着，最好谁都别管我、别烦我了。我知道自己得振作起来，按照大夫说的做，但我就是没这个心气儿。

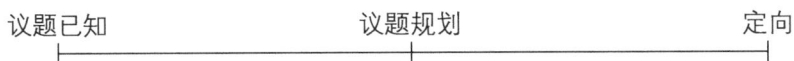

议题已知	议题规划	定向

为何选该位置：

引入语：

情境 2：约见口腔卫生师，洗牙和检查

当事人：好了，牙干净了。你们还照了 X 光片检查我的牙缝，啥情况啊？我的确不怎么用牙线，但我是天天刷牙啊。我每天早晚都刷牙。我也清楚，我牙上有几个敏感的地方，所以我也需要改进清洁牙齿的技巧。

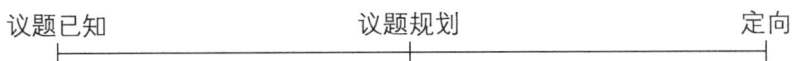

议题已知	议题规划	定向

为何选该位置：

引入语：

情境 3：一位三年级同学的妈妈与校心理咨询师会面，探讨孩子学业和行为方面的问题

当事人：我明白您的意思。他在家也一样，一直不听话。就因为写作业，我们天天晚上都会大吵一番。他很容易受挫泄气，最后就知道哭鼻子。我越想帮他吧，他就越来劲，跟我闹腾，跟我对着干。我也就跟着爆发了。我真的是没辙了。他爸爸就是个甩手掌柜，管孩子的事儿就全扔给我一个人了。我已经做了我能做的所有的事。

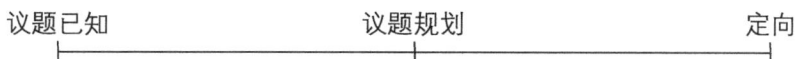

议题已知	议题规划	定向

为何选该位置：

引入语：

情境 4：一位门诊心理治疗师和一位 45 岁的男士会谈

当事人：唉，也不知道该从哪儿说起了。我现在啊，整个人都浑浑噩噩的。干啥都比原来费劲。工作也好，家庭也好，就没有一件顺心的。我也锻炼身体，人却越来越胖了，所以做运动也越来越难了。我总想做些大事，满心期盼着能有个焕然一新的变化，但总有些准备工作要做，这些就难倒我了。所以，这不就找您来了嘛。请您告诉我该怎么办吧。

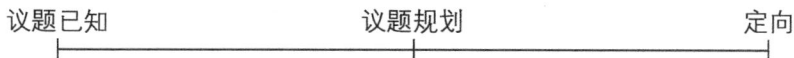

议题已知	议题规划	定向

为何选该位置：

引入语：

练习 7.1　参考答案

情境 1：行为健康专家——咨询

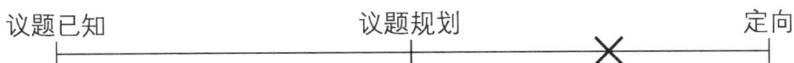

议题已知	议题规划	定向
├────────────┼──────────────╳────────┤		

为何选该位置：好像有几件事情说得比较清楚，它们可以作为双方合作的焦点。但当事人的那种失落感也容易勾起从业者的翻正反射，让我们迫不及待地要将谈话套入某种结构化的问答之中，认为如此一来，当事人就能聚焦在让其烦心的事情上进行探讨了。但是，这样可能也造成了过早聚焦——我们还没有全面了解这个经历大病的人看重的究竟是什么。在本例中，需要先花些时间确定地标性的参照物，然后再聚焦具体的问题领域。所以，在议题连续体上，所对应的位置是议题规划和定向之间的交叉点，这也体现了在导进和聚焦之间存在某种渐进与过渡。

引入语：您提到了不少方面。当然，咱们可以选择一个开始讨论，如果您觉得这样做就很好的话；但我也在想，如果咱们花些时间整体看一看、理一理您生活的全貌，帮助会不会更大呢？如果可以发现那些对您特别重要、特别有价值的事物，那就像找到灯塔一样，能帮咱们确定方向，确定对您来说更有意义的方向。您觉得呢？

情境 2：约见口腔卫生师，洗牙和检查

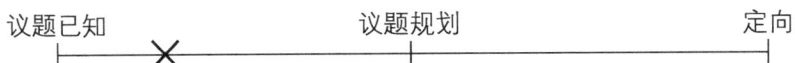

议题已知	议题规划	定向
├───────╳────────┼────────────────┤		

为何选该位置：在本例中，从业者和当事人有一个明确而清晰的焦点。总体而言，从业者想促进这位当事人的口腔健康；更具体来看，目标聚焦在了"使用牙线，有效预防"上。但即便如此，这方面还是有一些备选方案可供选择，并不是说只有一种解决办法。基于这一认识，我们略微向议题规划移动了一些。

引入语：你知道怎么保护牙齿，刷牙情况也很不错，这是很重要的。你也知道，使用牙线也十分重要，可你用得不怎么规律。没错，你牙齿上有些部位是我们比较担心的，咱们可以详细说说。不过，我也想先听听你的看法，怎么才能让自己多使用牙线呢？我觉得，可能你已经想到一些办法和点子了。

情境 3：一位三年级同学的妈妈与校心理咨询师会面，探讨孩子学业和行为方面的问题

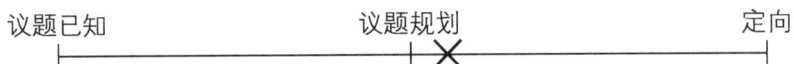

议题已知	议题规划	定向
├────────────────┼╳────────────┤		

为何选该位置：乍看上去，本例中的情况似乎更符合定向。虽然从业者很有必要给予这位母亲支持，但相应的工作设置并没有包括"为这位母亲做心理咨询"。相反，更具有针对性的做法是帮助她处理和应对孩子的状况，这也更符合学校心理咨询师的职责与角色。但在这个过程中，给予这位母亲支持还是很重要的。

引入语：您承受的压力真是太大了，而且也没人能帮您分担。我在想，就目前的情况来说，咱们先集中在一个方面进行讨论会不会更有帮助呢？这样一来，您和孩子都能体会到一些成功解决问题的经验，咱们能少经历一些挫折。具体讨论哪个方面，我会给出建议，当然您要是觉得另一个更重要，咱们就讨论您提的这个。我的考虑是，咱们就聊聊孩子写作业这件事情，不知道可不可以？解决这个问题也有很多办法，一般来说，我们会说说其他家长的做法，借鉴一下，往往这种效果还不错。但我也说不好，这种借鉴是否对您就一定有帮助。您觉得呢？

嗯，有的家长会针对写作业的环境做调整——什么时间写？怎么写？有的家长会围绕着写作业来安排互动，设计相应的奖励和后果。还有的家长会请校外的专业人士来帮着解决写作业的问题。您更倾向于哪一种呢？

情境 4：一位门诊心理治疗师和一位 45 岁的男士会谈

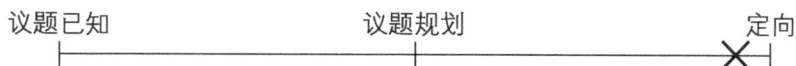

议题已知	议题规划	定向

为何选该位置：乍看上去，本例中的情况似乎更符合议题设定，好像当事人也是这样要求的，但同时，他自己（以及我们从业者）还不清楚什么是最重要的。这段谈话的发生背景是在心理治疗门诊中。因此，从业者有机会帮助这位当事人梳理一下对方"觉得哪些事情重要，为什么重要"，然后才可能向着议题规划迈进。

引入语：听您一说，这种浑浑噩噩的感觉现在还挺重的。虽然咱们集中谈哪方面我可以拿主意，但我的工作经验是，由当事人选择谈什么才更有意义。不过，为了更有成效，咱们先要花些时间说说所有的这些事情，这样才能从里面找出最重要的，也许这样一来，还能缓解一些浑浑噩噩的感觉，让咱们的思路更清晰起来，可以想好从哪里开始谈，也能让咨询更有帮助。您觉得呢，这样安排如何？

练习 7.2　　**议题规划**

请大家参照下面的清单，创建一份适合自己工作领域的选项清单。该清单既要涵

盖该领域最常见的那些议题，也要留出一些空白区域，方便当事人写下自己关心的话题。大家可以手绘这份清单，也可以用办公软件来制作。本章后面也留了一份空白的表格供大家使用，但仍然建议大家用电脑自己制作一份，这样便于修改，也便于美化。

清单制作完毕后，请写一段说明，用以向当事人介绍和引入这份清单。请动笔写一写，这会帮助大家组织思路、凝练语言。这段引入说明既要篇幅简短，又要信息充分，以便于当事人理解这份清单的目的和意义。

完成上述工作之后，请大家想象一下：如果你的当事人对于只选择一个议题不是很理解，也不是很情愿，那你要如何向他们解释呢？请给出你的回应（写下来，或者讲出来）。还请大家谨记，做解释不是为了说服当事人，而是为了提供信息，即为什么聚焦在一个议题上会更有帮助。

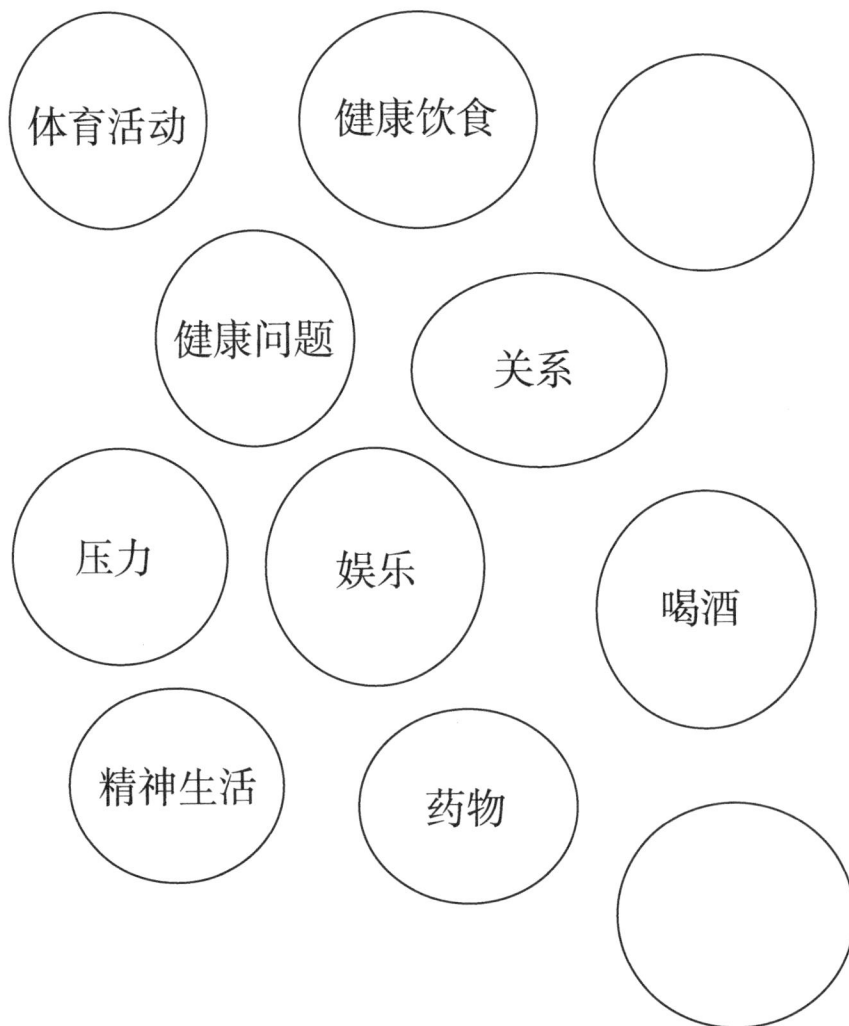

练习 7.2　工作表

练习 7.3　**日常的一天**

　　该练习请当事人讲述他们日常的一天，如从早晨起床讲到夜晚上床睡觉，旨在更全面地了解当事人的生活，以及其问题行为的发生。

请先写一段介绍说明，引出对日常一天的询问。如下例所示：

"通过你的讲述，我对你的生活有了一些了解。可我还不太了解，你平常的一天都是怎么度过的。如果你愿意，我希望能花些时间听你讲讲平常一天的生活。"

写下你的引入说明。不必太长，但也需要把信息交代充分，这样当事人才会明白你想问什么，又为什么要问这方面。这段引入语的措辞既要符合你的说话习惯，也要匹配你所使用的谈话风格，还要表达出你的好奇心和兴致。

引入语：

写完后，想想怎样修改就能将其用在非专业背景的谈话中了——询问某位朋友，其平常工作日是怎样度过的；询问配偶／伴侣日常一天的情况；或者找一个你认识，但不见得详细了解其生活细节的人问一问。（顺便插一句我找的是我太太，了解她的日常一天。我特别想知道自己不曾了解的，想听她讲我未曾听过的点点滴滴！）等大家修改完毕，请尝试落地实践，亲自去问一问吧。

练习7.4 将某种行为正常化

有些话题是颇为敏感的，所以从业者也不太好问。对此，我们可以提供一个话题覆盖全面的范围，因为相关的行为已涵盖其中，所以也就可以去触及了；或者我们也可以把有关的询问安排在一个循序发生、自然展开的提问序列之中，如此一来，询问相应的话题就没那么敏感了。请见下面两个例子，两个示例中的从业者都询问了喝酒的情况。

1. **范围覆盖**——"人们喝酒的习惯各不相同：有的人每天滴酒不沾，有的人平常一天只喝一罐啤酒，有的人平常每天都喝24罐。你的习惯是什么样的？"

2. **循序提问**——"上高中时，你是什么样的学生？""你擅长哪些方面？""学校里有哪些事情让你觉得难捱、不好过？""很多人第一次喝酒都是在初中、高中时。你呢？第一次喝酒在什么时候？""讲讲你上次喝酒时的情况吧——喝的是啤酒、冰镇果酒，还是别的什么酒？"

请对应下表中的各类行为，使用范围覆盖或者循序提问来正常化相应的行为。为了增加练习的机会，大家也可以每次两种方法都用一下。做这个练习时，大家不要着急，慢慢来，多花些时间，斟酌推敲一下自己的说法。

愤怒管理：

饮食习惯：

锻炼身体：

喝酒：

吸毒：

性活动：

犯罪活动：

教养 / 管教方式：

练习 7.4　参考答案

愤怒管理：

嗯，人们表达愤怒的方式各不相同：有的人是不再搭理对方了；有的人是大喊大叫；有的人是威胁恐吓对方；有的人是砸东西，往墙上凿洞；有的人是对别人拳打脚踢、薅头发。以上范围涵盖了人们表达愤怒的各种方式。你会怎么表达愤怒呢？

在日常生活中，总会有不顺心的事情发生，这让人生气。有哪些事情会让你生气呢？生气的时候，你会做出什么样的反应呢？还有一些事物可能对你而言更是爆点，哪些事物会让你这样火大呢？你会怎么解决这些状况呢？另外，还会有一些时候，你真的是气到了极点，这时你会怎么做呢？这种时候，人们往往会有些反应过度，不太受自己的控制了，或者之后，可能会对自己此时的言行感到后悔。你呢，情况如何？

饮食习惯：

人们的饮食习惯各有不同。有的人想吃什么就吃什么，想什么时候吃就什么时候吃。有的人会严格把关吃下去的每一口东西，经常管着自己不吃那些心仪的美食。你的饮食习惯是怎样的？

我们日常做的事情有早晨起来洗漱、做家务、照顾一家老小、做饭等。你早晨起床后会做什么？早餐呢？平常早餐，你吃什么？吃完早餐之后呢？你中午饭和晚饭一般怎么吃？当你比平时吃得多时，是什么样的情况？当你控制自己少吃时，是什么样的情况？当觉得自己需要减肥时，你是怎么做的？是怎么安排自己的饮食的？

锻炼身体：

人们在锻炼身体上有挺大的差别。有的人所做的锻炼也就是按按电视遥控器而已，有的人则会连续几昼夜地跑超级马拉松。这二者之间是人们各种各样的锻炼强度。你呢，平时的锻炼情况是怎样的？

人的自我保养方式多种多样。其中之一就是睡觉。你平时晚上睡得如何？休息和放松也是一种保养方式。你平时怎么进行？娱乐也是一种重要的保养。你平时会怎么安排娱乐活动？锻炼身体也是一种保养。你平时怎么安排锻炼的？

喝酒：

（详见前面举的两个例子）

吸毒：

说到毒品，人们使用的方式各不相同。有的人试了几种后认定这不适合自己而作罢。有的人是一猛子扎到底，尝过所有的毒品。有的人是在一个时期用得多，然后就戒了。有的人是年深日久形成了习惯，日复一日地使用。有的人刚试了试，就停下不用了。你的情况是什么样的？

很多人第一次喝酒，都是在初中、高中时。你呢？第一次喝酒是在什么时候？讲讲你上次喝酒时的情况吧——喝的是啤酒、冰镇果酒，还是别的什么酒？那大麻呢，你第一次尝试是在什么时候？也讲讲你最近一次使用时的情况吧。人们也会尝试其他类型的毒品，咱们也将一将吧。以阿片类为例，有海洛因？美沙酮？羟考酮（Percodan）？对乙酰氨基酚（Percocet）？氢吗啡酮（Dilaudid）？奥施康定（Oxycontin），等等。

性活动：

人们在性表达上各有不同，从禁欲到跟多个性伴侣频繁发生性行为，中间有一个很宽广的范围。有的人喜欢色情作品，而有的人却觉得这很淫秽而心生厌恶。有的人对自己的性别身份很明确，而有的人则比较模糊不清。这些都是人们性表达的方式。在你的生活中，性行为是怎样的？

跟喝酒和吸毒类似，人们开始性方面的觉醒与体验往往也是在青春期时。有的人会早些，有的人会稍晚些。有的人很渴望，有的人就不那么渴望。你呢，第一次有性方面的意识是什么样的情况呢？第一次有性行为的时候呢？也有一些时候，人们被接近和被触碰的方式并不是他们自己喜欢的。你在这方面有过怎样的经历？

犯罪活动：

在跟警察和刑事司法系统打交道方面，人们的经历都不太一样。有的人都没和警察说过话。有的人收到过几张法院的传票。有的人总由于各种原因被警察找上门。有的人是在某些时候有过这方面的麻烦。你的情况是什么样的呢？

嗯，其实即便是好人，有时也会惹上麻烦。有的孩子在学校会违反一些学校方面的纪律，如顶撞老师、翘课、喝酒或者抽大麻。你这方面是什么样的？那在学校或者放学后打架的事情呢？有时，人们也会因为触犯法律而陷入麻烦。你被警察逮捕过吗？（请注意，最后这个是目的明确的、封闭式的问题。）

教养/管教方式：

人们管教孩子的方式各有不同。有的人是尽量关注孩子的积极方面，忽略孩子的不良行为。有的人认为得对孩子严管严罚，不能宠着。有的人用暂时隔离（time out）来管教。有的人会朝着孩子后背直接捆上一巴掌，或者往后脑勺上弹个脑崩子。有时候，家长们气急了，也会做出平时不会做的行为，如大吼、咒骂、拳打、脚踢等。你呢，是怎么管教孩子的？

养育孩子可不容易啊，因为即便是好孩子，有时也会惹麻烦啊。你的孩子要是犯了错，惹了麻烦，你会怎么做？怎么教育他们做规矩人、走规矩路呢？

练习 7.5　将当事人的行为正常化

大家可以想想自己在工作中必须要询问当事人的敏感话题有哪些？请列个清单。

1. _____	6. _____
2. _____	7. _____
3. _____	8. _____
4. _____	9. _____
5. _____	10. _____

如果有 5 个以上，那就请选择最为常见的那 5 个，然后继续填写下面的表格，并编写**范围覆盖式**的问题或**循序提问式**的问题，或者两种形式的问题都写一写。请大家仔细考虑自己工作的环境设置与风格特点，基于这些所编写的问题更适合大家的工作背景。

写好后，请在下次与当事人会谈时尝试使用这些问题，而后再基于自己的实践经验做相应的修改。我们刚开始尝试与实践新技术时难以达到完美，所以肯定需要调整和改动，只有如此技艺才能日趋纯熟。

1. 当事人的行为：＿＿＿＿＿＿＿＿＿＿＿＿＿＿＿＿＿＿＿＿

   你的方法：＿＿＿＿＿＿＿＿＿＿＿＿＿＿＿＿＿＿＿＿＿＿

   你怎么问：

2. 当事人的行为：＿＿＿＿＿＿＿＿＿＿＿＿＿＿＿＿＿＿＿＿

   你的方法：＿＿＿＿＿＿＿＿＿＿＿＿＿＿＿＿＿＿＿＿＿＿

   你怎么问：

3. 当事人的行为：＿＿＿＿＿＿＿＿＿＿＿＿＿＿＿＿＿＿＿＿

   你的方法：＿＿＿＿＿＿＿＿＿＿＿＿＿＿＿＿＿＿＿＿＿＿

   你怎么问：

4. 当事人的行为：＿＿＿＿＿＿＿＿＿＿＿＿＿＿＿＿＿＿＿＿

   你的方法：＿＿＿＿＿＿＿＿＿＿＿＿＿＿＿＿＿＿＿＿＿＿

   你怎么问：

5. 当事人的行为：＿＿＿＿＿＿＿＿＿＿＿＿＿＿＿＿＿＿＿＿

   你的方法：＿＿＿＿＿＿＿＿＿＿＿＿＿＿＿＿＿＿＿＿＿＿

   你怎么问：

练习 7.6　　表达关切与担心

这是让大家练习如何表达关切与担心。以下只是简要叙述了几个情境，并未给出全面详细的背景信息，可能跟大家的工作场合也不匹配。请将自己想象成其中的助人者，或者就是一位热心的朋友，先针对下面的每个问题写下一段话来表达自己的关切与担心。然后，大家觉得当事人会怎样回应自己呢，把他们可能说的话也写下来。最后，请再写出你接着回应时会说的话。做完这个练习后，大家可尝试向自己的一位当事人表达这种关切与担心（要记得使用 OARS！）。如果你觉得自己的技术还没达到这种实战表达的程度，那就再做一遍这个练习，聚焦在不同的点上练习表达关切与担心。

问题：当事人因血液酒精浓度超标（即几乎达到法定值的两倍）而遭逮捕，但她不觉得自己是喝多了而危险驾车。法院要求她接受专业治疗，她却觉得自己没有酗酒问题，是倒霉才撞枪口上了而已。如果不来治疗，她就会被判 12 个月的监禁，外加吊销驾照。

你的关切与担心：

当事人可能回应说：

你接着回应说：

问题：当事人刚犯过心脏病。他还在抽烟、吃红肉，每晚至少喝上三杯酒。他体重超标 40 磅，还有高血压、高胆固醇的病史。

你的关切与担心：

当事人可能的回应：

你接着回应说：

问题：当事人觉得儿子是存心无礼，故意不尊重别人，所以她变本加厉地处罚儿子，甚至用树枝抽打他。孩子今年 13 岁，上次被妈妈（当事人）处罚后，他还手了。当事人爱自己的儿子，但她独自一个人管教孩子也很是费劲，有些力不从心。

你的关切与担心：

当事人可能的回应：

你接着回应说：

问题：当事人一直都没有规律地使用牙线。口腔卫生师已经跟他讲了：虽然他在刷牙这方面做得很好，但不用牙线的结果就是他的牙上有些地方正在受到蛀蚀。虽然目前当事人还不至于会掉牙，但牙齿有一些地方已经开始过敏了，这样下去情况会越来越糟。

你的关切与担心：

当事人可能的回应：

你接着回应说：

练习 7.6　参考答案

以下答案，在 MI 的符合与胜任程度上各有不同。我之所以会给出这样的参考答案，是希望大家可以看到当事人随之出现的不和谐回应，还有我们可以如何使用反映性陈述来继续回应当事人。

问题：当事人因血液酒精浓度超标（即几乎达到法定值的两倍）而遭逮捕，但她不觉得自己是喝多了而危险驾车。

你的关切与担心：我可以说一下我关注的地方吗？你说，自己就是觉得这事儿比较倒霉而已，同时，你也说自己的血液酒精浓度几乎达到了法定数值的两倍。我对后面这句话感到有些担心，这似乎表明，在喝了多少酒这方面，你难以接收到身体传达的预警信号。你怎么看呢？

当事人可能的回应：我既没撞人，也没在大马路上画龙啊。我就是运气不好撞枪口上了而已。他们就会把小问题闹大，故意找碴儿！

你接着回应说：嗯，一方面运气是不太好，同时，可能稍微也存在一点小问题。

问题：当事人刚犯过心脏病。

你的关切与担心：对于你的情况，我想说说自己担心的地方，可以吗？我明白，你想按自己的方式生活，同时，我也担心，你为了证明"谁也不能控制你，让你做自己不喜欢的事情"而走极端，选择做一些危险的事情。你认为呢？

当事人可能的回应：我认为啊，我认为我根本没和任何人较劲啊，我也没想证明啥。我就是不想再总处理这些无聊的事情，一点意义都没有。

你接着回应说：噢，这件事情跟别人控不控制没有关系；只是觉得有太多的无聊的事情需要解决了。

问题：当事人觉得儿子是存心无礼、故意不尊重别人的，所以她变本加厉地处罚儿子，甚至用树枝抽打他。

你的关切与担心：很明显，你爱儿子，同时，你也能感受到，这种想把他教育好的意愿有些适得其反。我担心再这样下去你可能会遭遇到的困难不是更少，而是更多。你觉得呢？

当事人可能的回应：我觉得孩子就得管，他们得尊重规则，懂规矩。

你接着回应说：你要是不管他，那就向他传递了一种错误的信息，好像他做对了似的。所以，对你来说，关键在于怎样有效地管教孩子的行为，对吗？

问题：当事人一直都没有规律地使用牙线。

你的关切与关心：嗯，我有些担心，可以跟你说说吗？我知道，对于保护牙齿，你很重视。你今天又过来做了牙齿护理，在这里也使用了牙线清洁牙齿。我所关注和担心的方面是，你的牙齿开始有了一些敏感的区域，这意味着你的牙齿以后出问题的风险更高了。当然了，你自己来决定这种情况意味着什么，但我的确是有些担心。

当事人可能的回应：还好啦，这也不代表我就有牙周病或者有蛀牙了啊。

你接着回应说：与此同时，这也在明确地提醒你，要及时做改变了。

练习 7.7　　限时轮流答

这个练习不但有趣，还能锻炼大家思维的敏捷性。后面列出了一份问题行为清单。请从书上剪下来，裁成小条（一张条上一个问题行为）并折叠后放到一顶帽子或某种容器里。然后，你和小伙伴一个人作为答题者，另一个人作为当事人。当事人闭上眼睛抽出一张小纸条，然后看一下上面写的问题，请默读。答题者请任选本章讲过的一种方法（议题规划、了解日常的一天、范围覆盖或正常化行为、表达关切与担心）来练习，有 30 秒钟的时间。由当事人来计时。

第一种练习方法：当事人告知答题者纸条上写的是什么问题。答题者使用上述某种方法询问相应的问题行为并确保谈话顺畅进行。记住，只有 30 秒钟的时间。然后，请交换角色，开始新的轮次。

　　第二种练习方法：当事人不告诉答题者纸条上所写的问题。相反，当事人要用自己的行为体现出相应的问题，答题者要观察这种行为，同时还要去理解和导进当事人，并要使用上述某种方法询问相应的问题行为。一旦答题者问到了正确的（纸条上的）行为，一个轮次就结束了。请交换角色，开始新的轮次。有时，一个轮次可能会迅速完成，角色交换很快，但有时，某个轮次可能会花上不少的时间。但总之，只要没完成，当事人就别公布正确答案。请一直练习下去，直到帽子里的纸条被抽光。你们可能会完全对不上，可能会笑得前仰后合。（顺带补充一句：清单所列的这些问题，都是我在临床工作中遇到过的。）

练习 7.7　当事人的问题清单

请沿线裁剪

尿床	腋臭
言语上的性骚扰	没有幽默感
鼻毛过长	多处文身
多处身体穿刺	不摘耳机
穿着很土气	穿着很暴露
迟到	说话啰唆冗长
口臭	跟吸血鬼似的假牙
满身酒气	嗑药嗑嗨了
雪天穿拖鞋出门	夏天捂好几层衣服出门
严重的湿疹或痤疮	会谈时当事人睡着了

第 8 章

交换信息

开篇

"大夫说我应该来这里聊聊糖尿病的事儿。不过我觉得他是小题大做了。"

沃尔特（Walt）一边说着话，一边懒洋洋地摊开四肢，躺靠在沙发上。沃尔特是个 29 岁、体重超标 50 磅的年轻男性，他歪戴着棒球帽，就跟受了委屈似的一脸不爽。沃尔特在过去四个月里在急诊被抢救过两次，因为他血糖高得连仪器都显示不出来了（超了 600，正常值是 80~120），所以他会被医生转介来接受治疗。上一次检测时，他的糖化血红蛋白（一种实验室检测，反映受测者近三个月来的"平均"血糖水平）是 14，但该指标需要降到 7 或者更低。沃尔特在 6 岁时就被医生诊断为糖尿病。沃尔特生活在单亲家庭，妈妈竭尽全力地鼓励他要养成良好的自我护理习惯，但年复一年，久病之下，沃尔特的脾气也越来越坏，变得易怒且好斗。在学校，他始终都是个问题学生，尽管他接受着特殊教育服务，但还是在高中时辍了学。这 10 年间，他放任自流，虚度光阴，工作也没有着落。目前，沃尔特在当地的一家职业技术学校学习焊工课程。这是从业者与沃尔特的初次会面，下面的谈话摘录，开始于从业者对沃尔特那句话的回应。

"小题大做……"
"对。他想让我经常性地测自己的血糖，一个劲儿地催我锻炼，又让我关注饮食，

啰唆个没完。"

"感觉他一直在唠叨你。"

"跟我妈似的。"

"你妈妈也这样。"

"对。她总是在说我，说我是懒蛋一个，要是不好好在意自己的糖尿病，以后我眼就瞎了，要不肾就完了，或者双脚就截肢了。她——他——妈——放——屁（sh—crap）！抱歉，我骂街了。"

"没事儿，倒不介意你骂街，说话别大喘气就行。"[1]

沃尔特笑了。"我眼睛根本没事儿，别的地方也是。我很上心糖尿病这个事儿，也注意照顾好自己。我妈就知道吓唬我。"

"大夫也一样，就是为了吓唬你。"

"好吧，大夫跟她还是不太一样，但也车轱辘话讲个没完，我们得控制好这个，控制好那个，不然就会出大问题啦。"

"因为也没出过什么大问题，所以你有些难以相信这些。"

"对啊，能出啥大问题嘛。"

"但有些事儿也让你有些担心。"

"大夫跟您说了他为啥让我过来吗？"

"他跟我说了一些。他说你很难把糖化血红蛋白降到要求的数值，还有就是，这几个月里，你被送急诊抢救了几次。"

"对，当时我感觉非常糟糕。我还以为自己是感冒了。我当时一直在呕吐，觉得自己快要晕过去了。我还想测测自己的血糖来着，但也没测出来。"

"没测出来……"

"我血糖太高了，血糖仪都显示不出来了。我明明打了那么多的胰岛素，所以我知道情况不妙，我喊了我妈让她打了 911 急救电话。"

"你害怕了。"

"我没害怕……我就是需要一些帮助而已……"

"……这对你有点难，因为你不想像孩子一样被别人管着。你希望自己的事儿自己决定。"

---

[1] 此处原文是 "just as long as you can spell it right"，回应当事人上一句话里的 "sh（it）—crap"，直译是 "只要你拼写正确就行"。这句话体现了，从业者在适时地为会谈注入幽默元素，从而创建轻松、安全的谈话氛围。鉴于汉语和英语的区别，直译无法体现出这一幽默元素的妙处，故此基于汉语的习惯和文化背景做了意译。——译者注

"啥意思？"

"我也许理解得不对啊。记得你好像说过，不喜欢别人唠叨你，告诉你该怎么做。你喜欢自己拿主意。"

"对，我就是这个样子。"

"那，刚刚提到的这种情况，又是你一个人搞不定的。"

"对，所以我现在是被人人喊打，大家都在数落我，他们都小题大做，还让我来这里找您。"

"对此你有怨气，同时你也来了。我想知道，原因是什么呢？"

"我觉得吧，可能我是有点儿担心的，但我眼睛不会瞎的，对吧？"

从业者在努力地理解、导进沃尔特。经过这个过程（从业者主要在做反映性倾听），沃尔特略微敞开了一些心扉，也谈到了自己看重什么（还说出了试探性的改变语句）。现在，他在询问从业者的意见。

所以此刻，我们得到了一个聚焦会谈议题的机会。我们可以问问沃尔特想谈哪些话题，但如第 7 章所言，这样做可能也没什么建设性，因为他还没想好到底有没有话题可谈呢。在本例中，给沃尔特提供一些信息可能有助于他做出判断：是否有一些重要的事情是他想进一步探讨下去的。

如果不在糖尿病护理或医疗卫生领域工作，大家可能会觉得：我没啥信息能提供啊。对此，我与各位有些不同的看法，请先跳出自己的工作设置，想想这位从业者从医生那里获知的信息：（1）该当事人血糖高得离谱，两次送急诊抢救；（2）他的糖化血红蛋白非常高（正常值是 7，他的是 14）；（3）他的医生忧心忡忡地转介他过来咨询。在获悉了上述三点信息之后，大家可以说些什么呢？大家会怎么说呢？

深入认识

在第三部分（聚焦：规划出方向）的开始我曾提过一个说法：究其根本，**聚焦**就是确定要走的方向。但我们也看到了，聚焦过程其实还包括将当事人生活里的重要元素纳入我们工作的焦点中，让我们的注意力和努力更集中。这种"纳入焦点"与"集中关注"不仅需要我们设定议题，而且需要我们有意地将注意力集中于那些极具重要性的元素上。鉴于我们具备专业知识和专业经验，还拥有"不在庐山中"的视角，所以我们可能注意到或者可能知晓当事人没留意或不了解的信息，这时我们就需要分享这些信息了，而分享形式并非简单地传达信息。请注意，我们的目标是**促发改变**，而非传达建议。

此外，信息分享也不是单向的。当事人对自己、对境况、对于先前所用方法哪些有效哪些无效都颇有认识、极具智慧。所以，我们的目标在于探索、理解并利用这些信息，以帮助当事人按照自己选定的方向前进。鉴于以上原因，我们把这一过程称为**信息交换**（而不仅仅是信息分享），并将其作为 MI 的五个核心技术之一。

请大家谨记：信息交换虽然在**聚焦过程**中尤为重要，但并不局限于该过程。例如，在**导进过程**中我们就可能用到信息交换技术，以帮助当事人形成适宜的会谈预期。同样，在**唤出过程**中我们使用信息交换技术则有利于引出改变语句；而在**计划过程**中使用该技术则能帮助我们制定出符合当事人技能、习惯和目标的方案。信息交换在这些过程中还有其他的用法和用处，暂举以上几个例子，其他不再赘述。

◎ 理解我的假设

米勒和罗尼克明确列出了一些常见的从业者假设，其中有些可能让我们陷入麻烦，有些可能也会帮到我们。让我们仔细看看它们，形成自己的理解。

	陷阱	窍门
我是什么角色	我是专家	我有一定的专业储备，同时，当事人也是自己的专家
我关注哪类信息	我围绕着问题搜集信息	我搜集当事人想要的、需要的信息
我怎么使用信息	我提供信息填补当事人的知识盲点	我根据当事人的优势与需求匹配信息
哪些信息有帮助	让当事人害怕的信息才有帮助	当事人可以告诉我哪些信息有帮助
我的任务是什么	告诉当事人该怎么做就行了	我根据当事人的优势与需求提供建议

以上各条假设都触及到了 MI 的精神维度，而涉及最多的要素有合作、接纳（尤其是支持自主性）、唤出。我们还可以看到，对于 MI 的精神而言，这些假设既可能起到支持作用，也可能起到破坏作用。

我是什么角色

从业者把自己定位于"专家"角色可能如实体现了其在会谈中的贡献与优势，但是，这种定位可能也会让我们违背赋权给当事人做出改变的基本原则。我们的所言所行是让当事人成为主动的参与者，还是把他们变成了被动的接收者呢？

我关注哪类信息

我们选择关注哪类信息将影响会谈的性质与品质。假如我们将关注点放在缺陷和不足方面，就可能逐渐蚕食了当事人改变的潜能。相反，如果我们引出并获知当事人想关注什么、他们有哪些资源以及他们为何选择关注这些，那就更可能成功地发动他们改变的引擎。

我怎么使用信息

该假设与上一个有所重叠。该问题的重点在于，在让当事人成为主动的参与者而不是被动的接收者方面，我的贡献如何？我向当事人赋权的程度如何？我们用哪种方式提供信息最有利于当事人在离开会谈的环境设置后继续将这些改变落实到实际生活中？

哪些信息有帮助

在某些情况下，给出让当事人害怕的信息可能是有帮助的，同时，我们也不会因为可能是坏消息就对重要的信息缄口不言，不予提供了。所以，此处的核心问题在于我们怎么看待以下问题：能够也应该掌控改变历程的人是谁？哪些信息会对这一历程起到帮助作用？要提供让当事人害怕的信息，其背后的信念依托可能是：当事人完全不理解问题的性质，所以我们从业者需要给他们来个振聋发聩，把他们摇晃醒，让他们明白自己已经处于什么状况了；也就是说，权威在我们这边，权力也在我们这边。而另一种立场则认为，当事人有能力知晓、理解自己的情况，也有能力代表自己做出决定，从业者尊重当事人的这些能力并与他们共享权力。

我的任务是什么

该问题仍旧与前面几个有所重叠，都在关注改变的权力在哪一边。假如我们只需要告诉人们该怎么做，然后他们就会照做，那助人工作岂不是太容易了。真要如此，大家也就不用阅读本书了，甚至都不需要有咱们这个行业存在了。直接从军队里找个教官或者找来专制型的父母就可一劳永逸。这种形式的翻正反射，虽然看似是人间正道，而且可能偶尔也会起到作用，但以我们的经验和研究数据来看，这种做法效果不佳。所以，如"窍门"一栏所说，我们的任务是帮助当事人了解情况，做出选择，所以我们分享信息的方式要有助于他们使用这些信息，以便他们可以理清状况，做出周全的决定与选择。

◎ 基本理念

与当事人沟通新信息或者提供不符合他们现存认识的信息时，我们要谨记以下几点，而且可以、也应该将这几点结合起来思考，切勿孤立看待。

- **提供信息，而不是强加信息。**也许我们认为，当事人对情况的理解及其所持有的信息完全不正确，但如果我们主张自己这边的信息正确（或者当事人那边的结论不正确），那可能会导致不和谐。请大家记住，我们的所作所为并不是在参加摔跤比赛，也并不是要力图降服对方。

- **提供信息前，先确定当事人想不想了解。**先要明确，当事人是不是在征询我们的意见，然后再考虑提供信息。很多时候，当事人询问我们的意见，其实只是以此作引子，目的在于说出**他们自己**的想法。回到沃尔特的例子中，我们可以回应说："我很想回答这个问题，但我首先想知道你自己是怎么看的。"

- **征求许可，尤其是当事人并未询问这些信息时，更要征求许可。**有时，我们掌握一些信息，也觉得这些对当事人理清头绪、理解处境相当有帮助。但只有在当事人想听时，这些信息才会有帮助。例如，我们可以这样回应沃尔特："我知道一些信息，也许有帮助，你想听听吗？"大多数当事人都会说愿意听，但假如他们回答"不想"，我们也务必要尊重这样的意愿。非要反其道行之，无疑违背了"支持自主性"这条原则，可能也会导致不和谐。不过话说回来，在有些情况下，我们是不征求当事人许可就会给出信息的，如在当事人或其他人面临危险时。同样，只要当事人同意了我们分享信息，后面就不用每一次都征求其许可了。实际的情况是，如果我们反复询问当事人想不想听，他们反而可能恼火反感。不过，偶尔还是要重申一下这种许可："我再多讲一些，可以吗？"

- **许可有不同的形式，也会发生在不同的时段。**我们习惯上认为，"许可"都是上述那种外显的、明确的形式，但 MI 的从业者和编码员（MI coders）使用了一种更为宽泛的定义。也就是说，在 MI 中，那种尊重和支持当事人接收或拒绝信息的语言都算"征求许可"。因此，征求许可并不只安排在谈话的开始进行，也可能会在谈话的中间或末尾发生。例如，我们可以说："我不知道，这些是不是适合你，你怎么看？"这就是在一段谈话的末尾部分征求许可。同样，如果当事人询问我们的意见，这可以看作是一种"默许"的形式，不过即便如此，我们在分享信息时依然要遵循这些基本理念。

- **明确或含蓄地向当事人表达许可，即他可以不同意我的意见。**这一条是基于前面几条的一种继续展开。其实，许可当事人不同意我们的意见反而能让他们更有机会听到我们的关切与担心。我们可以用"下面的内容对你可能很重要,当然也可能不重要……"这样的开头引出我们要分享的信息;或者我们以"我不知道这对你是否可行,是否符合你的情况"来收尾。另外,前面我们也提到了,我们也可以放在谈话的中间来表达:"我下面这句话,可能你会有不同的意见……"以上这些话都在向当事人传达一种许可,即可以不同意从业者的意见,这强化了 MI 精神中的合作元素。

- **请当事人自己决定,这些信息对他们意味着什么**。这是对上一条理念的进一步扩展。我们有一种倾向,即想说明这些信息揭示了什么,并想给出相应的结论,但请记住,如果"有何意义"是当事人自己想明白的,那这些信息所带来的影响会更强、更巨大(这些信息引发不和谐的概率也会相应降低)。例如,我们可以跟沃尔特说:"大多数的糖尿病患者,通常在一年中需要急诊抢救次数是 0。在过去四个月里,你在急诊抢救了两次。我想知道,对于这种情况,你怎么看?"

- **借助其他当事人的视角提供信息**。作为从业者,我们具有相应的业务经验,这为会谈带入了资源。我们会运用这些知识、经验、建议和方法。我们可以说:"沃尔特,我曾与一些当事人合作过,他们跟你的情况很像,他们发现……"通常,跟自己情况相似的人在相同的情境中怎么做这方面的信息对当事人会有影响。这样一来,当事人即便觉得从业者给出的建议并不适合自己,也不会因我们提出建议而抵抗我们了。

- **使用选项清单**。一般而言,针对某个问题的正确解决办法不止一种。所以这时我们的经验又可以派上用场了,即为当事人提供多个解决办法,并询问其中哪一个可能最适合他们。而且,我们可以结合上一条理念,从其他当事人的视角出发提出解决问题的各种办法。回到沃尔特的例子中,我们可以这样说:"帮助人们更好控制血糖的方法有很多种。有的人会每天监测自己的血糖,做日志记录。有的人会在饮食稳定上下功夫,如在同一时间选择同类型的食品,也会每天都吃相同的量。还有的人尝试增加体育锻炼,同时也会更频繁地检查自己的血糖。这些方法,你觉得哪个对你来说最可行呢?"使用选项菜单,我们就不会一次只给一个建议了,因为如果我们一次只给一个建议,当事人可能会逐个否定掉,这有点像飞碟射击运动,射手一次瞄着一个飞碟靶子射击,会弹无虚发,统统射落。

- **使用当事人说过的话**。在 MI 中,从业者就像一面镜子,帮助当事人观察自己的言行,但又不止于此,我们还会将不同的元素组织串联起来而形成意义。我们会使用当事人说过的话,这就强有力地提醒了他们:对于目前的状况,他们已经有了怎样的思考。我们会在下一章中学到贝姆(Bem)的自我知觉理论(self-perception theory),到时大家会明白,为什么当事人清楚明确地讲出改变语句会对他们自己产生最强大的说服作用。先回到沃尔特的例子,我们使用他说过的话,可以这样表达:"虽然他们在小题大做，但你也明白，自己最近这次感到状态非常糟糕，也接受了一些帮助，而你本来是不想麻烦别人的。这些都和你的血糖控制有关。"

- **提供有事实或标准依据的信息，而不是只分享主观看法**。我们提供信息的目的在于供当事人考虑，而一般的、泛泛的信息通常作用有限，针对每位当事人的具体情况或行为提供信息才更有帮助。例如，在糖尿病护理工作中，从业者可以向患者说明总体的情况："血糖控制不好是有危险的。糖尿病控制与并发症试验（Diabetes Control and Complications Trial，DCCT）小组在 20 世纪 90 年代初的一项研究发现，血糖失控或波动会导致 80% 的受试者出现严重不良的后果，包括失明、截肢、肾脏衰竭以及死亡。"或者，可以更有针对性地，我们根据这位当事人的体检结果进行说明："视野检查结果表明，你相比一年前，视敏度在两个象限中都降低了。"或者说："去年你糖化血红蛋白的值是 7，但现在是 14 了。"当然，以上两种方式也可以结合起来表述："糖尿病患者一般都面临一些风险……同时，我们也发现，你的情况是……"

- **请记住，当事人是人，不是信息存储器**。罗尼克等人给出了这句很重要的提醒。的确，有时候我们很容易认为，这里有大量的信息是**必须**要让当事人了解的，我们也被这份使命感推动着，想一蹴而就，一口气把自己知道的全都告诉当事人。这种时候，我们的专业知识储备可能反而要帮倒忙了，因为我们觉得，当事人需要把所有的信息都知晓在心，所以我们自然就会将他们淹没在信息的洪流之中，让他们难以喘息。如果从业者的工作职责中本身就有"提供信息"这个部分，那该问题就更明显、更突出了。这些知识都是我们作为从业者，历经很多年才慢慢积累下来的，所以让当事人短时间内掌握是不可能的。

◎ 交换信息的方法

很多 MI 的从业者，都将**引出 – 提供 – 引出**（elicit-provide-elicit，E-P-E）作为一体式的信息交换模板。但如果从教学的角度出发，我们还是要分别讲一下其中的各个部分。请大家记住这个出发点以及前面提到的几条基本理念，下面我们说说用于信息交换的两种技术。

引出 – 提供 – 引出

我有时也把该方法称为**征询 – 提供 – 征询**：先征求当事人对提供信息的许可，或者先询问他们对于某个领域已经了解了（或者是想了解）什么信息，即**引出**。等当事人给予了许可或者讲述了自己所了解的信息之后，我们从业者再去给出信息，即**提供**。

这种方法可以避免将当事人已知的信息重复一遍，尊重了当事人自身具备的技能与知识，让从业者只提供当事人所需要且明确想知道的那些信息。然后，从业者还要询问当事人，他们是怎么看待从业者所提供的这些信息的，即**引出**。例如，从业者会向一位有考试焦虑的同学提供以下这样的信息。

> "对于降低考试焦虑，你知道的情况有什么？"
>
> "我知道的是，要是能降低，那就太好了。"
>
> "是啊，确实是啊。我估计，可能你也试过了一些方法……"
>
> "……比如我跟自己说别这么焦虑了。"
>
> "不太管用。"
>
> "对。"
>
> "想了解一些跟先前不太一样的方法吗？"
>
> "我就是冲这个来的呀。"

"方法一，同学们会做简单的呼吸练习来降低焦虑。方法二，同学们也会借助我们的生物反馈设备学会有需要时能放松身体。方法三，同学们还会尝试调整学习方法。方法四，有的同学还会申请做评估，从而由学校方面安排更为正式的资源支持，比如获准更长的答卷时间，或者单独安排在安静的环境下完成考试。对于这些方法，你的看法是什么？"

请大家注意，在上例中 OARS 和 E-P-E 是相互结合、交织运用的，这也是我们提供信息时的惯常做法。同样，E-P-E 也不会只完成一次顺序迭代，真实的过程往往是 E-P-E-P-E-P-E……当然，其间还会大量交织使用反映性倾听。这种交替反复体现了信息交换过程的持续性：我们和当事人彼此持续不断地从对方那里获知信息，从而让谈话更加清晰，更具有方向，也更有意义。

组块 – 核对 – 组块

这是 E-P-E 的变式，当从业者需要提供大段的信息，同时也想继续导进当事人时，可使用这个方法。从业者会先给出一个"组块"的信息。**组块**（chunk）是一种信息单位，其中所含的信息具有凝聚性，会结成一体，整体传达出来。我们来看看下面的例子，这位司机一年中被开了四次超速罚单，从业者向他提供了有关违章驾驶的信息组块：

> "华盛顿特区的司机大多数都是零违章，包括零超速，他们在特区司机人数中占比 85%。如果我们加上只有一次违章的司机，那人数占比可以达到 95%。实际上，一

年中违章四次及以上或者两年里违章五次及以上者，只有不到 1% 的占比。对于这些数据，你怎么看呢？"

从业者在给出这样的信息组块之后，先要就此停住，跟当事人讨论一下这些信息。等就此交流之后，从业者才应该再提供下一个组块的信息。下面这段对话略长，展示了常见于评估工作中的信息交换：

"我说一下咱们今天的安排。职业康复处要我做这个评估是出于以下这些考虑。首先，他们需要有诊断才能提供相应的服务，如抑郁或焦虑障碍、物质使用障碍、学习障碍等诊断。我现在知道你有过抑郁的困扰，学东西也有些费劲。咱们会花些时间了解一下这方面的具体情况。你觉得这样安排如何？"

"我觉得挺好的。工作人员在介绍会上也说到残障的问题了。"

"所以你思想上有准备。"

"还好吧。"

"除了具体了解这几个方面，咱们还需要花些时间聊聊你的成长经历和兴趣所在。我想更全面地了解你，在这个基础上再来看我们遇到的状况。所以我会问一些问题，有关你的家庭、学业、病历以及类似这方面的信息。这些信息能让我更全面、更好地理解其他方面的情况。你觉得呢，你的看法是什么？"

"我觉得，或许你是需要知道这些的。"

"会帮助我更好地理解你。"

"好的。"

"另外，康复处还想了解一下你的技能和能力，好知道哪些工作领域对你最合适，或者是否需要给你安排相关的培训。出于这个目的，我会请你做一些心理测验，为的是了解你的思维及问题解决模式。有的测验看起来合情合理，有的看起来可能有点儿傻，但这些测验都有助于我们理解一个人的头脑运转方式。之后，还要请你完成一些学业性的任务，看看你的阅读、写作还有算术技能如何。这不是在考你本应该掌握多少，所以只要尽力回答就好。你觉得这些如何？"

"我讨厌算数，但估计你需要我做这个任务吧。"

"算数不是你喜欢的，同时，你也明白我们要做这个任务的原因是为了了解你学东西时遇到的困难。"

"是的。那咱们开始吧。"

在这段对话中，从业者给出了大量的信息，其间周期性地向当事人进行了核对。

当事人的回应虽然简短，但反映出了他们的体会。在这段对话的末尾，当事人与从业者达成了步调协同，彼此方向一致，并准备好了开始测验。当然这段对话还告诉我们，在提供信息时，其他的 MI 技术也应该同时运用。

◎ 表达关切与担心

本书贯穿始终都在讲当事人对于状况的看法、对此的说法，我们从业者对此要予以接纳，从而创建出安全的谈话氛围。但接纳并不等于同意这些看法。对于当事人做出的有害决定或持有的不良观点，我们从业者**应当**去表达关切与担心，当然方式和方法也至关重要。从业者要避免与当事人争辩，避免告诉当事人"你错了"。相反，MI 从业者会提供替代性的备选方案供当事人考虑，或者给出额外的信息，这些有可能让当事人的观点发生改变。其实在这个关键时刻，我们很容易"心里痒痒"，想拿出"压倒性"的证据来说服当事人。但是，这样的劝说往往会导致或消极被动或公开明显的不和谐。再一次提醒大家，最后怎么决定留给当事人自己：从业者说得对不对，或者说的内容有什么意义，请当事人自己来决定。

例如开篇中沃尔特的情况，虽然他说"我很上心糖尿病这个事儿，也注意照顾好自己"，但从业者还是了解到，其实沃尔特难以管控自己的糖尿病（鉴于他的糖化血红蛋白数值，以及送急诊抢救两次的情况）。因此，即便不是糖尿病领域的专业人士，从业者仍然可以按照以下方式来表达关切与担心：

"嗯，就目前的状况来看，你感觉自己很上心糖尿病这个事儿，也注意照顾好自己。与此同时，我还能看到一些情况，也许这些情况让人有点扫兴。我对于目前的情况有几处担心，想跟你聊聊。可以和你说说吗［征求许可］？

"你的糖化血红蛋白表明，虽然你一直在努力控制血糖，但要达到大夫制定的目标还是有些困难。而且，最近这两次急诊抢救，你自己也觉得不太好，尤其这种时候都得别人替你拿主意，做决定。咱们也聊过，你喜欢自己拿主意，你是那种自己的事儿自己说了算的人。所以啊，我有些担心，你的血糖控制情况怕是没法让你按自己希望的方式过日子了［表达了对多个方面的关切与担心］。这是我的看法。你怎么看呢［询问当事人的看法］？"

我们在第 7 章中讲过，从业者有时需要提及某个议题，但一时又无从切入，此时表达关切与担心可以有帮助。想一想下面的例子，这位当事人明显饱受健康问题的煎熬，但在与缓刑监督官会面的过程中，她却对此只字未提。

"嗯，珍妮，咱们已经谈了一些事情。如果可以，我还想提一件。我注意到，最近几次见面时，你好像都特别疲惫。我看见你走楼梯上来，上来时已经气喘吁吁了。而且，你的皮肤看上去好像有点脱皮，也有点泛黄。这些都说明，你可能不只是感冒了。但我也不是大夫。所以，我有些担心你的健康状况。你自己注意到什么了？"

前文讲过，从业者在表达关切与担心时，即使技术运用上十分得当，也仍然有可能会导致关系上的不和谐。如果这种情况发生了，我们要再次将关系调回同调的状态。而且有时，我们对于当事人的决定或行为，直接就要表示不认同。下例是从业者和一位 18 岁的大一女生的谈话。

"你决定跟这帮高年级的男生出去玩，我对此表示担心。你跟我说过，到时你很可能会喝酒、抽大麻、吸毒，而且这些药物也会让你在性方面做出危险的决定。虽然在这种时候，可能你获得了关注，也享受了性快感，但你也告诉过我，事后你一直觉得丢脸，感到不安。你也跟我说过，你不想重蹈这种覆辙了。当然，由你来决定，怎么做对自己才是好的。我的这些担心，你怎么看呢？"

这段话包含了三个元素。首先，从业者开门见山，直接表达了自己的关切与担心；而且不做评判，尽量使用了当事人之前说过的话。其次，这段话申明了当事人对于选择和改变是负有责任的。最后，从业者还询问了当事人的看法。

◎ 遇到危险情况怎么办

有的从业者在其助人工作设置中会遇到一些当事人，他们有伤害自己或他人的行为。例如，在进食障碍治疗科室工作的从业者每天都会见到具有自毁行为的当事人。有时候，这类行为会让当事人有生命危险。所以从业者特别想警告当事人：再不改变，恐怕连性命都不保了！这里的问题所在不是该不该警告当事人，而是要如何将这种警告的作用最大化。

有时这类行为不只会危害到当事人自己，而且可能对其他人也造成伤害，尤其是对儿童。在这种时候，从业者会更深切地感到有必要做出警告。例如，有位遭受家暴的女性说想离开家暴庇护所返回施暴者伴侣的家，这无形中又把子女们置于了危险的境地。此时从业者会觉得，好像只有措辞强烈地直接面质这位母亲才能保护好孩子们，其余的做法都因风险太大而不可取。所以，真正秉持当事人中心立场，有时候真的很难。

那如何面质这样的当事人呢？首先，如果目标在于"改变行为"而不是给予建议，那我们要明白，给出信息的**方式**是至关重要的。其次，从业者还要尽量解决自身影响力有限的问题，因为我们没有能力对当事人生活的各方面都施加影响，所以从业者在推动改变上的力量其实是有限的。因此，为了让改变发生，我们需要当事人的参与。可能在某些情况下，双方对严峻的现状做出清醒的评估这就足够了；但在另一些情况下，如小孩子跑到了马路上，我们传达信息时就要措辞很强烈了。再次，从业者还需要觉察：我们给出的严峻预测会不会都被当事人当成了耳旁风？尤其如果其他人也跟当事人这么说过，而预期的不良后果却未曾发生过。最后，我们也要考虑到当事人的背景。当事人自己选的选项，在他们看来似乎是唯一的选择；相反，我们从业者所提供的选项往往被当事人排到了差不多最靠后的位置，似乎只要还有其他的选项就暂不考虑这些。在上述受家暴女性的案例中，我们就需要考虑到这些背景因素，然后我们一起看看下面两种做法：第一种是不符合 MI 的做法，第二种是符合 MI 的。我们先来看看第一种做法是怎么说的。

"你不能这样！你要是回去了，不仅自己有生命危险，你的孩子们也有啊。那家伙下手多狠啊，他把你打得不成样子，孩子们都认不出你了。他还掐你脖子，掐到你不省人事。我知道，他现在又在道歉了，但这不过是又一次的循环。他说话不算数的！先前发生的一切之后还会重演。你看看他都施行过多么恐怖的暴力，我估计这样下去总有一天他会杀了你或者杀了孩子们的。你跟我说过，你非常爱孩子们，希望他们安全，对吗？是这样吗？如果你现在回去，那怎么保护孩子们？"

这段话振聋发聩。在某些情况下，这么做能唤醒这位女士，让她更准确地评估现状。但在另一些情况中，这种做法可能会引起更加不和谐的回应——或被动消极，或主动对抗。相对而言，下面是一种备选的做法，是一种更符合 MI 的面质。

"有些话，我需要讲一下。你决定了要回到他那里，这让我感到恐惧和震惊。我看得见危险，暴力在升级，已经愈演愈烈。你也说过，他下手越来越狠、越来越重了。上次，他掐你脖子，掐到你不省人事。你脸也被打得那么肿，孩子们都认不出你了。我明白，你也许还想回到他身边，这是有缘故的，其中就包括了他的许诺——他说他改，他再也不这样了——你本心很想再相信他。同时，我知道，你先前经历过的一切在告诫你要权衡利弊。我也深知，你爱孩子们，所以一想到这种环境对他们的影响，还有他们可能又要遭遇的危险，你就备受煎熬，于心不忍。我并不能控制你做决定。怎样选择一定是你自己来做——而同时，我也一定要以最强烈的措辞、最郑重的口气跟你说：我希望你重新考虑，做出不同的选择。"

以上两段话的措辞都很强烈，也都要求当事人重新考虑不同的选择。第一段话在告诫当事人不能这样，而第二段话确认的一个事实则是，走哪条路交给当事人自己选择。这两段话都给出了信息，但第一段话支持的是"这位母亲必须做改变"这样的主张，而第二段话则支持了从业者说的"我感到恐惧和震惊"。这两段话都在讨论这位母亲反复遭受家暴的经历，还有她对孩子们的关爱与担心，但传递信息的方式仍不相同，第二段话基于当事人的经历与视角来提供信息，而第一段话只是在为"你必须改变"这一主张做支撑、找论据。从业者在这两段话的结尾处都请当事人重新再做考虑，但在第二段话中，从业者不只向当事人铺垫了"三思而后行"的策略，同时也将选择权交给了他们自己，而第一段话却是在逼迫当事人服从。最后还要指出的是，有大量文献表明，遭受家暴的女性通常会再次回到施暴者的身边。一旦她们回到了那样的家中，之后如果她们又不得不再度离开，那第二段话这种说法可能增加了她们再次向**从业者**求助的可能：第二段话为当事人敞开帮助之门，在她们有需要时方便再度求助。

我们前面讲过，第一段话这种说法对一些当事人可能是起作用的，有的从业者也将其运用得不错。所以，这种方法如果你屡试不爽，那我建议你继续使用。一直好用也见效果的方法，干吗要弃之不用呢？但是，如果该方法只偶尔有效，那咱们可能就要考虑一下将第二种方法作为备选了。

◎ 给出信息、进行劝说、经许可的影响

作为从业者，我们需要在诸多时刻与当事人交换信息。就如前面提到的家暴案例，在当时的情况下，对于当事人如何选择，很明显我们是有具体的意见和期望的。类似的情况在其他的工作设置中也会发生，例如，在卫生保健领域（如节食）、成瘾治疗领域（如戒掉抽大麻）、犯罪司法领域（如不去高危场所）、父母教养技能培训领域（如采取一致的行为模式），等等。对于此类情况，我们是想要影响会谈走向的——这种愿望也让从业者们感到心里痒痒。读者可参考米勒和罗尼克的《动机式访谈法》第三版第 10 章（"当目标不同时"），那里对此做了很精彩的综述。我们意在遵循 MI 精神的重要内容（**支持当事人的自主性**以及**相互合作**），在实际操作中实施相应的影响。

莫耶斯及同事提出，信息交换的方式可划分为三大类，即给出信息、劝说、经许可的劝说。**给出信息**（giving information）是就问题提供信息，但不见得对**这一位**当事人具有针对性。例如，提及酗酒与吸毒的风险，我们可以跟当事人说："直系亲属里有酗酒或吸毒史的人，自己酗酒吸毒的风险一般也更高。"从业者提供了信息，但并没有提需要怎样行动。

相对而言，**劝说**（persuading）就涉及了具体的尝试，要改变当事人的态度、想

法或行为。这类尝试可以多种形式来进行：从表态偏向某种意见，到通过令人信服的逻辑来说服当事人。但无论是哪一种，这里面都没有做到真诚地支持当事人的自主性，或者是与当事人合作。在前文的家暴案例中，第一段不符合 MI 的面质就体现了这种劝说风格。我们建议从业者尽量不要在会谈中使用这种劝说风格。

相反，**经许可的劝说**（persuading with permission）会做出具体落地的、真诚一致的努力，以支持当事人的自主性，同时也在尝试改变当事人的态度、想法或行为。本章前面提过，这种许可也有很多种形式，包括当事人询问信息、从业者直接征询许可、从业者使用支持当事人自主性的语言。未经许可的劝说行为可能会使用吓唬的手段，或者会将有偏向的意见直接当成事实予以呈现。同时我们也看到，经许可的劝说并不会阻止从业者给出意见。在前面的家暴案例中，第二段符合 MI 的面质就为我们展现了这种经许可的劝说的影响过程。

值得玩味的是，莫耶斯及同事将信息交换的最后一类方式称为"经许可的劝说"。但这样措辞似乎将改变历程的核心角色赋予了从业者，而在最后这类信息交换方式中，我们的目标其实是要支持当事人的自主性，并要相互合作地展开工作。因此，**经许可的影响**（influencing with permission）这样的措辞可能更符合会谈的核心特征，所以我们在本书中使用后一种叫法。

从 MI 的视角看，我们明显更倾向于使用**给出信息**或**经许可的影响**这两类方式。实际上，本章所讲的各种信息交换方法也都旨在让从业者的行为遵循这两大类方式，同时尽量不要使用**劝说**这类方式。

◎ 融会贯通

我们已经讨论了信息交换方面的很多内容。下面总结了几条指导原则，以帮助大家做好信息分享。这些指导原则首字母的缩写是 FOCUS，正好也体现了提供建议时的重要思路。

- **先征求许可**（First ask permission）：确保当事人对我们要提供的信息感兴趣。
- **提供意见**（Offer ideas）：不要尝试未经许可的劝说。
- **言简意赅**（Concise）：不要啰唆，要直接、简洁。我们表达太多的关切与担心并不会帮助当事人针对自己的状况进行有效的组织与回应。
- **使用清单**（Use a menu）：这是指为当事人提供多种不同的方法或意见，便于其处理当前的状况；我们提供清单时，当事人就可以从中选择一种或多种方法直接使用了。

- **询问当事人的看法**（Solicit what the client thinks）：从开始提供信息一直都要先征询当事人的许可，也一直都要询问当事人的看法。

概念自测

[**判断正误**]

1. 如果当事人出现高危行为，那么 MI 的原则就不适用了。

2. 信息交换只发生在**聚焦**阶段。

3. 有些 MI 书籍的作者会将引出－提供－引出视为一种持续滚动的信息交换方式。

4. 从业者也可以将征求许可安排在谈话的末尾处来进行。

5. 如果当事人对现状认识有误，从业者纠正他们的错误认识在 MI 中是被接受的做法。

6. 从 MI 的角度看，我们在给出信息前，必须每次都得征求当事人的许可。

7. 当事人通常会觉得，有针对性的、具体到个人的信息更有帮助，笼统的一般性信息略逊。

8. 对于其他人在类似的状况下怎么做、怎么解决问题，当事人一般是不感兴趣的。

9. 在提供信息时，结合并使用当事人之前说过的话通常是有帮助的。

10. 我们从业者的工作职责就是要说服当事人采用最优的方法来解决他们的问题。

[**答案**]

1. 错误。虽然在某些时刻或某些情况下，其他的谈话风格可能让我们感到更得心应手，但数据表明：总体而言，当事人还是对**支持性风格**反应最好，即使在非常艰难不利的情况下，从业者也接纳、信任当事人有能力决定和践行改变。不过，鉴于翻正反射的存在，特别是在当事人的选择还可能危及他人时，从业者接受 MI 这种谈话风格会颇为不易。

2. 错误。如在**导进**部分所见，当事人参与初始会谈时，通常也会有信息交换。在后面的**唤出**和**计划**过程中，我们还会见到信息交换。

3. 正确。本章为了方便大家学习，将它截取成了独立的部分，但很多 MI 作者会把它视为持续滚动的信息交换方式。

4. 正确。征求许可可以安排在一段话的开头、中间或者结尾处进行，当然具体的形式也会随位置的不同而发生变化。

5. 正确。我们应该纠正当事人的错误认识，但务必仔细考虑，具体要怎么纠正。有时，给出相反信息只会让从业者与好争辩的当事人之间的不和谐加剧。在这种情况下，如果当事人误解的内容不太重要，先搁置或不予处理可能更为明智。但是，即便是在那种可能会暂时加剧分歧（然后导致不和谐）的情况下，我们也务必要提供备选的信息给当事人。例如，某位青少年当事人说："大麻无害啊，因为它是天然的植物。"我们可以回应说："大家这么看很有意思。一些权威人士对大麻的言论有误，但传播甚广，也许正因为这样，这个说法会很流行。实际上，有研究表明，大麻对青少年有负面的影响。有兴趣听一听吗？"

6. 错误。征求许可通常很有帮助，但有些时候，我们也可以不用征求许可，而是直接提供信息就好。前文讲过，在当事人或其他人的安全受到紧急威胁时，职业伦理会要求我们必须行动起来。而在另一些情况下，如我们要向当事人提供比较多的信息时，反复地征求许可也会让当事人厌烦。这时候，偶尔跟当事人核对一下"是否还要继续提供信息"就可以了。

7. 正确。虽然提供标准化的信息也很有帮助，但如果能根据当事人的具体情况有针对性地给出这些信息可能效果更好，因为人们都想知道，这些信息对**自己**而言意义何在。例如，"抽烟的人肺癌风险更高"这样的信息就没有效果，但是"发现了细胞异常，再结合个体的吸烟史及癌症罹患的家族史"这样的信息则更可能促发当事人考虑改变。

8. 错误。当事人通常认为，听听别人怎样处理类似的情况会很有帮助。这类信息不但给出了可供考虑的多种选项，而且也为改变注入了希望，明确传达了可以有很多种方法来成功实现改变。同时，这也是一种有益的提醒：即使现状困难重重，我们也有可能改变，从而巩固了我们对当事人的积极预期。如第 2 章所言，我们的预期是当事人最终成功做改变的重要决定因素。

9. 正确。通过重复当事人的话语"持一面镜子"，既可以提醒他们自己对现状已经提出了哪些看法，还可以作为一种工具帮助他们组织自身的经验，但切忌用他们自己讲的话来反对他们，这可能会导致不和谐。其实，这些都是当事人全貌的一块块拼图，它们有时候可能就是相互对立、彼此不一致的。

10. 错误。我们希望能对当事人产生影响，但我们也希望能支持他们的自主性，与他们合作开展工作。因此，我们尽量不去劝说当事人，而是通过征求许可、使用支持自主性的语言来产生这样的影响。

实践运用

我们很多人都有过这样的经历，即跟自己的口腔卫生师讨论牙线的使用问题（或者讨论牙线使用不足的问题），这也是信息分享在实践运用中的体现。下例虽然为我们展示了相应的技术，但并不算一个完美的例子；不过这也是我们有意为之。以下对话由从业者先开头。

"你知道，我们很重视使用牙线，不过你是否知道，为什么使用牙线这么重要？"

"呃，我的理解是，如果不用，就会有蛀牙。"

"是的，会导致蛀牙和牙周病。"

"啊，有这么严重？我是说，真会得牙周病吗？"

"嗯，可能会导致以下这些情况：先是局部的菌斑导致蛀牙，你也知道；继而还会造成你的牙龈萎缩，神经线也很可能暴露出来，并有可能造成牙根管问题；最后会导致你的牙齿脱落。"

"但我现在根本没有牙疼啊！"

"你没有牙疼，我很欣慰。等出现牙龈萎缩了，虽然也可以做些补救，不过那时的难度就大多了。所以我们建议预防在先。当然，要由你来决定，怎么做最适合自己的情况。"

"好吧，我有时会用牙线。不过要是早晨起晚了，或者比较忙的时候，就容易忘。我也想过，稍后我就用啊，而这一稍后，有时就隔了好几天，等我再用牙线时，牙龈就会出血了。"

"是啊，所以说使用牙线很重要。不过坚持使用比较难。我估计，可能有时你坚持得不错，但有时坚持得不好。那些坚持得不错的时候，你是怎么做到的呢？"

"一般跟你们这些牙科专家见面后，我都坚持得不错。我就觉得我要做得更好。"

"所以，如果有外在的什么人或什么事物提醒你的时候，就可以帮助你坚持做到了。"

"还有，我也尝试把牙线多放在一些地方，比如在楼下洗手间里放一些，在我的办公室里放一些，这么做也有帮助。"

"那要是觉得时间来不及了，你会怎么办呢？好像这种情况下是挺容易忘的。"

"没啥好办法啊。"

"有没有兴趣听听其他人遇到这种情况时是怎么解决的？"

"当然啦。"

"我从大家那里听到了不少方法。有的人早晨定闹铃往前调 3 分钟，就 3 分钟，所以也不算难事儿，他们就利用这点儿时间来使用牙线。有的人把使用牙线的时间安排在晚饭后或睡觉前，这样也就不会觉得时间太紧张了。有的人会把盛牙线的小盒儿放在家庭娱乐室里，这样他们看电视时就可以使用牙线了，如此一来也就养成了习惯。还有的人不喜欢用牙线，所以换成使用牙签或类似的洁牙工具，也是放在手边儿，看电视或看书时就能使用。这些方法都是可以的，没有绝对的标准。你觉得哪个最适合自己呢？"

"可能我用不太好那个线，那类工具。我琢磨着，要是把牙签放在咖啡桌上，会不会好点儿？"

"用这个安排代替早上使用牙线。"

"不是。我觉得这么代替也不好。我是想把牙签当作备选方案。"

"就是早晨忘了用牙线的备案。"

"太对了。"

"对于牙签的使用，你了解多少啊？"

"实话实说？没什么了解。"

"如果咱们花几分钟，由我演示一下怎么使用牙签，然后你稍微实践练习一下，这样会不会更好？找找这种正确使用的感觉，一般还是挺有帮助的。当然，还要看看你是怎么想的。"

"得用多长时间？"

"5 分钟都用不了。"

"那可以的，不过完事儿我就要回去了。"

"好的。我来演示牙签的使用。不过先要跟你明确一下，听起来，你蛮有决心要使用牙线了。"

"是的，我觉得我有决心。我真心觉得有必要使用牙线。有时啊，就是需要别人帮忙推我一把，启动一下。"

"你觉得自己今天启动了。"

"是的。"

"太好了。"

我们看到，口腔卫生师在解决这个问题时，先询问了当事人了解哪些信息。卫生师有针对性地提供了信息，而且她认可也强化了当事人过往的努力。所以当事人的这些努力就化为了一种资源。基于此，双方进一步制定"怎样做能更有效"的方案。等当事人想好一个方案时，卫生师又再次强化了他的决心与承诺。

本章练习

本章我们先来练习旨在**聚焦**的提问与反映。等这两个技术练好后，再练习更具体的信息交换技术。

◎ 练习 8.1　提问：旨在聚焦

在练习 5.2 中，我们练习了旨在**导进**当事人的提问技术。现在，我们的目标是**聚焦**。大家还是会读到当事人的一句话，请就此提出两个不同的问题，但这一次我们旨在**聚焦**。大家可以使用本章学过的各种问题类型，还可以使用前两章学过的（第 6 章探索价值与目标；第 7 章　寻找远方的地平线）。需要时翻翻这几章有助于大家回顾相应的内容。大家可能还会发现，用反映作为提问的引子会比较有帮助。

等后面探讨其他几个过程（**唤出**、**计划**）时，我们还会再用到同形式的素材，练习在相应的过程中提问题。

◎ 练习 8.2　反映：旨在聚焦

跟第 4 章一样，现在我们也将专门练习怎么做反映性陈述，不过这一次，我们的目标在于**聚焦**。大家还是会读到当事人的一句话，请就此做两个不同的反映性陈述，但这次所做的反映，目标在于促进**聚焦**过程。大家需要时可翻阅前面的章节，回顾相关的内容。

◎ 练习 8.3　赛后复盘

体育迷们常会说，观看体育赛事的乐趣之一就是赛后回味赛场上发生了什么，选手当时应该怎么做，就此各抒己见。这个练习与此类似。大家会读到从业者跟当事人的一段对话，看看从业者用了哪种方式回应，然后给出一些可供备选的不同回应。就跟赛后复盘一样，也许大家并不具备相应的专业知识，但这可影响不了体育迷们畅所欲言啊，咱们也可以各抒己见！

◎ 练习 8.4　解忧信箱

在该练习中，大家会读到一些来信，收件人是一位我们杜撰的解忧专栏作者，然后大家写回信。如果大家觉得这个练习挺有帮助，可以再找找当地报纸上、互联网上（如《泰晤士报》的"知心莎莉"、《芝加哥论坛报》的"问问艾米"）或者具体作者（如"亲爱的艾比"）的解忧专栏，以它们作为素材继续练习。别忘了咱们的目标是为来信求助的读者提供符合 MI 的建议。

◎ 练习 8.5 "我能修好"（I Can Fix That）

这里是一些给当事人的建议，但其中大部分都是面质性的，所以需要做些修复。你会怎么修改呢，请写下你的调整。

◎ 练习 8.6 "我能造好"（I Can Build That）

在这个练习中，你会读到一些当事人的情况梗概，请给出你的建议。请你参考 FOCUS 原则，写出符合 MI 的建议。

◎ 练习 8.7 在生活中实践

做这个练习需要找机会。在日常谈话中，我们会听到别人说起生活里的难处。仔细留心这样的机会，尝试以符合 MI 的方式（使用我们讲过的技术）给出自己的建议。大家也可以尝试在会谈中跟当事人这样做。

搭伴练习

练习 8.1 到练习 8.6 都能搭伴进行。大家可以轮流想想不同的回应。如果大家还想做些实时性的练习，可以请伙伴扮演练习 8.4 中来信的读者，请他讲讲自己的情况，然后再询问你的建议。除此之外，大家还可以尝试做练习 8.8。

◎ 练习 8.8 这让我为难……

在这个练习中，请你使用出声思考法（think-aloud method），以便更好地觉察自己的想法，看看有什么信息是你想分享的。下面具体说说练习的方法。

请练习伙伴讲讲近来困扰自己的问题、难处或操心事，当然也可以是早年经历中的一些事情。讲什么都行，但不要讲他最深处、最黑暗、最隐私的个人秘密。所讲的素材在时长上至少要达到 10 分钟，所以自然需要有些内容。

开始时，请先将计时器设为 1 分钟。时间结束的提示音响起后，请出声讲出自己在想什么。请先不要聚焦于当事人（即练习伙伴）在说什么，而要聚焦在自己身上：自己此刻的感受和想法是什么？请出声讲出来。你只讲 30 秒，然后再次计时 1 分钟，如此循环下去，这样至少要进行 10 分钟。看看在这种方式下，你会给出什么样的信息。

虽然大家比较容易笑场，但我建议大家严肃对待这个练习。这让我们有机会更好地觉察自己作为一名助人者的内心历程，也正因为如此，我们才能洞见这对于信息分享的影响，或者翻正反射有没有粉墨登场。

其他想到的……

时刻记得考虑背景。大家在特定的一次会谈中所给出的建议或信息往往都是咱们觉得最重要的那些，所以我们理所当然地认为当事人需要认真接受、好好记住；但大家别忘了，当事人的生活具有多个领域，各方面都十分丰富。他们的某种行为在某个领域可能表现为严重的适应不良，但在另一个领域可能就发挥着非常重要的功能。同样，他们也许还有一些议题远比我们所关切与担心的那个更重要，也更有意义。

想想沃尔特的情况：虽然我们觉得控制血糖是最重要的事情，但他可能更关心自己的财务问题，担心"更好的饮食"会加剧经济负担，担心糖尿病的医药用品得花很多钱，而且沃尔特眼看要三十而立了，他也许还在为人生方向而苦恼，在身份认同上挣扎，所以糖尿病护理可能在他的优先级清单上级别较低。他可能还担心技校的老师怎么看自己："如果知道了我有糖尿病，老师会不会就觉得我能力不行，也不会全力帮我写工作推荐信了？"这些或真或假的推测是否影响了沃尔特接收信息，我们从业者并不知晓，只有沃尔特亲口告诉我们，我们才能知道。我们之所以很重视询问当事人对于我们所提供信息的看法，部分原因便在于此：在他们的回答里，某些重要的背景因素可能就浮现出来了。

练习 8.1　提问：旨在聚焦

在练习 5.2 中，我们练习了旨在**导进**当事人的提问技术。现在，我们的目标是**聚焦**。大家还是会读到当事人的一句话，请就此提出两个不同的问题，但这一次我们旨在**聚焦**。大家可以使用本章学过的各种问题类型，还可以使用前两章学过的（第 6 章探索价值与目标；第 7 章　寻找远方的地平线）。需要时翻翻这几章有助于大家回顾相应的内容。大家可能还会发现，用反映作为提问的引子会比较有帮助。

等后面探讨其他几个过程（**唤出**、**计划**）时，我们还会再用到同形式的素材，练习在相应的过程中提问题。

1. 我觉得小孩儿得明白，我才是家长，他得心里有我。可他总是冲我粗鲁无礼，我可忍不了这个，这是对家长的不尊重。

问题 A：

问题 B：

2. 我搞不懂咱们要在这里做啥。

问题 A：

问题 B：

3. 我爱孩子们，但有时她们真快把我逼疯了，然后我就做了我不该做的事。

问题 A：

问题 B：

4. 我烦透了处理这堆破事儿。我再也干不下去了。必须得做些改变了。

问题 A：

问题 B：

5. 我的问题就是我老婆，还有她没完没了的抱怨。

问题 A：

问题 B：

** 附加题 **

6. 又来这一套：说了半天都是老掉牙的东西，不过就是换了个说法而已。

问题 A：

问题 B：

练习 8.1　参考答案

有些情况下，我们先做反映性倾听再提问题可能更合适（也需要这样做）。估计大家也已经认识到这一点了。

1. 我觉得小孩儿得明白，我才是家长，他得心里有我。可他总是冲我粗鲁无礼，我可忍不了这个，这是对家长的不尊重。

导进：

问题 A：请再谈谈"作为家长"对你意味着什么？

问题 B：你在生活中是怎样教育小孩儿的？

聚焦：

问题 A：你作为家长管教孩子时，最好的情况是什么样的？

问题 B：你希望和孩子的关系有哪些改进？

2. 我搞不懂咱们要在这里做啥。

导进：

问题 A：你怎么看为什么会来这里这件事呢？

问题 B：你觉得什么样的信息会对你有帮助？

聚焦：

问题 A：你好像也有些困惑。那你觉得，咱们这段共处时间要怎么安排才更有意义？

问题 B：你似乎也不确定该先谈什么。那如果整体考虑自己的生活，你觉得什么对你最重要，是咱们可以重点关注的？

3. 我爱孩子们，但有时她们真快把我逼疯了，然后我就做了我不该做的事。

导进：

问题 A：你备感压力时，一下子就做出了自己不喜欢的行为，那事后你会对这个有什么感受呢？

问题 B：你没被压垮逼急的时候，情况是什么样的？

聚焦：

问题 A：和孩子们在一起时，通常你这一天是怎么过的？

问题 B：当家长们被压垮逼急时，我是有些担心的，可以跟你说说吗，然后再听听你的看法？

4. 我烦透了处理这堆破事儿。我再也干不下去了。必须得做些改变了。

导进：

问题 A：你说自己在处理那堆破事儿，那都是些什么事情呢？

问题 B：你整体的生活是什么样的？还有这堆破事儿跟生活之间是什么样的关系呢？

聚焦：

问题 A：提起这堆破事儿，你觉得其中哪些是咱们可以拿出来说说的？

问题 B：估计你已经在努力改变这种局面了。能不能说说，你觉得哪些努力有效果。

5. 我的问题就是我老婆，还有她没完没了的抱怨。

导进：

问题 A：发生什么事情的时候她就不抱怨了呢？

问题 B：看来，你太太因为某些事情不开心啊！那你呢？

聚焦：

问题 A：哪些方面是你特别需要和太太谈一谈的？

问题 B：你并不喜欢你们现在的交流方式。哪些方面最让你困扰？

** 附加题 **

6. 又来这一套：说了半天都是老掉牙的东西，不过就是换了个说法而已。

导进：

问题 A：你怎么看这套东西？

问题 B：你不喜欢生活里的这一面。那，哪些方面是你喜欢的呢？

聚焦：

问题 A：好像有很多方面咱们今天都可以花时间来说一说。咱们谈这个方面你觉得有帮助吗，还是有别的方面是你更想谈的？

问题 B：听起来，你想聊聊其他的事情。具体是哪些呢？

练习 8.2　　**反映：旨在聚焦**

跟第 4 章一样，现在我们也将专门练习怎么做反映性陈述，不过这一次我们的目标在于**聚焦**。大家还是会读到当事人的一句话，请就此做两个不同的反映性陈述。但这次所做的反映，目标在于促进**聚焦**过程。大家需要时可翻阅前面的章节，回顾相关的内容。

1. 我希望女儿的饮食能健康一些。要是她还像现在这样，我真担心她的健康。估计你也知道，她不太愿意听我的，所以好像我也贯彻不下去。

反映 A：

反映 B：

2.现在好多地方大麻都合法化了，所以我觉得总提过去如何如何真是没啥啥意思。当然，啥事儿过度了都是个问题，所以我不会抽得太凶，而且非要那么说的话，喝酒不更是个问题嘛。对，我老婆对我抽大麻这个事很不乐意，她总怕孩子们发现，但我不是还天天去上班嘛，而且我也做家务啊。

反映 A：

反映 B：

3. 家里人觉得我承担得太多了，觉得我太累了。我认为他们根本不懂我才会这么想。我就喜欢做这些，人跟人不一样，他们觉得这是负担，那是他们啊。不过我也明白，做这些事有时真会精疲力竭，而且我也没时间陪他们了，这是我不想要的。

反映 A：

反映 B：

4. 我希望自己有信仰，我向往精神生活。但信教的人里也有一些伪君子，我就是跟他们处不来。我很反感他们说一套做一套，口是心非。还有就是那些宗教团体宣扬的东西，有的我真难以接受，我觉得简直是在搞笑。

反映 A：

反映 B：

练习 8.2　参考答案

1. 我希望女儿的饮食能健康一些。要是她还像现在这样，我真担心她的健康。估计你也知道，她不太愿意听我的，所以好像我也贯彻不下去。

导进：

反映 A：你太想帮助女儿了。

反映 B：你担心女儿的健康。

聚焦：

反映 A：想办法让她参与进来对你很重要。

反映 B：你在寻找可以贯彻下去、保持一致的方法来帮助她。

2. 现在好多地方大麻都合法化了，所以我觉得总提过去如何如何真是没啥意思。当然，啥事儿过度了都是个问题，所以我不会抽得太凶，而且非要那么说的话，喝酒不更是个问题嘛。对，我老婆对我抽大麻这个事很不乐意，她总怕孩子们发现，但我不是还天天去上班嘛，而且我也做家务啊。

导进：

反映 A：人们这样看大麻好像不太公平。

反映 B：因为大麻的事儿，家里有点不好过啊。

聚焦：

反映 A：你相当重视大麻这个事儿。

反映 B：你相当重视和太太的关系。

3. 家里人觉得我承担得太多了，觉得我太累了。我认为他们根本不懂我才会这么想。我就喜欢做这些，人跟人不一样，他们觉得这是负担，那是他们啊。不过我也明白，做这些事有时真会精疲力竭，而且我也没时间陪他们了，这是我不想要的。

导进：

反映 A：你喜欢做这些事儿。

反映 B：家里人担心你。

聚焦：

反映 A：你想平衡好工作和家庭。

反映 B：工作和家庭你都很看重。

4. 我希望自己有信仰，我向往精神生活。但信教的人里也有一些伪君子，我就是跟他们处不来。我很反感他们说一套做一套，口是心非。还有就是那些宗教团体宣扬的东西，有的我真难以接受，我觉得简直是在搞笑。

导进：

反映 A：你向往精神生活。

反映 B：你一直在尝试融入宗教团体。

聚焦：

反映 A：找到信仰对你很重要。

反映 B：你始终看重宗教信仰，想找到适合自己的。你一直想着这件事呢。

练习 8.3　　赛后复盘

　　体育迷们常会说，观看体育赛事的乐趣之一就是赛后回味赛场上发生了什么，选手当时应该怎么做，就此各抒己见。这个练习与此类似。下面大家会读到口腔卫生师跟当事人的那段对话；卫生师说的话，加了灰底区分。虽然咱们大部分人都没当过口腔卫生师，但估计都去看过，也被告知过要使用牙线。借助这些经历，大家可以看看卫生师用了哪种方式回应（如反映、征求许可、E-P-E 等），同时也请给出一个可供备选的不同回应。这段对话并不是一个完美的例子，这不是说对话里的回应就是"不好的"或者"有问题的"，而是说始终存在可备选的、替代性的回应。大家也需要读一读当事人说的话，不过口腔卫生师的话是咱们给出备选回应的练习素材。就跟赛后复盘一样，也许大家并不具备相应的专业知识，但这可影响不了体育迷们畅所欲言，咱们也可以各抒己见！而如果你真是一位口腔卫生师，那就更好了。所以，大家可以各抒己见，不必犹豫。

对话	回应类型和备选回应
"你知道，我们很重视使用牙线，不过你是否知道，为什么使用牙线这么重要？"	
"呃，我的理解是，如果不用，就会有蛀牙。"	
"是的，会导致蛀牙和牙周病。"	
"啊，有这么严重？我是说，真会得牙周病吗？"	
"嗯，可能会导致以下这些情况：先是局部的菌斑导致蛀牙，你也知道；继而还会造成你的牙龈萎缩，神经线也很可能暴露出来，并有可能造成牙根管问题；最后会导致你的牙齿脱落。"	
"但我现在根本没有牙疼啊！"	
"你没有牙疼，我很欣慰。等出现牙龈萎缩了，虽然也可以做些补救，不过那时的难度就大多了。所以我们建议预防在先。当然，要由你来决定，怎么做最适合自己的情况。"	
"好吧，我有时会用牙线。不过要是早晨起晚了，或者比较忙的时候，就容易忘。我也想过，稍后我就用啊，而这一稍后，有时就隔了好几天，等我再用牙线时，牙龈就会出血了。"	

（续表）

对话	回应类型和备选回应
"是啊，所以说使用牙线很重要。不过坚持使用比较难。我估计，可能有时你坚持得不错，但有时坚持得不好。那些坚持得不错的时候，你是怎么做到的呢？"	
"一般跟你们这些牙科专家见面后，我都坚持得不错。我就觉得我要做得更好。"	
"所以，如果有外在的什么人或什么事物提醒你的时候，就可以帮助你坚持做到了。"	
"还有，我也尝试把牙线多放在一些地方，比如在楼下洗手间里放一些，在我的办公室里放一些，这么做也有帮助。"	
"那要是觉得时间来不及了，你会怎么办呢？好像这种情况下是挺容易忘的。"	
"没啥好办法啊。"	
"有没有兴趣听听其他人遇到这种情况时是怎么解决的？"	
"当然啦。"	
"我从大家那里听到了不少方法。有的人早晨定闹铃往前调 3 分钟，就 3 分钟，所以也不算难事儿，他们就利用这点儿时间来使用牙线。有的人把使用牙线的时间安排在晚饭后或睡觉前，这样也就不会觉得时间太紧张了。有的人会把盛牙线的小盒儿放在家庭娱乐室里，这样他们看电视时就可以使用牙线了，如此一来也就养成了习惯。还有的人不喜欢用牙线，所以换成使用牙签或类似的洁牙工具，也是放在手边儿，看电视或看书时就能使用。这些方法都是可以的，没有绝对的标准。你觉得哪个最适合自己呢？"	
"可能我用不太好那个线，那类工具。我琢磨着，要是把牙签放在咖啡桌上，会不会好点儿？"	
"用这个安排代替早上使用牙线。"	
"不是。我觉得这么代替也不好。我是想把牙签当作备选方案……"	
"……就是早晨忘了用牙线的备案。"	
"太对了。"	

213

（续表）

对话	回应类型和备选回应
"对于牙签的使用，你了解多少啊？"	
"实话实说？没什么了解。"	
"如果咱们花几分钟，由我演示一下怎么使用牙签，然后你稍微实践练习一下，这样会不会更好？找找这种正确使用的感觉，一般还是挺有帮助的。当然，还要看看你是怎么想的。"	
"得用多长时间？"	
"5分钟都用不了。"	
"那可以的，不过完事儿我就要回去了。"	
"好的。我来演示牙签的使用。不过先要跟你明确一下，听起来，你蛮有决心要使用牙线了。"	
"是的，我觉得我有决心。我真心觉得有必要使用牙线。有时啊，就是需要别人帮忙推我一把，启动一下。"	
"你觉得自己今天启动了。"	
"是的。"	
"太好了。"	

练习8.3　参考答案

答案中给出的这些回应谈不上完美，只是根据当事人说的话做出了一些备选性的回应。

对话	回应类型和备选回应
"你知道，我们很重视使用牙线，不过你是否知道，为什么使用牙线这么重要？"	开放式问题 牙线为什么有利于牙龈健康，你的了解是……
"呃，我的理解是，如果不用，就会有蛀牙。"	

（续表）

对话	回应类型和备选回应
"是的，会导致蛀牙和牙周病。"	表层反映
	你也不希望有蛀牙
"啊，有这么严重？我是说，真会得牙周病吗？"	
"嗯，可能会导致以下这些情况。先是局部的菌斑导致蛀牙，你也知道；继而还会造成你的牙龈萎缩，神经线也很可能暴露出来，并有可能造成牙根管问题；最后会导致你的牙齿脱落。"	劝说
	你很想知道，这会对你的牙齿产生什么影响
"但我现在根本没有牙疼啊！"	
"你没有牙疼，我很欣慰。等出现牙龈萎缩了，虽然也可以做些补救，不过那时的难度就大多了。所以我们建议预防在先。当然，要由你来决定，怎么做最适合自己的情况。"	经许可的影响（在话的末尾征求了许可）
	现在不说这件事也不要紧。但我也琢磨，是否可以分享一些这方面的信息给你呢
"好吧，我有时会用牙线。不过要是早晨起晚了，或者比较忙的时候，就容易忘。我也想过，稍后我就用啊，而这一稍后，有时就隔了好几天，等我再用牙线时，牙龈就会出血了。"	
"是啊，所以说使用牙线很重要。不过坚持使用比较难。我估计，可能有时你坚持得不错，但有时坚持得不好。那些坚持得不错的时候，你是怎么做到的呢？"	反映，旨在引出改变语句，有针对性地提问
	你觉得使用牙线很重要，所以想更多地使用
"一般跟你们这些牙科专家见面后，我都坚持得不错。我就觉得我要做得更好。"	
"所以，如果有外在的什么人或什么事物提醒你的时候，就可以帮助你坚持做到了。"	深层反映
	设置一个提醒对你是有帮助的
"还有，我也尝试把牙线多放在一些地方，比如在楼下洗手间里放一些，在我的办公室里放一些，这么做也有帮助。"	
"那要是觉得时间来不及了，你会怎么办呢？好像这种情况下是挺容易忘的。"	提问
	你已经开始想办法在使用牙线方面做调整了
"没啥好办法啊。"	
"有没有兴趣听听其他人遇到这种情况时是怎么解决的？"	征求许可（引出）
	听起来，你好像试过一些方法了。请讲讲你的认识和发现
"当然啦。"	

（续表）

对话	回应类型和备选回应
"我从大家那里听到了不少方法。有的人早晨定闹铃往前调3分钟，就3分钟，所以也不算难事儿，他们就利用这点儿时间来使用牙线。有的人把使用牙线的时间安排在晚饭后或睡觉前，这样也就不会觉得时间太紧张了。有的人会把盛牙线的小盒儿放在家庭娱乐室里，这样他们看电视时就可以使用牙线了，如此一来也就养成了习惯。还有的人不喜欢用牙线，所以换成使用牙签或类似的洁牙工具，也是放在手边儿，看电视或看书时就能使用。这些方法都是可以的，没有绝对的标准。你觉得哪个最适合自己呢？"	提供－引出（经许可的影响）
"可能我用不太好那个线，那类工具。我琢磨着，要是把牙签放在咖啡桌上，会不会好点儿？"	
"用这个安排代替早上使用牙线。"	深层反映
	你在考虑，怎么安排更适合自己
"不是。我觉得这么代替也不好。我是想把牙签当作备选方案……"	
"……就是早晨忘了用牙线的备案。"	接续语段
	你对备案计划有了一些想法
"太对了。"	
"对于牙签的使用，你了解多少啊？"	引出
	我在想，咱们花些时间说说牙签的使用，会不会有帮助
"实话实说？没什么了解。"	
"如果咱们花儿分钟，由我演示一下怎么使用牙签，然后你稍微实践练习一下，这样会不会好？找这种正确使用的感觉，一般还是挺有帮助的。当然，还要看看你是怎么想的。"	合作——询问当事人的意愿
	咱们有两种方式：可以请你来演示一下怎么使用牙签，然后我给你点儿指导；或者，我就直接说说怎么用牙签。你看呢，你更喜欢哪种方式
"得用多长时间？"	
"5分钟都用不了。"	回答问题
	你担心自己的时间安排
"那可以的，不过完事儿我就要回去了。"	
"好的。我来演示牙签的使用。不过先要跟你明确一下，听起来，你蛮有决心要使用牙线了。"	反映当事人的决心
	之后你要怎么做呢

（续表）

对话	回应类型和备选回应
"是的，我觉得我有决心。我真心觉得有必要使用牙线。有时啊，就是需要别人帮忙推我一把，启动一下。"	
"你觉得自己今天启动了。"	深层反映
	天助自助者
"是的。"	
"太好了。"	连接性的话语
	你觉得这话有道理

练习 8.4　解忧信箱

　　从某种程度上说，解忧专栏是美国的一种独特文化现象。当然，大家上网搜索的话，现在世界各地都有了这样的专栏资源。人们会来信诉说自己的困扰，专栏作者则会提供建议，给出忠告。在这个练习中，大家会读到一些虚构的来信——收件人是一位我们杜撰的解忧专栏作者，我们称他为"陶德哥"，然后大家写回信。如果大家觉得这个练习挺有帮助，可以再找找当地报纸上、互联网上（如《泰晤士报》的"知心莎莉"、《芝加哥论坛报》的"问问艾米"）或者具体作者（如"亲爱的艾比"）的解忧专栏，以它们作为素材继续练习。别忘了咱们的目标是为来信求助的读者提供符合 MI的建议。同时，作为一名优秀的专栏作者，你在回复读者时，也可以风趣幽默一些。

亲爱的陶德哥：

　　我有个朋友，名叫"汉娜"，我们现在是大学室友。我们宿舍有四个人，关系都不错，我们都是大一新生嘛，所以想再扩展扩展社交圈子。但很遗憾，汉娜不是这么想的，她天天就盯住我们几个人过日子。她总是在我房间门口转悠，问我有什么安排，打算一会儿去干什么。她跟其他的室友也这样。后来我干什么都不想带着她了，为此我常有负罪感。我会习惯性地跟她说一会儿我要去图书馆，其实我是去见别的朋友了。我觉得她打扰了我的私人空间，我现在也会随手关门，但其实我不想这样。亲爱的陶德哥，请帮帮我吧，给我些建议。

黏人关系的纠结者

亲爱的纠结者同学：

陶德哥

亲爱的陶德哥：

又到圣诞新年季了。先声明，不要误会我，我很爱家人们，但我总觉得大家关系紧张。我们家有许多外地亲戚，他们一来，我们的日常生活就会被打乱。睡觉是别想睡好了，而且大家还容易起摩擦。我叔叔动不动就喝得酩酊大醉、恣意妄为，谁的意见也听不进去。节前，每次我们都会花很多时间准备，而节日却似乎一下子就过完了，所以我常常觉得有些失望。有时我也想，索性就不管了吧，但我知道自己也不想这么办啊。这些时刻对我来说都很珍贵，却总被弄得意兴阑珊。我该怎么做才能让大家相处得融洽些呢？

过节发愁君

亲爱的过节发愁君：

陶德哥

练习 8.4　参考答案

亲爱的纠结者同学：

听起来，你是满纠结的啊：一方面你不想伤害这位同学的感情，同时另一方面，你现在做的决定真有可能会伤害到她。她似乎也开始让你生气了。下面说说我的几点建议。

首先，有些大一新生会公开讲明自己的目标是想要结识新朋友，但这不意味着就要放弃老朋友。其次，有些女同学也会去找粘人的朋友直接谈，说说自己对其行为的感受，然后看看有没有什么方法来帮她结交新朋友。再次，还可以找宿舍助理（Resident Assistant）说一下你的顾虑，听听她有什么建议。最后，有的人还设定了"约会日"，于是粘人的朋友们只会在固定的时间来找闺蜜或铁磁玩了。这样一来，其他的时间你就可以做自己的事情而不必顾虑她们了。

以上，纠结的同学，哪一条建议对你来说最可行呢？

陶德哥

[下面的回复，篇幅很长，但也向我们展示了怎样回复这些不同的问题。我们写回信时，一个自然段最好只聚焦处理一个问题。]

亲爱的过节发愁君：

听上去你夹在中间左右为难。放手不管似乎是个不错的选择，但也许不是你喜欢的，所以你努力想协调好这个局面，自己也想开心地过节。对此，我有几点看法，当然，拿主意的人还是你，而不是我。我的建议你也不必照单全收，有所选择就好。当然还是那句话，这些都由你来决定。

首先我想到的是，有些家庭会提前计划好过节时的时间安排。除了忙着准备过节，他们也会安排一些娱乐项目。这样，如果大家闲下来也就不会因为无事可做而觉得无聊了。可以安排一些人出去逛逛，一些人玩玩字谜游戏，另一些人还可以一块儿烘焙糕点。这样安排让大家都有事情做，就不会感到无聊。

我还想到另一个办法：有的家庭会先给大家分配职责。节日筹备，人人有责，包括帮忙做饭。有时一个人还真忙不过来，需要大家搭把手。这样安排可以缓解某个家庭成员或某些成员的压力，减轻其负担。

过节时喝酒的问题常常让人头大。我从各位读者那里学到了不少解决办法。有的家庭会提供小点心，这样就不会空腹喝酒了。有的家庭会限制酒的数量和类型。有的家庭则会尝试（私下沟通）控制酗酒亲属少喝点，会和他们说清楚自己所顾虑的情况。还有的家庭就不提供酒精饮品，或者只提供低度的酒精饮品。

我最后还想到的一件事是：你还可以尝试改善自己面对这类情况时的反应。有些读者跟我讲过，他们先入为主的预期反而会让事情复杂起来，所以改变这些预期是有好处的。另一些读者也讲到，是自己的反应让事态升了级，所以他们需要对此保持觉察。最后，还有读者说，自己越关注啥，其实也就越体验到啥。如果关注的是自己喜欢的事物，那就开心一些，即便不顺利时，心情也比只关注负面的东西或麻烦的事要好得多。当然，我们也要面对这样的现实：这一大家子人齐聚一堂，遇到些麻烦大概也在所难免吧。

嗯，我的回复有点儿长啊。发愁君，这些建议里有适合你的吗？

陶德哥

练习 8.5 "我能修好"

这里是一些给当事人的建议，但其中大部分都是面质性的。请大家使用本章学过的技术重新调整这些建议，降低其面质属性。当然这些建议也有可取的部分，所以就像任何维修工作一样，大家需要想好保留什么、替换什么、重做什么。请注意，其中的一些建议可能需要大家彻底重写。请写下自己修改的或重新构建的建议。大家没必要照搬原建议中的字句，不过也请尽量如实还原其中表达出的想法。

1. "你真的需要多吃水果，少吃油炸食品了，否则，你的心脏病很可能还得发作。而且，心脏病二次发作的死亡风险更高，所以你真得做出改变了。"

2. "我知道你吃的药有一些副作用，但也不能等你觉得需要时再吃啊。你这个吃法，抗抑郁药是起不了作用的。你说的这些药，必须保持治疗所需的剂量水平，你好几天才吃一次，根本达不到这个标准，所以现在药效出不来，副作用倒是一个都没落下。"

3.“你又想喝酒了，我觉得你这想法糟透了，特别是现在这个节骨眼儿上。原先你的问题虽然不是酗酒，但你可是个有物质依赖病史的人，很可能对其他的物质也成瘾，这等于只是换了一种物质而已。而且，目前你已经心情抑郁了，喝酒只会加重你的抑郁感。最后我想说，这事儿你也没跟资助人商量过吧，你知道人家肯定会说不行吧，所以你要是冒险喝酒的话，人家资助人可就不管你了。你就作吧，玩火吧！”

4.“这让我为难啊。我也不想把孩子们带走，我知道你舍不得他们。但是，你要是再出现这种行为，我就不得不这么做了。你不想逼我这么干吧。所以现在，法院要求你必须上教养技能学习班，而且还得记录出勤情况，你一定得去上课啊。你不去的话，我就会把孩子们带走，这是咎由自取，可赖不着我。”

5.“如果你还不上心你的糖尿病，做好护理，后果将不堪设想，你甚至会因此而死的。你糖化血红蛋白的数值是14，这可是正常数值的两倍。你现在已经觉得双脚有些麻木了，这说明糖尿病在破坏你的血液循环和神经。你可能会失去一只脚，或者一个肾脏。你家人里有中风病史，你父亲是因为心脏病发作去世的。这都会让问题更复杂、风险更高。我可没跟你开玩笑，你要是不好好控制，恐怕很快你就要出大问题了。”

练习 8.5　参考答案

1.“你真的需要多吃水果，少吃油炸食品了。”

反思：这个建议太硬了，未考虑到当事人的背景。给建议时也没有征求对方的许可，重点都放在了对负面后果的警告上。对该建议进行调整时可使用 E-P-E 技术。

调整：“关于健康饮食以及它对心脏病的预防作用你有些什么了解？”

“你说的没错——多吃水果和蔬菜，少吃油炸食品，这对你的心脏有好处。”

“心脏病二次发作的严重性，你有些什么了解？”

“心脏病二次发作后果更严重，甚至会导致死亡。你对此的想法是……”

技术：E-P-E。

2. "我知道你吃的药有一些副作用，但也不能等你觉得需要时再吃啊。"

反思：跟上例一样，这个建议也在尝试劝说、当事人。同样，如果我们先征求许可，再提供信息，最后再问问当事人的看法，可能会更有效果。另外，大家还可以使用组块 – 核对 – 组块技术来调整建议。

调整："关于抗抑郁药的工作原理，我可以分享一些信息给你吗？如果你已经了解了这些内容，麻烦提醒我一下，我就不再重复了。"

"要达到治疗所需的剂量水平，这种抗抑郁药需要服用一段时间，而且要保持在这个水平上每天服用。这些信息，跟你所了解的一致吗？"

"如果不能坚持每天服药，你没办法达到治疗剂量，药效也就发挥不出来了。相反，出现的只有副作用。时断时续地吃药不会有作用的。"

"虽然我认为规律服药对你有好处，但还是由你自己来决定要怎样做。你的看法是……"

技术：征求许可、组块 – 核对 – 组块

3. "你又想喝酒了，我觉得你这想法糟透了，特别是现在这个节骨眼儿上。"

反思：在此例中，从业者分享了很多有价值的信息，但也演变成了对当事人的严厉批评，以此希望他能印象深刻，不会一回家就忘记了。但在表达关切与担心时，我们最好保持中立，否则很可能导致不和谐。

调整："我对你的决定感到担心，我可以说说原因吗？"

"原因有这几点。你目前心情抑郁，喝酒也许当时能让你感觉好一些，但之后会让你心情更低落。而且，你的资助人并不知道这件事，一旦人家知道了，就不再给你支持和保护了。虽然你的物质依赖病史跟喝酒没关系，但数据表明，你有更高的风险，出现其他物质使用问题的风险更高。所以我会担心。你怎么看我说的这些？"

技术：表达关切与担心、征求许可、提供信息、询问当事人的看法

4. "这让我为难啊。我也不想把孩子们带走。"

反思：跟上例一样，从业者分享的信息中可取的成分有很多。不过，请留意她说的那句"但是"，这就让从业者的关切与担心有点变味儿。同样，这段话末尾说到的"承担责任"也更像一种埋怨或指责，这很可能让当事人心生恼怒。

调整："这让我为难啊。法院说，如果你还想和孩子们一起生活的话，就必须参加教养技能学习班。法院要求我报告你有没有去上课。我必须如实报告，不仅因为这是法院的规定，还因为我也担心你和孩子们。我知道你舍不得孩子们，同时，我也必

须履行自己的工作要求。我不能替你决定，虽然我希望你能来上这个课程，无论是从你的角度考虑，还是从孩子们的角度考虑。但是，这一切都由你自己来做决定。对此你是怎么想的呢？"

技术：组块 – 核对 – 组块（虽然在这个例子中我们并未给出下一个信息组块，但有时会有下一个组块的。）

5. "如果你还不上心你的糖尿病，做好护理，后果将不堪设想，你甚至会因此而死的。"

反思：这是对现实问题的合理担忧，但也是单向的信息传递，再多一点儿合作会更好。

调整："目前糖尿病给你带来的危险，你了解哪些？"（当事人来回答）

"你可能还需要知道一些情况。你的脚有麻木感，这是一种预警症状，说明一些危险的情况可能在发生。按通常判断，是你的循环系统出了问题。糖尿病患者的血糖控制不好的话，出现这种现象也算常见。但是，一旦出现了这些问题，就意味着病情恐怕更严重、更危险了。你对这些更危险的情况有些什么了解呢？"

技术：E-P-E

练习 8.6 **"我能造好"**

在这个练习中，大家会读到一些当事人的情况梗概，请给出自己的建议并与当事人交换信息。这里提到的各种情况，是指在日常生活里大家与人聊天或者在其他人的交谈中经常会听到的话题。在阅读每一个情况梗概时，请出声思考：对于这种情况，你想到了什么，你有何反应。

然后，基于这些信息，你再来决定，其中哪些成分是要着重强调的。当我们更具觉察时，可以更好地考虑，对这位当事人而言，哪些信息最有帮助，并且会着重给出这些信息。请看下面的两个例子。

选大学

朋友 18 岁的儿子跟你说，有好几所大学都不错，他不知道该如何选择了。这些大学有的离家近，有的离家远；有的是公立的，有的是私立的。离家近的大学，花费较少，但可供选择的专业与机会也少。私立大学有奖学金，但学费他们家负担不起，所以如果选这类学校，小伙子得借一大笔外债。不过在私立大学里，学生有更多的机会跟教授接触交流，也更有可能获得关注与赏识。"跟着感觉走"这话说得轻松，在现实中照做其实并不容易。选学校这事儿就让小伙子很为难。你是他信任的长辈，他来询问你的建议。

出声思考：

小伙子卡在这里了，他想做出选择。我一开始觉得，如果他特别为难，那可能应该选费用低点儿的学校。但读到后面时，我也不确定了。我感觉他需要的是可用来"打破僵局"的信息。所以，如果我提供的选择是他没想到的，那可能会有帮助。这就需要我先了解，他知道的、想到的信息都有哪些，然后我再提供选择。

信息交换：

"我有一些想法，但也想明确一下，分享给你是否合适。首先来讲，我估计你为了解决这个问题，自己也试过了一些办法。你试过的我就不想再重复说了。那，你都试了什么办法呢？"（小伙子来回答。）

"以下几点我的想法，供你参考，这也是我从其他年轻人那里了解到的经验。第一点，你可以去这些学校走走看，特别是在他们有课的日子去。去学校宿舍看看，观摩下课堂教学，在校餐厅吃顿饭。第二点，你可以跟朋友们的哥哥姐姐聊聊他们当年的选择，问问他们是怎么做决定的。有时候，听听他们的经验会对你有帮助。例如，他们最看重什么，这些因素如何影响了他们，等他们到了学校后又是什么样子。还有的年轻人在选择学校时会先找这些学校的学生们聊一聊，听听他们怎样评价自己的学校。这通常需要准备一个问题清单，确保在询问各位同学时问得一致。问问他们为什么选择这所学校也是很有帮助的。对于这几点想法，你的看法是……"

换工作

你朋友在考虑换工作。你认识她的时候，她就身兼多份工作，一直在为温饱努力打拼。因为她的家庭结构发生了变化，即从双职工家庭变成了单亲家庭，所以经济上的压力让她必须打好几份工。这种情况大概持续了 15 年。在这段时间里，她也慢慢有了新的恋爱关系，但她伴侣的收入相当微薄，做工作的时长也不如她。现在，有一份独立会计师的大合同摆在她面前。这份工作的年薪非常不错，也让她有时间扩展自己的会计业务。但这样一来，她就必须放弃兼职的工作，而正是这些工作让她有稳定的收入来源。眼前的这份会计师工作是她梦寐以求的，但她也担心自己的收入会降低，而且之后的情况也有很大的不确定性。她在询问你的建议，你觉得她应该怎么办呢？

出声思考：

信息交换：

年迈的母亲

同事跟你倾诉他的烦恼，有一件大事他不知道该怎么决定。他年迈的父母一直住得离他很远。他父亲的健康状况越来越不好，最终在去年离世了。父亲去世后，母亲虽然一直在犹豫，但很明显，她已经很难一个人生活了。她请了家庭医护，但她快没钱了，所以现在，同事需要做出决定：把母亲送到养老院，还是接到自己家里生活。虽然妻子表态支持接回家，但同事知道这对婆媳相处得不好，最好减少接触，彼此保持空间。并且，他们要养活好几个孩子，家务事不少，把母亲接过来就得重新安排房间，家里的日常习惯也得随之调整。孩子们虽然愿意奶奶住过来，但他们也抱怨自己还得贡献出房间，洗手间也得共用了。同事考察了几家养老院，但都差强人意，没有太好的，顶多也就算凑合。所以一想到要把母亲送到这种地方，他心里就感到愧疚。他跟父亲保证过的，自己之后会照顾好母亲。他想听听你会建议他怎么做呢？

出声思考：

信息交换：

你最好的朋友，婚期将至

这位朋友跟你是发小。你参加过她的婚礼，也在她婚姻破裂时给过她安慰。她会细细地跟你倾诉：父亲罹患老年痴呆的困境，全家都靠母亲一个人撑着的情况，最终母亲也因癌症病故的往事。她从小就一直有两个心愿：找到相爱的人，生养自己的孩子。前一个心愿，她实现了，但后一个心愿却搁浅了，因为丈夫不想要孩子。这件事导致了两口子的关系分分合合，她也想过，自己是否也能接受没有孩子的生活。在他们分手的那段时间里，她想了很多，也考虑过收养孩子，因为一些医学原因，她已经无法怀孕了。现在，你们俩正在一起吃饭聊天，她突然宣布，自己婚期将至。你看到她鼓足勇气，说出自己所做的决定：就当别人家孩子的阿姨吧，这样就好了。你了解她，知道她这是孤注一掷，想了结这件事带来的困扰，同时你也知道，她要是真这么决定了，恐怕以后也是会后悔的。此刻，她在询问你怎么看。

出声思考：

信息交换：

练习 8.6　参考答案

这里的出声思考反映的只是我的想法。当然，大家都会有自己的想法，而且跟我想到的可能并不一样。但无论如何，大家也能有个机会看看我是怎么想的。

换工作

你朋友在考虑换工作……

出声思考：我听到这个消息时，既激动又担心。我也琢磨，她是真想听听我的看法呢，还是她心里其实已经有了选择，只不过想找个人明确把它讲出来呢？

信息交换："你确定是想听我的意见吗？有时候，人们询问别人的意见时，其实自己是清楚该怎么做的，他们更需要的是一个把自己的想法讲出来的机会，这也是很正常的。嗯，我知道你很担心收入和保险的事儿，你希望更确定、更稳当。我也能感受到这个工作机会给你带来的惊喜。你可以重新计划自己的人生、重新规划生活了。你可能都有点儿不敢相信这是真的，同时，你似乎也把事情规划得井井有条。我在想，你是不是已经知道该怎么做了，更希望的是有个机会能明确地讲出来，或者也希望能听到自己重要的亲人、朋友给予自己一些肯定。我觉得这份工作是个很棒的选择，但我不能替你决定。你自己的想法呢？"

年迈的母亲

同事跟你倾诉他的烦恼，有一件大事他不知道该怎么决定……

出声思考：对于做这种决定，我深感痛苦。他太难了。因为没有所谓正确的选择——只能是几害相权取其轻。这里我注意到了几点。他的母亲是怎么想的呢？同样，他对父亲的许诺似乎在影响他的选择。我琢磨，这里有没有全或无的思维方式呢？也许在两个极端之间，存在一种折中的选择。

信息交换："这事儿难办啊。有太多因素需要考虑了。你知道，妈妈需要更多的照顾，你也想信守对爸爸的承诺，但众口难调，这事儿想办得人人都满意恐怕不容易。我觉得，无论怎么选择，你都不会安心，同时，你一直希望能做出这种人人都满意、你自己也安心的选择。我有几点想法，可能值得你考虑一下。我可以说说吗？

"你没有提到妈妈的想法。她的想法非常重要。她是怎么想的呢？

"我还想问问，照顾妈妈这件事儿，对你意味着什么？似乎在你看来，意味着要接她过来一起住、一起生活，但我也想到，这件事似乎还有别的含义，说的是另外一些事情。如果你能拓宽一些思路来考虑，可能更有帮助。你觉得呢？

"最后，我也在想，是否可以在一定程度上，你做的选择不用让大家都满意——当然你觉得自己有责任让每个人都开心。我想，如果你对这些释然了，会不会更容易做出选择。对此，你怎么看呢？"

你最好的朋友，婚期将至

这位朋友跟你是发小……

出声思考：我担心，她想通过结婚来了结自己一直以来的迷惘。我觉得，有必要告诉她我的担心，同时也给她支持，支持她自己要不要维持这段关系的决定。

信息交换："你说真的吗？对你做的这个决定我感到担心，这并不是因为我觉得他不好。他这个人很好，我也知道你爱他；但这也让你备受煎熬。我知道你特别想要个孩子，也知道现在的局面让你有多难，不确定的东西太多了，你被夹在里面，一片茫然。我担心，你做这样的选择是为了了结这种困扰，你不想再被不确定的东西折磨了，而同时，你也会后悔的，你会恨他'强迫'你做了这样的选择。所以我担心这样的情况。对我的这些担心你怎么看呢？"

练习 8.7　在生活中实践

做这个练习需要找机会。在日常谈话中，我们会听到别人说起生活里的难处。这些人可能是我们的朋友，可能我们也曾给过他们意见，所以他们对我们的建议保持着开放性。仔细留心这样的机会，尝试以符合 MI 的方式（使用我们讲过的技术）给出自己的建议。

同样，大家也可以尝试在会谈中跟当事人这样做。请有意识地尝试使用一种符合 MI 的方式分享信息，表达关切与担心，或者提供建议。请关注当事人的反应。

如果大家一般不给当事人提供建议，那也请留意，看有哪些情况是从业者提供了建议后当事人能更有收获的；之后，等自己再遇到这类情况时，请为当事人提供一些信息。

当然，也请一如既往、随时随地使用 OARS！

练习 8.8   这让我为难……

在这个练习中，请练习伙伴讲讲近来困扰自己的问题、难处或操心事。当然也可以是早年经历中的一些事情。讲什么都行，但不要讲他最深处、最黑暗、最隐私的个人秘密。所讲的素材在时长上至少要达到 10 分钟，所以自然需要有些内容。

开始时，请先将计时器设为 1 分钟。时间结束的提示音响起后，请出声讲出自己在想什么。请先不要聚焦于当事人（即练习伙伴）在说什么，而要聚焦在自己身上：自己此刻的感受和想法是什么？请出声讲出来。你只讲 30 秒，然后再次计时 1 分钟，如此循环下去，这样至少要进行 10 分钟。看看在这种方式下，你会给出什么样的信息。

大家可以用下面这句话为这段对话开头："嗯，你有什么为难事儿呢？"虽然做这个练习时大家比较容易笑场，但我建议大家严肃对待这个练习。这让我们有机会更好地觉察自己作为一名助人者的内心历程，也正因为如此，我们才能洞见这对于信息分享的影响，或者翻正反射有没有粉墨登场。

请拿出些时间，说说你做出声思考时的体会，然后你们交换角色，继续练习。

第四部分

唤出：为改变做准备

韦氏英英词典对 "evoke" 一词的定义有：

- To bring (a feeling, memory, image, etc.) into the mind.

- To call forth or up.

- To cite, especially with approval or support.

- To bring to mind or recollection.

- To recreate imaginatively.

- To cause (a particular response or reaction) to happen.

现在，我们已经找到前进的方向了。如果到这里我们的本职工作就算完成了，这不也挺好的吗？当事人已经清楚了自己该何去何从。他们过来跟我们握手言谢，然后就按照既定的方向前行了，这不也挺好的吗？有时情况会这样，但更多的时候，这个过程是比较复杂的。为什么会这样呢？

我们先说一个大家都知道的答案：改变，很难。请大家务必认清这个现实。咱们想想自己生活里的例子吧，有些时候，咱们明知道有些事需要改变，也清楚怎样做出改变，却因为各种原因而无法让这些改变实际发生。我们应该少吃点、饮食健康一些、多锻炼身体、不熬夜、多陪伴家人、少玩电子产品、做事更具有创新性、奉献出时间做志愿者、收拾房间、清洁卫生间，甚至写个便签提醒自己做这些事……我们心里明白，这些都是需要做的，实际上却很难去做。我蛮喜欢下面这句话，虽颇为调侃，但也承认了这一现实情况，同时体现出了人性的这种不完美："改变很难。你行你来。"

不过，也有一些例外的情况，此时改变并不算难，也没那么复杂。这种时候，借助从业者（或其他人）提供的信息，当事人就能向前推进，做出改变了。这一定程度上类似于当事人先询问我们从业者有关这条"改变之河"的经验指导，然后他们就乘上皮筏航行去了。在河水平缓时，顺流而下，会比较轻松。当事人可能也需要划划桨，保持皮筏在河道中央行驶，不被岸边的杂草缠绕阻碍，基本上可以说是"水波不兴间，浮舟平稳过"，在这样的旅程中，当事人也不需要我们太多的帮助。但是，有研究表明，复杂的行为改变历程就不会如此顺利了。

当情况较为复杂时，提供信息对于引发改变是必要不充分条件。此时，当事人需要在信息、动机和能力方面有所结合才能践行相应的改变。对于这样的旅程，虽说从业者不见得必须现身，或者可能不用全程都在场，但如果我们不出现，这类航行对于当事人无疑会更加复杂和困难。

我们说了复杂的情况，也提了其中的要点（动机与技能），那我们该怎么办呢？当事人又该怎么办呢？只说上面这些，依然派不上用场，我们还是不知道要怎么办。所以，焦点要再次回到我们熟悉的旅伴——矛盾心态。

第 2 章说过，矛盾心态是改变历程中的一个正常部分。不同方向的水流湍急澎湃，水花碰撞——为什么我们觉得改变很好，同时又觉得改变很难；同样，为什么我们觉得持续现状很好，同时又觉得改变现状也很好——这恰似同一枚硬币的两个面。

当事人的矛盾心态既体现在他们的行为上，同时作为一种心理活动也会体现在他们的语言表达上。泰莉莎·莫耶斯等人的研究也表明，这类语言不仅反映了当事人的内心活动，而且还有助于促发相应的行为，以及预测当事人之后的情况。因此在 MI 中，我们会特别关注当事人的语言，有区别地予以回应。关注语言并区别回应，正是唤出过程的精髓所在。

当事人的语言可分为三类，即旨在改变的语句、旨在持续现状的语句、中立语句。**改变语句**（change talk）表示当事人在考虑改变。这是硬币（矛盾心态）的一个面。**持续语句**（sustain talk）表示当事人在考虑持续现状不改变。**不和谐**（discord）是一种特殊形式的持续语句，表示当事人不但考虑持续现状不改变，而且还感受到了"要改变"的压迫，主动对抗我们。请注意"我们"这一措辞。在 MI 看来，不和谐的产生与加剧都是人际历程中的一部分；而**阻抗**（resistance）传达的是"这种对抗只源于当事人自身，而非人际历程的产物"，所以我们不再使用该术语。相反，在 MI 中，我们可以把**不和谐**解释为"受压下的矛盾心态"[1]。总之，持续语句跟不和谐代表了硬币的另一面。**中立语句**（neutral talk）指那些既不支持也不反对改变的话语，也就是在改变或者其他话题上都保持中立的态度。作为从业者，我们对上述这几类语言并不会感到陌生，因为都是我们听到的。如下例，请大家出声读读以下几条烟民语录，大家认为它们各属于哪一类语言呢？

1. 我觉得抽烟没啥啊。
2. 你不会懂的。这些我都试过了，根本不管用。
3. 我没太想过这些。
4. 我知道抽烟对自己不好，我回头就戒了。

---

[1] 感谢艾伦·扎考夫（Allan Zuckoff）这样解释**不和谐**，这非常有帮助。

是否我们从业者的耳朵更灵敏，我们可以更好地分辨这几句话的类型？我的分类是：1- 持续；2- 不和谐；3- 中立；4- 改变。大家跟我分法不一样也不必担心。我们会在第 9 章和第 11 章中详细讲解这些语言类型，相信到时候，大家对这类语言的觉察会更加敏锐。现在，大家可以听得到、看得见这些语言就行，可能大家暂时还难以表达。

了解了矛盾心态和语言类型，我们再来看看以下四个观点：第一，我们选择的谈话路径决定了谈话的走向；第二，谈话双方是相互影响的；第三，谈话本身就是在帮助当事人组织自己的经验；第四，谈话不只是在描述经验，而且也有助于创造经验。下面我们将逐一阐述。

第一点似乎是个共识。我们选择的谈话路径当然决定了谈话的走向。但是，一旦回到繁忙的工作环境中，我们就容易忘记这一点。我们忙于搜集特定的信息，解决特定的问题，因为心里觉得这些工作是必须要做的。于是在这一过程中，我们选择关注点时，很可能是自动化的、反应性的，而不是有目的、有意图地在做选择。或者我们只顾着搜集特定的信息，而听不到当事人讲述自己的故事，更听不到其中提示的谈话路径了。在选择谈话路径时，纯熟的 MI 从业者都是目的明确、意图清晰的。

第二点认识是在第一点的基础上又做了延伸。同样，这在一定程度上也是大家的共识：谈话双方会相互影响。从业者与当事人携手同行，其中一方的言行自然会影响到另一方。举个例子，其实当事人就影响了从业者对 MI 的运用，而其影响方式还是我们没法预测的。扎克·伊梅尔（Zach Imel）做的几个研究很有意思，这些研究表明：基于当事人的情况，从业者对 MI 的使用呈现出显著的变异。其中一个研究显示：当事人的挑战性越低，从业者使用 MI 的熟练度也越低。在这种时候，我们往往更倾向于使用翻正反射，而很少使用**唤出**。因此，如果当事人已经开始朝着改变迈进了，那我们更需要多加留意：我们要遵循 MI 精神，要使用 OARS+I 唤出当事人自身的资源，以维持其通向改变的努力。

第三点认识跟叙事疗法的观点一样，我们帮助当事人以他们可以采用的方式组织自身的经验。这一认识对于我们思考从业者的工作本质也特别重要。如果只是停留在当事人以他们的方式跟我们讲过的内容上，那我们并未帮助他们组织相应的经验。这也正是表层反映有效但也有其局限性的原因所在。深层反映、摘要、肯定、具有针对性的信息和提问才有助于当事人从新的视角观察和理解自身情况。他们会看见一条通向前方的可能的道路。

第四点认识，即当事人与从业者的谈话不仅是在描述经验，而且也是在**创造**经验。此时我们需要说到元认知或者"对思考的思考"。举个例子说明，请大家出声读读下面两句话：

"这是个问题。"

"这是个挑战。"

读这两句话时，你有什么不同的体会吗？大部分人都可以体会到一些差别，而"觉察到这两句话的不同"就是元认知，即我们对一个主题的思考和谈论方式会对我们理解这个主题本身造成影响。所以针对当事人的改变，我们选择的回应内容与回应方式不但会影响谈话的路径，而且还会影响我们对这条路径性质的理解以及对谈话走向的预期。因此，我们需要更加留意语言的影响，也要保持觉察：我们在有的放矢地运用语言。

上述四点还请大家谨记于心。下面，我们要再次回到"改变之河"这个比喻上，再看看我们在哪里、要做什么、该怎样做。我们**在哪里**呢？在这条改变之河中，我们现在所在的位置是：当事人已经找到了他们想要前进的方向。请注意，这个方向是当事人自己的选择，而不是从业者的选择。这正是聚焦过程的成果，我们也要从此出发，准备进入唤出过程了。现在，我们的目标是帮助当事人继续聚焦在这个方向上，唤出他们自己关乎"我为什么选择了这个方向"的理由，唤出他们"我要朝着什么前进"的目标，然后再帮助他们将这个改变落实到行动上。本书在该部分将针对唤出并强化改变语句、软化持续语句、缓和不和谐来运用核心技术。让我们继续回到与拉塞尔的谈话中，看看这些都是如何体现的。

活动IV　　唤出拉塞尔的资源与动机

咨询师与拉塞尔的谈话还在继续。请大家阅读咨询师说的话，看看他都使用了哪些技术。也请大家对应着"拉塞尔的语言类型"判断他的语言属于哪种：走向改变、远离改变、保持在中间位置。请使用以下标注来表示："走向""远离""中间"。之后，我们再来谈改变语句的特异性。而现在，请大家只关注当事人在回应的话中针对谈话议题（如"大麻"和"教养技巧"这两个议题）所使用的语言，其是走向改变型的吗？在后面几章中，我们将对此做更详细的阐述。

	咨询师的技术类型 / 拉塞尔的语言类型
咨：好，我们停一下，做个摘要。你不确定要不要讨论大麻的问题，但你还是过来了。因为有一些事儿是你希望有变化的，可能你最想找到教养孩子的好方法，这事儿是你最看重的。你觉得呢？	
拉：不，我很确定，大麻对我来说就不是个问题，不用再浪费时间说这个了。	

（续表）

	咨询师的技术类型 / 拉塞尔的语言类型
咨：你想专心讨论其他的话题，比如说说孩子们，也聊聊怎么做个好父亲。	
拉：对。	
咨：你想做个好父亲，我想知道，是什么影响了你，让你有这样的决心。我觉得讨论一下还是很有意义的。	
拉：当然有意义了。嗯，我的父母就很好。他们虽然不完美，但都努力理解我，努力给到我需要的。父母能一直这么对孩子，其实不容易。他们也对我有期望。我们家有不少家务活儿都安排在周末做，估计全天下的孩子就我一个盼着周末赶紧过完的。反正我也睡不了懒觉。我的朋友们都可以赖个床，我可没戏（笑了）。我们一家清早就起了，八点就准备好开工了（摇头）。	
咨：（微笑）有些事儿是你不喜欢的，同时你也知道，父母也尝试站在你的角度看问题。	
拉：我从这堆家务活儿上可体会不到啥理解（气哼哼地），但我们总在吃晚饭时聊天。爸妈会问我的看法，很认真地听我说话。他们没对我讲过你说得不对或者你不懂之类的话。他们尊重我的意见，我朋友的父母就做不到，[他们爱说]："等你长大了，就不这么想了。"	
咨：所以你最能体会认真倾听这件事儿不能只停留在嘴上，还需要落实在行动上。所以你希望女儿们也能认真听别人讲话。	
拉：是的。我希望她们明白，我很在意她们的想法，但就像我父母对我有要求一样，她们也需要明白，作为家里的一员，有些事儿是她们必须要做的。	
咨：你希望孩子们明白，不能光想着自己。	
拉：对。	
咨：要履行自己的那份儿责任，不能只伸手索取。	
拉：是啊。但这事儿不太容易。说实话，很难。每次她俩回到我家，几乎都要从零开始，得从头再教。	
咨：每周如此。	
拉：对。孩子妈妈跟我的教育风格不一样。她可不唱黑脸——那好，我来当坏人，我来背锅。	
咨：你理解她为什么要这样。	
拉：我理解，但背这口黑锅也快烦死我了。	
咨：是挺别扭的，同时你也没有放弃这些期望，哪怕是从头再来，因为你知道这对孩子们很重要。你这是在为她们着想，而不是为了你自己。	

（续表）

	咨询师的技术类型 / 拉塞尔的语言类型
拉：父母教了我很多，其中之一就是，我知道自己重要，但我也不是世界的中心。做人要平衡这些。	
咨：其实你考虑的这些就是一个好父亲会考虑的。要让孩子们知道，父母爱她们，同时，她们也是家庭的一员，不能只为自己着想。这是你从父母那里学到的，你也要传承发扬下去。	
拉：对，虽然我讲不出这些话，也许我还没太想过吧，但的确是这个样子。我也知道我一定会这么做的。	
咨：你知道要怎么做。	
拉：我知道。说来可笑，就因为教育孩子的事儿，我跟前妻一直有矛盾，我觉得都怨她，是她对孩子管得太松了。但其实，这也是我分内的事儿。这事儿在我，而不在她。	
咨：这个领悟会让你做出改变，应对好之后的情况。	
拉：对。其实我用不着改变自己正在做的事儿，但我确实需要改变视角，改变自己的看法。	
咨：这样一来，压力也会下降一些。	
拉：我有点儿说不上来了，不过感觉上是对的。	
咨：就好比，你的身体能知道是这么回事。	
拉：对。	
咨：看来，你已经想好怎么办了。	
拉：想好了。我教给孩子们的事儿，不用改变，因为是正确的，但我需要改变自己的视角和看法。	
咨：看我有没有充分理解了你说的内容。关于怎样教育孩子，你父母是好的榜样，你也继承和遵循着这些原则。你知道，这就是你骨子里的东西。你要做个好父亲，要让女儿们感受到爱，同时还要让她们意识到大家期望着她们对家庭的付出，所以她们不能只想着自己。你已经在教给女儿们这些事儿了，但你也认识到，你现在更多的是把教育孩子当成了一种负担，而不是好爸爸要做的分内事。你意识到，自己需要接纳这一切。	
拉：你说得对，是这样的。	
咨：那，下一步呢？	

活动IV　参考答案

	咨询师的技术类型 / 拉塞尔的语言类型
咨：好，我们停一下，做个摘要。你不确定要不要讨论大麻的问题，但你还是过来了。因为有一些事儿是你希望有变化的，可能你最想找到教养孩子的好方法，这事儿是你最看重的。你觉得呢？	摘要
拉：不，我很确定，大麻对我来说就不是个问题，不用再浪费时间说这个了。	远离改变
咨：你想专心讨论其他的话题，比如说说孩子们，也聊聊怎么做个好父亲。	深层反映
拉：对。	中间
咨：你想做个好父亲，我想知道，是什么影响了你，让你有这样的决心。我觉得讨论一下还是很有意义的。	陈述，用作提问
拉：当然有意义了。嗯，我的父母就很好。他们虽然不完美，但都努力理解我，努力给到我需要的。父母能一直这么对孩子，其实不容易。他们也对我有期望。我们家有不少家务活儿都安排在周末做，估计全天下的孩子就我一个盼着周末赶紧过完的。反正我也睡不了懒觉。我的朋友们都可以赖个床，我可没戏（笑了）。我们一家清早就起了，八点就准备好开工了（摇头）。	中间
咨：（微笑）有些事儿是你不喜欢的，同时你也知道，父母也尝试站在你的角度看问题。	双面反映
拉：我从这堆家务活儿上可体会不到啥理解（气哼哼地），但我们总在吃晚饭时聊天。爸妈会问我的看法，很认真地听我说话。他们没对我讲过你说得不对或者你不懂之类的话。他们尊重我的意见，我朋友的父母就做不到，[他们爱说]："等你长大了，就不这么想了。"	中间
咨：所以你最能体会认真倾听这件事儿不能只停留在嘴上，还需要落实在行动上。所以你希望女儿们也能认真听别人讲话。	深层反映
拉：是的。我希望她们明白，我很在意她们的想法，但就像我父母对我有要求一样，她们也需要明白，作为家里的一员，有些事儿是她们必须要做的。	走向
咨：你希望孩子们明白，不能光想着自己。	深层反映
拉：对。	走向
咨：要履行自己的那份儿责任，不能只伸手索取。	接续式反映
拉：是啊。但这事儿不太容易。说实话，很难。每次她俩回到我家，几乎都要从零开始，得从头再教。	走向又远离
咨：每周如此。	表层反映

（续表）

	咨询师的技术类型 / 拉塞尔的语言类型
拉：对。孩子妈妈跟我的教育风格不一样。她可不唱黑脸——那好，我来当坏人，我来背锅。	中间
咨：你理解她为什么要这样。	表层反映
拉：我理解，但背这口黑锅也快烦死我了。	中间（虽然他对前妻恼火）
咨：是挺别扭的，同时你也没有放弃这些期望，哪怕是从头再来，因为你知道这对孩子们很重要。你这是在为她们着想，而不是为了你自己。	双面反映
拉：父母教了我很多，其中之一就是，我知道自己重要，但我也不是世界的中心。做人要平衡这些。	中间
咨：其实你考虑的这些就是一个好父亲会考虑的。要让孩子们知道，父母爱她们，同时，她们也是家庭的一员，不能只为自己着想。这是你从父母那里学到的，你也要传承发扬下去。	反映，然后肯定
拉：对，虽然我讲不出这些话，也许我还没太想过吧，但的确是这个样子。我也知道我一定会这么做的。	走向
咨：你知道要怎么做。	深层反映，起到肯定作用
拉：我知道。说来可笑，就因为教育孩子的事儿，我跟前妻一直有矛盾，我觉得都怨她，是她对孩子管得太松了。但其实，这也是我分内的事儿。这事儿在我，而不在她。	此处不太好说，似乎是走向改变，但也可以算中间状态。我们会在下一章中再做讨论
咨：这个领悟会让你做出改变，应对好之后的情况。	反映
拉：对。其实我用不着改变自己正在做的事儿，但我确实需要改变视角，改变自己的看法。	走向
咨：这样一来，压力也会下降一些。	反映
拉：我有点儿说不上来了，不过感觉上是对的。	走向
咨：就好比，你的身体能知道是这么回事。	反映
拉：对。	走向
咨：看来，你已经想好怎么办了。	反映
拉：想好了。我教给孩子们的事儿，不用改变，因为是正确的。但我需要改变自己的视角和看法。	走向

（续表）

	咨询师的技术类型 / 拉塞尔的语言类型
咨：看我有没有充分理解了你说的内容。关于怎样教育孩子，你父母是好的榜样，你也继承和遵循着这些原则。你知道，这就是你骨子里的东西。你要做个好父亲，要让女儿们感受到爱，同时还要让她们意识到大家期望着她们对家庭的付出，所以她们不能只想着自己。你已经在教给女儿们这些事儿了，但你也认识到，你现在更多的是把教育孩子当成了一种负担，而不是好爸爸要做的分内事。你意识到，自己需要接纳这一切。	过渡性摘要
拉：你说得对，是这样的。	走向
咨：那，下一步呢？	关键问题

第 9 章

识别改变语句和持续语句

开篇

拉多娜（LaDonna）交叉抱握着双臂，满脸愁容。她深吸了一口气，然后呼了出来，手臂也随之放松，垂落到腿上。她泪眼汪汪，轻声答道：

"没有，我后来没想过伤害自己，但我也戒不了酒，直到我弟弟说，你再这个样子就搬走吧。"从业者坐在她面前，没有开口。拉多娜接着说："我已经失去了一切。我不知道，戒酒还有什么意义。"

"你不清楚戒酒的意义，但你还是在戒酒。"

"太难了，**真的太**难了，可我一直在坚持，也一直在跟治疗师见面，但是也没什么起色。"

"你一定下了很大的决心。我是说，你原先为了不影响工作来戒酒，这好理解，但现在你好像已经找不到什么原因这么做了，可你还坚持来戒酒，即便有时候，可能你也想过放弃。"

"也许是这么回事吧。我没太琢磨过这些。"

"你还没意识到自己的力量、自己的决心。"

"哪有啊……力量、决心啥的，都谈不上吧，除了……"

"除了……"

"好吧，我戒酒成功过，曾经有三年的时间我滴酒不沾。"

"所以，你知道怎么戒酒。"

"嗯，我想还行，但那种感觉对我现在来说太久远了……你懂我的意思吧。"

"你希望重新戒酒成功，但你也不确定，自己现在能不能做到。"

"呃，我想我是能做到的吧，可我想马上就有起色，实际却没有。"

"至少现在还没有。"

"我希望尽快啊。"

"对，尽快。看看我是否正确理解了你的意思。虽然现在找不到外在的戒酒原因，但好像有一些内在原因在推动你，因为你一直还来戒酒，即便有时你备感艰难。你希望有所起色，你也知道自己能行，只是不清楚眼下该怎么做到。山路崎岖，但你已决心攀登。"

　　拉多娜点了点头。拉多娜 45 岁，这是她第五次参加治疗物质滥用的课程，她想回归工作，但除了物质依赖问题，还有很多不利的因素，如关节退变、慢性疼痛、学习新东西的挑战、抑郁 / 焦虑问题等。拉多娜缺乏社会支持，特别担心能不能回归工作，也害怕自己会再度酗酒。本次访谈旨在评估和记录她的残障情况，评估她的就业准备情况。正如这段对话所呈现的，动机议题可能会在任何时刻出现、展开，而短短几句话的交流就可能对当事人产生深刻的影响。

　　在这段对话之前，从业者先询问了拉多娜目前的抑郁症状以及近半年来试图自杀的情况，而拉多娜在会议开始回复的那几句话体现出她对戒酒不抱什么希望了，也找不到坚持下去的意义了。如前所述，由从业者主张"坚持下去的意义"可能会引出拉多娜"是啊，不过……"的回应。但她说的这些话其实也隐约体现了一种拼上全力的决心：她要坚持下去，她想要更好地生活。问题在于，我们是否能"听到"这层意思？又是哪些语言表明了当事人可能改变？

　　会谈开始时，从业者对其现状的推测为这段对话定下了最初的基调，拉多娜自己也确认并延伸了这层意思（虽然只是略微做了延伸）并使对话继续开展下去。她逐渐说出了一些倾向于改变的话。在这段谈话的末尾，拉多娜做出改变的可能以及她做出改变的能力似乎更加明显可见了。但是，这里依然有个疑问：她会落实到行动上吗？如果会，那她要做什么呢？而如果不会，我们又要怎么帮助她做改变呢？

深入认识

　　当事人的语言非常重要。研究表明，当事人说的话不仅反映了他们的想法，而且也**塑造**了他们的想法。实际上，当事人不同类型的语言会诱发不同模式的神经反应。在 MI 中，这些语言可分为三大类，即改变语句、持续语句、中立语句。

◎ 改变语句

改变语句表示这个人倾向于在行为、想法、态度或环境方面做出积极的改变。相反，持续语句表示这个人倾向于维持现状，而不想做出改变。中立语句则既没有支持或反对改变，也没有支持或反对维持现状。研究表明，当事人所使用的的语言类型可预测其是否会做出改变，而从业者的行为方式则会对当事人的语言类型造成影响。既然当事人的语言如此重要，我们就有理由清晰地理解这些语言类型，识别并区分各类语言，掌握回应和引出各类语言的技术。这三个方面依次构成了本章及后面两章的内容。咱们先详细了解一下什么是改变语句。

改变语句这个概念也在与时俱进。目前，米勒和罗尼克给出的定义是：自己表达的任何主张改变的语言。总体而言，某句话算不算改变语句，我们可以根据三个要素来判断。

1. **改变语句包含有关改变的表述**。这就是说这些语言会显示出当事人有愿望或能力做改变，能看到改变所带来的好处，能观察到目前的困境，已经启动或承诺改变，或者正在采取步骤做出改变。

2. **改变语句关联的是一种或一组具体的改变**。这种具体化与 MI 的方向性有联系。每次会谈的焦点都会集中在一个特定的改变上（如改善健康、增进亲社会行为、避免使用物质、采取更安全的性行为、减少人际暴力、提升牙齿保健等），改变语句是离不开这些焦点的。

3. **改变语句在时态上一般使用现在时**。这表明，当事人所说的内容反映的是他们现在的情况。例如，一位当事人说："曾经，喝酒给我造成了一些问题。"这句话是否为改变语句取决于这句话后面接着说了什么内容。当事人可能接着说："……但现在，没问题了啊。"这就不是改变语句。或者，这位当事人说的是："……现在，仍然是个问题。"这就是改变语句。又或者，如果从业者对当事人的话做了反映："喝酒曾经给你造成了问题，可能现在也还是这样。"当事人回应说："是的。"那么这句话也是改变语句。

目前看来，改变语句有三个要素，即有关改变的内容、具体的目标行为、现在时态。莫耶斯等人研究发现，改变语句并非 MI 所特有，而且改变语句可以跨治疗模块／条件来预测饮酒行为。该发现支持了以下观点，即引出并强化改变语句至关重要。至于**为什么**重要，我们则要学习达里尔·贝姆（Darryl Bem）提出的自我知觉理论，从中获得解释了。

贝姆指出，有时人们会观察自己的行为，就像他们观察别人的行为一样，从而确定自己的态度。他还特别提到，这一过程发生在人们的信念和态度不明确，同时外在奖励也不足以解释行为的情况下。例如，即便要求一位坚信禁戒（abstinence）治疗的从业者支持减害（harm reduction）取向，其所坚信的东西也依然如故，不太可能发生改变。让坚信某些想法的人反对这些信念并不会引发他们态度上的转变。同样，如果人们的行为是出于外在权威的要求（如假释委员会要求犯人报告不会再犯的理由），那么他们的态度不一定会有转变。但是，当这些都不明确时，让人们说出支持某种观点的话语就会引发他们的态度朝向该观点转变。简而言之，我们会相信自己找到的理由。

自我知觉理论在 MI 中的应用相对直接。根据迪克莱门特的预估，大概有 2/3 的人在考虑改变时会颇感矛盾。看来，大多数人对于自身行为的改变都怀有不确定感。在这样的情况下，从业者的任务就是帮助当事人识别并清晰地表达出"支持改变的理由"。相反，从业者要避免主张改变，否则，当事人很可能会反对改变了（即当事人会主张"不需要改变的理由"）。

改变语句的这些理论基础已经发展了一段时间，但支持该理论的实验室发现目前还在积累之中。现有数据表明：（1）访谈时当事人自然发生的语言可预测他们的后续行为；（2）治疗师的行为可预测改变语句的出现；（3）酗酒治疗中的改变语句可预测之后的治疗成效。

研究者还关注了改变语句和持续语句的神经生物学变化，一些发现进一步支持了当事人语言的重要性。特别是，这两类语言可能会激活不同的神经基质（neural substrata），而对于相同的神经网络，两类语言的激活方式也存在差异。具体来说，持续语句（人们为喝酒找理由时）会激活奖赏通路，但如果他们说的是改变语句，则不会激活这条神经通路。这就意味着，当事人使用的特异类型语言能使其脑部相应地被激活，导致他们更可能继续酗酒。而且，从业者与当事人的关系模式（即"合作"或"不和谐"）对神经激活模式似乎也有影响。霍克（Houck）等人的研究表明，改变语句和持续语句会激活岛叶（脑部的情绪活动中枢）的不同神经模式。虽然还有待更多的研究检验，但现有的这些发现已表明：当事人说的话，还有我们从业者对此的回应与互动，都会相应地激活他们的脑部，从而使其更加固守现状或者更有可能寻求改变。

当事人的改变语句又分为两大类，即预备型和行动型。**预备型改变语句**（preparatory language）有四种，即愿望、能力、理由、需要（desire, ability, reasons, and need；DARN）；**行动型改变语句**（mobilizing language）有三种，即承诺、启动、采取步骤。我们之后还将对此做进一步讨论，不过大家需要先知道，对于这些语言类型，目前的研究发现并不一致。泰莉莎·莫耶斯建议，可根据现有的资料先得出一些共识性的结论。一般来说，改变语句作为一个整体，其重要意义要高于在两个子类型之间的推进过渡（即从预备型推进到行动型）。强化改变语句是更重要的事，尤其是与持续语句相较而言。因此，我们从业者的任务是要引出并强化改变语句，减少或软化持续语句，而不是去过度关注具体的子类型。

前面讲过，改变语句要结合具体的目标来看，也就是说，改变语句会围绕某一具体的、特定的改变而不是笼统的、一般性的改变来展开（如加强身体锻炼）。但这种划分可能对研究人员意义更大，对于从业者来说也许没那么重要，因为各种行为（以及各种想法、态度和／或环境）都是交织在一起的，改变其中一个方面就可能连带着开启了其他方面的改变。所以说，改变语句即便没有落脚在某一具体的目标上，仍然是非常重要的，这标志着当事人"向着改变迈进"，从业者可以利用这些语言帮助当事人从抽象过渡到更为具体的方面。所以从这个意义上看，从**聚焦**到**唤出**是一个逐渐收缩、筛选的输出过程，其最终目的在于引出并强化与具体目标有关的改变语句。

请大家记住这几点，接下来我们学习识别哪些是改变语句，哪些不是。

◎ 预备型改变语句

我们说过，预备型改变语句有四种形式，即愿望、能力、理由和需要。虽说是四种不同的形式，但在大多数从业者（及 MI 编码员）看来，这些形式之间有很大的重叠。有时，我们甚至根本没法分辨怎样代表某一形式结束了，怎样又代表另一种形式开始了。

改变的愿望

这种语言表示当事人有一种明确想改变的愿望，但并没有承诺会落实到行动上。从业者有时会忽略这种语言，觉得这不过就是当事人随口一说的东西罢了，与闲谈无异。但其实这是重要的准备步骤。让当事人公开地讲出想改变的愿望，就等于找到了一块跃向承诺的跳板，而且也铺垫了之后对计划方案的讨论。愿望式语句示例如下。

"真希望事情不是这个样子。"
"希望情况会有改观。"
"我不想成为这样的人。"

在拉多娜的话里，我们发现了这种愿望语句："呃，我想我是能做到的吧，可**我**

想马上就有起色，实际却没有。"这句话也反映出一个问题，即改变语句不好区分类型，因为这句话便既有愿望，又有能力、理由和需要方面的成分。

改变的能力（乐观主义）

这种语言关乎自我效能（即一种"能做"的态度），表示当事人相信自己能够在所聚焦方面做出改变。这种语言可能包括"知道要做出哪些改变""清楚怎样做出这些改变"以及"相信自己只要拿定主意就可以做到"。有时，这种能力语句差不多已经近似承诺性的语言了。下面是一些示例。

> "我知道自己应该做什么，我需要的只是去做。"
> "我能改变；我只要落实到行动上就好了。"
> "我这就证明给大家看，你们都错了。"

这种语言通常是试探性的，尤其是在谈话的初始阶段。在拉多娜的例子里就是如此，所以从业者先使用肯定来支撑她的希望，这一步非常关键。之后，拉多娜才说了："呃，我想我是能做到的吧，可我想马上就有起色，实际却没有。"她后面又说了两句话，仍然带有试探性，这两句之间夹着从业者说的一句话，示例如下。

> "好吧，我戒酒成功过，曾经有三年的时间我滴酒不沾。"
> "所以，你知道怎么戒酒。"
> "嗯，我想还行，但那种感觉对我现在来说太久远了……你懂我的意思吧。"

这种试探性的改变语句可能不足以引发改变，但这是一个开端。请大家铭记，只要开始了就行，无论从哪里切入都没关系，因为殊途同归，最后的目的地才是关键所在。

改变的理由（改变的好处）

这种语言表示改变会带来一些具体的好处。当事人谈到，如果他们下决心做改变，那生活会有怎样的起色。这些话里会提到一些美好的事物，是只要做出改变就会到来的美好事物。示例如下。

> "要是我不喝这么多酒，老婆也就不跟我找事儿了。"
> "我要是多盯着点儿自己的血糖，体力上也会好转一些。"
> "要是我每次都想到用安全套，估计现在心里也不用总嘀咕这事儿了。"
> "我要不用这么担心就好了。"

拉多娜的话里隐约表达着"那样的话，就好了"，但她的话里也没有哪句具体说了怎样改变，或者说了在哪方面改变。所以我们可以沿着这个方向继续和她探讨。使用一句反映性陈述，然后再跟上一个直接的开放式问题可能效果更好："你希望情况能比现在好。那假如你不喝酒的话，情况会有哪些起色呢？"

改变的需要（现状问题）

这种语言说的是当事人生活中存在的问题和功能受损的状况。如果遵循 MI 的合作精神，我们自然会同意，类似"X 是一个问题"这样的标签并不是改变发生的必要条件。但对于当事人来说，如果要让他们意识到现状中哪些东西必须改变，这个标签也是必要的。这种语言也可能并不说明具体的改变理由，而只是以需要改变的一般性指令（祈使句）出现，如下面这些示例性话语。

"我必须让情况好起来。"

"我需要解决这些问题了。"

"我的血糖不能再这样下去了。"

"我不能再这样做了。"

需要语句可能是最先出现的改变语句，所以从业者需要留意这种语言，虽然这些话的措辞和语气都可能很"弱"。在拉多娜的例子里，她说的话就隐约表达了物质使用给她造成的困境："我已经失去了一切。"从业者使用一句澄清的反映性陈述可能有助于加强当事人的需要语句："喝酒让你失去了一切。"同样，在这个例子中，在不提问的情况下，从业者巧妙地使用反映性倾听这个核心技术，对于引导拉多娜的关注点以及澄清信息都发挥了巨大的作用。拉多娜的话也表示出了改变的需要："呃，我想我是能做到的吧，可我想马上就有起色，实际却没有。"这句话也许更符合愿望语句，但其中也体现出了改变的需要。

◎ 行动型改变语句

预备型语句为改变铺设了道路，但这并不足够。实际上，米勒和罗尼克将 MI 比喻为一座山，以形容这样的改变历程需要付出的努力。此时，"引出预备型改变语句"就好比是上山的过程，这期间我们可能会遭遇到矛盾心态，让我们脚下打滑。等我们登上顶峰开始下山时，我们与当事人就走入了"行动型改变语句"的阶段。可能你觉得这段下山路会好走一些，但其实，挑战依旧不少。

承诺语句

这是改变语句的支柱。承诺语句（commitment talk）含有行动的词汇（动词），表达了一种要落实到行动上的意图。正是这种付诸行动的意图将**承诺**与**愿望**区分开来。愿望是一种试探性的语句（更被动），表达了一种想改变的心愿，但没有承诺要落实到行动上。承诺语句中动词的强度可能不尽相同，有强有弱，但都表明了行动的意图。米勒和罗尼克指出，承诺语句自带一种应允许诺之意。示例如下。

"我这就去……"

"我会去……"

"我计划……"

"我要去……"

启动

这种语言较难界定，但它也可以预测改变。启动语句（activation）表示，当事人准备好了也有行动意愿，但其不具备承诺语句中那种明确、坚定的声音。启动语句标志着一种朝向行动的趋势，但没有承诺践行。如下面两个例子所示。

"我准备试一试……"

"我愿意试试……"

采取步骤

这种语言表示，为推动某一具体目标的实现，当事人已经在做一些事情了。迈出一小步，哪怕只是试探性的，但只要方向正确，也预示了之后的改变。这种语句的示例如下。

"我上周去健身房锻炼了两次。"

"我去了商店，买了一些蔬菜，洗完切好后放冰箱里了，回来当零食吃。"

"我跟男朋友说了，要是喝酒了就别住这儿。"

在拉多娜的例子里，我们可以发现预备型改变语句的三种形式（愿望、能力、需要）。她说自己一直过来治疗（这可能算采取步骤，但也可能不算），而从业者试图强化和引出这些语言。拉多娜的改变语句明显在增多，这预示着她有较大的可能做出改变。

总之，米勒和罗尼克将预备型语句视为"矛盾心态的改变面"，将行动型语句视为"走向矛盾心态的解决"。泰莉莎·莫耶斯指出，是否要侧重某种形式的改变语句，我们必须保持谨慎，因为还没有足够的证据可以支持这些论断，如"行动型改变语句可以更强地预测改变"。所以，身为从业者，我们要一视同仁地强化所有的改变语句。

◎ 持续语句

现在，我们将关注点转向那类表示**改变不会发生**的当事人语言。起初，MI 培训师们也使用**阻抗**这一术语来标记这类语言，但后来发现，表示从业者和当事人之间处于不和谐状态的语言不同于这类表示当事人接纳或认可现状的语言。这后一类语言就是**持续语句**，它与前面讲过的改变语句地位相当，二者也相互对应。具体来说，当事人可能会表达：（1）想持续现状的愿望；（2）在现状下维持功能的能力；（3）现状的好处；（4）对现状的需要或者改变所伴随的问题。对于维持现状，当事人还可能表达出自己承诺如此，准备好了如此，或者已经采取步骤这样做了。

那种想让事物保持不变的愿望可能我们都体验过。例如，在孩子们大学毕业时，他们长大了，要去闯世界了。为人父母，我们都尽可能培养和鼓励孩子们成长、发展与独立，但我们也真心舍不得他们离开身边，所以另一方面也盼着别有这样的变化。同样，如果当事人也是因为一些人或一些事而不得不做出改变，可能他们也会痛苦惋惜，不甘心就这么放手现状。甚至，即使当事人的改变并非出于被迫，他们仍然可能期盼不一定要全盘、彻底地改掉某种行为吧，可以在一些方面有些保留吧。例如，在成瘾治疗领域，这一点就颇有意思：当事人往往并不想戒掉自己的瘾，他们只想去掉这些瘾所招致的不良后果。人们与现状的这种联结代表了矛盾心态的另一个面。

当事人不愿放手现状的原因有很多。或许他们相信自己有优势、有本领，也有能力在特定的领域安身立命。例如，他们懂得如何在物质滥用的世界里行走生存，他们清楚如何弄到钱，如何买到毒品，还有做这些事情时怎么尽量保证自己的安全。相反，在没有毒品（物质）的世界里如何生活恐怕他们就知之甚少了。他们的知识跟技能都扎根在这里，所以无法将他们带出自己熟悉的世界，即便他们也觉得在这样的世界里自己过得并不幸福。

或许当事人对改善现状不抱希望了：要么不可能改变；要么改变了也没有用，情况也好不了多少。例如，销售人员面对专横不讲道理的老板，也不会换地方，因为工作经历教了他们，老板都这样。你换个地方做销售，老板就不这样了？别抱幻想了，天下乌鸦一般黑，还不如找一只眼熟的接着看呢……

或许当事人是受制于现状，只能接收到有限的信息。例如，罹患场所恐惧症宅在家里的患者，只要在家待着，就不用去面对那些引发恐惧的情境。宅在家里的即刻获益似乎远远胜过了"行动能更自由"这样的长期收益。

还可能，当事人是看到了改变的弊端。毕竟，**风险**与改变并存。没有工作的当事人如果决心去找份工作，那很可能就要放弃救济津贴和大把的空闲时间了，而换回来的可能只是一份低收入、高付出、丢面子的工作。这种风险也可能指向了当事人的内心。屡试屡败，对于当事人自我胜任感和自尊心的冲击可能比起他们甘心委身于现状的自我贬抑状态强度要大得多，危害也严重得多。

上述几点都表明，当事人或许还会继续那些现有的行为，虽然他们可能也考虑了做出改变，但是只要这些与现状相关的因素在重要性上超越改变的好处或需要，那就不可能发生实际的改变。当事人的这种语言表明矛盾心态的天平向着"反对改变"的一方倾斜了。

◎ 不和谐

与持续语句不同，**不和谐**是当事人对从业者的一种**主动反抗**，虽然有时形式上可能略显被动。例如，"不遵医嘱 / 不依从"行为就可以算一种形式的不和谐。我用一段自己的亲身经历来说明这种情况。

我先介绍一下背景。我有 I 型糖尿病，我积极地关注自己的病情，而且做得也不错。我的医生是个心地善良、尽职尽责的人，我也敢打赌——我关注糖尿病病情方面的表现有时也让她备感挫折。她会夸奖我在自我照料上付出的努力，但也会因为我还有地方需要改进而责备我。虽然我的糖化血红蛋白总体控制得还不错，但肯定也还有改进的空间。起初，我还想跟她解释，为什么她给的建议我很难落地执行。我敢保证，自己当时的行为被当成主动的阻抗了。我经常说"是啊，不过……"，而她对此烂熟于心，所以每次给我的回应就是再强调一遍这些建议对于我的长远健康有多么重要，再拿可怕的后果警告我一番（她说的这些其实都对，我自己对此也有清楚的认识）。后来我想明白了，她根本理解不了我的处境，她这人虽然好心，却在帮倒忙。我就摸索出一个应对的方法：她说啥我都表示同意，并说自己会尝试她给的建议，这样就不用听她长篇大论地讲个没完了。所以我就这么做了。于是在之后的交流中，我们表面上一团和气，但我并不认同她给的那些建议，我也只是很偶尔才按她说的做一下。

如果当事人直接向从业者提出了异议，这就是一种主动形式的不和谐了。他可能会主张"那些酒驾的风险都是无稽之谈"；她可能反驳说"从业者不懂，有的孩子就得好好管，被狠揍一顿后他们就知道父母厉害了"；他可能认为"打打游戏，发发信息，不会影响学习，非要把这两件事扯在一起的人讨厌死了"；她可能相信"一到秋天，人们出门少了，总得待在家里，所以自然心情不好、爱发脾气"，从而拒绝讨论季节性抑郁症；他的伴侣一直在抱怨没有共处时间，两个人也不合拍，你对此表达了关切与担心，他可能不以为然，并争辩说："我现在养着仨孩子，有份儿全职工作，还参与了一些志愿者服务的工作，我也会定期跟朋友们聚聚，一切都挺好的嘛。"这些例子，我们并非只是眼见耳闻而已，有时我们自己也会做出这样的事情、说出类似的话。

可遗憾的是，对于当事人，我们八成就要给人家贴上"否认"的标签了：现实情况都摆在眼前了，有的人就是视而不见。但是，如果我们对自己的"否认"加以审视就很容易发现：有现实的环境压力在影响我们的行为。社会心理学家将这种现象称为"基本归因谬误"（或称为"符合偏差"或"过度归因效应"），即当我们观察别人时，倾向于将行为归结为他们的内在特质所致，而忽略环境的影响；相反，当我们观察自己的行为时，却会更强调环境的影响，更少归因于自身的性格特点。

所以，当事人对从业者不以为然、不屑一顾也就不奇怪了。因为我们就是没有理解他们的观点。我曾遇到过一位被迫来访的年轻男性，在这 50 分钟里，他懒在椅子上一语不发。很明显，他想表达"即便你们把我弄过来，咨询师也别想让我开口"。过了10 分钟，我便明白了他想传达的意思，但小伙子觉得我领悟力欠佳，还是得留出一个小时来让我觉察。等到下一次会谈时，我们走出咨询室去附近的篮球场打球了；然后呢，小伙子就愿意说话了。看来，当我们重新设定了规则、更换了场地之后，他就愿意交流了。

当事人还可能会打断从业者。这种情况常见于学校课堂中，老师在努力掌控课堂，但越是压制学生的打断行为，这种行为反而会越发激烈。另一种常见的情况是，当事人对咨询师的不屑一顾，当事人会说："你懂什么？你怎么理解我？"曾有一位青少年来访者就这样问过我："你算什么人？我花钱雇来的朋友？"另外，如果当事人长篇大论地说个没完，还拒绝让出发言权，这可能也是一种形式的不和谐。这在团体发言中有所体现，如果某位成员独占了发言时间，自顾自地讲起来没完，那其他成员要么索性任由其说下去，要么就盼着这位成员可别这么自我中心了。

概念自测

[判断正误]

1. 自我知觉理论认为，让当事人自己主张一种观点就可以相应地改变他们的态度，尤其是在当事人的观点和看法不明确时，效果更佳。

2. 改变语句有七种形式。

3. 只有承诺语句才能预测当事人的改变。

4. 持续语句跟不和谐是一回事。

5. 改变语句和持续语句在形式上相互对应。

6. 持续语句比改变语句多，意味着不太可能发生改变。

7. 不和谐就是对阻抗的一种委婉称呼。

8. 不遵医嘱／不依从虽然在形式上略显被动，但仍是一种不和谐。

9. 中立语句这种语言同时含有了改变语句和持续语句。

10. 只有 MI 才能引出改变语句。

［答案］

1. 正确。这段话的基本框架是正确的。不过还有一点也需要我们留意：没有外部因素可供当事人归因。如果当事人坚定秉持某个信念或者将自己的行为归结为外因所致（如"我是为了讨好陪审员才这么说的"），那即便让他们清晰说出某一主张，也不太可能改变他们的基本立场。但总体而言，这段话呈现了自我知觉理论的基本内容。

2. 正确。改变语句的七种形式分别是改变的愿望、能力、理由、需要、承诺、启动以及采取步骤。很难区分预备型改变语句的各种形式，相对而言，从大类上区分出预备型语句和行动型语句可能更有意义。

3. 错误。这个问题其实比较微妙。虽然承诺语句可以预测改变，但启动语句和采取步骤也能预测之后的改变，而且预备型改变语句也可以预测改变。从这个角度看，我们不能说某一形式的改变语句会比其他形式的更重要。最后要说的是，有时即使没有承诺语句，改变**也会**发生。所以，对于预测改变而言，承诺语句虽然很重要，但其他元素（启动、采取步骤以及预备型语句）也可以预测之后的改变。

4. 错误。MI 专家们现在区分出了这两类行为。MI 培训师建议从业者使用术语"持续语句"代表当事人倾向维持现状的语言，使用术语"不和谐"指那些体现出临床关系不协调的当事人行为。

5. 正确。持续语句和改变语句有相似之处。我在做培训时，通常会用"一枚硬币的两个面"来形容二者的相似性。

6. 正确。总体来看，说得没错。不过，这里的关键可能不是每种语言的"量"，而是其在一次会谈中的"变化轨迹"。会谈刚开始时，可能持续语句很多，改变语句几乎没有，但随着会谈的展开，持续语句减少了，改变语句增加了，这样，改变就很可能会发生。当然对于这种"变化轨迹",我们还需要做更多的研究。但总体而言,如果持续语句比改变语句更多,那意味着改变不太可能发生。

7. 错误。虽然俗话说"玫瑰不管怎么称呼都一样香",但措辞的选择和推敲也同样重要,MI 的研究者和作者更应该使用准确的术语来描述相应的现象。其实经过长期摸索,MI 的专家、学者已经认识到:在当事人抗拒某种改变的过程中是存在人际因素的。研究也表明,从业者的行为会影响这种不和谐,使之加剧或缓解。术语"阻抗"仅指当事人内在的抗拒,而术语"不和谐"则更为准确地涵盖了此中发生的人际历程。

8. 正确。不遵医嘱 / 不依从也许不会表现为主动、外化的抗拒行为,但当事人心里面往往并不认同那些建议或要求。也许他们不遵医嘱 / 不依从的行为只是默默发生,很不显眼,但如果已经变成了常规性反应,那这就是一种不和谐。所以生活不会一帆风顺,对当事人而言如此,对我们从业者也是如此,我们有好的出发点也不见得一定能引发当事人做出相应的行为。

9. 错误。如果当事人的语言中既有改变语句又有持续语句,那么两类语言就是同时存在了。这种情况其实也很常见,是对矛盾心态的语言表达。中立语句既不包含改变的成分,也不包含持续现状的成分。不过有时,中立语句可能看起来有点儿像改变语句。例如,"大夫担心这一点"这句话看似像是改变语句,但其实是中立语句。这句话有可能转向改变语句,也可能转向持续语句,这取决于当事人接下来说什么——"……我也担心"(改变语句)或者"……我反正不担心"(持续语句)。

10. 错误。其他的临床方法也可以引出改变语句。但只有 MI 这种临床方法会关注识别、引出和强化改变语句。

实践运用

我们回到拉多娜的例子中。虽然,安排会面原计划是想评估拉多娜的心理健康状况,以反映她的就业准备程度,但有一个具体的目标已然浮现出来了,即她要努力戒酒。在下面的对话中,从业者就将焦点放在了戒酒行为上。我们接续开篇中的那段对话,请大家注意拉多娜的语言,看看其中出现的是改变语句、持续语句,还是中立语句。

谈话	评注
从：看看我是否正确理解了你的意思。虽然现在找不到外在的戒酒原因，但好像有一些内在原因在推动你，因为你一直还来戒酒，即便有时你备感艰难。你希望有所起色，你也知道自己能行，只是不清楚眼下该怎么做到。山路崎岖，但你已决心攀登。	
当：我是有决心，但我也不知道自己到底行不行。	前半句介于愿望和承诺之间，但拉多娜在后半句里表达的担忧有持续语句的成分
从：存在一些实际的困难，同时，你也是有决心的。我在想，我们要不要拿出些时间来讨论一下这个问题。	
当：嗯，我觉得需要吧。	当事人同意了，但不清楚这体现的是改变语句，还仅是对从业者征求许可的回应
从：你不确定讨论这个是否会有帮助。	
当：我知道自己必须戒酒。之前我也试过，但不成功啊。	同样，先是改变语句，然后是持续语句
从：三年滴酒不沾也不算成功？	
当：我觉得算吧，但没有延续下来。	前半句是改变语句，后半句好像是持续语句，但因为说得不太清晰，暂且视为中立语句
从：你曾有很长一段时间成功地戒酒，后来你又喝酒了。你好像感到，现在务必停下来，这事儿太重要了。实际上，戒酒，你也不知道是为了什么，但同时，你在做这件事。在信心方面，咱们还是有些不清楚。如果用1~10分来表示，1分代表完全没有信心，10分代表极度有信心，那你对于在之后一个月里不喝酒有多大的信心呢？你给自己打多少分呢？	
当：我觉得4分吧。	中立语句，我们不清楚这个数字的含义
从：有意思的是，你选的不是1分或2分。为什么呢？	
当：呃……虽然难，但我也不想走老路了。我跟自己说了，就算觉得没什么起色也要坚持来治疗，如果觉得有帮助，那更要过来了。	强有力的承诺语句，尽管她的信心分数较低，话里也有一些持续语句的成分。这段回应也很好地体现出两类语言成分往往同时存在
从：你这是拒绝喝酒了。	
当：（笑了起来）对，我觉得是这样的。但有时候会觉得，真的好难啊。	认同改变语句，也提到了困难阻碍，这部分是持续语句

（续表）

谈话	评注
从：所以你打的是 4 分，而不是 7 分或 8 分。	
当：对，但我之前撑过了这种煎熬。	这句话隐约体现出了她的能力和韧性，但不算一句明确的改变语句，暂且算作中立语句
从：你知道自己的坚强。	
当：说来奇妙，我今天刚进来时，还没有这种体会。	隐约是改变语句，但不太明确，暂且算中立语句
从：当你看到自己已经做到了什么事情，对自己、对自己的承诺是什么样的有了了解后，这让你更有信心了。你的打分应该高一些了吧，比如 5 分或 6 分？	
当：可能 6 分更合适。	当事人认同自己信心更强了，这是改变语句
从：我还有一个问题，问完咱们就开始进入评估工作的其他环节了。现在是 6 分，你觉得，要怎样达到 7 分或 8 分呢？	
当：我需要感受到更多的希望。	当事人回应得比较笼统算中立语句
从：感受到更多的希望。你如何判断这种情况有没有出现呢？	
当：我觉得到那会儿，我心情会更快乐。我会有个计划，是关于今后住哪儿的。我也会有份工作。	当事人提出了很多目标，有远有近，这是中立语句
从：哇哦，上升 1 分得做这么多的事儿啊。	
当：（笑了起来）我估计是吧。可能这也是，我总把自己搞得不堪重负的原因吧。好吧，1 分的话……也许是有个计划来安置住处吧。	当事人认识到，她对自己有了觉察，这是一种形式的能力——虽然可能较弱
从：感觉这就更可行了——你可以做到！	
当：其实现在情况还可以。我是说，只要不喝酒，我就还能住弟弟家。等我有工作了，可以存点钱，然后找新的住处。	这段话不太好判断，她清楚地讲述了自己的初步计划，其中含有能力语句的成分，我们会将其视为改变语句，因为即便存疑，作为改变语句来看待和强化，也不会发生错失
从：似乎你心里已经有了一个计划。要做的就是把它说出来，当然需要放慢节奏。别图快，这样你就不会让自己那么不堪重负了。我在想，把这个计划写下来会不会有帮助。	

（续表）

谈话	评注
当：我想会有的。我在公交车上写，我等会儿坐车去参加治疗会谈。其实我也想在会谈时说说这个计划，因为这也能帮我坚持做下去。	承诺语句（也更有计划去完成）
从：什么对自己有帮助，需要怎么做，你看得很清楚了。	
当：（微笑）是的。就是我一定要记下来，可别忘了。	改变语句（能力）

　　拉多娜过来时，议题并不在于讨论她的物质使用康复计划，但在交谈中，这一点逐渐明确：如果她想顺利就业，那戒酒就是一个至关重要的目标。这段对话很好地呈现了如何兼顾从业者和当事人两者而展开议题。对于戒酒的聚焦讨论成为双方的共有议题。在这段谈话中，三种类型的当事人语言在拉多娜的话中全都出现了：改变语句、持续语句以及中立语句。我们会在下一章里关注从业者对这些语句的回应与相关影响，但在本章中，我们先将重心放在观察上：经过十分钟左右的交谈，拉多娜对于改变的看法已经与刚开始谈话时不同了。

本章练习

　　本章我们先来练习识别改变语句、持续语句和中立语句。

◎ 练习 9.1　识别持续语句

　　作为从业者，我们常会听到当事人说起不改变的理由，所以我们对这类语言颇感熟悉，也善于识别。本章的第一个练习就是要大家使用这项业已建立的技能。请大家阅读从业者与当事人对话的文稿，尝试从中识别出持续语句，并用一种颜色的笔在文字下面画线标记。先记下自己认为这是哪种持续语句，自己的判断依据是什么，然后再与参考答案对照。对照完答案，梳理一致之后，我们接下来转入练习 9.2。

◎ 练习 9.2　新的视角

　　练习 9.1 训练对持续语句保持敏锐。现在，我们继续使用这份文稿，同时从新的视角出发，重新阅读这篇对话。这回我们不再关注当事人谈到的不改变的理由了，相反，我们要寻找那些表示他们考虑改变的话语。咱们一起看看，当换了一个新视角之后，我们发现了哪些改变语句。

◎ 练习 9.3 熟能生巧

社会心理学家和那些讲求细节的教练员常爱说熟能生巧。练习本身的确很重要，但更重要的是，练习还需要贴近之后实际运用的场景。所以，该练习旨在训练我们从混合着持续语句和中立语句的对话中发觉改变语句。同样，大家会看到一份文稿，但这次要求大家每读一段，就马上在改变语句下面画下划线（只要有改变语句出现）。做这个练习时，大家好像"在听"当事人说话一样——一听见改变语句就立刻画线，所以练习时不要返回去重读（听）和揣摩，随着对话一路"听"下去就好。这种练习方式，让我们能更贴近跟当事人工作时的"实际情况"。

◎ 练习 9.4 为改变语句打鼓[1]

该练习进一步训练我们对改变语句的敏锐性。练习时，请播放一段语言素材，大家要判断听到的是预备型改变语句、行动型改变语句，还是别的类型的语言。同时，咱手里模拟打鼓，这是一种动觉型（kinesthetic）学习活动。我们分别用滚奏（拍打）技法和刷子（摩擦）技法[2]来回应不同类型的改变语句。因为这里用到的语言素材就是歌曲，"当事人"通过歌词诉说着我们要倾听的语言。

◎ 练习 9.5 由内而外

该练习旨在帮助我们由内而外地体验、感受和理解改变语句、持续语句以及中立语句。因为人人都有需要改变的方面，我们从业者也不例外，我们也体验过、经历过这些语言。请把它们写出来，这样不但我们的敏锐性获得了提升，而且也亲身体会了这些语言的可能出处——别人引起的、我们自己的内在反应、我们过去的经验。正是这种体会，为我们奠定了基础，帮助我们区别回应不同的语言类型。这些将在后面几章中详细讨论。

---

[1] 感谢史蒂夫·伯格史密斯（Steve Berg-Smith）提供练习 9.4 和练习 9.6。

[2] "滚奏"技法和"刷子"技法都是爵士鼓演奏术语，二者声音不同。读者在实操时，前者用拍打，后者用摩擦即可。——译者注

搭伴练习

除了上述练习，再给大家提供一个选择，大家可以跟练习伙伴一起进行。

◎ 练习 9.6　为改变语句打鼓——两人轮流

在这个练习里，有一份列有当事人话语的清单。请你的伙伴出声朗读这份清单，你每次听到预备型改变语句（DARN）时，就像击鼓一样拍打几下；预备型语句都标有下划线。每次听到行动型改变语句（承诺语句、启动、采取步骤）时，就摩擦双手（先双手合十，然后画圆摩擦手掌，就好像手里在转一个珠子）；行动型语句都标有波浪线。遇到中立语句、持续语句以及不和谐时，你就不做任何动作，鼓是静音的。如果你跟伙伴有判断上的分歧，你们可以先停下来，一起讨论、解决困惑的地方，然后再继续练习。你们也要交换朗读者和鼓手的角色，轮流打鼓。

其他想到的……

改变的准备度（readiness to change）与**治疗的准备度**（readiness for treatment），是两个不同的概念。在我们的研究中，二者同样体现出了区别。

这些研究发现，有些 MI 培训师对依从语句和改变语句做了区分。**依从语句**（adherence talk）是指当事人愿意参加治疗，因为这是一种做改变的途径；而**改变语句**则直接聚焦在问题行为上。这种区分的实用意义主要体现在两个方面：（1）避免从业者过度执迷在某一特定的治疗形式中，认为这是改变的唯一途径；（2）要始终仔细倾听当事人语言的含义。这种区分也符合迪克莱门特的论述：所有有意图的改变，都是一种自我改变，这个历程在当事人跟从业者见面之前就已经开始了，而且在治疗结束之后还会继续下去，因此，治疗只能代表改变历程中的一个时段而已。

另外，有一个地方是大家常会困惑的——当从业者对当事人未表达的改变语句做了反映性陈述（深层反映）之后，当事人说"是的"或类似的回应来表示认同，那么，这能算改变语句吗？最好的回答恐怕就是："可能算吧，但也可能不算。"所以对从业者而言，蜻蜓点水是不够的，我们要让当事人自己将这些有关改变的想法清楚地表达出来。不是一听见他们回答"是的"，我们就停止了，而是还要继续探索和强化这句回答。

最后，我还想打个比方，再来说明一下改变语句。我家住在美国的大西北，我也酷爱户外活动，如野营（我年轻时还是个背包客呢）。这片区域的降雨量非常大，所以要想在这地方生起营火，那就需要知道些窍门，掌握些经验了。首先，我们需要一些生火用的燃料，如小树枝、干叶子、干松针等。其次，我们需要知道这些燃料去哪里找。再次，我们点起了一个小小的火苗，这是最开始的一小步，想让它燃烧起来，就需要稍微通通风，稍微添上一点燃料（树枝等）。直接扔进去一块大木头或者强力鼓风都可能让这个小火苗熄灭，所以需要耐下心来慢慢行事。这个生营火的过程就好像我们对待改变语句的过程。当我们刚一发现改变语句时，它往往是藏在湿树枝下面的橙红色小苗儿，在树枝的缝隙间若隐若现，而不是一团熊熊燃烧的强劲火焰。我们需要耐心呵护它，还要知道去哪里找燃料来维持它的燃烧。最后，我们还要让这个小火苗长大，让这团火烧起来，成为噼啪作响的营火。大家都知道，营火烧不起来时，我们去指责埋怨小火苗不但没用，而且还是怄气犯傻的表现。但很遗憾，我们有时却会跟当事人这么做。实际上，让小火苗长大、燃烧起来的方法与技艺恰恰就是第 10 章和第 11 章的核心内容。

练习 9.1 识别持续语句

请你阅读从业者与当事人对话的文稿，尝试从中识别出持续语句，并用一种颜色的笔在下面画线标记。等你都完成后，请与参考答案对照。

这是位年轻男性，他因被确诊了癌症而过来接受支持性的心理治疗。治疗期间，他的父母说担心他可能存在物质滥用问题。所以，本例中改变语句聚焦的目标行为是"物质滥用"。

从：我简单总结一下这几个月来咱们讨论过的内容。大约在 8 个月之前，你出现了相当严重的癌症恐慌情绪。你也请了一段时间的病假来做化疗，所以生活中的其他事情也都先搁置了。现在情况有了积极的变化，你的癌症转入了缓解期，你更乐观了，也想将重心放回到生活安排上来。在确诊癌症之前，你还在学校上学，虽说校园生活也是喜忧参半吧，但你知道如何顺利完成学业。你计划在秋季学期回去上学。你也计划目前先待在家里，帮忙补贴点儿家用；不过这也意味着，你在这段时间必须遵从父母设立的规矩，自然，这可能会引发一些家庭摩擦。我有没有漏掉什么没说到呢？

当：没有啊。

从：现在据我所知，你父母很担心你抽大麻的事。他们已经明令禁止了。跟我说说这件事吧。

当：哦，你想知道哪方面啊？

从：关于抽大麻，是怎么个情况啊？你父母都有哪些担忧呢？类似这些方面吧……

当：嗯，我吧，高四[1]之前不喝酒的，也不抽大麻。后来在高四下学期，我开始喝酒了——你懂的，都是在周末出去玩时，或者跟朋友们聚会时。后来吧，我又抽上了大麻。本来一开始我也只在周末才抽上一口，不过后来基本是天天抽了。那时候抽这玩意儿可比喝酒跟驾车来得更安全。不过没多久，我就决定还是少抽点儿吧，所以我也试着少抽了。后来，我决心戒上一段儿时间，所以在一两个月里，我总共也就抽了有限的几次，然后我又想，要不就只等社交啊、聚会啊这些时候再抽吧，但执行得不太顺利。再后来我就病了，生病期间啥都没干，不过现在呢，我的情况见好。所以听见爸妈跟我说一周可以抽一回时，我都有点儿小惊讶了——但我知道，这样不行。聚会时我也不能抽。我需要彻底戒了，我现在正在努力呢。我有一周左右没抽过了。

从：你很确定自己在这方面需要做出改变，而且，其实你回到高中后一直坚持不碰大麻。

当：是高中刚毕业后。

从：那喝酒呢？在这件事儿上你立场如何？

当：这个嘛，酒我打算继续喝点，但我的意思不是说，刚戒了大麻，就又要拾起酒来。我喝酒可跟抽大麻不一样。我从没连着天天喝过，也就是偶尔跟朋友们出去玩时会喝一点儿。另外，我在一家餐厅打工，有时下班后大家会喝上几杯，我觉得这也没什么大不了的。

从：嗯。所以你很明确，在抽大麻上需要做出改变——我也还想听你再讲讲做这个决定的原因——另一方面，你也说不好在喝酒上需不需要改变。

当：对，喝酒也不算什么大问题啊。

从：没啥大不了的。

当：对。

从：我简单总结一下今天的谈话内容。你……

练习 9.1　参考答案

从：我简单总结一下这几个月来咱们讨论过的内容。大约在 8 个月之前，你出现了相当严重的癌症恐慌情绪。你也请了一段时间的病假来做化疗，所以生活中的其他

---

[1]　美国高中学制为四年，高四是高中的最后一年。——译者注

事情也都先搁置了。现在情况有了积极的变化，你的癌症转入了缓解期，你更乐观了，也想将重心放回到生活安排上来。在确诊癌症之前，你还在学校上学，虽说校园生活也是喜忧参半吧，但你知道如何顺利完成学业。你计划在秋季学期回去上学。你也计划目前先待在家里，帮忙补贴点儿家用；不过这也意味着，你在这段时间必须遵从父母设立的规矩，自然，这可能会引发一些家庭摩擦。我有没有漏掉什么没说到呢？

当：没有啊。

评注：从业者的摘要中提到了一些问题，不过当事人的回应不算持续语句。

从：现在据我所知，你父母很担心你抽大麻的事。他们已经明令禁止了。跟我说说这件事吧。

当：哦，你想知道哪方面啊？

评注：不算持续语句，但我们可以嗅到一丝防御的味道。

从：关于抽大麻，是怎么个情况啊？你父母都有哪些担忧呢？类似这些方面吧……

当：嗯，我吧，高四之前不喝酒的，也不抽大麻。后来在高四下学期，我开始喝酒了——你懂的，都是在周末出去玩时，或者跟朋友们聚会时。后来吧，我又抽上了大麻。本来一开始我也只在周末才抽上一口，不过后来基本是天天抽了。那时候抽这玩意儿可比喝酒跟驾车来得更安全。不过没多久，我就决定还是少抽点儿吧，所以我也试着少抽了。后来，我决心戒上一段儿时间，所以在一两个月里，我总共也就抽了有限的几次，然后我又想，要不就只等社交啊、聚会啊这些时候再抽吧，但执行得不太顺利。再后来我就病了，生病期间啥都没干，不过现在呢，我的情况见好。所以听见爸妈跟我说一周可以抽一回时，我都有点儿小惊讶了——但我知道，这样不行。聚会时我也不能抽。我需要彻底戒了，我现在正在努力呢。我有一周左右没抽过了。

评注：当事人说的"那会儿抽这玩意儿可比喝酒跟驾车来得更安全"很像持续语句。但是，这句话用的是过去时[1]，所以跟判断改变语句的原则一样，考虑到时态因素，我们认为这句话仍是"中立语句"。

从：你很确定自己在这方面需要做出改变，而且，其实你回到高中后一直坚持不

---

[1] 在汉语中，动词本身没有时态的变化。汉语读者需要根据状语或语境来判断当事人话语的时态。——译者注

碰大麻。

当：是高中刚毕业后。

评注：不是持续语句，是当事人做的事实更正。

从：那喝酒呢？在这件事儿上你立场如何？

当：这个嘛，<u>酒我打算继续喝点</u>，但我的意思不是说，刚戒了大麻，就又要拾起酒来。<u>我喝酒可跟抽大麻不一样</u>。我从没连着天天喝过，也就是偶尔跟朋友们出去玩时会喝一点儿。另外，我在一家餐厅打工，<u>有时下班后大家会喝上几杯，我觉得这也没什么大不了的</u>。

评注：他很明确地表达了，他认为这方面没问题。持续语句。

从：嗯。所以你很明确，在抽大麻上需要做出改变——我也还想听你再讲讲做这个决定的原因——另一方面，你也说不好在喝酒上需不需要改变。

当：<u>对，喝酒也不算什么大问题啊</u>。

评注：当事人继续说了关于喝酒的持续语句。

从：没啥大不了的。
当：<u>对</u>。

评注：当事人又确认了一遍持续语句。

练习9.2　　新的视角

我们仍使用练习9.1中的对话文稿，重读一遍，用另一种颜色的笔对改变语句画<u>下划线</u>。请大家注意，虽然改变语句通常都是当事人自己说出来的话，但即使由从业者说出来，如果当事人表达了认同和肯定，也可以算作改变语句。等你都完成后，请与参考答案对一对。

最后，做完这个练习后，请你回答下面几个问题。

当关注点从持续语句转移到改变语句上，你有哪些体会和发现呢？

你觉得自己更容易"听见"哪种语句？

你有什么启发，之后可以怎样提升自己听见改变语句的能力？

在这个练习中，哪些方面你做得不错？

练习9.2　参考答案

从：我简单总结一下这几个月来咱们讨论过的内容。大约在8个月之前，你出现了相当严重的癌症恐慌情绪。你也请了一段时间的病假来做化疗，所以生活中的其他事情也都先搁置了。现在情况有了积极的变化，你的癌症转入了缓解期，你更乐观了，也想将重心放回到生活安排上来。在确诊癌症之前，你还在学校上学，虽说校园生活也是喜忧参半吧，但你知道如何顺利完成学业。你计划在秋季学期回去上学。你也计划目前先待在家里，帮忙补贴点儿家用；不过这也意味着，你在这段时间必须遵从父母设立的规矩，自然，这可能会引发一些家庭摩擦。我有没有漏掉什么没说到呢？

当：没有啊。

评注：从业者的摘要中提到了一些问题，不过当事人的回应不是改变语句。

从：现在据我所知，你父母很担心你抽大麻的事。他们已经明令禁止了。跟我说说这件事吧。

当：哦，你想知道哪方面啊？

评注：不是改变语句。

从：关于抽大麻，是怎么个情况啊？你父母都有哪些担忧呢？类似这些方面吧……

当：嗯，我吧，高四之前不喝酒的，也不抽大麻。后来在高四下学期，我开始喝酒了——你懂的，都是在周末出去玩时，或者跟朋友们聚会时。后来吧，我又抽上了大麻。本来一开始我也只在周末才抽上一口，不过后来基本是天天抽了。那时候抽这玩意儿可比喝酒跟驾车来得更安全。不过没多久，我就决定还是少抽点儿吧，所以我也试着少抽了。后来，我决心戒上一段儿时间，所以在一两个月里，我总共也就抽了有限的几次，然后我又想，要不就只等社交啊、聚会啊这些时候再抽吧，但执行得不太顺利。再后来我就病了，生病期间啥都没干，不过现在呢，我的情况见好。所以听见爸妈跟我说一周可以抽一回时，我都有点儿小惊讶了——但我知道，这样不行。聚会时我也不能抽。我需要彻底戒了，我现在正在努力呢。我有一周左右没抽过了。

评注：当事人提到自己对父母表态的感受时，用的是过去时，但他马上就明确说了，这是当下的问题，他现在知道做什么，而且他也正在采取这样的行动。这是需要语句（预备型改变语句），以及承诺语句和采取步骤（行动型改变语句）。

从：你很确定自己在这方面需要做出改变，而且，其实你回到高中后一直坚持不碰大麻。

当：是高中刚毕业后。

评注：不是改变语句，是当事人做的事实更正。

从：那喝酒呢？在这件事儿上你立场如何？

当：这个嘛，酒我打算继续喝点，但我的意思不是说，刚戒了大麻，就又要拾起酒来。我喝酒可跟抽大麻不一样。我从没连着天天喝过，也就是偶尔跟朋友们出去玩时会喝一点儿。另外，我在一家餐厅打工，有时下班后大家会喝上几杯，我觉得这也没什么大不了的。

评注：他很明确地表达了，他认为这方面没问题。不是改变语句，而是持续语句。

从：嗯。所以你很明确，在抽大麻上需要做出改变——我也还想听你再讲讲，做这个决定的原因——另一方面，你也说不好在喝酒上需不需要改变。

当：对，喝酒也不算什么大问题啊。

评注：当事人语言上的变化隐约表示，似乎可以再考虑考虑，但这构不成改变语句。

从：没啥大不了的。

当：对。

评注：仍然不是改变语句，但略微开放了一点可能性。

练习9.3　　熟能生巧

社会心理学家和那些讲求细节的教练员常爱说熟能生巧。练习本身的确很重要，但更重要的是，练习还需要贴近之后实际运用的场景。所以，该练习旨在训练我们从混合着持续语句和中立语句的对话中发觉改变语句。同样，大家会看到一份文稿，但这次要求大家每读一段，就马上在改变语句下面画下划线（只要有改变语句出现）。做这个练习时，大家好像"在听"当事人说话一样——听见改变语句就立刻画线，所以练习时不要返回去重读（听）和揣摩，就随着对话一路"听"下去就好。这种练习方式，让我们能更贴近跟当事人工作时的"实际情况"——倾听当事人时，我们心里记下改变语句，但不一定会立刻回应。

对话中当事人的背景情况如下：这是一位中年男士，正在跟儿童福利工作者会面，因为儿童保护服务署（child protective services）接到了他邻居的电话，投诉他家爆发了争吵，他还动手打了女友和儿子。儿子学校也反映，孩子之前就出现过瘀伤，但到目前为止，还没有采取正式的干预。现在，该男士被勒令接受治疗，而且目前只能在监督下探视他的两个孩子（8岁和5岁），直到儿童福利人员判断孩子们与他单独相处没有危险后，在监督下的会面才能解禁。治疗要改变的目标行为聚焦于"他如何管理与女友和孩子们的冲突"。

从：我知道，你今天不太愿意来见面。

当：可不呗。警察根本不听我解释，就知道一个劲儿地逮人。他们现在又说，我要是想抛开社工单独见孩子，就得过来跟你聊聊。

从：谁都没有真正耐下心来听听你的看法。我在想，是不是咱们可以花些时间来做这件事。

当：随便吧。

从：就现状来说，跟女友和孩子们相处，哪些问题是你担心的？

当：我现在见不了孩子们，除非有社工陪同。孩子们搞不懂这是怎么回事，他们问我："爸爸，你怎么不能回家呢？"平时是我辅导他们做数学作业的，但我现在辅导不了了，孩子妈在这方面不怎么行的。真是愁死了。

从：你是孩子们生活里的重要一员，这对你也很重要。现在你想出力，却帮不上忙。

当：是的，差不多。他们有时是很烦人，但大部分时间里还是很可爱的。

从：那你女友呢？

当：她可恨透我了。她说我打她，可她也打我啊。说我不关心她，不关心孩子，都是瞎扯。有时，她还唠叨个没完，就不能退一步，消停消停。那天晚上也是，我告诉她别说了，让我安静一会儿。我出了屋，她还跟在我后面吵；我跑到车库去，她也出来跟到那儿。我都觉得丢脸，邻居们可都听着呢。最后，我回屋了，我告诉她你闭嘴吧。然后她就扇了我一耳光，我觉得这就是我爆发的原因。但我不过也就是反手一推，想让她离我远点儿，她呢，可能是失去了平衡，反正摔倒了。我也没有成心打儿子啊，他掺和进来的也太不是时候了，那会儿他妈妈正要起来跟我来劲呢。我当时一直在跟她说抱歉，但她是又抓又打的，后面的事儿我也想不起来了。

从：看来事情发展到这一步你很难受。你并不想跟女友这么解决问题。你希望能更有序一些，大家都别失控。

当：是啊。人们可别把我当成怪物看。我真心不想这样的事儿发生，谁让她不肯消停呢！

从：你不是那种人，你也不希望别人那样看你。

当：我俩要是能好好说话就好了，但是我们好像都有些过分了。我们俩人需要做些改变了。

从：嗯，看我是否全都理解了。你不是很愿意来这儿会面，同时，你也不愿意看到事情发展到这个地步。你希望能和女友聊聊这些，同时，你也觉得有时根本没办法交流。然后，你做了让自己后悔的事儿。你很清楚，你们需要做一些改变了。

当：说得挺全面的。需要做些改变了。

练习9.3　参考答案

从：我知道，你今天不太愿意来见面。

当：可不呗。警察根本不听我解释，就知道一个劲儿地逮人。他们现在又说，我要是想抛开社工单独见孩子，就得过来跟你聊聊。

评注：没有改变语句。

从：谁都没有真正耐下心来听听你的看法。我在想，是不是咱们可以花些时间来做这件事。

当：随便吧。

评注： 从业者在寻找切入点。没有改变语句，明显有一些不满。

从： 就现状来说，跟女友和孩子们相处，哪些问题是你担心的？

当： 我现在见不了孩子们，除非有社工陪同。孩子们搞不懂这是怎么回事，他们问我："爸爸，你怎么不能回家呢？"平时是我辅导他们做数学作业的，但我现在辅导不了了，孩子妈在这方面不怎么行的。真是愁死了。

评注： 从业者使用了唤出式问题，旨在引出改变语句。虽然当事人谈到了他对现状的不满之处，但并没有明确关联到目标行为。这也许算作改变语句的端倪——尤其说到"真是愁死了"——但这也还是一种总体一般、笼统泛泛的不满意。

从： 你是孩子们生活里的重要一员，这对你也很重要。现在你想出力，却帮不上忙。

当： 是的，差不多。他们有时是很烦人，但大部分时间里还是很可爱的。

评注： 还是不能算改变语句。从业者明确指出了现状中的问题，当事人也承认了，但他们不满意这些情况并不意味着他们对改变就有需要了。不过，这依然是从业者取得的进展。

从： 那你女友呢？

当： 她可恨透我了。她说我打她，可她也打我啊。说我不关心她，不关心孩子，都是瞎扯。有时候，她会唠叨个没完，就不能退一步，消停消停。那天晚上也是，我告诉她别说了，让我安静一会儿。我出了屋，她还跟在我后面；我跑到车库去，她也出来跟到那儿。我都觉得丢脸，邻居们可都听着呢。最后，我回屋了，我告诉她你闭嘴吧。然后她就扇了我一耳光，我觉得这就是我爆发的原因。但我不过也就是反手一推，想让她离我远点儿，她呢，可能是失去了平衡，反正摔倒了。我也没有成心打儿子啊，他掺和进来的也太不是时候了，那会儿他妈妈正要起来跟我来劲呢。我当时一直在跟她说抱歉，但她是又抓又打的，后面的事儿我也想不起来了。

评注： 同样，这段话也体现了当事人对现状的不满，更接近改变的需要语句了（他提到了道歉），但还不算是预备型改变语句。

从： 看来事情发展到这一步你很难受。你并不想跟女友这么解决问题。<u>你希望能更有序一些，大家都别失控。</u>

当：<u>是啊</u>。人们可别把我当成怪物看。我真心不想这样的事儿发生，谁让她不肯消停呢！

评注：这是第一次，从业者使用了反映性陈述来暗示改变（愿望——当事人希望更有序一些，都别失控），当事人认可了这句话。

从：你不是那种人，你也不希望别人那样看你。

当：<u>我俩要是能好好说话就好了</u>，但是我们好像都有些过分了。<u>我们俩人需要做些改变了</u>。

评注：是改变语句。前半句是愿望语句，后半句是需要语句。

从：嗯，看我是否全都理解了。你不是很愿意来这儿会面，同时，你也不愿意看到事情发展到这个地步。<u>你希望能和女友聊聊这些</u>，同时，你也觉得有时根本没办法交流。然后，你做了让自己后悔的事儿。<u>你很清楚，你们需要做一些改变了</u>。

当：说得挺全面的。需要做些改变了。

评注：从业者给出了一个很好的 MI 摘要。先说了当事人对现状的不满，然后又强调了他的愿望语句和需要语句。请大家注意看看，从业者是怎样将改变联系到当事人自身的。当事人虽然认同这段话，但他回应的语言中却多出了几分模糊性——需要改变什么呢？谁需要改变呢，是当事人，还是他的女友？所以，虽然从业者前面的那句话<u>"你希望能和女友聊聊这些"</u>是愿望语句，但最后那句话<u>"你很清楚，你们需要做一些改变了"</u>有可能算需要语句，也有可能不算。如果大家也发现这句话的类型不好判断，那大家就说到核心了。我们作为从业者，就是会听到一些说不好算不算改变语句的话语。关键是要识别出里面可能算改变语句的成分，并在时机合适时，再返回来回应这些成分。

练习 9.4　为改变语句打鼓

该练习进一步训练我们对改变语句的敏锐性。练习时，请播放一段语言素材，大家要判断听到的是预备型改变语句、行动型改变语句，还是别的类型的语言。具体步骤如下所示。

1. 选择一首你能听懂的歌曲（一般而言，节奏较慢的叙事歌曲最合适）。如果这首歌曲不合适，那就换下一首（估计你在听孩子们的歌单时会遇到这种情况）。

2. 你每次听到预备型改变语句（DARN——愿望、能力、理由、需要）时，像击鼓一样，在桌子上、自己腿上或别的什么平面上，拍打几下。

3. 每次听到行动型改变语句（承诺语句、启动、采取步骤）时，双手合十（如同祈祷的手势），画圆摩擦手掌，就像手里在转一个珠子。

4. 遇到中立语句、持续语句以及不和谐时，你就不做任何动作，也不发出声音。

5. 你听完这首歌后，在音乐播放 APP 中打开歌词，再核对一遍自己刚才使用的不同技法（动作）。再看、再听时，你还觉得这句话是改变语句吗？

假如你找不到歌曲素材，这里还有一些选择：

- 听听广播里的解忧专栏；
- 看看那些解决人际冲突的电视剧；
- 如果你勇气足够，也可以在乘坐公共交通工具（公交车上、地铁上、火车上）时听听其他人的谈话，听到预备型改变语句你就轻叩手指，听到行动型改变语句你就摩擦手掌。

你如果觉得自己做不好这个练习，那就找你的 MI 学习伙伴一起练习。

练习 9.5　　由内而外

该练习旨在帮助我们由内而外地体验、感受和理解改变语句、持续语句以及中立语句。因为人人都有需要改变的方面，我们从业者也不例外，我们也体验过、经历过这些语言。所以，请先阅读那句引出语句（简称为"引"），注意这句话可能是从业者说的，也可能是父母、伴侣或其他什么人说的。然后，请你写出作为回应的改变语句（简称为"改"）、持续语句（简称为"持"）还有中立语句（简称为"中"）。等你都写完后，再对照参考答案。下面是一个示例。

伴侣的要求

引：对方要求你做一些改变，对此你不是很开心。

改：对，但有些方面我自己也担心。

持：对。别逼我。我自己会决定需不需要改变，反正现在，我觉得不需要。

中：我也说不好自己是怎么想的。

非预期性增重

引：你体重增加了吗？

改：

持：

中：

公共图书馆

引：抱歉，您今天不能借书了。记录显示，您还有一本借书未归还，已经逾期3个月了。

改：

持：

中：

服药

引：这种药，你觉得自己需要吃，但你也担心副作用。

改：

持：

中：

弹吉他

引：你坚持练习就能进步，但很明显，这一直是你难以做到的。

改：

持：

中：

精神修行

引：你希望自己的生活更丰富——体验某些超然的事物，从中获得一种宁静感。

改：

持：

中：

锻炼身体

引：你想锻炼身体，但又不想早起。

改：

持：

中：

练习 9.5　参考答案

非预期性增重

引：你体重增加了？

改：真倒霉，是增加了。我需要控制一下了。

持：是啊，增加了，反正我也准备放飞自我了。

中：（讽刺地）谢谢提醒啊！

公共图书馆

引：抱歉，您今天不能借书了。记录显示，您还有一本借书未归还，已经逾期 3 个月了。

改：我去！我还以为自己想着这件事儿呢。我会想着的，但今天还不了了，明天吧。

持：是吗，你确定？我明明记得自己还了。你再看看吧。估计你们记录有误吧。

中：啊，我也记不清是不是这样了。

服药

引：这种药，你觉得自己需要吃，但你也担心副作用。

改：<u>我需要改变</u>，但我也担心这药会给我带来什么影响。

持：我需要改变，<u>但我也担心这药会给我带来什么影响</u>。

中：说实话，我也不知道自己想怎么样。我也很困惑。

注：这里的改变语句和持续语句写的一样，并不是编辑校对上出错了。改变语句和持续语句，是可以在同一句话里同时出现的。

弹吉他

引：你坚持练习就能进步，但很明显，这一直是你难以做到的。

改：但我真心想学好练好。我必须找到一种适合自己的系统练习方式。

持：这有时太辛苦了，我不想受这个苦了。

中：您一直在听我弹奏吗？哎呀，惨了。

精神修行

引：你希望自己的生活更丰富——体验某些超然的事物，从中获得一种宁静感。

改：我就是会感到空虚，我想填补它。

持：但我不喜欢宗教团体。我觉得那帮人都太虚伪了。

中：我也不知道"超然"好不好。

锻炼身体

引：你想锻炼身体，但又不想早起。

改：我不是只想去锻炼，我是必须去锻炼了。你看，你都指出来了，我又胖了！

持：太对了。早晨锻炼可能最好了，但我可不想起那么早，能多睡会儿就多睡会儿吧。

中：我好像一直计划着要锻炼，但没开始过似乎。

练习 9.6　　为改变语句打鼓——两人轮流

这个练习需要你跟伙伴一起来做。下面是一份有关糖尿病管理的当事人话语清单。大多数的健康促进行为（如减肥、健康适量的饮食、锻炼身体、不吸烟、适量饮酒或不饮酒）也有助于控制血糖（血糖保持在特定的、健康的范围内）。请你的伙伴出声朗读这份清单，你每次听到预备型改变语句（DARN）时，就像击鼓一样拍打几下；预备型语句都标有下划线。每次听到行动型改变语句（承诺语句、启动、采取步骤）时，就摩擦双手（先双手合十，然后画圆摩擦手掌，就好像手里在转一个珠子）；行动型语句都标有波浪线。遇到中立语句、持续语句以及不和谐时，你就不做任何动作，鼓是静音的。如果你跟伙伴有判断上的分歧，你们可以先停下来，一起讨论、解决困惑的地方，然后再继续练习。你们也要交换朗读者和鼓手的角色，轮流打鼓。

我讨厌死那些躲不掉的抽血了。

我也想跟其他人一样。

有人担心我的饮食，但我觉得这没啥大不了的。

高血糖带来的问题把我折腾得很累了。

我老婆要是能少唠叨几句，我也就注意饮食了。

我买了个划船器，看电视时划。

我在竭尽全力呢。

我这周体重减了 2.4 磅。

等我体重减掉 10 磅我就庆祝一下。

我需要多吃蔬菜和水果。

我现在做得不错。

我要开始每顿饭前检查一次血糖了。

我想戒烟。

我还会吃冰淇淋的。

我很讨厌在餐厅的卫生间给自己打胰岛素。

大夫在检查我有没有青光眼。

我脚有点儿麻，而且右脚有的地方已经没有感觉了。

从明天开始，我早晨 5 点起来出去散步。

我觉得我能更健康地饮食；我下了决心就能办到。

万事开头难。只要我开始了，就没问题了。

我想给孩子们树立个健康的榜样。

我准备不吃加餐了，就吃点儿水果当零食。

我想弄出一份简餐的方案。

我知道自己体重轻了很多，但我那会儿就该这么做啊。

我挺好的。

我糖化血红蛋白现在是 7.9，我想保持在 7 以下。

我希望更合理地安排饮食，但又没什么时间考虑这个事情。

偶尔吃口糖不是啥大问题。

我不喜欢吃药。

虽然不喜欢，但我知道，想锻炼的话，就必须早起。

我为了节食，吃饭改用沙拉盘盛了，不用大餐盘了。

我尝试早上和中午都吃蔬菜水果。

此刻一支烟，赛过活神仙。

我知道应该戒酒，这对控制血糖有好处，但辛苦了一天，总可以来上一罐凉啤酒
吧——我就是超爱嘛。

我觉得我晚上可以边遛狗边散步，多走一会儿。

我觉得老公会支持我。

昨天一天我自己查了四回血糖。

昨天晚上，我看了部电影，喝了五罐啤酒。

人生苦短，及时行乐！

我准备预约去看大夫。

要我说，我就是爱看电视。

我超爱吃芝士拉面！

我上周去了三次健身馆。

我跟朋友们说了，吃多少是我自己的事儿，大家都少管。

我准备重启跑步了。

我希望家里干净点儿。

现在尝试改变我觉得没啥意义了。

孩儿们都赶紧长大吧，那样我才好专心在自己的健康上啊。

就算老公不这样，我自己也要开始节食了。

我知道怎么减肥，就是管住嘴少吃呗，但这很难啊。

嗯，我做了一份用餐时间表，它现在挺有帮助的，可以让我合理饮食。

我有时觉得"改变不了了"，但我会停下来，提醒自己："我能更健康地饮食。"

我明天开始跑步。

帮帮我吧！

第 10 章

唤出动机

开篇

我们回到第 9 章拉多娜的例子上，再看看其中的对话，但这一次关注点会放在咨询师身上，看看咨询师是怎么做的。现在回到那个场景中——拉多娜交叉抱握着双臂，满脸愁容，她深吸了一口气，然后呼了出来，手臂也随之放松，垂落到腿上。

她泪眼汪汪，轻声答道："没有，我后来没想过伤害自己，但我也戒不了酒，直到我弟弟说，你再这个样子就搬走吧。"从业者坐在她面前，没有开口。拉多娜接着说："我已经失去了一切。我不知道，戒酒还有什么意义。"

"你不清楚戒酒的意义，但你还是在戒酒。"

"太难了，**真的**太难了，可我一直在坚持，也一直在跟治疗师见面，但是也没什么起色。"

"你一定下了很大的决心。我是说，你原先为了不影响工作来戒酒，这好理解，但现在你好像已经找不到什么原因这么做了，可你还坚持来戒酒，即便有时候，可能你也想过放弃。"

"也许是这么回事吧。我没太琢磨过这些。"

"你还没意识到自己的力量、自己的决心。"

"哪有啊……力量、决心啥的，都谈不上吧，除了……"

"除了……"

"好吧，我戒酒成功过，曾经有三年的时间我滴酒不沾。"

"所以，你知道怎么戒酒。"

"嗯，我想还行，但那种感觉对我现在来说太远了……你懂我的意思吧。"

"你希望重新戒酒成功，但你也不确定，自己现在能不能做到。"

"呃，我想我是能做到的吧，可我想马上就有起色，实际却没有。"

"至少现在还没有。"

"我希望尽快啊。"

"对，尽快。看看我是否正确理解了你的意思。虽然现在找不到外在的原因戒酒，但好像有一些内在原因在推动你，因为你一直还来戒酒，即便有时你备感艰难。你希望有所起色，你也知道自己能行，只是不清楚眼下该怎么做到。山路崎岖，但你已决心攀登。"

拉多娜点了点头。

随着重温这段对话，估计大家也回想起了上章开篇里的介绍：拉多娜想回归工作，但除了物质依赖问题，还有很多不利的因素。这次访谈，本意是要评估和记录残障情况，但动机议题出现在了谈话之中。这就需要问，动机议题是怎么出现的呢？答案就在这位从业者的回应上，看看他是怎么做的。

深入认识

第 9 章的核心内容是识别当事人不同形式的语言，同时也解释了这些语言为何会造成不同的影响。我们如何区分这些语言，接下来又如何回应这些语言——MI 的方向性与目的性即扎根于此。

在拉多娜的例子里，我们就看到了这种方向性。从业者的回应意在引出拉多娜表述"自己为什么宁愿坚持下去"。当事人和从业者双方有了一个共同的目标：帮助当事人成功戒酒。从业者一开始对其现状的推测为这段对话奠定了最初的基调，拉多娜自己也确认并延伸了这层意思（虽然只是略微地延伸），从而使对话继续开展下去。她逐渐说出了一些倾向于改变的话。在这段谈话的末尾，拉多娜做改变的可能以及她做改变的能力似乎更加明显可见了。

◎ 引出改变语句

OARS 的使用在这段对话中也同样突出。从业者对拉多娜说过的话、做过的事进行了深层含义的推测，但同时依然保留了对她内在动机的探索。换言之，从业者不是要为当事人植入动机，而是要从当事人说的话、做的事中提取出动机，然后将其举起，以便让当事人自己可以观察到。因此，从业者需要密切关注当事人说了什么话、没说什么话，要听出那些体现当事人价值取向的线索，还要回应一些内容，忽略另一些内容。这就像在木柴堆里寻找那羸弱的小火苗，然后让它长大，燃烧起来。如果我们还用漂流活动类比，这个过程就如同向导对几条急流进行了分析之后选出最利于我们安全漂流的路线。

大家也要明白，改变语句的出现有可能只是因为从业者创建出了安全与支持的环境。有时，这样的环境足以让当事人将内心的星星之火熊熊燃烧，从而清晰地显现出来。当然更常见的情况还是需要从业者一方有意识、有目的地做些努力才能实现的。

出于教学方便，MI 的培训师在给"这种有意的努力"命名时措辞上稍有变化，意在突出对当事人语言的关注、对从业者回应方向性的关注。换言之，当我们进入唤出过程之后，OARS 的首字母缩写就变成了 EARS：现在，提出开放式问题（Open questions）旨在唤出（Evoking）改变语句，旨在询问将改变元素详细展开（elaborate）的例子和细节，所以"O"变成了"E"——EARS；同样，肯定（A）之前关注的是当事人总体上的优点和能力，而现在更聚焦在与其具体改变目标有关的优点和能力上；反映性倾听（R）现在关注当事人说出来的改变元素，或者他们话里明显体现出的改变可能性；摘要（S）的针对性也更强了，更会选择那些支持当事人改变的元素和内容。

所以当我们使用 EARS 时，改变语句可能会自发地出现。实际上，改变语句有时来得相当快，但也有一些时候，EARS 都不足以引出改变语句，此时还需要借助其他的一些方法。下面各做说明，我们花一些时间，先从唤出式问题和详细展开说起吧。

唤出式问题

唤出式问题（evocative questions）会直接询问当事人的改变语句。示例如下。

"关于这件事，你有哪些担忧？"

"如果你决定改变，是什么让你觉得自己可以做得到？"

"你希望情况有什么不同？"

"假如你改变了，情况会有哪些起色？"

不同的问题会将当事人引向特定形式的改变语句。所以可能大家也想到了，关键问题就是一种特定形式的唤出式问题——直接询问了承诺语句。

"既然如此，那下一步，你觉得自己会怎么做呢？"

"你下一步会怎么做呢？"

"现在，或许你可以怎么做呢？"

对**关键问题**的理解也是不断发展的，所以从业者不要把关键问题理解成一个单独的问题，而是要将其理解成一系列经常会问的问题。实际上，承诺语句不会一成不变，假如从业者不再投入努力，那当事人也很难继续有承诺；承诺语句是需要重复和强化的。在节食减肥的朋友们都深谙这个真理：我们需要持续重申自己的承诺。

详细展开

当聚焦于详细展开时，从业者会询问当事人有哪些例子体现了他们的改变语句。也就是说，当事人已经说出了改变语句，从业者请他举例讲述当时的情况。示例如下。

"跟我讲讲吧，最近这次你把应该用在别处的钱拿来赌博时的情况。"

"你对孩子们暴怒时，当时是怎样的情形？请讲一次这样的经历吧。"

"你说后来情况好转了。请讲讲你跟他相处融洽的一次经过吧。尤其是当时都发生了什么？"

详细展开旨在让当事人更充分、更清楚地讲述当时的情况。其讲述的事例可用来与当下的情况对比，或者与当事人"希望情况如何发展"的基本价值观对比。有时，从业者需要将这些方面联系起来，形成对比，但更理想的情况还是由当事人自己进行联系和对照比较，从而看清不同。

询问极致

运用这种方法时，从业者会询问当事人两种情况：（1）如果行为保持不变，想象一下最坏的结果是什么样的；（2）如果改变发生了，想象最好的结果又是什么样的。谈论了最坏的可能性后，当事人再谈论危害度没那么高的负面后果时就更容易一些了。

"你最担心的是什么？"

"可能出现的最坏情况是什么？"

最好的一面也这样询问。

"你最希望的情况是？"

"最好的情况是什么？"

询问极致为的是了解当事人的容纳范围，然后再回过头来探索那些没那么极端的情况。让当事人谈出最坏的情况，然后再认识到这其实不太可能发生，似乎有助于他们发现那些更现实的、更可能发生的更关系到自身的不良后果。同样，最好的结果可能让人感觉遥不可及，但正因此，那些更具有现实性的收获就会让人颇感可得了。

回顾过去

运用这种方法时，从业者会请当事人回忆在问题出现之前或者在事情有起色的那段时间里情况是什么样的。从业者——或者更理想的是当事人自己——将这些描述和现状做对比。

"你还记得当时美好的生活吗？现在哪些方面改变了？"

"10 年前（或 20 年前）的拉多娜和今天的拉多娜有什么不同？"

"高中毕业时，你想成为怎样的人，想做怎样的事？"

"年轻时，你对生活有过怎样的憧憬？"

年轻时，谁都不会希望自己将来吸毒成瘾、无家可归、入狱服刑、没有工作、肥胖臃肿、焦虑煎熬或者健康状况堪忧，你的当事人也不会。他们也曾有梦想，也曾有抱负，重温这一切可以帮助当事人重建价值观、重燃对未来的希望、重新定义目标。回顾过去可以引出预备型改变语句的全部四种形式。

展望未来

与回顾过去相对，运用这种方法时，从业者会请当事人展望未来的情况。焦点既可以放在如果一切照旧，未来会是什么样的；也可以放在改变之后，未来又可能会是什么样的。

"假如你没有做任何改变，五年后的生活会是什么样的？假如你决定改变了，五年后又会是什么样的？"

"展望不远的将来，你有哪些期待？"

"你希望事情有什么变化？"

"你希望情况有什么不同？"

有时当事人虽然认识到有些问题，却不觉问题得有多严重，这时使用"展望未来"会很有帮助。提这类问题时的语气非常重要。从业者不能想当然地认为，将来的后果当事人其实已经心里有数了；相反，对于当事人会如何预想未来的事情，从业者应既要有兴趣，也要感到好奇。另外，大家可能也发现了，这里提的这些问题，跟前面讲过的唤出式问题有相似重叠之处。

我们在第 6 章中讲过一种叫"未来的时间线"的方法，它也是基于这种策略。从业者会请当事人想象未来的情况，想象中包括在不同时间节点上发生的各种改变，这就为从现在到未来的时间旅程标记了具体的参照点，让当事人可以更加清晰地认知到未来的样貌。在我看来，这能将憧憬另一种未来的梦想转化为具体的目标，前人对此也早有记述：这种转化，是实现憧憬所必需的。

探索目标

这是在探索当事人的目标行为与其看重的价值及目标之间相符程度如何。例如，我们可以如以下示例般询问当事人。

"对你来说，哪些事物是最重要的？喝酒与这些的符合程度是怎样的？"

"你想成为怎样的人〔父母〕？"

"这一生中，你想实现哪些事？"

第 6 章讲过，基于罗克奇的价值分类练习，米勒开发出了价值卡片分类活动（VCS）。进行 VCS 时，从业者会给当事人看一套卡片，每一张卡片上都印有不同的价值，当事人要将这些价值卡片分配到重要性不同的各类中。等当事人确定了三到五个最为重要的价值之后，从业者会和他们探索这些价值是如何在其生活里体现的，包括这些价值与其问题行为之间的关系是怎样的。在华盛顿大学主持的研究项目（包括了针对无家可归的可卡因使用者以及等候替代治疗的阿片类药物使用者的外展服务工作）中，我们就使用了 VCS 的一种变式。同样，从业者在工作中对当事人的价值观保持"感兴趣又好奇"的态度是极为关键的，因为这样就可以开启一段不常有的探索之旅了。例如，对可卡因使用者的研究显示，他们很多人都选择了"与神和好"作为前五的价值之一。所以，探索精神信仰非常有助于引出他们的改变语句。

评估反馈

很多使用到 MI 的研究项目都含有"个性化反馈"的环节，即将评估结果反馈给被试（这些评估通常聚焦在当事人的目标、价值或认知上）。从业者要反馈个性化的信息，而不是团体化的，同时还要请当事人解读这些信息，让他们谈谈看法。例如，从业者可使用常规信息来说明某人的饮酒量相比大多数人的情况如何。再如以下示例。

"根据你采取的防护措施来看，你的性行为造成艾滋病毒感染的风险为中到高。

对此你怎么看？"

"测验表明，你脑部在高效处理信息上有困难。好比说，让你灵活切换不同的思维方式，你会有困难，而包含多重任务的事情对你可能就更难了。结合你对自己的了解，你怎么看这个结果？"

"问卷显示，你很看重做决定时的独立性，同时，你也很看重和别人的沟通交流。请讲讲，这两点在你生活里是怎样结合在一起的？"

大多数机构都有摄入性评估方面的数据资料，从业者做反馈时可参考使用。将反馈信息打印到表格中并让当事人带回家可能会很有帮助，但这并不是反馈流程中的必要环节。常规信息也很有用处，但同样也需要跟当事人的具体情况联系起来。例如，"平均下来，你每周大概喝 28 杯酒。这个数字比参与本戒酒课程的女性的平均数据 23 杯略高些。"大家一般可从自己所在的机构处获得这类统计数据。另外，从业者也可以将当事人的行为与美国各州或全国性的常规做对比（如"华盛顿特区的司机在一年中零违章或一次违章的人数占比是 96%"）。有关毒品和酒精使用的常规数据可在国家机构的数据普查库中获得，如美国物质滥用与心理健康服务署（Substance Abuse and Mental Health Services Administration，SAMHSA）、美国国家药物滥用研究所（National Institute on Drug Abuse，NIDA）、美国国家酒精滥用及酒精中毒研究所（National Institute on Alcohol Abuse and Alcoholism，NIAAA）。

反馈的目的在于将重要的、有时可能也是矛盾不一致的信息呈现在当事人面前，便于他们思考。此刻，不和谐的升高也不算意外，这符合莱芬韦尔等人提出的防御偏差现象（详见第 5 章）。米勒、亚梅及托尼戈恩（Tonigan）也报告了支持这种现象的数据资料。对从业者而言，如果当事人提出这些评估信息不正确，我们便会产生主张"这些信息为什么正确"的冲动。但通常，我们回归反映性倾听才是最好的回应。反馈旨在让当事人自己领悟意义、发现联系。再说一遍，主张改变的应该是当事人自己，而不是我们从业者。也就是说，要由当事人自己来决定：这些信息对他们而言意味着什么，有多重要。

最后，务必再提醒大家一下，反馈的作用是为了引出改变语句，评估反馈**不是** MI 的必要成分，在 MI 的会谈中也不是必备环节。评估反馈只是 MI 从业者工具箱里可选的一种工具。

准备尺

该方法一举两得，既评估了当事人的准备度，又可以引出改变语句。从业者先用量尺问句（scaling question）询问，然后针对当事人给出的答案再次探询当事人为什么选择了这个分数，为什么没有选择一个**更低的**分数。量尺问句可聚焦在重要性、信心、准备度上进行提问；我一般只问前两个方面，因为当事人对前两个方面的回答往往已经带出关于准备度的丰富信息了，所以再专门询问就有些画蛇添足了。问题的呈现结构是非常重要的。

"这里有一把尺子，刻度从 1 分到 10 分，1 分代表完全没有信心，10 分代表极度有信心。假如你决定改变了，那你有多大的信心呢？"

"你为什么选择了 6 分，而不是 3 分呢？"

"做些什么，可以让你的这个分值从 6 分提升到 7 分？"

在学习使用量尺问句时，大家往往会把后面两个问题顺带着很快地问完。实际上，询问第一个问题就是为了引出并询问后面这两个问题，这才是关键所在，而不是为了获得一个精准的数字。另外，还要注意问句中数字之间的关系。这里询问了为什么选择 6 分而不是 3 分，是用中等程度的差距来探索改变语句。根据我的经验，较大的差距（如问为什么选择了 6 分而不是 1 分）会让当事人感到不舒服，当然我还没有实证数据来支持这个说法。在下一个问题中，那种"向前一步"的探索可能更为重要："做些什么，可以让你的这个分值从 6 分提升到 7 分？"这就聚焦于识别出小步渐进、可操作的步骤。在使用量尺问句的过程中，从业者应时刻准备好倾听、反映和探索当事人给出的答案。后面提问的两个问题都可以引出改变语句。

探索价值与行为

在从导进过程过渡到聚焦过程时，我们讲到探索价值十分有助于发现当事人所看重的那些事物。同样，探索价值也可以唤出当事人巨大的动力，并引出改变语句。将那种旨在**唤出**的问题放在**导进**阶段去问当然是不必要、不推荐的，但既然我们已经到了**唤出过程**，就需要有意地使用这些问题了。下面我们先回忆一下之前说过的流程。

1. 找出最重要的价值。
2. 询问当事人每个价值的意义。

下一步，从业者继续询问当事人每一种价值在其生活中有怎样的体现，现在他们在哪些方面活出了这样的价值。从业者要共情地倾听，请当事人详细展开，并举例说明。（这一步可以引出当事人自我肯定性的话语，从业者也有了做肯定的机会。）再下一步，从业者要询问当事人，现在，他们在哪些方面**并没有**充分活出自己希望的价值。

总体而言，当事人的回答一般会引出差距，有利于他们说出改变语句。而要耐受这种差距的出现，就需要当事人一方有很高的信任，同时也需要从业者一方有能力——至少可以暂时做到——任由当事人的感受更加糟糕。这就是为什么我们要等到**唤出**部分才来讨论这种应用的原因了。

最后一步，我们还要询问当事人的目标行为与其价值的符合情况（或者询问其目标行为对于他们实现价值造成了怎样的影响）。如果当事人并未自发谈出"其价值与目标行为之间的冲突"，那从业者就要明确地询问这方面的冲突或矛盾。并且还要询问当事人，他们需要做些什么或者改变些什么就可以更好地活出这种价值。

这个方法可使当事人探索自己现在的行为跟价值之间的符合情况。在当事人探索其行为的意义时，从业者要一如既往地秉持不评判的立场。有时候，这种探索会让当事人大大松口气：原来，"问题"行为在自己的价值清单里这么靠后，根本没有多重要嘛，所改变也就不太必要了。相反，另一种情况是当事人备感羞愧。倘若羞愧感成为会谈的焦点，那可能不利于当事人行动起来改变其行为。我们再说一遍，改变才是目标，才是从业者要聚焦的点。

最后还有一个补充，瓦格纳和英格索尔指出，该技术的一种变式可能特别好用。具体的做法是从业者询问当事人，这种价值可以怎样帮助他们实现自己的目标。将此二者明确化、外显化地联系起来可以为随后的改变努力注入价值的力量。例如，当事人改变教养技术不只为了用起来更有效，而是要活出自己的价值，如做孩子们的好家长。与单纯的利弊分析相比，当事人可能更有力量持续这类价值驱动的行为改变。

总之，要引出改变语句有很多方法。以目前的数据来看，各种方法的效果不分伯仲，没有哪种是所谓最好的一种。数据也已经表明，从业者所做的唤出工作对于改变语句的出现具有非常重要的作用。那如何将这些方法与实务工作相结合呢？策略一，开发出涵盖各种方法的工具包，使用时，可根据当事人的具体情况从中选择最匹配的方法。策略二与策略一正好相反，大家基于自己的工作场合与设置，吸收融入那些可引出改变语句的要素（如价值分类和评估反馈），制定出一种标准化的方法。这里需要提醒大家的是，别忘了四个基本过程。虽然在早期过程中，也可以使用反馈和 VCS 活动，但具体应用时则要更关注于**导进**和**聚焦**，之后，等进入到后面的过程，我们的焦点才放在**唤出**上。也就是说，在干预的早期阶段，改变语句只是随之出现的副产品，虽然早期出现的改变语句也很重要，但因为它可以预测后面会出现更多的改变语句，所以它并不是该阶段的首要干预目标。综上所述，不管是哪种情况、哪种策略，我们都要务必关注当事人的回应，也要高水准地使用 OARS。

概念自测

[判断正误]

1. 从业者的回应对引出改变语句非常重要。

2. 从业者应致力于给当事人植入动机。

3. 一旦听到了改变语句，我们就务必即刻、坚决地反映出来，使其作用最大化。

4. 从业者创建出安全、支持性的环境可能就足以促发当事人谈出改变语句了。

5. 本章讲过，引出改变语句的方法之一是从业者主张"当事人为什么**不能改变**"。

6. 如果你听到的语言表示有愿望、能力及需要做改变，那就应该先尝试引出改变的理由，之后再向改变历程中的下一步推进。

7. EARS 这种方法可以强化和引出更多的改变语句。

8. 从业者必须备有常规信息，以便用于做反馈。

9. 当事人需要从业者提供专业知识才能理解评估反馈对自己的意义。

10. 使用量尺问句 / 准备尺时，后面询问的问题及反映性倾听才是关键所在。

[答案]

1. 正确。是的，本章就是围绕着这个基本框架展开的。我们从业者的行为会影响改变语句的发生。学术研究也证明了这种情况。

2. 错误。这一点务必要明确，所以假如你对此犹豫不定，就请返回去再读一下有关改变语句引出策略的介绍。动机是当事人内在的。我们**不是要**植入动机，而是要帮助当事人唤出其内心存在的动机。

3. 错误。这个问题其实比较微妙。我们是想听到改变语句，也想引导当事人关注这种语言。同时，我们的回应方式也非常重要。从业者对改变语句也可以不做即刻的反映，而是采用其他的回应方式，如只是多听一听。清楚我们目前处于哪个过程将影响我们的回应方式和回应时机。同样，我们在回应时，也要切合当事人谈话中的优势（优点）。这就如同给小火苗鼓风一般，如果我们用力过猛，火苗可能就被吹灭了。在我们的临床实践中，当事人可能会逐渐收回这样的语言，不再说出支持改变的话语，或者甚至说出持续语句。

4. 正确。有时候，只单纯创建出让当事人感到安全、不用防御的环境就能促使他们自发地探索硬币的"改变"一面了。在这种情况下，良好的倾听就可以引出改变语句。本章开篇处拉多娜的例子就很好地证明了这一点。

5. 错误。在第 11 章中，我们会讲到如何**顺着消极立场**引出改变语句——这不同于**主张**（arguing）当事人为什么**不能**（unable）改变。从业者的主张不管是朝哪个方向提出观点，都是不符合 MI 的行为。但说起上面那种技术，人们也有一丝担忧，即这是不是在操纵别人呢，这像是利用了一个人的"逆反心理"而让其做出我们希望对方做的事情。我们会在下一章中看到，使用**顺着消极立场**这个技术时，从业者仅表达"这可能不是发生改变的合适时间、地点或方法"即可。从业者秉持开放性的、好奇的、感兴趣的态度，而不是操纵性的态度。

6. 错误。没有数据表明，预备型改变语句必须全部或者至少是大部分先出现以后，当事人才会向着改变推进。目前我们可以明确的是，强化和增加改变语句可以预测之后的改变。我们下一步要怎样做取决于当事人的具体情况，不能因循守旧。也就是说，如果时机合适，那就要去提问关键问题，这就是正确的下一步。拖得太久，从业者就会落后于当事人的准备度，这并不是我们能引导当事人的最佳位置。

7. 正确。EARS 通常可以有效地引出改变语句，但我们也要储备其他的技术。

8. 错误。基于常规的反馈是有帮助的，但并不是必要的。我曾参与过一些研究项目，反馈资料里完全没有常规数据可用。相对而言，反馈提供了关于风险分类、风险行为以及价值观的信息资料。

9. 错误。我们的专业知识虽然会非常有帮助，但也可能成为一种阻碍。我们从业者在提供反馈时，应当给出足够的信息，以帮助当事人理解这些资料，但之后还需邀请而且也需留给当事人自己来决定：这些信息对他们而言意味着什么。

10. 正确。量尺问句 / 准备尺可以提供有用的信息，但其实是后面的两个问题引出了有关改变准备度的情况，然后也是从业者的反映性倾听促进了当事人的深入探索。所以，这个话题虽然由量尺问句打开，但后面的提问和探索才是关键所在。

实践运用

我们再一次，也是最后一次回到拉多娜的例子中。在第 9 章中，我们关注了拉多娜说的话。现在，我们要关注从业者如何强化并引出更多的改变语句。有一个具体的目标已然浮现出来了，即拉多娜要努力戒酒，从业者也将焦点集中在了戒酒行为上。我们接前面那段对话继续往下看。

谈话	评注
从：看看我是否正确理解了你的意思。虽然现在找不到外在的戒酒原因，但好像有一些内在原因在推动你，因为你一直还来戒酒，即便有时你会感艰难。你希望有所起色，你也知道自己能行，只是不清楚眼下该怎么做到。山路崎岖，但你已决心攀登。	摘要——聚焦在拉多娜的顾虑和改变语句上，摘要中的语句是按特定顺序展开的，最终收于行动型改变语句
当：我是有决心，但我也不知道自己到底行不行。	她的话，回应了从业者最后说的那句话，即决心行动，但她话里也含着矛盾感
从：存在一些实际的困难，同时，你也是有决心的。我在想，我们要不要拿出些时间来讨论一下这个问题。	双面式反映，承认了这种矛盾心态，同时也落脚在当事人说的改变语句上；然后使用了一个开放式陈述（问题），意在设定一个共同的议题，这样 MI 就有可聚焦的目标了
当：嗯，我觉得需要吧。	当事人不是很确定
从：你不确定讨论这个是否会有帮助	通过深层反映（接续语段），直接道出了她的担忧
当：我知道自己必须戒酒。之前我也试过，但不成功啊。	同样，先是改变语句，然后是她的担忧
从：三年滴酒不沾也不算成功？	放大式反映，用到了前面的信息
当：我觉得算吧，但没有延续下来。	她不敢说得太绝对了
从：你曾有很长一段时间成功地戒酒，后来你又喝酒了。你好像感到，现在务必停下来，这事儿太重要了。实际上，戒酒，你也不知道是为了什么，但同时，你在做这件事。在信心方面，咱们还是有些不清楚。如果用 1~10 分来表示，**1 分**代表完全没有信心，**10 分**代表极度有信心，那你对于在之后一个月里不喝酒有多大的信心呢？你给自己打多少分呢？	过渡性摘要，所用语言是经过有意选择的；然后接着使用了一把准备尺，这把尺不仅用于评估拉多娜的信心强弱，还用于引出她的改变语句
当：我觉得 **4 分**吧。	拉多娜给出了一个中档分值，这比从她先前谈话中推算的要高一些
从：有意思的是，你选的不是 **1 分**或 **2 分**。为什么呢？	从业者做了进一步的探询，方式上也与先前的回应（放大式）保持一致
当：呃……虽然难，但我也不想走老路了。我跟自己说了，就算觉得没什么起色也要坚持来治疗，我觉得有帮助时，那更要过来了。	拉多娜回应了坚定有力的承诺语句
从：你这是拒绝喝酒了。	以轻松幽默的方式强化了承诺语句

（续表）

谈话	评注
当：（笑了起来）对，我觉得是这样的。但有时候会觉得，真的好难啊。	认同，同时又提到了阻碍。请大家注意，这句持续语句相比"我不行"这种话，二者有什么区别
从：所以你打的是 4 分，而不是 7 分或 8 分。	深层反映
当：对。但我之前撑过了这种煎熬。	当事人认同这句反映，并给出了有关自己内在资源的信息
从：你知道自己的坚强。	肯定
当：说来奇妙，我今天刚进来时，还没有这种体会。	承认有态度上的转变。请注意当事人的语气变化，虽然受文字所限我们没办法"听见"
从：当你看到自己已经做到了什么事情，对自己、对自己的承诺是什么样的有了了解后，这让你更有信心了。你的打分应该高一些了吧，比如 5 分或 6 分？	汇集性摘要，有的放矢，有意地聚焦在目标上，而没有聚焦于当事人的矛盾心态上
当：可能 6 分更合适。	当事人认同自己信心更强了
从：我还有一个问题，问完咱们就开始进入评估工作的其他环节了。现在是 6 分，你觉得，要怎样达到 7 分或 8 分呢？	MI 的方向性体现，这是邀请当事人继续朝着她的目标前进
当：我需要感到更多的希望。	积极但也比较笼统的回应
从：感受到更多的希望。你如何判断这种情况有没有出现呢？	简单反映，然后接着一个唤出式问题，旨在让当事人探索是否体验过所希望的那种感受
当：我觉得到那会儿，我心情会更快乐。我会有个计划，是关于今后住哪儿的。我也会有份工作。	当事人提出了很多目标，有远有近
从：哇哦，上升 1 分得做这么多的事儿啊。	从业者给出了一种放大式的回应，但强调 1 分也意在帮当事人收拢并聚焦
当：（笑了起来）我估计是吧。可能这也是我总把自己搞得不堪重负的原因吧。好吧，1 分的话……也许是有个计划来安置住处吧。	当事人能将这些目标分解成更可操作的任务了，她也认识到自己具备了自我觉察
从：感觉这就更可行了——你可以做到！	强化改变语句
当：其实现在情况还可以。我是说，只要不喝酒，我就还能住弟弟家。等我有工作了，可以存点钱，然后找新的住处。	她讲述了自己的初步计划
从：似乎你心里已经有了一个计划，要做的就是把它说出来，当然需要放慢节奏。别图快，这样你就不会让自己那么不堪重负了。我在想，把这个计划写下来会不会有帮助	汇集性摘要，有意地选择了一些内容包括进来，同时也有意地忽略了另一些内容。接着是一句开放式陈述（问题），意在帮助当事人迈向承诺，并制订出一个具体的计划来

（续表）

谈话	评注
当：我想会有的。我在公交车上写，我等会儿坐车去参加治疗会谈。其实我也想在会谈时说说这个计划，因为这也能帮我坚持做下去。	承诺语句（也更有计划去完成）
从：什么对自己有帮助，需要怎么做，你看得很清楚了。	肯定——聚焦在拉多娜落实这一具体改变的能力上
当：（微笑）是的。就是我一定要记下来，可别忘了。	当事人感到更有力量和自主权了，心情也明显好了起来

在这段对话中，我们清晰见证了从业者和拉多娜的和谐共舞。这不是咨询性质的会谈，而是一次评估。但在评估过程中，唤出动机的机会出现了，同时从业者（认识到要帮助拉多娜实现她的职业目标，动机是必不可少的）也抓住了这个机会。这样的机会可能现身于医疗环境中、牙科椅子上、学校咨询室里、家庭出诊时、监狱门廊处、缓刑监督会面时、街头宣传教育工作中、社区警务工作中……它不只出现在心理治疗室中，也不只发生在长程治疗的背景下。关键在于，我们需要辨识出这样的机会，时刻准备好回应它。

通过这段对话，我们还可以发现，要做好回应的准备，EARS 是必不可少的要素。具备一种清晰的策略，对向前推进谈话很有好处，所以我们就来努力完善自己这方面的技艺吧！

本章练习

有关改变语句的技能训练通常更困难一些，因为我们需要一来一往的交谈，需要对方的回应，才能帮助咨询师塑造自己的回应技能。做本章练习时，我们建议大家考虑在工作内外有没有机会或可能尝试使用这些技能。跟前面的章节安排一样，我们还是先从较为简单的练习开始，然后再逐渐过渡到更复杂的练习，所以我们先来练习识别和强化改变语句，然后再练习引出改变语句。

◎ 练习 10.1　强化改变语句：我们来寻宝

请阅读当事人说的话，看看里面是否有改变语句。如果有，请写出一句反映性回应，以强化这句改变语句；如果没有，请写一句唤出式问题，用以引出改变语句。在附加题中，请写出两句不同的唤出式问题。

◎ 练习 10.2　引出改变语句：再看一看

在该练习中，大家会重读第 9 章的文稿，这次请聚焦在从业者的工作上。请再看一下，从业者是怎么一步一步做的，然后，我们再回答每段对话后面的问题。最后，大家再看看答案中的注解，请关注从业者这样做的道理所在。

◎ 练习 10.3　提问：旨在唤出

跟第 5 章和第 8 章一样，现在我们还来练习提问题，但这一次，我们旨在**唤出**当事人的动机。大家还是会读到当事人的一句话，请就此提出两个不同的问题。因为改变语句涉及具体的目标行为，而这方面的信息并没有在当事人的话语中出现，所以大家必须推断出可能的目标行为。另外，可能还需要用一句反映性陈述引出我们的问题。总之这是一个很好的练习，大家试试看吧。可以运用在本章以及上一章（"识别改变语句和持续语句"）里学过的各种类型的问题。

◎ 练习 10.4　反映：旨在唤出

我们再次练习做反映，但这一次旨在**唤出**当事人的动机。大家还是会读到当事人的一句话，请就此做两个不同的反映性陈述。因为**唤出过程**涉及具体的目标行为，而这方面的信息并没有在当事人的话语中明确出现，所以大家要基于有限的信息推断出可能的目标行为。需要时翻阅前面几章能帮助大家回顾相应的内容。

◎ 练习 10.5　沿路深入

回到与拉塞尔的对话中，但这次我们会更加深入。这一次，我们不仅要留意咨询师使用了哪些技术和工具，而且还要关注咨询师使用这些技术意在做什么和 / 或想达成什么效果，即治疗师的目的和意图是什么，这种目的性又是怎样影响了双方的谈话的。然后，我们再看使用这些技术和工具引出的是改变语句、持续语句 / 不和谐，还是中立语句。

◎ 练习 10.6　写分支脚本

有一项有趣的研究就是让学生们写计算机程序的分支脚本，而且要求脚本与 MI 相符合，并映射出谈话可能展开的各条路径。学生们会遭遇程序运行上的问题，但这个写脚本的过程却让他们在运用 MI 时表现更优、效果更好。我们基于这项研究发现开发了这个练习。

该练习提供了一个基本结构，但需要大家填入从业者和当事人的回应。这是为了创建互动，从而引出合适的回应。无须在意你的编剧水平，解放自己，想象一下当事人会如何回应，这些回应又会将你带到何处，然后回到分支图上，写下相应的推演。请记住，即使当事人一开始的回应与你的期望不符，也要依旧保持目标不变，即"要引出改变语句"。请使用 EARS+I 来帮自己度过会谈中的难关吧。大家也可以绘制彩色分支图。

◎ 练习 10.7　四种方法

该练习是根据我做培训时的一个活动发展出来的。先给大家一个有关当事人情况的梗概介绍，然后要练习使用不同的方法引出改变语句。你读完情况梗概后，请接着看当事人说的话，然后选用四种方法引出改变语句。最后，请写出不同方法对应的语言表达——你具体会跟当事人怎么说。

搭伴练习

本章所有的练习都适合搭伴进行。请大家务必就练习的参考答案展开讨论，这是深化知识的必要一环，所以千万别忽略了讨论。除了上述练习，这里再给大家提供一个选择，可以跟练习伙伴一起进行。

◎ 练习 10.8　我的价值——再探索

在第 6 章中，我建议大家跟伙伴一起做 VCS（练习 6.5）。现在请再次回到这个练习，并加以扩展——询问对方后续的几个问题，旨在引出改变语句。

其他想到的……

VCS 的再探索给了我们一些启发：假如把四个基本过程等同于四个阶段，那在实际运用时会很不方便。因为这些过程不是绝对独立的，我们在运用 MI 时，总要从这些过程中进进出出。但我们的目标保持不变：考虑我们在改变历程中身处何地，此时又需要为这位当事人做些什么。

在我们经历这些过程时，改变语句很可能自发现身。我们可不想错失、无视这样的语言，作为基本工具，OARS 可帮助我们觉察和回应改变语句。但时机也很重要，通常只有先通过**导进过程**建立起稳定的关系，再通过**聚焦过程**确认了当事人想着重解决的领域之后，我们才会使用本章讲过的这些工具。

最后，我们再稍微说一下"提供信息"这项技术。从业者表达关切与担心或提供信息也可以引出当事人的改变语句，但这个方法颇有些双刃剑的感觉。提供信息时，一定要记得使用 E-P-E，而不是由我们主张改变。就我的培训经验来看，很多学员会在这里翻车，因为翻正反射本身太顽固了。大家总觉得，如果能让当事人**真正看到**问题所在，那他们自然就会讲出改变语句了。然而，我们在下一章中会看到，这种立场其实难以取得令人满意的结果。提供信息可以引出改变语句，同时，如果大家发觉是自己在主张改变，请提醒自己：**从业者不是那个该去主张改变的人。**

练习 10.1　强化改变语句：我们来寻宝

这位年轻女性因焦虑问题来访。她跟室友同住，目前面临的问题是不敢离开住所。室友催促她来找你求助，因为她的世界越来越小，生活也越来越受限了。这位年轻女性觉得待在家里才安全；她一想到要运用暴露疗法来克服这种恐惧，就更是怕得要命。这里要改变的目标行为是"她担心离开家"。

当：大概是八个月之前吧，我遭遇了一次严重的车祸，我都庆幸自己能活下来。我撞到了脑袋，撞得很重，大夫说可能会有一些状况，但我觉得基本上也没啥事儿吧。从那时候起，我就不愿意出门太远了。

改变语句？　有 ____　没有 ____

如果有，是哪一种？

愿望 ____　能力 ____　理由 ____　需要 ____　承诺 ____　采取步骤 ____

如果有，请写一句反映性回应，以强化这句改变语句。

如果没有，请写一句唤出式问题，以引出改变语句。

当：出院后，我就开始慢慢地调养和恢复。大部分时间我都待在家里，除非不得不出门。有时，室友会带我去街角小商店转转，我也能去，但并不舒服。说来可笑，但我真的是要回到家里，关上门、锁上门之后，才能彻底放松下来。

改变语句？　有 ____　没有 ____

如果有，是哪一种？

愿望 ＿＿＿ 能力 ＿＿＿ 理由 ＿＿＿ 需要 ＿＿＿ 承诺 ＿＿＿ 采取步骤 ＿＿＿
如果有，请写一句反映性回应，以强化这句改变语句。

如果没有，请写一句唤出式问题，以引出改变语句。

当：病假下个礼拜就结束了，我得回去上班了。我一直回避这件事儿。我还得坐那趟出过事儿的公交，我受过伤，是真心害怕啊。我不知道自己能否做得到。

改变语句？ 有 ＿＿＿ 没有 ＿＿＿
如果有，是哪一种？
愿望 ＿＿＿ 能力 ＿＿＿ 理由 ＿＿＿ 需要 ＿＿＿ 承诺 ＿＿＿ 采取步骤 ＿＿＿
如果有，请写一句反映性回应，以强化这句改变语句。

如果没有，请写一句唤出式问题，以引出改变语句。

当：我也没办法，必须得去上班啊，要不就没钱付房租了。歇病假这段时间，存的钱也差不多花完了，我得去上班了；所以我就来这里找您了——我想找到应对的办法。

改变语句？ 有 ＿＿＿ 没有 ＿＿＿
如果有，是哪一种？
愿望 ＿＿＿ 能力 ＿＿＿ 理由 ＿＿＿ 需要 ＿＿＿ 承诺 ＿＿＿ 采取步骤 ＿＿＿
如果有，请写一句反映性回应，以强化这句改变语句。

如果没有，请写一句唤出式问题，以引出改变语句。

当：我就是希望自己别这么焦虑了。我想回到原来的生活中。我想好好睡觉，不做噩梦的那种。

改变语句？ 有 ＿＿＿ 没有 ＿＿＿
如果有，是哪一种？

愿望 _____ 能力 _____ 理由 _____ 需要 _____ 承诺 _____ 采取步骤 _____

如果有，请写一句反映性回应，以强化这句改变语句。

如果没有，请写一句唤出式问题，以引出改变语句。

练习 10.1 参考答案

当：大概是八个月之前吧，我遭遇了一次严重的车祸，我都庆幸自己能活下来。我撞到了脑袋，撞得很重，大夫说可能会有一些状况，但我觉得基本上也没啥事儿吧。从那时候起，我就不愿意出门太远了。

评注：她讲述了自己不怎么出门的原因。这是对事实的一种重述，没有改变语句。我们可以先做反映性陈述，然后引出唤出式问题："似乎你感到，自己被拴在了家里，你怎么看这种情况？"

当：出院后，我就开始慢慢地调养和恢复。大部分时间我都待在家里，除非不得不出门。有时，室友会带我去街角小商店转转，我也能去，但并不舒服。说来可笑，但我真的是要回到家里，关上门、锁上门之后，才能彻底放松下来。

评注：这段话体现出她生活的各个方面都受到了影响，但当事人并没有明说。她差不多就要说出改变语句了，如她已经讲出了"说来可笑"，我们可以这样提问："遭遇车祸后，你在'想出门'和'能出门'上，都发生了哪些变化？"

当：病假下个礼拜就结束了，<u>我得回去上班了</u>。我一直回避这件事儿。<u>我还得坐那趟出过事儿的公交，我受过伤，是真心害怕啊</u>。我不知道自己能否做得到。

评注：有改变语句。她明确说出了需要语句，但对达成需要的能力信心不足。我们的反映性陈述可以是："你必须找到办法来做成这件事儿，所以你今天过来咨询了。"或者"你感到害怕，同时，你知道自己必须找到办法来做成这件事儿。"

当：我也没办法，必须得去上班啊，要不就没钱付房租了。歇病假这段时间，存的钱也差不多花完了，<u>我得去上班了</u>；所以我就来这里找您了——<u>我想找到应对的办法</u>。

> 评注：又一句需要语句，末尾还有一句愿望语句。过来咨询好像也可以理解为"采取步骤"，但此处更明确地表达了想要学习某些技能，过来咨询是为了找到合适的方法。我们的反映性陈述可以是："你过来咨询，想学一些技巧，因为你清楚，你需要有办法来处理这些情况。"
>
> 当：<u>我就是希望自己别这么焦虑了。我想回到原来的生活中。我想好好睡觉，不做噩梦的那种。</u>
>
> 评注：又一句愿望语句，但并没有承诺语句出现。我们的反映性陈述可以强化这句改变语句，并加入承诺行动的成分："你很确定，事情不能再这样下去了。是时候做出改变了。"

练习 10.2　引出改变语句：再看一看

在该练习中，大家会重读第 9 章的文稿，这次请聚焦在从业者的工作上。请再看一下，从业者是怎么一步一步做的，然后我们再回答每段对话后面的问题，并写出一个替代性的回应。最后，大家再看看答案中的评注，请关注从业者这样做的原因所在。

情况梗概 1（大麻）

这是位年轻男性，他因被确诊患有癌症而前来接受支持性的心理治疗。治疗期间，他的父母说担心他可能存在物质滥用问题。所以，本例中改变语句聚焦的目标行为是"物质滥用"。

从：我简单总结一下这几个月来咱们讨论过的内容。大约在 8 个月之前，你出现了相当严重的癌症恐慌情绪。你请了一段时间的病假来做化疗，所以生活中的其他事情也都先搁置了。现在情况有了积极的变化，你的癌症转入了缓解期，你更乐观了，也想将重心放回到生活安排上来。在确诊癌症之前，你还在学校上学，虽说校园生活也是喜忧参半吧，但你知道如何顺利完成学业。你计划在秋季学期回去上学。你也计划目前先待在家里，帮忙补贴点儿家用；不过这也意味着，你在这段时间必须遵从父母设立的规矩，自然，这可能会引发一些家庭摩擦。我有没有漏掉什么没说到呢？

从业者通过这段摘要开启了对哪些方面的探索？如果让你重新做一次摘要，你会说什么呢？你还会从其他哪些方面入手呢？

示例：可以探索在校生活中的麻烦、困难，还有家庭中的摩擦，还可以尝试探索当事人对癌症的恐惧、抽大麻与健康的关系，等等。以下是做摘要的一个示例。

"你这几个月来是真辛苦啊，特别是在跟父母相处上。抽大麻跟这段难熬的相处有怎样的关系呢？"

当：没有啊。

从：现在据我所知，你父母很担心你抽大麻的事。他们已经明令禁止了。跟我说说这件事吧。

从业者在做什么？他做的哪些工作降低了发生不和谐的可能性？还有什么其他的方法有助于触及这个话题呢？

当：哦，你想知道哪方面啊？

从：关于抽大麻，是怎么个情况啊？你父母都有哪些担忧呢？类似这些方面吧……

当事人有何反应？从业者是怎么回应的？还可以怎样回应呢？

当：嗯，我吧，高四之前不喝酒的，也不抽大麻。后来在高四下学期，我开始喝酒了——你懂的，都是在周末出去玩时，或者跟朋友们聚会时。后来吧，我又抽上了大麻。本来一开始我也只在周末才抽上一口，不过后来基本是天天抽了。那时候抽这玩意儿可比喝酒跟驾车来得更安全。不过没多久，我就决定还是少抽点儿吧，所以我也试着少抽了。后来，我决心戒上一段儿时间，所以在一两个月里，我总共也就抽了有限的几次，然后我又想，要不就只等社交啊、聚会啊这些时候再抽吧，但执行得不太顺利。再后来我就病了，生病期间啥都没干，不过现在呢，我的情况见好。所以听见爸妈跟我说一周可以抽一回时，我都有点儿小惊讶了——但我知道，这样不行。聚会时我也不能抽。我需要彻底戒了，我现在正在努力呢。我有一周左右没抽过了。

从：你很确定自己在这方面需要做出改变，而且，其实你回到高中后一直坚持不碰大麻。

从业者做了怎样的反映性回应？为什么要这么做？你还可以做一个什么样的反映性倾听？

当：是高中刚毕业后。

从：那喝酒呢？在这件事儿上你立场如何？

这里从业者是怎么做的？这种做法有问题吗？为什么？如果让你选择用另一种方法引出改变语句，你会使用什么方法？为什么？你具体会怎么做呢？

当：这个嘛，酒我打算继续喝点，但我的意思不是说，刚戒了大麻，就要抬起酒来。我喝酒可跟抽大麻不一样。我从没连着天天喝过，也就是偶尔跟朋友们出去玩时会喝一点儿。另外，我在一家餐厅打工，有时下班后大家会喝上几杯，我觉得这也没什么大不了的。

从：嗯。所以你很明确，在抽大麻上需要做出改变——我也还想听你再讲讲，做这个决定的原因——另一方面，你也说不好在喝酒上需不需要改变。

这是一个复杂反映。针对当事人的情况，你还可以用哪些其他的方法引出改变语句？你具体会怎么说呢？请举个例子。

当：对，喝酒也不算什么大问题啊。

从：没啥大不了的。

这里从业者用了哪种反映？目的是什么？你可以怎么说，文字措辞不一样，但效果相同？

当：对。

从：我简单总结一下，今天的谈话内容。你……

请你写一段摘要，着重在当事人对做出改变的兴趣。

练习 10.2　情况梗概 1（大麻）参考答案

从：我简单总结一下这几个月来咱们讨论过的内容。大约在 8 个月之前，你出现了相当严重的癌症恐慌情绪。你也请了一段时间的病假来做化疗，所以生活中的其他事情也都先搁置了。现在情况有了积极的变化，你的癌症转入了缓解期，你更乐观了，也想将重心放回到生活安排上来。在确诊癌症之前，你还在学校上学，虽说校园生活也是喜忧参半吧，但你知道如何顺利完成学业。你计划在秋季学期回去上学。你也计划目前先待在家里，帮忙补贴点儿家用；不过这也意味着，你在这段时间必须遵从父母设立的规矩，自然，这可能会引发一些家庭摩擦。我有没有漏掉什么没说到呢？

评注：从业者用这段摘要概述了自己目前所了解的情况；开启了一些可探索的领域，包括当事人的癌症病情、学业进展、在校行为的改变、回家居住的情况等。你可以先用一句简单反映，再引出一个开放式问题："你已经决定了，要少抽点儿大麻，这个决定跟你现在的生活有怎样的联系呢？"你也可以请他回顾过去："抽大麻好像是你这几年才开始的，那么几年前呢，在大麻还没有影响你的学业之前，你的生活是什么样子？"或者你也可以问几个问题，请他展望未来："你希望 5 年后，自己是什么样子？抽大麻跟那时的你搭调程度如何？"

当：没有啊。

从：现在据我所知，你父母很担心你抽大麻的事。他们已经明令禁止了。跟我说说这件事吧。

评注：从业者聚焦于让当事人来访治疗的原因。从业者只陈述事实，并未先入为主地假设当事人存在什么问题。从业者邀请当事人再谈谈这个情况。从业者也可以先做一个简短的陈述，承认现状情况，同时承认要由当事人自己来判断是否存在问题，这一权利与责任是属于当事人的。例如，"你父母打来电话说，他们很担心你抽大麻的事。但我不会根据他们的说法就先入为主，因为要由你自己来决定，是否存在问题，如果有，也是你来拿主意，要对此做些什么。所以，你怎么看目前的情况？"

当：哦，你想知道哪方面啊？

从：关于抽大麻，是怎么个情况啊？你父母都有哪些担忧呢？类似这些方面吧……

评注：当事人有些不情愿。反映性倾听虽然好用，但也需要由当事人澄清和给出的答案（所以提问也要更明确、更具体）。当事人自己提出了希望更有方向性一些，所以从业者也就直接说明询问的方向了。我们也可以做这样的反映性陈述："看来我说得有点绕啊。"或者更直接一些："可能我问这个让你有点儿不舒服。"

当：嗯，我吧，高四之前不喝酒的，也不抽大麻。后来在高四下学期，我开始喝酒了——你懂的，都是在周末出去玩时，或者跟朋友们聚会时。后来吧，我又抽上了大麻。本来一开始我也只在周末才抽上一口，不过后来基本是天天抽了。那时候抽这玩意儿可比喝酒跟驾车来得更安全。不过没多久，我就决定还是少抽点儿吧，所以我也试着少抽了。后来，我决心戒上一段儿时间，所以在一两个月里，我总共也就抽了有限的几次，然后我又想，要不就只等社交啊、聚会啊这些时候再抽吧，但执行得不太顺利。再后来我就病了，生病期间啥都没干，不过现在呢，我的情况见好。所以听见爸妈跟我说一周可以抽一回时，我都有点儿小惊讶了——但我知道，这样不行。聚会时我也不能抽。我需要彻底戒了，我现在正在努力呢。我有一周左右没抽过了。

从：你很确定自己在这方面需要做出改变，而且，其实你回到高中后一直坚持不碰大麻。

评注：当事人讲出了改变语句，从业者聚焦于这些语言上，提及回到高中后的情况，用来强调当事人履行了承诺。我们也可以这样强化承诺语句："嗯，你知道需要做些什么，而且也去做了。"

当：是高中刚毕业后。

从：那喝酒呢？在这件事儿上你立场如何？

评注：当事人做了事实方面的更正，但从业者并未聚焦于此，而是继续评估当事人的酒精使用情况。从业者的提问不是面质性的，所以也不太可能引发不和谐。但是，询问喝酒也将焦点带离了改变语句，向前的势头有可能会丢掉。如果换另一种方法，我们也可以询问当事人，父母对他喝酒的看法是什么。例如，"你父母打来电话说，很担心你使用物质的事，他们也提到了酒。他们为什么会专门提到酒呢？"

当：这个嘛，酒我打算继续喝点，但我的意思不是说，刚戒了大麻，就要拾起酒来。我喝酒可跟抽大麻不一样。我从没连着天天喝过，也就是偶尔跟朋友们出去玩时会喝一点儿。另外，我在一家餐厅打工，有时下班后大家会喝上几杯，我觉得这也没什么大不了的。

从：嗯。所以你很明确，在抽大麻上需要做出改变——我也还想听你再讲讲，做这个决定的原因——另一方面，你也说不好在喝酒上需不需要改变。

评注：从业者使用了一句复述（rephrase），将有关喝酒的谈话内容稍微做了一点改动，意在引出改变语句。我们也可以使用一个放大式反映："在你看来，完全没有问题。"另外，我们还可以先做一句反映性陈述，然后引出一个唤出式问题："总体来说，你对喝酒体会还不错。那有什么不太愉快的方面吗，关于喝酒的？"

当：对，喝酒也不算什么大问题啊。

从：没啥大不了的。

评注：从业者的关注点又回到了当事人这句话所体现出的信号上，即还要去理解更多的东西。另外，我们也可以直接询问当事人的顾虑之处："那个小问题是什么呢？"或者我们还可以使用放大式反映："有生之年，你大概就这样喝下去了吧。"

当：对。

从：我简单总结一下今天的谈话内容。你……

评注：可以这样做摘要：这一年是你人生中重大的一年。癌症当然是最核心的事情，但你也做了其他方面的一些决定，其中之一就是要戒掉大麻。所以，你下定了决心，承诺改变，你也开始落实到行动上，即便有时别人给你留了空子、开了绿灯，你也不动摇。现阶段，你认为喝酒是可以的，但你也很明确，这不是在给大麻找替身。听上去，你似乎也在计划着如何监督管理自己的饮酒，不让它变成一种问题。我在想，假如你决定了喝酒要适度，你可以怎样监测自己的饮酒行为呢？

情况梗概2（人际暴力）

这是一位中年男士，正在跟儿童福利工作者会面，因为儿童保护服务署接到了他邻居的电话，投诉他家爆发了争吵，他还动手打了女友和儿子。儿子学校也反映，孩子之前就出现过瘀伤，但到目前为止，还没有采取正式的干预。现在，该男士被勒令接受治疗，而且目前只能在监督下探视他的两个孩子（分别为8岁和5岁），直到儿童福利人员判断孩子们与他单独相处没有危险后，在监督下的会面才能解禁。治疗要改变的目标行为聚焦于"他如何管理与女友和孩子们的冲突"。

从：我知道，你今天不太愿意来见面。

你还可以怎样开启这样一段有关人际暴力的对话？

当：可不呗。警察根本不听我解释，就知道一个劲儿地逮人。他们现在又说，我要是想抛开社工单独见孩子，就得过来跟你聊聊。

从：谁都没有真正耐下心来听听你的看法。我在想，是不是咱们可以花些时间来做这件事儿。

你还可以关注当事人这句话里其他哪些内容？为什么你会聚焦在此呢？你会说些

什么来回应当事人呢？

当：随便吧。

从：就现状来说，跟女友和孩子们相处，哪些问题是你担心的？

当事人是在和从业者合作吗？为什么？你可以说些什么来促进合作关系？

当：我现在见不了孩子们，除非有社工陪同。孩子们搞不懂这是怎么回事，他们问我："爸爸，你怎么不能回家呢？"平时是我辅导他们做数学作业的，但我现在辅导不了了，孩子妈在这方面不怎么行的。真是愁死了。

从：你是孩子们生活里的重要一员，这对你也很重要。现在你想出力，却帮不上忙。

从业者在当事人的谈话内容中选取了一个方面予以关注。还有哪些方面可能同样具有建设性，也值得关注呢？你要如何提及这些方面呢？或者，你关注的议题和这位从业者的一样，那你还可以怎样提及该议题呢？

当：是的，差不多。他们有时是很烦人，但大部分时间里还是很可爱的。

从：那你女友呢？

从业者将焦点转移到了当事人的伴侣那里。假如让你回应当事人说的这句话，你会怎么说呢？

当：她可恨透我了。她说我打她，可她也打我啊。说我不关心她，不关心孩子，都是瞎扯。有时，她还唠叨个没完，就不能退一步，消停消停。那天晚上也是，我告诉她别说了，让我安静一会儿。我出了屋，她还跟在我后面吵；我跑到车库去，她也出来跟到那儿。我都觉得丢脸，邻居们可都听着呢。最后，我回屋了，我告诉她你闭嘴吧。然后她就扇了我一耳光，我觉得这就是我爆发的原因。但我不过也就是反手一推，想让她离我远点儿，她呢，可能是失去了平衡，反正摔倒了。我也没有成心打儿子啊，他掺和进来的也太不是时候了，那会儿他妈妈正要起来跟我来劲呢。我当时一直在跟她说抱歉，但她是又抓又打的，后面的事儿我也想不起来了。

从：看来事情发展到这一步你很难受。你并不想跟女友这么解决问题。你希望能更有序一些，大家都别失控。

从业者做了很大胆的推测。你觉得合理吗？会谈朝着这个方向会有帮助吗？如果没有，你又会怎么做呢？

当：是啊。人们可别把我当成怪物看。我真心不想这样的事儿发生，谁让她不肯消停呢！

从：你不是那种人，你也不希望别人那样看你。

从业者认识到并反映出当事人的关注点在于"自己遭到了误解"。你对当事人的这句话，还可以怎样回应呢？

当：我俩要是能好好说话就好了，但是我们好像都有些过分了。我们俩人需要做些改变了。

从：嗯，看我是否全都理解了。你不是很愿意来这儿会面，同时，你也不愿意看到事情发展到这个地步。你希望能和女友聊聊这些，同时，你也觉得有时根本没办法交流。然后，你做了让自己后悔的事儿。你很清楚，你们需要做一些改变了。

你会做一个什么样的摘要呢？

练习 10.2　情况梗概 2（人际暴力）参考答案

从：我知道，你今天不太愿意来见面。

评注：我们还可以说："关于这次的会面，你是怎么看的？"

当：可不呗。警察根本不听我解释，就知道一个劲儿地逮人。他们现在又说，我要是想抛开社工单独见孩子，就得过来跟你聊聊。

从：谁都没有真正耐下心来听听你的看法。我在想，是不是咱们可以花点儿时间来做这件事儿。

评注：还可以关注和回应这些方面："你不想再进监狱了。"或者"感觉他们把你当成孩子来管了。"或者"你听起来很沮丧。"

当：随便吧。

从：就现状来说，跟女友和孩子们相处，哪些问题是你担心的？

评注：双方好像并没有形成合作关系。当事人表达出对会谈的走向不感兴趣，他这也是在告诉从业者——"我不听你那一套"。直接就这一点展开探讨，或许会有帮助，但也会将焦点带到不和谐上，除非我们能使用有关的策略将焦点拉回来（详见第

11 章）。你可以先承认这些明显存在的情况，然后通过一个提问来转移焦点："我想先明确说一下，这些会谈要怎么利用，完全交给你来决定。我不会强迫你做任何事情的。我在想，你觉得，这次会谈要安排谈些什么会有帮助呢？"

当：我现在见不了孩子们，除非有社工陪同。孩子们搞不懂这是怎么回事，他们问我："爸爸，你怎么不能回家呢？"平时是我辅导他们做数学作业的，但我现在辅导不了了，孩子妈在这方面不怎么行的。

从：你是孩子们生活里的重要一员，这对你也很重要。现在你想出力，却帮不上忙。

评注：我们还可以关注当事人是怎么回答孩子们提的数学问题的，我们可以问："孩子们问你那些难题时，你怎么回答他们呢？"我们也可以问，假如他现在可以自由地和孩子们待在一起，此刻也许正在做什么："你想跟孩子们一起做哪些事儿，现在却做不了了？"我们还可以使用准备尺，询问当事人：做出改变来跟孩子们团聚，这对他有多重要。

当：是的，差不多。他们有时是很烦人，但大部分时间里还是很可爱的。

从：那你女友呢？

评注：我们还可以说："跟孩子们相处，没法事事顺心，同时呢，你又特别想回家跟他们团聚"。

当：她可恨透我了。她说我打她，可她也打我啊。说我不关心她，不关心孩子，都是瞎扯。有时，她还唠叨个没完，就不能退一步，消停消停。那天晚上也是，我告诉她别说了，让我安静一会儿。我出了屋，她还跟在我后面吵；我跑到车库去，她也出来跟到那儿。我都觉得丢脸，邻居们可都听着呢。最后，我回屋了，我告诉她你闭嘴吧。然后她就扇了我一耳光，我觉得这就是我爆发的原因。但我不过也就是反手一推，想让她离我远点儿，她呢，可能是失去了平衡，反正摔倒了。我也没有成心打儿子啊，他掺和进来的也太不是时候了，那会儿他妈妈正要起来跟我来劲呢。我当时一直在跟她说抱歉，但她是又抓又打的，后面的事儿我也想不起来了。

从：看来事情发展到这一步你很难受。你并不想跟女友这么解决问题。你希望能更有序一些，大家都别失控。

评注：从业者的回应，似乎是说到点儿上了，有帮助作用。我们还可以聚焦当事人事后的感受："你当时的反应把自己都惊呆了，打到儿子时，你更是吓傻了。听起来，你不想再有这种经历了。"

当：是啊。人们可别把我当成怪物看。我真心不想这样的事儿发生，谁让她不肯消停呢！

从：你不是那种人，你也不希望别人那样看你。

评注：我们也可以做双面式反映："你不是怪物啊，同时，你也知道自己不喜欢这次的做法。你是知道的。"或者我们还可以用"展望未来"这个技术："想象一下 5 年后，如果期间没有过任何改变，你预计那时候家里是什么样子呢？"或者"假如你做出了改变，想象一下 5 年后，你的家庭会是什么样子？"

当：我俩要是能好好说话就好了，但是我们好像都有些过分了。我们俩人需要做些改变了。

从：嗯，看我是否全都理解了。你不是很愿意来这儿会面，同时，你也不愿意看到事情发展到这个地步。你希望能和女友聊聊这些，同时，你也觉得有时根本没办法交流。然后，你做了让自己后悔的事儿。你很清楚，你们需要做一些改变了。

评注：我们也可以这样做摘要："你希望事情不要再这个样子了；你却还不太清楚具体该怎样做。你尝试过避免问题发生，同时，你也知道一个巴掌拍不响。你对必须来这儿会面仍然是有些情绪的，同时，你也希望能了解一些方法、掌握一些技巧，以后就不会那么做了。你觉得，下一步要怎么安排呢？"

练习 10.3   提问：旨在唤出

跟第 5 章和第 8 章一样，现在我们来练习提问题，但这一次，我们旨在**唤出**当事人的动机。大家还是会读到当事人的一句话，请就此提出两个不同的问题。因为改变语句涉及具体的目标行为，而这方面的信息并没有在当事人的话语中出现，所以大家必须推断出可能的目标行为。另外，可能还需要用一句反映性陈述引出我们的问题。总之这是一个很好的练习，大家试试看吧。可以运用在本章以及上一章（"识别改变语句和持续语句"）里学过的各种类型的问题。需要时翻阅前面几章能帮助大家回顾相应的内容。

后面我们还会再用到同形式的素材，练习在**计划**过程中提问问题。

1. 我觉得小孩儿得明白，我才是家长，他得心里有我。可他总是冲我粗鲁无礼，我可忍不了这个，这是对家长的不尊重。

问题 A：

问题 B：

2. 我搞不懂咱们要在这里做啥。

问题 A：

问题 B：

3. 我爱孩子们，但有时她们真快把我逼疯了，然后我就做了我不该做的事。

问题 A：

问题 B：

4. 我烦透了处理这堆破事儿。我再也干不下去了。必须得做些改变了。

问题 A：

问题 B：

5. 我的问题就是我老婆，还有她没完没了的抱怨。

问题 A：

问题 B：

** 附加题 **

6. 又来这一套：说了半天都是老掉牙的东西，不过就是换了个说法而已。

问题 A：

问题 B：

练习 10.3　参考答案

有些情况下，我们先做反映性倾听，再提问题可能更合适（也需要这样做）。估计大家也已经认识到这一点了。同样，改变语句也需要有具体的目标行为，而这方面的信息并没有在当事人的话语中明确出现，所以大家要基于有限的信息推断出可能的目标行为。最后提醒一点，MI 编码员会将开放式陈述（通常这样表达"跟我说说……"）算作开放式问题。

1. 我觉得小孩儿得明白，我才是家长，他得心里有我。可他总是冲我粗鲁无礼，我可忍不了这个，这是对家长的不尊重。

导进：

问题A：请再谈谈"作为家长"对你意味着什么？

问题B：你在生活中是怎样教育小孩儿的？

聚焦：

问题A：你作为家长管教孩子时，最好的情况是什么样的？

问题B：你希望和孩子的关系有哪些改进？

唤出：

问题A：对于这种情况，你有哪些担心？

问题B：假如一直如此，你预计一下，你跟孩子以后会遇到什么情况？

2.我搞不懂咱们要在这里做啥。

导进：

问题A：你怎么看为什么会来这里这件事呢？

问题B：你觉得什么样的信息会对你有帮助？

聚焦：

问题A：你好像也有些困惑。那你觉得，咱们这段共处时间要怎么安排才能更有意义？

问题B：你似乎也不确定该先谈什么。那如果整体考虑自己的生活，你觉得什么对你最重要，是咱们可以重点关注的？

唤出：

问题A：你好像也有些困惑。那跟现在比，你希望未来有什么变化呢？

问题B：你似乎觉得这没什么用。你希望将精力放在哪方面，做哪些改变呢？

3.我爱孩子们，但有时她们真快把我逼疯了，然后我就做了我不该做的事。

导进：

问题A：你备感压力时，一下子就做出了自己不喜欢的行为，那事后你会对这个有什么感受呢？

问题B：你没被压垮逼急的时候，情况是什么样的？

聚焦：

问题A：和孩子们在一起时，通常你这一天是怎么过的？

问题B：当家长们被压垮逼急时，我是有些担心的，可以跟你说说吗，然后再听听你的看法?

唤出:

问题 A: 你希望自己本该怎么做呢?

问题 B: 是什么让你觉得自己可以改变?

4. 我烦透了处理这堆破事儿。我再也干不下去了。必须得做些改变了。

导进:

问题 A: 你说自己在处理那堆破事儿,那都是些什么事情呢?

问题 B: 你整体的生活是什么样的? 还有这堆破事儿跟生活之间又是什么样的关系呢?

聚焦:

问题 A: 提起这堆破事儿,你觉得其中哪些是咱们可以拿出来说说的?

问题 B: 估计你已经在努力改变这种局面了。能不能说说,你觉得哪些努力有效果。

唤出:

问题 A: 哪些是需要改变的?

问题 B: 你希望有哪些改变?

5. 我的问题就是我老婆,还有她没完没了的抱怨。

导进:

问题 A: 发生什么事情的时候她就不抱怨了呢?

问题 B: 看来,你太太因为某些事情不开心啊! 那你呢?

聚焦:

问题 A: 哪些方面是你特别需要和太太谈一谈的?

问题 B: 你并不喜欢你们现在的交流方式。哪些方面最让你困扰?

唤出:

问题 A: 你希望你们的关系有哪些改善?

问题 B: 你觉得自己这一方需要做哪些改变就可以让情况好一些?

** 附加题 **

6. 又来这一套:说了半天都是老掉牙的东西,不过就是换了个说法而已。

导进：

问题 A：你怎么看这套东西？

问题 B：你不喜欢生活里的这一面。那，哪些方面是你喜欢的呢？

聚焦：

问题 A：好像有很多方面咱们今天都可以花时间来说一说。咱们谈这个方面你觉得有帮助吗，还是有别的方面是你更想谈的？

问题 B：听起来，你想聊聊其他的事情。具体是哪些呢？

唤出：

问题 A：假如你乘坐时光机到 6 个月之后旅行，情况发生改观了，那会是什么样呢？

问题 B：假如有一把尺子，上面的刻度为 1~10，1 代表完全不重要，10 代表极为重要，那对你来说，"做出改变"的重要性有多大呢？

练习 10.4　反映：旨在唤出

我们再次练习做反映，但这一次旨在**唤出**当事人的动机。大家仍会读到当事人的一句话，请就此做两个不同的反映性陈述。因为**唤出过程**涉及具体的目标行为，而这方面的信息并没有在当事人的话语中明确出现，所以大家要基于有限的信息推断出可能的目标行为。需要时翻阅前面几章能帮助大家顾起相应的内容。

1. 我希望女儿的饮食能健康一些。要是她还像现在这样，我真担心她的健康。估计你也知道，她不太愿意听我的，所以好像我也贯彻不下去。

反映 A：

反映 B：

2. 现在好多地方大麻都合法化了，所以我觉得总提过去如何如何真是没啥意思。当然，啥事儿过度了都是个问题，所以我不会抽得太凶，而且非要那么说的话，喝酒不更是个问题嘛。对，我老婆对我抽大麻这个事很不乐意，她总怕孩子们发现，但我不是还天天去上班嘛，而且我也做家务啊。

反映 A：

反映 B：

3. 家里人觉得我承担太多了，觉得我太累了。我认为他们根本不懂我才会这么想。我就喜欢做这些，人跟人不一样，他们觉得这是负担，那是他们啊。不过我也明白，做这些事有时真会精疲力竭，而且我也没时间陪他们了，这是我不想要的。

反映 A：

反映 B：

4. 我希望自己有信仰，我向往精神生活。但信教的人里也有一些伪君子，我就是跟他们处不来。我很反感他们说一套做一套，口是心非。还有就是那些宗教团体宣扬的东西，有的我真难以接受，我觉得简直是在搞笑。

反映 A：

反映 B：

练习 10.4 参考答案

唤出过程涉及具体的目标行为，而这方面的信息并没有在当事人的话语中明确出现，所以大家要基于有限的信息推断出可能的目标行为。

1. 我希望女儿的饮食能够健康一些。要是她还像现在这样，我真担心她的健康。估计你也知道，她不太愿意听我的，所以好像我也贯彻不下去。

导进：

反映 A：你太想帮助女儿了。

反映 B：你担心女儿的健康。

聚焦：

反映 A：想办法让她参与进来对你很重要。

反映 B：你在寻找可以贯彻下去、保持一致的方法来帮助她。

唤出：

反映 A：你担心这样下去，以后的情况会如何。

反映 B：你的目标是希望跟女儿谈的时候能有方法，好唤出她改变的动机。

2. 现在好多地方大麻都合法化了，我觉得总提过去如何如何真是没啥意思。当然，啥事儿过度了都是个问题，所以我不会抽得太凶，而且非要那么说的话，喝酒不更是个问题嘛。对，我老婆对我抽大麻这个事很不乐意，她总怕孩子们发现，但我不是还天天去上班嘛，而且我也做家务啊。

导进：

反映 A：人们这样看大麻好像不太公平。

反映 B：因为大麻的事儿，家里有点不好过啊。

聚焦：

反映 A：你相当重视大麻这个事儿。

反映 B：你相当重视和太太的关系。

唤出：

反映 A：你特别有把握抽大麻不会造成任何问题。（说话时的态度至关重要）

反映 B：大麻对你最重要了，它值得你不顾太太的担忧，值得你冒着被孩子们发现的风险。

3. 家里人觉得我承担太多了，觉得我太累了。我认为他们根本不懂我才会这么想。我就喜欢做这些，人跟人不一样，他们觉得这是负担，那是他们啊。不过我也明白，做这些事有时真会精疲力竭，而且我也没时间陪他们了，这是我不想要的。

导进：

反映 A：你喜欢做这些事儿。

反映 B：家里人担心你。

聚焦：

反映 A：你想平衡好工作和家庭。

反映 B：工作和家庭你都很看重。

唤出：

反映 A：你想平衡好工作和家庭，同时你不确定自己能否办到。

反映 B：嗯，你感到左右为难，但你也知道需要做些改变了。

4. 我希望自己有信仰，我向往精神生活。但信教的人里也有一些伪君子，我就是跟他们处不来。我很反感他们说一套做一套，口是心非。还有就是那些宗教团体宣扬的东西，有的我真难以接受，我觉得简直是在搞笑。

导进：

反映 A：你向往精神生活。

反映 B：你一直在尝试融入宗教团体。

聚焦：

反映 A：找到信仰对你很重要。

> 反映 B：你始终看重宗教信仰，想找到适合自己的。你一直想着这件事呢。
>
> **唤出：**
>
> 反映 A：感觉缺了点儿什么。
>
> 反映 B：你想探索某些超然的事物，想跟其他人建立联系。

练习 10.5　沿路深入

回到与拉塞尔的对话中，但这次我们会更加深入。这一次，我们不仅要留意咨询师使用了哪些技术，而且还要关注咨询师使用这些技术意在做什么。换言之，出于什么目的？这种目的性又是怎样影响了双方的谈话？引出的是改变语句、持续语句 / 不和谐，还是中立语句（请在拉塞尔的语言类型一列对应写下来）？

	从业者的技术类型 / 当事人的语言类型	从业者的目的
咨：好，我们停一下，做个摘要。你不确定要不要讨论大麻的问题，但你还是过来了。因为有一些事儿是你希望有变化的，可能你最想找到教养孩子的好方法，这事儿是你最看重的。你觉得呢？	摘要	
拉：不，我很确定，大麻对我来说就不是个问题，不用再浪费时间说这个了。		
咨：你想专心讨论其他的话题，比如说说孩子们，也聊聊怎么做个好父亲。	深层反映	
拉：对。		
咨：你想做个好父亲，我想知道，是什么影响了你，让你有这样的决心。我觉得讨论一下还是很有意义的。	陈述，用作提问	
拉：当然有意义了。嗯，我的父母就很好。他们虽然不完美，但都努力理解我，努力给到我需要的。父母能一直这么对孩子，其实不容易。他们也对我有期望。我们家有不少家务活儿都安排在周末做，估计全天下的孩子就我一个盼着周末赶紧过完的。反正我也睡不了懒觉。我的朋友们都可以赖个床，我可没戏（笑了）。我们一家清早就起了，八点就准备好开工了（摇头）。		
咨：（微笑）有些事儿是你不喜欢的，同时你也知道，父母也尝试站在你的角度看问题。	双面反映	

（续表）

	从业者的技术类型 / 当事人的语言类型	从业者的目的
拉：我从这堆家务活儿上可体会不到啥理解（气哼哼地），但我们总在吃晚饭时聊天。爸妈会问我的看法，很认真地听我说话。他们没对我讲过你说得不对或者你不懂之类的话。他们尊重我的意见，我朋友的父母就做不到，[他们爱说]："等你长大了，就不这么想了。"		
咨：所以你最能体会认真倾听这件事儿不能只停留在嘴上，还需要落实在行动上。所以你希望女儿们也能认真听别人讲话。	深层反映	
拉：是的。我希望她们明白，我很在意她们的想法，但就像我父母对我有要求一样，她们也需要明白，作为家里的一员，有些事儿是她们必须要做的。		
咨：你希望孩子们明白，不能光想着自己。	深层反映	
拉：对。		
咨：要履行自己的那份儿责任，不能只伸手索取。	接续式反映	
拉：是啊。但这事儿不太容易。说实话，很难。每次她俩回到我家，几乎都要从零开始，得从头再教。		
咨：每周如此。	表层反映	
拉：对。孩子妈妈跟我的教育风格不一样。她可不唱黑脸——那好，我来当坏人，我来背锅。		
咨：你理解她为什么要这样。	表层反映	
拉：我理解，但背这口黑锅也快烦死我了。		
咨：是挺别扭的，同时你也没有放弃这些期望，哪怕是从头再来，因为你知道这对孩子们很重要。你这是在为她们着想，而不是为了你自己。	双面反映	
拉：父母教了我很多，其中之一就是，我知道自己重要，但我也不是世界的中心。做人要平衡这些。		
咨：其实你考虑的这些就是一个好父亲会考虑的。要让孩子们知道，父母爱她们，同时，她们也是家庭的一员，不能只为自己着想。这是你从父母那里学到的，你也要传承发扬下去。	反映，然后肯定	
拉：对，虽然我讲不出这些话，也许我还没太想过吧，但的确是这个样子。我也知道我一定会这么做的。		

（续表）

	从业者的技术类型 / 当事人的语言类型	从业者的目的
咨：你知道要怎么做。	深层反映，起到肯定作用	
拉：我知道。说来可笑，就因为教育孩子的事儿，我跟前妻一直有矛盾，我觉得都怨她，是她对孩子管得太松了。但其实，这也是我分内的事儿。这事儿在我，而不在她。		
咨：这个领悟会让你做出改变，应对好之后的情况。	反映	
拉：对。其实我用不着改变自己正在做的事儿，但我确实需要改变视角，改变自己的看法。		
咨：这样一来，压力也会下降一些	反映	
拉：我有点儿说不上来了，不过感觉上是对的。		
咨：就好比，你的身体能知道是这么回事。	反映	
拉：对。		
咨：看来，你已经想好怎么办了。	反映	
拉：想好了。我教给孩子们的事儿，不用改变，因为是正确的，但我需要改变自己的视角和看法。		
咨：看我有没有充分理解了你说的内容。关于怎样教育孩子，你父母是好的榜样，你也继承和遵循着这些原则。你知道，这就是你骨子里的东西。你要做个好父亲，要让女儿们感受到爱，同时还要让她们意识到大家期望着她们对家庭的付出，所以她们不能只想着自己。你已经在教给女儿们这些事儿了，但你也认识到，你现在更多的是把教育孩子当成了一种负担，而不是好爸爸要做的分内事。你意识到，自己需要接纳这一切。	过渡性摘要	
拉：你说得对，是这样的。		
咨：那，下一步呢？	关键问题	

练习 10.5　参考答案

这个参考答案并不完美。注意，从业者有几次跑题了。但同样也要注意，从业者是怎么拉回来的。务必要训练这种技能，即能觉察到自己偏离了目标，然后再回到会谈焦点上来。

	从业者的技术类型 / 当事人的语言类型	从业者的目的
咨：好，我们停一下，做个摘要。你不确定要不要讨论大麻的问题，但你还是过来了。因为有一些事儿是你希望有变化的，可能你最想找到教养孩子的好方法，这事儿是你最看重的。你觉得呢？	摘要	经过聚焦过程，议题已经初见雏形，从业者想在其中编入一个理由，便于推荐大麻的议题
拉：不，我很确定，大麻对我来说就不是个问题，不用再浪费时间说这个了。	不和谐	
咨：你想专心讨论其他的话题，比如说说孩子们，也聊聊怎么做个好父亲	深层反映	焦点从不和谐上移开，重新聚焦于拉塞尔的目标上
拉：对。	中立语句	
咨：你想做个好父亲，我想知道，是什么影响了你，让你有这样的决心。我觉得讨论一下还是很有意义的。	陈述，用作提问	选一个可引出优点的谈话方向，并聚焦于拉塞尔的目标上
拉：当然有意义了。嗯，我的父母就很好。他们虽然不完美，但都努力理解我，努力给到我需要的。父母能一直这么对孩子，其实不容易。他们也对我有期望。我们家有不少家务活儿都安排在周末做，估计全天下的孩子就我一个盼着周末赶紧过完的。反正我也睡不了懒觉。我的朋友们都可以赖个床，我可没戏（笑了）。我们一家清早就起了，八点就准备好开工了（摇头）。	中立语句，没有改变语句，也没有持续语句，但他说出了自己对"好父母"的认知	
咨：（微笑）有些事儿是你不喜欢的，同时你也知道，父母也尝试站在你的角度看问题。	双面反映	承认不满意的地方，但继续围绕"积极、良好的教育"在谈
拉：我从这堆家务活儿上可体会不到啥理解（气哼哼地），但我们总在吃晚饭时聊天。爸妈会问我的看法，很认真地听我说话。他们没对我讲过你说得不对或者你不懂之类的话。他们尊重我的意见，我朋友的父母就做不到，[他们爱说]："等你长大了，就不这么想了。"	中立语句，拉塞尔继续讲了自己对"好父母"的认识	

（续表）

	从业者的技术类型 / 当事人的语言类型	从业者的目的
咨：所以你最能体会认真倾听这件事儿不能只停留在嘴上，还需要落实在行动上。所以你希望女儿们也能认真听别人讲话。	深层反映	肯定拉塞尔对此的认识，并聚焦于他并未明说的一个目标
拉：是的。我希望她们明白，我很在意她们的想法，但就像我父母对我有要求一样，她们也需要明白，作为家里的一员，有些事儿是她们必须要做的。	改变语句，虽然说的是教育理念，但也表达出了他想让女儿们了解这些的愿望	
咨：你希望孩子们明白，不能光想着自己。	深层反映	强化愿望语句
拉：对。	确认赞同——代表了改变语句（参见前面章节里的定义）	
咨：要履行自己的那份儿责任，不能只伸手索取。	接续式反映	重新打开话题
拉：是啊。但这事儿不太容易。说实话，很难。每次她俩回到我家，几乎都要从零开始，得从头再教。	改变语句和持续语句，他先承认了自己的目标，然后又提到了管教孩子的困难	
咨：每周如此。	表层反映	随着谈话的进展，话题走到了一个新的方向
拉：对。孩子妈妈跟我的教育风格不一样。她可不唱黑脸——那好，我来当坏人，我来背锅。	中立语句，话题焦点转到了他的前妻那里	
咨：你理解她为什么要这样。	表层反映	继续这个话题，关于他的前妻
拉：我理解，但背这口黑锅也快烦死我了。	对于会谈目标而言，这是中立语句，但也唤出了拉塞尔的负面情绪	
咨：是挺别扭的，同时你也没有放弃这些期望，哪怕是从头再来，因为你知道这对孩子们很重要。你这是在为她们着想，而不是为了你自己。	双面反映	承认前妻的影响，但又将话题拉回到了教养孩子上
拉：父母教了我很多，其中之一就是，我知道自己重要，但我也不是世界的中心。做人要平衡这些。	中立语句，但对于"好父母需要做什么"，他明确讲出了自己的理解	

（续表）

	从业者的技术类型 / 当事人的语言类型	从业者的目的
咨：其实你考虑的这些就是一个好父亲会考虑的。要让孩子们知道，父母爱她们，同时，她们也是家庭的一员，不能只为自己着想。这是你从父母那里学到的，你也要传承发扬下去。	反映，然后肯定	肯定，并着重突出拉塞尔对"好父母需要做什么"的理解与认识
拉：对，虽然我讲不出这些话，也许我还没太想过吧，但的确是这个样子。我也知道我一定会这么做的。	改变语句，涉及能力与承诺	
咨：你知道要怎么做。	深层反映，起到肯定作用	继续在这个话题上建立改变的动机，但对焦点做了微调
拉：我知道。说来可笑，就因为教育孩子的事儿，我跟前妻一直有矛盾，我觉得都怨她，是她对孩子管得太松了。但其实，这也是我分内的事儿。这事儿在我，而不在她。	从技术层面看，似乎这是中立语句，但朝向改变的势头已经清晰可见了，拉塞尔认同这个说法，并找到了前进的方向	
咨：这个领悟会让你做出改变，应对好之后的情况。	反映	点明问题的核心，继续为前路照明
拉：对。其实我用不着改变自己正在做的事儿，但我确实需要改变视角，改变自己的看法。	改变语句，很清晰明确	
咨：这样一来，压力也会下降一些	反映	微调一下话题，但也与拉塞尔的目标相关
拉：我有点儿说不上来了，不过感觉上是对的。	改变语句，承认了改变的好处，但态度上也有一些模棱两可	
咨：就好比，你的身体能知道是这么回事。	反映	强化、巩固拉塞尔的领悟，深入探索这种模棱两可
拉：对。	改变语句，但势头减弱了	
咨：看来，你已经想好怎么办了。	反映	将谈话焦点带离这种模棱两可，重新回到关于教养孩子的话题上，引出改变语句
拉：想好了。我教给孩子们的事儿，不用改变，因为是正确的。但我需要改变自己的视角和看法。	改变语句，很清晰明确	

（续表）

	从业者的技术类型 / 当事人的语言类型	从业者的目的
咨：看我有没有充分理解了你说的内容。关于怎样教育孩子，你父母是好的榜样，你也继承和遵循着这些原则。你知道，这就是你骨子里的东西。你要做个好父亲，要让女儿们感受到爱，同时还要让她们意识到大家期望着她们对家庭的付出，所以她们不能只想着自己。你已经在教给女儿们这些事儿了，但你也认识到，你现在更多的是把教育孩子当成了一种负担，而不是好爸爸要做的分内事。你意识到，自己需要接纳这一切。	过渡性摘要	摘要做得稍微有点长，但意在将这次的谈话内容组织起来，为拉塞尔展现出一张全新的地图，从而一览无余地看到全景。请大家留意，从业者是怎么肯定拉塞尔与其能力的，而这种肯定又如何影响和塑造了谈话的内容
拉：你说得对，是这样的。	改变语句，拉塞尔认同从业者说的话，而这段话中包含了改变语句	
咨：那，下一步呢？	关键问题	询问要把哪些落实在行动上（承诺语句）

练习 10.6　写分支脚本

这个练习请大家沿着不同的方向写出相应的分支脚本。各方向上的语言编码已经提供，你需要想好当事人和从业者说了哪些话，然后填入相应的方框中。

大家先整体看一下后面的参考示例，我们可以看到从业者的行为和当事人的反应分散成了几条分支，并沿着不同的路径发展下来。点状方框是从业者说的话。当事人对从业者的回应分别编码为：白色方框是改变语句；灰色方框是中立语句；斜线方框是持续语句或不和谐。请大家注意示例中当事人的语言是如何匹配相应编码的。

等你清楚了这些编码之后，再来定一下这次会谈的焦点议题与发生场合。在分支图上，先写出从业者说的话，再对应编码写下当事人的回应。同样，白色方框里是当事人回应的改变语句；灰色方框是中立语句；斜线方框是持续语句或不和谐。接着写出从业者接下来的回应。请注意，在第四层，当事人的回应再次分叉，所以我们在每个方框里填入的从业者回应，需要能引出当事人既定编码的下一步反应。

这个练习的意义不在于写出完美的脚本，而在于加深我们对"从业者使用特定类型的语言就会引出当事人的特定语言"的理解。如果对应的是改变语句方框（白色方框），请确保你在上一级从业者方框里填入的话语含有那些可以引出改变语句的技术成分。

大家也可以使用这种方法练习引出改变语句，也许相应的推演会超出练习表格的篇幅，没有关系，大家可以自己找张白纸画一画这样的方框和连线，创造出额外的推演空间来。大家也可以绘制彩色分支图。

练习 10.7　四种方法

你是一位在问题解决型法庭[1]工作的心理治疗师。该法庭不会简单化地判决有罪或无罪，也不会简单化地责令当事人治疗或监禁，而是会与当事人一起合作解决问题。法庭推动各方持续接触、协同合作。但如果当事人不遵循治疗建议，法庭也有权强制执行法律制裁。你的工作职责是帮助当事人保持动机，帮助他坚持贯彻治疗计划——这个计划是他自己、你以及法庭三方共同制订的。大家可能并不在这样的司法领域中工作，但既然该练习是关于"改变"的，那咱们掌握的知识和技能足以完成该练习了。请大家运用学过的原理与技术帮助这位当事人向着改变前进。该练习的目的在于**唤出**。所以请先阅读下面给出的案例背景信息，然后再阅读当事人说的话；读完每段话，请大家选择引出改变语句的方法，并写下自己打算对当事人说的话。

拉娜同意了与家庭治疗法庭[2]合作。事情的起因是，儿童保护服务署接到了她家邻居的电话投诉，称大晚上有一帮人进进出出她家，音乐吵闹，喝酒声嘈杂，而且有可能是在吸毒贩毒。邻居还反映说，当天晚上拉娜的孩子一直哭到深夜，然后就听见一声巨响，孩子的爸爸摔门冲出，扬长而去。第二天，邻居去找拉娜交涉噪音扰民的问题，注意到这位 19 岁的母亲脸上有一大块瘀青，尽管她化了妆并戴了帽子和墨镜企图掩饰，而且，这才早上 9 点半，拉娜就浑身酒气。稍后，儿童保护福利署的社工到访，她也注意到家里有很多空酒瓶子。社工还发现，拉娜两岁多的孩子虽然穿的衣服是干净的，但有一股脏尿布的味道，而且看上去苍白瘦弱、营养不良。

孩子爸爸目前已经同意搬出去住了，但他很想回来；他是个失业的建筑工人，这对伴侣其实并没有结婚。他们现在靠领取政府的救济金度日。邻居说拉娜这家人是新搬进来的，大概只有三周，不过自从搬进来，这对情侣就断断续续地总吵架，没有消

---

[1]　问题解决型法庭（problem-solving court）是美国司法制度下的一种专门化法庭。该类法庭会针对被告人的物质滥用、精神障碍、家庭暴力等问题制定和安排相应的治疗干预。——译者注

[2]　家庭治疗法庭（family treatment court）是一种问题解决型法庭。该类法庭负责审理有物质滥用问题的父母忽视或虐待儿童的案件。——译者注

练习 10.6　表格

相关领域：

	从业者说的话	

当：（改变语句）	当：（中立语句）	当：（持续语句）
从：	从：	从：

当：	当：	当：	当：	当：	当：
从：	从：	从：	从：	从：	从：
当：	当：	当：	当：	当：	当：
从：	从：	从：	从：	从：	从：
当：	当：	当：	当：	当：	当：

练习 10.6　参考示例

相关领域：糖尿病

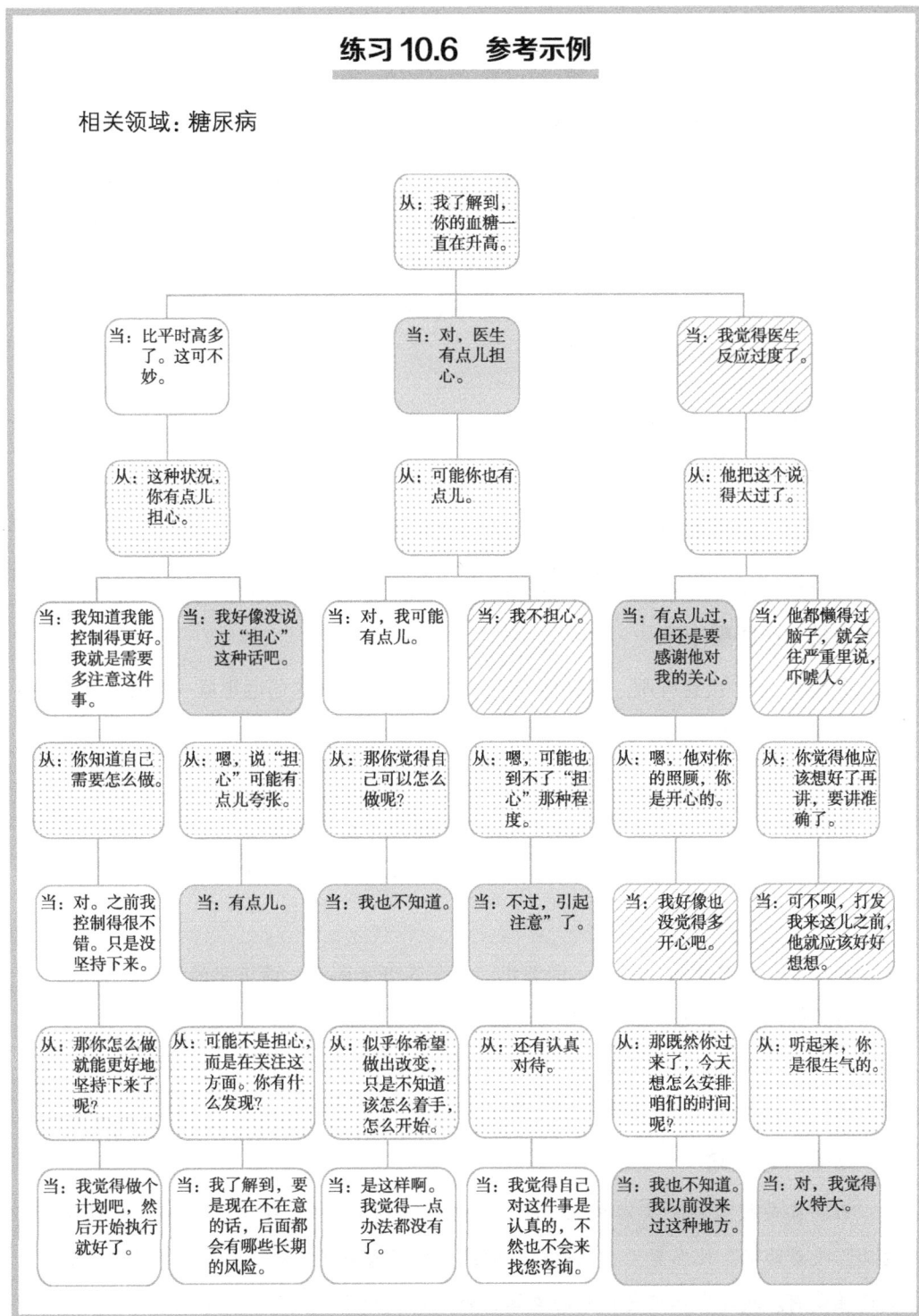

从：我了解到，你的血糖一直在升高。

当：比平时高多了。这可不妙。

当：对，医生有点儿担心。

当：我觉得医生反应过度了。

从：这种状况，你有点儿担心。

从：可能你也有点儿。

从：他把这个说得太过了。

当：我知道我能控制得更好。我就是需要多注意这件事。

当：我好像没说过"担心"这种话吧。

当：对，我可能有点儿。

当：我不担心。

当：有点儿过，但还是要感谢他对我的关心。

当：他都懒得过脑子，就会往严重里说，吓唬人。

从：你知道自己需要怎么做。

从：嗯，说"担心"可能有点儿夸张。

从：那你觉得自己可以怎么做呢？

从：嗯，可能也不了"担心"那种程度。

从：嗯，他对你的照顾，你是开心的。

从：你觉得他应该好了再讲，要讲准确了。

当：对。之前我控制得很不错。只是没坚持下来。

当：有点儿。

当：我也不知道。

当：不过，引起注意"了。

当：我好像也没觉得多开心吧。

当：可不呗，打发我来这儿之前，他就应该好好想想。

从：那你怎么做就能更好地坚持下来了呢？

从：可能不是担心，而是在关注这方面。你有什么发现？

从：似乎你希望做出改变，只是不知道该怎么着手，怎么开始。

从：还有认真对待。

从：那既然你过来了，今天想怎么安排咱们的时间呢？

从：听起来，你是很生气的。

当：我觉得做个计划吧，然后开始执行就好了。

当：我了解到，要是现在不在意的话，后面都会有哪些长期的风险。

当：是这样啊。我觉得一点办法都没有了。

当：我觉得自己对这件事是认真的，不然也不会来找您咨询。

当：我也不知道。我以前没来过这种地方。

当：对，我觉得火特大。

停过。

示例

当：我是同意跟家庭治疗法庭合作，但没想到要花这么长时间啊。我上了教养技能的课，还做了强化门诊干预（intensive outpatient treatment，IOP：一种针对酒精和药物使用的治疗方法，一般安排是每周三次，总计若干小时）。每半个月，我就得来这儿一趟。我还必须接受尿检。我是说，我要做得太多了，既然你们觉得德米特里看不了孩子，那我就不知道了，我现在要怎么照顾孩子呢？我知道，我应该和法庭合作，但是……我也不知道能不能坚持得住。

方法 1：深层反映

这些真的把你累垮了，你很想有人帮忙，解决好这些事情。

方法 2：唤出式问题

我猜啊，这么辛苦，你可能也想过放弃。是什么让你没有放弃，一直坚持呢？

方法 3：展望未来

你刚刚说："就这样吧。我坚持不下去了。"咱们先就这句话想象一会儿，然后停下来回答：6 个月后，你的生活是什么样呢？［我会引出具体的例子，并对其中的改变元素做反映］

现在咱们想象一下，已经有办法解决这些问题了，先不管是什么办法。那 6 个月后，你的生活是什么样呢？［我会引出具体的例子，并对其中的改变元素做反映］

方法 4：详细展开

处理这些事儿确实不容易，但你也一直在想办法解决。请讲讲最近的一次情况，虽然当时你觉得自己办不到了，但你最终还是想办法解决了。

方法：EARS、详细展开、询问极致、回顾过去、展望未来、探索目标、提供评估反馈、使用准备尺、探索价值与行为

当事人说的话 1

当：要是德米特里能回家就好了，那能帮上很大忙的。他心情不好，不就是因为工作没着落嘛。他在努力，只是现在的经济环境太差了。对，我们俩总吵架，但我们还相爱啊。我其实知道是谁打的电话，她看见我的脸了。真是狗拿耗子——多管闲事！我跟德米特里喝了点儿酒，然后吵了起来，他想跑出去，我尝试拦着他，也就这么个事儿而已。我当时挡着他，不让他走，他把我推开，我就摔了一跤，磕到了桌子

上。他不是有意的。这事儿其实怪我。

方法 1：

方法 2：

方法 3：

方法 4：

方法：EARS、详细展开、询问极致、回顾过去、展望未来、探索目标、提供评估反馈、使用准备尺、探索价值与行为

当事人说的话 2

当：雅各布有哮喘，得买药，我们医保走迪米特里的工会不太方便。但我们得想办法照顾他啊，比如总要用吸尘器打扫，抽烟也别在屋里。雅各布是个好孩子，但他吃饭不行，吃不多，我有时也不知道他到底想要啥。他就知道哭，我也喂过他了，也换过尿布了，也摇着他，但他就是哭。我真的很无奈，很无力，所以我就想喝一杯。

方法 1：

方法 2：

方法 3：

方法 4：

方法：EARS、详细展开、询问极致、回顾过去、展望未来、探索目标、提供评估反馈、使用准备尺、探索价值与行为

当事人说的话 3

当：我在尽最大努力啊。对，法庭规定的会面有几次我是错过了，但那是因为雅各布病了啊。你说我当时应该怎么办？有时，现实情况已经很糟心了，我真的需要释放释放。所以，我有点儿小差错也没啥大不了的。你看，我才 19 岁，孩子都两岁半

了，谁能想到自己的人生会是这样。

方法 1：

方法 2：

方法 3：

方法 4：

方法：EARS、详细展开、询问极致、回顾过去、展望未来、探索目标、提供评估反馈、使用准备尺、探索价值与行为

练习 10.7　参考答案

方法：EARS、详细展开、询问极致、回顾过去、展望未来、探索目标、提供评估反馈、使用准备尺、探索价值与行为

当事人说的话 1

当：要是德米特里能回家就好了，那能帮上很大忙的。他心情不好，不就是因为工作没着落嘛。他在努力，只是现在的经济环境太差了。对，我们俩总吵架，但我们还相爱啊。我其实知道是谁打的电话，她看见我的脸了。真是狗拿耗子——多管闲事！我跟德米特里喝了点儿酒，然后吵了起来，他想跑出去，我尝试拦着他，也就这么个事儿而已。我当时挡着他，不让他走，他把我推开，我就摔了一跤，磕到了桌子上。他不是有意的。这事儿其实怪我。

方法 1：深层反映

你们彼此相爱，同时，有时也会稍微有点失控；这些事儿发生了，但你们都不希望是这个样子。

方法 2：唤出式问题

有哪些是你担心的，关于你跟迪米特里之间出现的这个情况？

方法 3：肯定

嗯，你真的是那种可以为了大局让步的人，你能全面地看问题。你明白，什么情

况下需要较真儿,什么情况下不需要纠结这些。

方法 4:询问极致

在这件事情中,你们发生了一点儿小争论,而事情接下来的走向跟你们预计的并不一样。那如果你们之间发生的是更厉害的争吵,就是那种全面爆发的争吵,情况很糟糕的那种,那会是什么样子呢?[引出例子,做反映]嗯,刚刚说了最糟糕的情况。那么,在现实中,更常出现的是什么样的情况呢?[引出例子,做反映]

当事人说的话 2

当:雅各布有哮喘,得买药,我们医保走迪米特里的工会不太方便。但我们得想办法照顾他啊,比如总要用吸尘器打扫,抽烟也别在屋里。雅各布是个好孩子,但他吃饭不行,吃不多,我有时也不知道他到底想要啥。他就知道哭,我也喂过他了,也换过尿布了,也摇着他,但他就是哭。我真的很无奈,很无力,所以我就想喝一杯。

方法 1:深度反映

你努力想照顾好雅各布。

方法 2:探索价值与行为

做个好母亲是你看重的价值。你觉得自己在哪些方面做得不错,体现了这种价值?[引出例子,做反映]哪些方面,你觉得自己还可以改善,还可以做得更好?[引出例子,做反映]

方法 3:唤出式问题

喝酒这件事儿,似乎让你有些烦恼。你有哪些担心和顾虑呢?

方法 4:回顾过去(变式)

我觉得,这两年半来,在照顾雅各布上,你已经学到了很多,积累了不少经验。我们回头想想,你当时 17 岁,怀孕了,那时的情况又是怎样的。就从那时算起,在照顾孩子上,你已经学到了哪些经验?[引出例子,做反映]你上了教养技能的课以后,有哪些收获呢?[引出例子,做反映]

当事人说的话 3

当:我在尽最大努力啊。对,法庭规定的会面有几次我是错过了,但那是因为雅各布病了啊。你说我当时应该怎么办?有时,现实情况已经很糟心了,我真的需要释放释放。所以,我有点儿小差错也没啥大不了的。你看,我才 19 岁,孩子都两岁半了，谁能想到自己的人生会是这样。

方法 1：深层反映

一方面，你想释放释放，你也只是个 19 岁的姑娘而已，同时，另一方面，你也知道这么做不会让自己实现目标，达成自己所希望的结果。

方法 2：摘要

看我有没有全面理解你的意思。目前这个阶段，真的很不容易、很难熬，而你依然一心一意地爱着德米特里和雅各布。你一直没放弃，撑住了一切，即使备感艰辛，同时，你也希望，我们可以找到一些办法，帮你渡过难关。你知道，自己想要的生活不只是出去喝喝酒、过一天算一天。

方法 3：探索目标

你似乎没有过上自己希望的生活。你有哪些人生规划呢？抛开法庭的规定，还有你现在手头在做的事儿，你希望自己的人生实现哪些事情呢？

方法 4：准备尺

你在坚持做这些事儿，真的不容易。假如有一把尺子，刻度从 1 分到 10 分，1 分代表完全没有信心，10 分代表完全有信心。今天说到你的这个计划，你有多大的信心坚持下去呢？［对当事人的回答，做反映。我们假设她回答的是 5 分］为什么你选择了 5 分，而不是 2 分呢？［做反映］要提升到 5.5 分或 6 分，可以做些什么？［做反映］

注：参考答案里提示的这些讲法使用起来也许没那么顺利。从业者用这些话做回应时，能有机会引出改变语句，但持续语句也可能夹杂其中。实际情况往往也是如此，我们当事人说的话通常就是这样。虽然存在这些挑战，但我们还是要练习使用唤出改变语句的方法。这里除了提供评估反馈，其他的方法我们都练了一遍。因为提供反馈不太适用于这个例子，当然针对其他的案例情况，还是可以很好发挥效果的。有一点始终不变，即当事人可以反馈／呈现给我们，让我们了解自己所用的方法是否有效。最后提醒大家注意，深层反映基本上还是我们引出改变语句的首选方法。

练习 10.8   我的价值——再探索

在练习 6.5 中，我们发现了自己最看重的五种价值。现在，请再次回到价值探索练习中，回顾我们先前回答的内容，然后再来回答下面几个问题。这些问题旨在引出改变语句。

如果有个人连续观察你一周，他可以从你生活的哪些方面，看到你最重视的这些价值体现出来了呢？

你所做过的种种选择，如何体现了这些价值？

你生活里还有哪些事物体现了这些价值？

你所做过的一些选择与这些价值不符的情况是……

你生活里还有哪些事物可能不符合这些价值？

展望一年后的生活，你为什么相信这些价值能保持住，而且还会发扬光大？

那需要做些什么呢？

你所信仰的这些价值，对于你实现一些人生目标，起到了怎样的帮助作用？请举个例子啊。

第 11 章

回应持续语句，与不和谐共舞

开篇

希恩耷拉着头坐在会议室里。校长一进来就开门见山地表明了召开这次碰头会的原因。他的口气不太客气，表明他要搞清楚事情是怎么回事，还要拿出合适的处理办法。除了希恩与校长之外，与会者还有希恩的妈妈、两位警探、希恩的学业顾问以及一位咨询师。希恩是个天赋禀异的运动健将，也很聪明，但他在这所学校过得并不顺利，很难适应。现在，他因涉嫌在校犯罪行为而受到了指控。希恩刚开始还撑着气势，凭着年轻显露锐气，但在妈妈的怒目而视下，他不再逞强，而是沮丧地埋下了头。很显然，希恩站在了人生的十字路口，他喃喃自语般地、粗略地回忆了事情的经过，这棵小树似乎还有继续成长、继续发展的机会。但其中一位探员并不满意这种程度的坦白，因为他从希恩表情里读出了松动的痕迹，所以决定进一步施压，以迫使希恩交代更多的内容。该探员宣读的内容包括，如果不肯全盘招供，或者等将来作为成年人受审，希恩可能面临起诉与判决。这一席话让希恩的妈妈顾不上片刻之前对他的失望与愤怒，转而变得满脸愁容，她担心儿子的人身自由，她大声质问为什么没有律师在场。这位探员一边承认母子俩的合法权利，一边继续施压。

然后，事情就起了变化，虽然不易察觉，但这种变化着实发生了。希恩抿起嘴，收紧了下巴。如果说前一刻他还在犹豫，不知所措，那现在，他心中已然决绝了。那位探员施压得越狠，希恩就捂得越死。他妈妈也一样，本来前一刻还在生儿子的气，此刻已将怒火转向了校方与探员。校长起初也是如履薄冰，谨慎权衡着处理方案，因为他既得保证学校的安全，又要顾及学生的学业。但他脚下的薄冰也随着希恩妈妈提出"休会，等律师"的要求而瞬间破裂了。另一位探员可能想扮演好警察的角色，所以始终一语不发。

咨询师跟着希恩和妈妈走进了休息大厅，校方请他跟母子俩简短地谈一谈。现在的情况比较明朗，探员指控的行为，希恩的确做过。证明希恩有罪的证据确凿，包括他自己跟同伴们说过的那些话。根据同学们的证词，希恩这是初犯。他是个苦孩子，成长于单亲家庭，妈妈又当爹又当妈，拼尽全力勉强维持着家里的温饱。根据希恩以往的谈话，咨询师明白，他的核心议题是"信任"。咨询师也清楚，鉴于事态的走向，这也许是自己跟希恩交流的最后一次机会了。同样，对于 17 岁的希恩来说，这恐怕也是他可以审视、反思自己的选择与人生方向的最后一次机会了，接下来，他将面对未来的成人世界了。

咨询师首先告知母子俩，现在进行的是一次临床性质的谈话，所以谈话的内容不会向会议室里的人透露，咨询师也就目前的会议走向对西恩母子表达歉意：校长召开这次会议，并不想搞得如此剑拔弩张。然后，咨询师共情了母子俩："后面会怎么发展，你们一定都担心坏了。"这句话立竿见影，希恩抿紧的嘴唇放松了，他妈妈耸紧的肩膀也松弛了下来。咨询师先就能不能分享一些建议征求了许可，母子俩表示同意，于是咨询师说："希恩，人会犯错，但这些错误不能用来定义一个人，更不能定义他的未来。你曾经告诉过我你想做什么样的人，而这种行为与你要成为的人无关。你还跟我讲过你的那些希望，你的那些梦想，雄心壮志。无论发生了什么，你都依然有机会选择成为你想成为的人。你自己觉得呢？"希恩语气含糊，喃喃地说："我不知道。"谈话的时间到了。希恩妈妈拨通了律师的电话，咨询师也走了出去；希恩望着窗外，目光没有移开。不一会儿，母子俩转回了会议室，告诉众人这次会谈结束了，之后再安排会议律师必须到场。希恩目前已经被停课，几天后，他从学校退学了。

很明显，这次会议的走向跟所有人希望的都不一样，没有人是赢家。那么，还有没有其他的方法进行这次会谈呢？

深入认识

我们需要再次回到**持续语句**和**不和谐**了，深入认识，才能回答这个问题。第 9 章讲过，有两种语言类型意味着改变**不会**发生。一种是持续语句，表达了现状持续下去的好处，或者是对现状的一种接纳。在前面的章节中，我们并未聚焦于此，专注倾听这种语言。而另一种语言就是不和谐，表示当事人在主动反抗从业者。一般而言，从业者向当事人施压、要求其改变往往就会导致或加剧不和谐。例如，在希恩的例子中，母子俩的对抗行为明显是随着会谈的进行才逐渐出现的。希恩抿起嘴、收紧下巴，这明显是一种对抗的信号，然后，他的妈妈也转向了不和谐。那位警探想获得口供，于是向希恩母子施压，结果让会谈剑拔弩张。希恩本有可能坦白自己犯过的错，痛定思痛，从中吸取教训，但这一切终归没有发生，实际的情况是：母子俩出现了强硬的抗辩行为，最后只能由律师介入处理。警探的行为反而导致了他最不希望的结果，可谓是南辕北辙。

那还能怎么做呢？要回答这个问题，我们需要先理清，在这种情况下，是什么在起作用，要怎么做才会有帮助。首先，我们要明白，持续语句（包括不和谐）可预测不好的会谈结果。所以，我们的目标是，不和谐一旦出现，就要将其控制在低水平，或者想办法将其降低。这就要求我们先能识别出不和谐，就像第9章的要求一样。其次，我们还要认识到，从业者行为对于不和谐的产生及强度都有影响。我们越是施加压力要求改变，当事人就越有可能会往回推（反抗），也许表现在行为上，也许是心生反抗。最后，我们还需要知道，怎么做可以降低不和谐，怎么回应持续语句可以避免引出不和谐。这方面的技能可以从跳舞中寻找灵感。

MI培训师们在谈到不和谐时都喜欢用"在舞池中跳舞"来形容。领舞者轻晃身形，展开动作，带动舞伴朝着新的方向迈出步子，舞步相融。跳舞，需要我们跟当事人在一起，同步且协调。跳得默契，舞伴之间动作如行云流水，虽各司其职，但相得益彰，进退一体。跳得蹩脚，则难免互相蹬鞋踩袜子，抢夺主导权，甚至跑到舞池边上相互埋怨、争论一番。实际上，这舞跳得更差时，可能都不能叫舞蹈，几乎可以叫摔跤了。所以，基于这番比喻，我们也使用"与不和谐共舞"这种讲法来体现从业者与当事人之间的互动过程。

既然我们总体上已经了解了要做什么以及需要这么做的原因，那现在就要专门讲讲相关的技术了。较为有利的是，这些技术大部分我们都已经学过并练习过了，现在只需要重新聚焦，看看放在本章的背景下怎么运用。

做培训时，我会聚焦三种类型的反映性倾听。第一种，简单反映，即表层反映。遇到持续语句与不和谐时，一般先使用表层反映，确保谈话可以进行下去，这样我们才有机会引导谈话的方向，涉及相关的话题。表层反映在回应持续语句上很有帮助，尤其是当从业者遭遇了严重的不和谐，体验到紧张慌乱、不知所措时，表层反映作用更明显。有时候，当事人语出惊人，对我们颇具冲击，此时使用表层反映，可以为我们争取一些宝贵的时间，思考下面的谈话要怎么进行。例如，有一位当事人说："我打算把自己喝死。"谈话接下来怎么进行，可能我们完全没有把握了；这时可以做一个安全的回应："你打算一直喝到自己死去。"这句回应没有改变当事人所说的意思，语言风格也贴近对方的原话。在表层反映中，即使一点点轻微的更动，也有可能改变当事人的视角。例如，我们回应说："此刻，你打算一直喝到自己死去。"前面加了"此刻"，就开放了未来的很多种可能。

但是，从业者如果始终只限于表层反映，那当事人会逐渐受挫灰心，不和谐也只会有增无减。所以，表层反映对于情绪愤怒的当事人会很有效，可以帮助我们稳定谈话，同时我们也需要向深层反映过度。

第二种，深层反映。深层反映就好像是舞蹈的切换器一样，能让我们变换谈话的走向。潜入水面之下的探索让从业者和当事人都获得了看待问题的新视角，使双方都能更好地理解水面以下的冰山。但是，如果我们仍然处在当事人的巨大压力之下而备感窒息，这时是很难做深层反映的。实际上，我们做表层反映会为自己争取一些时间和空间，以便有机会进一步达到深层反映。这样一来，焦点往往就从造成当事人不和谐的那些事物上转移到他们内心的体验上。焦点巧妙调整排解了积聚在不和谐中的能量，抑或是重新引导了这种能量，使其发挥出积极的效用。

放大式反映也可用于回应持续语句。这种倾听技术是我们加强持续语句，从而有机会观察当事人对这些语句的坚信程度，并探索他们的本意。如那位当事人讲道："我打算把自己喝死。"从业者可使用放大式反映回应说："你看不出生活的意义了，看不出一丁点儿的意义了。"这一句回应，会促使当事人思考"生活真的没有任何意义了吗"，还是自己只关注了那一个方面。借此，当事人还可能认识到自己具有矛盾的两个面——有反对改变的一面，也有倾向于改变的一面。

最后一种（第三种），双面式反映。从业者将持续现状的一面与当事人分享过的、考虑过的或者其话里暗含的另一面放在一起加以对照。仍以那位说想要喝死的当事人为例，我们可以回应说："嗯，你此刻有这种感受，同时，你也不是一直都有这种感受。"或者也可以回应说："现在这一刻，你希望喝到死算了；同时另一方面，你也意识到，自己有可能会改变主意。"

用来回应持续语句和不和谐的策略有很多。我最常讲的有两种：（1）**强调个人选择与个人控制**；（2）**转换焦点**。这二者都使用 OARS，但在谈话方式的策略选择上有所不同。

我一直觉得下面这句话很在理，即让明显的更明显，让清楚的更清楚[1]。也就是

---

[1] 感谢丹尼斯·多诺万（Dennis Donovan）教给我这句金玉良言。

说，给那些出现的现象或起作用的因素起个名字就可以更直接地对其加以讨论了。在咱们的工作中，这句话体现为：提醒当事人，选择做改变的人只能是他们自己。到底要不要改变，要怎么改变，最终的决定权在当事人手中。也许处境看似没得可选，但其实当事人仍会做出选择，即便是被动地选择。例如，被控酒驾的司机，可以选择坐牢，可以选择拒绝治疗。有些当事人会抱怨是因为自己没得可选才勉强接受了这一步（如治疗）——**这一步**是什么不重要——要不就得面对更不想要的结果（如坐牢）了。这种时候，从业者容易心里犯痒痒，很想主张"你始终都可以做选择"（我肯定这么干过，真是不好意思）。但是，如果我们使用 OARS，效果会比做主张好得多。

"这个选择，你好像很不喜欢啊。你觉得自己会怎么做呢？"

"我觉得啊，就这么着吧。"

"其实你并不情愿。"

"这不明摆着的吗？"

"你很烦来这里。"

"听着别人跟我讲该怎么做，我就特生气。"

"嗯，这也是你此刻的感受，不过其实，你也知道，要不要过来治疗，只有你自己才说了算。"

这类对话常常发生，因为当事人往往左右为难，对哪种选择都不太满意。即便如此，MI 从业者依然可以在当事人自己面对这种不满意的决定时顺势而为。在 MI 看来，与对抗性的立场相比，这种顺势而为的立场是更合适的，能更好地帮助当事人迈向改变。而在对抗性的立场下，从业者会反复强调当事人所做选择的问题与缺陷。

第二种策略是转换焦点。当我们认识到，双方进入了一个好像没什么建设性的领域中时，我们就需要转换焦点了——转换到一个对当事人更有帮助、更具有建设性的领域里。要实现这种转化，一般可先做一个反映性陈述或摘要，然后再问一个问题。接着上面那段对话的末尾继续进行，我们可以像下例这样转换焦点。

"嗯，这也是你此刻的感受，不过其实，你也知道，要不要过来治疗，只有你自己才说了算。"

"对，差不多吧。"

"所以，你不是很喜欢这个选择，但似乎在现阶段，你决定先来参加治疗——至少先来一段时间。我在想，**对你来说**，怎么安排今天的时间会更有帮助。我们怎么安排能让你今天回去时感到有收获呢？"

威廉·米勒在 MI 的视频演示中与一位男性当事人讨论烟酒对其生活的影响（视频《踢球的人》），在转换谈话的焦点时，威廉只问了一个问题："你希望有哪些变化？"泰莉莎·莫耶斯在其视频演示中询问一位来做酒驾评估的男士（视频《醉汉》）："您希望今天在此做些什么呢？"史蒂芬·罗尼克则运用了议题规划，并借助议题清单这个视觉化工具帮助当事人选择焦点议题。我们在第 7 章中学习过这个工具，大家应该还记得清单中留出了一些空白条目（圆圈），请当事人决定填入什么。从业者询问这些问题体现了一种共同参与、彼此合作的过程，即请当事人选择会谈的方向，从业者信任并尊重当事人有能力决定自己需要什么。

有的从业者可能担心当事人会选择一个很不合适的议题焦点，避重就轻，绕开"问题"不谈。而一旦当事人选了这种似乎跑题的会谈方向，从业者可能就会体验到一种必须把会谈重新拉回到问题领域中的驱迫感。如果大家也有类似的担心，可以重读第 7 章，再温习下相应的内容。当然，我们从业者可以表达关切与担心，这是第 8 章提供的选项。总而言之，MI 尊重当事人的选择，强调议题一定是**他们自己的议题**，而不是我们从业者的议题，只有这样，改变才会发生。假如是我们锁定了会谈的主题，或者执着在某一特定行为的改变上，那我们最理想的收获可能也不过就是当事人暂时的顺从与配合，但不是真正的改变。

回应不和谐与持续语句，有一些策略可用，如重构、稍作更动后同意、顺着消极立场等，它们都是很有技术含量的反映性倾听。上述方法要求从业者灵活、敏锐、恰到时机地运用反映性倾听，自然不造作，共情到位。这里的目标**不是为了**让当事人感到舒服，而是为了让他们直面严峻的现实（当事人的观点、立场有时可能与现实不符），同时不加强不和谐。这些技巧的技术含量很高，所以我一般都放在 MI 的高阶培训中讲授。其实在实务工作中，当从业者深入且冷静地倾听当事人时，这些策略和方法往往已经自然地运用于其中了，可谓水到渠成。

第一个策略是**重构**（reframing）。重构是以新的眼光、新的视角来理解当事人说的话。通常，从业者会将当事人的不和谐语句或持续语句提炼重铸，换一种说法再讲出来。例如，当事人贪杯嗜酒，可重构为"酒精耐受度高"，相关的风险也就能拿出来讨论了；当事人不愿意来会谈，可重构为"尽管有顾虑，但往前看"的优点；当事人曾多次想改变，但都失败了，可重构为"一直在努力让生活变得更好"。对于前面那段对话，可以这样像以下示例这样重构。

"这个选择，你好像很不喜欢啊。你觉得自己会怎么做呢？"

"我觉得啊，就这么着吧。"

"其实你并不情愿。"

"这不明摆着的吗？"

"嗯，你是个有主见的人，自己就能决定需要做什么，而且也会去做，即便是不喜欢的事情。这是一种优点啊，这可能在生活的各方面都会给你带来好处，对你有所帮助。"

稍作更动后同意（agreement with a twist）一般是先使用一个简单反映，然后紧跟一个重构；也可以跟一个深层反映，或者只表示同意就好，如"你说得对"。无论以上哪种形式，该陈述都要先紧贴当事人的原话，然后再通过重构，让当事人"踏足"一片新大陆，发现未曾意识到的方向。其背后的理念是：不跟不和谐对抗，而是四两拨千斤，柔和地将这种能量引向具有建设性的方向。在前面那段对话中，稍作更动后同意可以按下例这样运用。

"听着别人跟我讲该怎么做，我就特生气。"

"你很烦这种形式，尤其因为你知道自己该怎么做出好的选择，这用不着别人来指手画脚。"

这句话的前半部分是简单反映，但后半部分插入了当事人没有直接明言却隐含表达的意思。其作用就在于将当事人的能量引向了一个新的方向——做出好的选择。

我们重复使用了前面的对话素材，这也说明，回应持续语句或不和谐可以有好几种方式。之前提过，当不和谐异常强大，对从业者形成很大的冲击时，先从表层反映入手通常是最可行的，表层反映可以为我们争取时间，让我们重新站稳脚跟。同样，只靠一次简短的交谈不会彻底排解不和谐的能量，这需要循序进行多次交流。所以，我们开始的回应无须完美，只要开个头就好。另外，还要提醒大家，不和谐维持下去耗能是相当高的，所以如果从业者不跟不和谐对抗，相当于不给它提供反作用力，这股能量就会逐渐散去——有时可能还散得很快。它很像我妈曾经说的话，那会儿我跟我老弟一吵架就互相指责，争吵不休，我妈就说："你们俩啊，真是一个巴掌拍不响。"

最后一种策略是**顺势而行**（coming alongside）或称**顺着消极立场**（siding with the negative）。这不是激将法或运用逆反心理。相反，这种策略只是单纯地接受，对于改变，此时此地不是合适的时间、地点或环境。我只在 MI 的高阶培训中才讲授这一技术，因为该技术可能会让从业者跟当事人处于尴尬的境地，感觉被卡住了，停滞无果。虽然有时候，这种感觉也颇有用处，即充分体验当下处境的不适感可以动员当事人挖掘资源、寻求改变，但往往也会让 MI 的新手从业者手足无措，不知道下一步该怎么办。例如，顺势而为可以像下例这样。

> "没希望了。现在做改变好像也没有意义了。"
> "所以可能，木已成舟了。"

顺势而为的策略是希望通过这样的反映性倾听让当事人更充分地探索自身处境，然后再审视之前的结论是否正确。这就要求从业者能与不适感共处，可以耐受和容纳这种感觉——这其实挺难的。推荐大家查阅**爱丁堡访谈**（the Edinburgh interview），其中有运用顺势而为策略的精彩例子。苏·克劳福德（Sue Crauford）是一名 MI 的从业者与培训师，她的谈话对象说"想把自己喝死，就跟自己老爸一样"。顺着当事人这种消极的立场，然后苏与当事人开始了更加深入的探索，经过这一过程，我们发现，从业者和当事人转入了一种更积极、更有希望的立场。在访谈后面的评述部分，我们也了解到，苏在努力保持自己的 MI 立场，这一过程对她有多么不容易，她又体验到了怎样的不适感。

但这种方法不见得能立竿见影。还是回到上面那段对话中，我们可以像下例这样回应。

> "这个选择，你好像很不喜欢啊。你觉得自己会怎么做呢？"
> "我觉得啊，就这么着吧。"
> "嗯，你可以这样。另一方面呢，你也可以选择接受处罚，因为你**不希望自己是迫于压力才做出某种选择的，这对你很重要**。"

再次提醒，我们的态度至关重要。如果当事人觉得从业者有讽刺挖苦、操纵控制之嫌，就会强有力地予以反击。从业者一定要真诚！

概念自测

[判断正误]

1. 自我知觉理论认为，由当事人自己反对某一立场可改变他们对此的态度，尤其是他们对该立场的态度并不明确，而且也不觉得自己是迫于别人的压力才反对这种立场时。

2. 持续语句跟不和谐是一回事。

3. 改变语句和持续语句在形式上相互对应。

4. 持续语句比改变语句多意味着不太可能发生改变。

5. 如果时间充裕，从业者创建出安全、支持性的环境可能就足以促发当事人谈出改变语句，但如果当事人的行为有致命风险，这就不适用了。此时，我们必须破除他们的否认，告诉他们现实的情况。

6. 从业者只运用反映性倾听可能就足以降低当事人的不和谐了。

7. 如果当事人说得很绝对，那使用放大式反映可能很有效果。

8. 表层反映一般很适合愤怒的当事人。

9. 强调个人选择会引导当事人关注以下事实：对于改变，只有他自己才能做决定。

10. 顺着消极立场和放大式反映都力挺当事人，反而能让他们从绝对化的立场中退出一步。

[答案]

1. 正确。这是对第 9 章内容的延续，同时也说明了，为什么我们不要强化不和谐，而是要与之共舞。我们不引发争论，我们另寻办法，包括"理解当事人的立场"。

2. 错误。MI 的专家现在区分出了这两类行为。MI 培训师建议从业者使用术语"持续语句"代表当事人倾向维持现状的语言，使用术语"不和谐"指代那些体现出临床关系不协调的当事人行为。

3. 正确。持续语句也包括愿望、能力、理由与需要，以及承诺、启动与采取步骤。

4. 正确。总体来看，说得没错。不过，这里的关键可能不是每种语言的"量"，而是它们在一次会谈中的"变化轨迹"。会谈刚开始时，可能持续语句很多，改变语句几乎没有，但随着会谈的展开，持续语句减少，改变语句增加，这样，改变很可能会发生。总体而言，如果持续语句比改变语句更多，那意味着改变不太可能发生。

5. 错误。临床工作者有时觉得，MI 在"咨询"中很好用，但在高危领域就力有不逮了。虽然，这些领域可能需要一种建议性更强、指导性更强的角色，但 MI 培训师们对于这种主动的否认破除模式（aggressive denial-busting approach）仍持保留意见。相反，MI 从业者有很多种提供建议的方式（如经许可的劝说），其中一些效果相对更好。采用否认破除模式有可能造成不和谐，而不和谐可能又会导致更糟的结果。在本章开篇，我们从希恩的例子里就读到了这种警示——强行破除，风险极大。米勒也曾指出："如果你没有什么时间来唤出行为的改变，那就**更要抓紧时间去倾听**对方！"

6. 正确。从业者运用纯熟的反映性倾听通常就可以降低当事人的不和谐。请大家记住，若我们不与不和谐对抗，它就无法获得力量，也就难以维持下去。如果从业者的反映性倾听没有对抗不和谐，它也就慢慢消散了。

7. 正确。当事人的立场很强硬时，我们使用放大式反映会很有效果。放大式反映一般会加强当事人话里的不和谐元素，这往往（虽然还算不上屡试不爽）能让他们从绝对化的立场上退后一步。如果当事人不为所动，那估计从业者做的反映并没有夸大，而是恰好准确。遇到这种情况，从业者就要考虑转换焦点了。

8. 正确。表层反映一般很适合愤怒的当事人，能起到帮助作用。一般随着谈话的进行，从业者也会切换到其他类型的反映性倾听上，但开始先使用表层反映还是很好的选择。请记住，虽然表层反映又叫"简单反映"，但"简单"不等于"容易"，想做好简单反映也是很有技术要求的。

9. 正确。我们就是要让明显的更明显、清楚的更清楚。虽然不同的选择对应的结果已经置于面前，但选择权仍在当事人手中，要由他们自己来决定，是选择改变现状，还是继续坚持。

10. 正确。放大式反映会继续加强不和谐或持续现状的部分，旨在让当事人从绝对化的立场中退一步。顺着消极立场则同意这不是做改变的合适时间、地点或方法，旨在助推当事人更加充分地探索立场。

实践运用

亚瑟是个 15 岁的少年。他最近跟女朋友分手了。父母担心他，让他来咨询。亚瑟虽然来了，但他自己觉得没什么必要。我们来看看初次会谈的情况，请留意其中的持续语句、不和谐以及相应的技术运用。

谈话	评注
从：谢谢你花时间跟爸爸一起看完了知情同意书。我看你的表情，倒不是很想来这里。	开始先简短致谢，然后根据亚瑟的表情给出情感反映，请留意从业者是如何共情亚瑟的
当：你说对了。这是我父母的意思。我没必要来这里。	当事人表示同意，又补充了一些信息
从：所以，你其实也没什么选择。	稍微探索一下水面之下，深层反映
当：不是没什么，是根本就**没有**。他们跟我说必须得来。	当事人仍旧情绪很大，但也在参与从业者的话题
从：不然的话……	接续语段
当：我的爵士鼓就没了，那就真要气死我了。	当事人讲到了他珍爱的事物

（续表）

谈话	评注
从：所以，你不乐意来这里，同时，你也不想失去自己的爵士鼓。	双面式反映
当：是啊。	他感受到了理解，他的情绪开始下降。请注意，从业者还没有提问任何的问题
从：我在想，你觉得跟心理医生（shrink）[1]交流会是什么样的。	这是一句开放式陈述，邀请当事人做更多的表达，同时也没有以提问的形式直接抛出来。这里从业者想借青少年喜欢对心理医生的调侃叫法表达，我们并没把自己看得多神圣，我们**也可以理解青少年的想法**
当：我也不知道，我以前没接触过心理医生。我琢磨着，会不会你要让我躺在沙发上啊。	回应时，他情绪上有了变化，也继续参与从业者的话题
从：所以，心理咨询像个谜一样。	略微深层的反映
当：对。	他不再挑战从业者，也更愿意了解治疗方面的信息了
从：那我介绍介绍心理咨询，可以吗？	询问封闭式问题，征求许可，再分享信息
当：当然。	他情绪上又有点儿抵触了，但也还在跟随
从：嗯，你可以看到，我这儿有张沙发，如果你愿意，完全可以躺下，不过一般不需要这么做。更重要的一点是，我希望你能了解，我不会强求你做任何事情。这确实取决于你，由你自己来决定，咨询是否对你有用处。	信息交换，然后又聚焦在当事人的选择和责任上
当：所以，如果我不想来，那就不用来了？	他也跟很多青少年一样，直奔主题
从：从我的角度说，是这样的。不过，根据你爸爸的说法，还有你告诉我的情况，估计你父母并不这样看。我看得出，这让你左右为难。	对自己关心的信息，当事人问得直接，从业者也回答得直接。接着，从业者根据对当事人的观察，又做了反映性陈述
当：对。我不太愿意来，但我也不想失去爵士鼓。你能跟我父母说说，我不需要来这儿吗？	当事人同样直接询问了希望的情况

[1] 在美国俚语中，"shrink"最初是指精神科医生，后来也泛指心理咨询师、治疗师。这个称呼，据说起源自 20 世纪 50 年代，大众媒体用原始部落的缩头术来比喻精神科医生的工作，有调侃和揶揄之意。——译者注

（续表）

谈话	评注
从：嗯，其实我不能，因为现在我也说不好，你到底需不需要来。我问你个问题吧。你需要做些什么或者说些什么，你父母就不再认为你需要来这里了？	还是这样，问得直接，回答得也直接。反映性倾听虽然有用，但青少年常会觉得这是在回避他们的问题，这种感受自然也会阻碍他们参与进来（导进）。询问这个问题是把当事人自己的责任义务又交还给了他，同时也转换了会谈的焦点
当：其实我也不知道。可能他们希望我别一天到晚都那么灰心丧气吧。	他表示，自己不清楚父母的想法，但也承认，有些事情不像自己希望的那样顺利。这是一句较弱的改变语句
从：因为分手一直让你很伤心。	情感反映，推测了少年心烦意乱的原因（基于他父母提供的信息），并聚焦在他那句改变语句上。另一种选择是，或许还可以将焦点引向他怎么了解父母的想法上
当：你看，我父母觉得这没啥大不了的，但我们在一起都有段时间了。	矛盾心态悄然出现，但他也承认了关系的丧失
从：所以有失落感。	略微深层的反映
当：对，而且在学校里感觉也怪怪的。我选的好多课，她也在。	披露了更多的信息，现在，他在和从业者合作
从：遇见她，你不知道该怎么办才好。	接续语段
当：感觉好尴尬啊……	

我们再次观察到，从业者行为与当事人回应之间的交互作用。从业者以反映性倾听为主，当事人的情绪因此有了转变，双方也更为同步，形成了合作。以四个基本过程来看，这明显是在**导进**当事人，当然与此同时，从业者也在细微地调整着自己的回应，从而小心谨慎地**唤出**当事人的动机。这就是在与不和谐共舞。请大家注意，矛盾心态依然还在，但此时的不和谐已不再是针对从业者的了。在这段对话的最后，当事人以试探性的口吻认同了要进一步探索相应的方面。接下来，我们就可以搜集更多的信息，也可以跟当事人澄清他父母的期望了。

在这次会谈中，当事人提出了问题，带来了挑战，即便在他情绪有所舒缓时，问题与挑战依旧。从业者对于问题也都直接做了回答。通常，当事人问一些问题是为了考察从业者。我发现，先予以直接的回答，然后再辅以其他的技术，这样最简便易行，也最能获得当事人的尊重，尤其是与青少年群体工作时。

本章练习

实际练习虽然始终都很重要，特别是在面对情绪愤怒的当事人时，但我们需要循序渐进，逐步达成。我们先要做的几个练习，用的素材都一样，但大家需要用不同的方式来回应。几个练习用一样的素材可能略显重复啰唆，不过这也是我们特意为之。这不仅是为了做练习，而且是想提醒大家：对于当事人同样的一句话，我们可以有很多种回应方式。若大家能在不同方式之间游刃有余、流畅自然地切换，将大幅提升自己跟当事人进行合作的能力。

大家做完前三个练习之后就可以着手列一个清单了，此清单涵括你在自己的工作环境中听到过的不和谐话语，然后尝试以不同的方式做出回应，多多益善。下一个练习是请大家收看、收听电视或广播里的谈话节目，练习就主持人与嘉宾发表的意见做回应。最后一个练习是请大家尝试从当事人的不和谐语句和持续语句中找寻改变的星星之火。该练习能帮大家准备好迎接那些怒气冲冲的当事人，而且大家确实也需要多尝试这类技术，练习以不同的方式回应对方的挑衅与怒火。毕竟人非圣贤孰能无过，你我也都会遭遇这样的时刻。所以遇到了，就揽入怀中，与之共舞吧。

◎ 练习 11.1　使用表层反映回应不和谐与持续语句

我们先使用表层（或称简单）反映来回应当事人的话。请就当事人的每一句话写出两句回应，而且焦点要尽量不同。

◎ 练习 11.2　使用深层反映、双面式反映及放大式反映回应不和谐与持续语句

我们仍使用练习 11.1 中的素材，这次请大家深入水面之下，用更深层的反映来推进谈话。请就当事人的每一句话写出深层反映、双面式反映以及放大式反映。

◎ 练习 11.3　使用其他技术回应不和谐与持续语句

我们仍旧再用一次上面的素材，这次尝试使用其他类型的反映，还可以用到"强调个人选择"和"转换焦点"这两种方法，但后面二者也不用每次都使用，以免啰唆多余，大家尽量实践就好，看看怎么安排更合理。

◎ 练习 11.4　觉察当事人的不和谐与持续语句

大家都听到过自己当事人讲的持续语句和不和谐语句，请大家回想一下，自己列

个清单。然后尝试写出各种回应方式来降低不和谐，方法多多益善（就当事人的每一句话，至少写出三种回应）。

◎ 练习 11.5 广播和电视里的唇枪舌剑

这个练习做起来有点难，因为大家需要先有素材，即找到一场主持人跟嘉宾之间沟通不和谐的谈话类节目。如果你居住的地区正在进行政治辩论，你就可以收看、收听或者录制下这些辩论会作为练习素材了。请使用前面练过的所有回应方式回应其中的不和谐语句。之后，大家也可以尝试倾听那些坚定秉持与自己不同立场的人。同样，大家仍然可以使用政论类节目作为练习的素材（这次请使用与自己立场相左的节目）。不过请记住，练习时不要挖苦讽刺。

◎ 练习 11.6 慧眼识珠

有时，看似不和谐的语句也明显蕴含着改变的珍珠——或者，也许改变的珍珠在话语措辞之间寻觅不得，却藏于未明言之处。该练习能帮助我们看见这颗珍珠，发现这种改变的机会，我们可尽力通过自己的回应将其带出蚌壳。这是一种高阶技巧：炉火纯青的反映性倾听可让我们顺利地看见这颗改变的珍珠。这里我有个建议，也请大家自行决定是否参考：大家先耐心练好反映性倾听，等到觉得自己能轻松顺畅地给出反映性陈述时，再尝试这一高阶技巧。这就如同学习与演奏新乐器时，我们先需要练熟各调的音阶，手指能在乐器上移动自如，可以轻松地弹奏出各种音符，然后还要攻克一首首新的练习曲。等这些历练都完成之后，我们才能进入自由世界，无须刻意努力，双手就可以自动化地弹奏，只有到这时，我们方可一心一意地专注在聆听音乐上。我们的反映性倾听也是如此。只有我们的反映性倾听能做得游刃有余时，我们才能不必分心留意自己要说什么、怎么说，我们也才能一心一意地关注当事人话语中的改变元素。等大脑可以自动化地形成反映性陈述时，我们自然也就能更深入地倾听对方正在述说的话语了。

◎ 练习 11.7 与当事人练习

我们也都遇到过感到"卡住"的当事人。请大家花些时间，通过反映性倾听来理解他们为什么感到卡住与停滞。我们可以这样开场："我们已经工作了一段时间，感觉好像很难取得进步。也许，我们需要先退一步，看看目前整体的情况，也许可以有所发现。那么，你觉得进展到现在，哪些方面还不错？"请大家练习使用不同形式的反映，因为大家不想强化对方的持续面，所以自然也应该问问"不太好的方面"。当事人谈到不太好的方面时，我们要记得使用**详细展开**这一技术，以寻找其中的改变元素。

搭伴练习

本章前四个练习都适合搭伴进行，练习 11.6 也可以搭伴做，只要读出来就好了。做练习时，如果一个人念当事人的话语（读的人请进入角色），另一个人则予以回应。先从表层反映练起，一个人练习完，交换角色再练。之后再接着做练习 11.2 和练习 11.3 中的回应技术。在做练习 11.4 时，大家需要先各自独立地完成自己的部分，然后再去听伙伴提供的当事人话语并做回应。而且别忘了，对于当事人的每一句话，每个人都要给出三种形式的回应。在练习时，当事人的同一句话，一个人要读三遍，每读一遍时，另一个人就给出一种形式的回应。

◎ 练习 11.8　极难一起工作的当事人

大家在工作中一定遇到过特别难一起工作的当事人，请从中选择一个进行扮演，由你的伙伴扮演从业者角色进行练习。只要你的伙伴做得还不错，就请给他一些鼓励和夸奖，当然，在真实的情况中，这类当事人大概是不会如此鼓励从业者的。你的做法是，如果伙伴的工作软化了你的不和谐，减少了你的持续语句，那就去鼓励一下对方，并把你的感受反馈给他。当然，这是个练习，即使伙伴做得没那么完美，也同样要给对方一些鼓励。请别忘了，这是在做练习！大家聚到一起的目的在于学习，而不在于要证明什么。

其他想到的……

有时，很难将持续语句跟改变语句的早期形式区分开来。例如，当事人的前一句话是："我很烦假释官传唤我来这里。"后面可能紧接着就讲到改变语句："要是假释官不传唤我，我自己可能也会来。"这就是我们在练习 11.6 里说过的改变之珍珠。留意并发现这种微妙的细节是非常重要的，很多 MI 的作者也都提到了这一点。

巴斯（Barth）就曾写到，我们可以将持续语句视为朝着正确方向迈出的一小步。具体而言，如果当事人认为某一行为是合情合理的，并没有给自己带来什么麻烦，或者对于这种行为他们其实也没什么选择的余地，那就没有理由再为这种行为辩解了。我们要做的就是帮助他们理解其中的问题。巴斯认为，一开始可能无法引出改变语句，所以从业者的目标应该放在提升当事人对矛盾两面的开放性上。因此，如果某位当事人说"呃，我从没想过这也是个问题，完全想不到"这样的语句，也许就是改变历程开启的信号了。

概念上（即不和谐、持续语句和改变语句）的杂糅重叠给研究者们造成了巨大的困难，即他们很难分析出各种变量的效应。不过对于实务从业者来说，这反而说明了巧妙运用倾听技术十分重要。从业者一定要训练自己的耳朵，以便听得出那些纤毫入微的差别，对蕴藏在不和谐或持续语句中的改变元素做出回应。例如，当事人说的"我已经试过了所有办法，但都不管用"这样的语句蕴藏了明确的改变愿望，表明这个人一直在努力改变，百折不挠。这句话也体现出当事人非常重视改变，即使他对从业者的话表现得不屑一顾。

埃里森（Allison）也写道，如果我们只看付出，不论结果，那么那种维持现状的行为本质上其实跟做出改变一样不畏艰难。他认为，那些表现出不和谐的当事人往往都在努力保留住"那些自己知道维持不下去的事物"。他们明白，自己的困境必须改变，同时又拼命抓着旧习惯（事物）不放——拼尽全力保留。所以，当事人会说："我知道，抽烟有害健康，但当点上烟、抽上那么一口时，我可以感到一丝丝的平静。"埃里森认为，这类维持现状的努力也值得给予尊重，而不应该被贴上某种贬低性的标签，不论我们认为其多么不合常理。一旦给这些努力贴上不良的、问题性的或否认性的标签，我们就不是对当事人自己明白"这样的立场是维持不住的"给予充分的尊重。根据埃里森的观点，给这种行为贴上负面的标签并没有反映出当事人明白这种行为是有害的，同时，也在竭力留住这一丝丝的"平静"。我补充一句，这种贴标签还意味着是我们从业者表明自己更懂、更明白状况，应该让我们来帮助当事人好好认识其自己的傻念头、错行为。埃里森建议使用一种更加中性的术语，如**持续语句**，这不但更能体现出对当事人的尊重，而且也更能体现出希望感。这种术语承认了当事人的能力与优势。所以，这里再强调一遍，措辞很重要。

最后，我分享一个我自己喜欢的比喻：人的注意力就像在黑暗森林中射出的手电光柱——当事人与我们都会望向光照亮的地方。如果我们将光柱投向持续语句，给予它更多的关注，我们就可以看得更清楚，从中发现更多，同时，我们也讲过更多的持续语句会预测更差的会谈结果。鉴于此，我们在听到持续语句时，不必每次都反映出来，且即便对其做反映，也希望一带而过，不做太多停留。对此，我想到了一种方法，我管它叫**"翻袋式"反映**（"bank shot" reflections）——就像在打台球时，利用球案库边来改变球的方向一样。我们回到亚瑟的例子中，看看怎么做这种反映。

"听着别人跟我讲该怎么做，我就特生气。"

"你很烦这种形式。"（表层反映）

"你很烦这种形式，同时，你也不想一直这么心烦下去。"（翻袋式反映）

从业者的第二种回应不仅承认了当事人的情绪，而且还将谈话导引到了可能出现改变语句的方向上。那如果我们说错了呢？不用担心，当事人的回应会告诉我们答案。

讲义　与不和谐共舞的技术

供练习时做参考

表层反映 —— 贴近当事人谈话的内容，但也能让谈话继续进行。细致考虑要关注当事人话里的哪些元素，做到有的放矢。

深层反映 —— 深入表面之下可以帮助我们和当事人理解更深层的含义与内容。

双面式反映 —— 将当事人矛盾心态的两个方面都反映出来。

放大式反映 —— 会继续强调当事人话里绝对化或不和谐的地方。

稍作更动后同意 —— 先使用一个简单反映，然后跟上一个重构。

重构 —— 以新的眼光和视角来理解当事人说的话，并将当事人的不和谐语句或持续语句换一种说法再讲出来。

顺势而为（或称顺着消极立场） —— 这种回应承认，对于改变而言，此时此地不是合适的时间、地点或环境。

强调个人选择与个人控制——这种回应"让明显的更明显，让清楚的更清楚"，同时也提醒当事人，选择做改变的人只能是他们自己。到底要不要改变，要怎么改变，最终的决定权在当事人手中。

转换焦点 —— 这种回应承认当前聚焦的领域缺乏建设性，并会将谈话焦点转换到一个对当事人更有帮助、更具建设性的领域中。可通过反映、摘要、提问或三种技术的组合来实现转换。

练习 11.1　使用表层反映回应不和谐与持续语句

我们先使用表层（或称简单）反映来回应当事人的话。请就当事人的每一句话写出两句回应，而且焦点要尽量不同。如有需要，可参看讲义"与不和谐共舞的技术"。

我原来以为红酒会对心脏有益，所以我天天晚上喝。

    1.

    2.

我知道锻炼身体的好处，但就是很难规律进行。我太忙了。

    1.

    2.

我觉得他们都在小题大做，我不就是圣诞聚会时略微喝高了一点儿嘛。

    1.

    2.

我承认这件事干得不到位，但你是理解不了的。现在的情况不一样了。

    1.

    2.

好吧，是会有代价的。但我不想一辈子都活在条条框框里，我想花点儿钱，找找乐子。

    1.

    2.

我觉得这些药没啥大的帮助，我也真心不喜欢那种吃药的感觉。

    1.

    2.

你听着，我知道老板是气坏了。但我可不吃那一套，他要乱喷一通，我就让他好看！你要服软示弱了，他们就拿你当软柿子捏！

1.

2.

这些我都试过了啊，没有用。你怎么就听不懂呢？

1.

2.

凭啥我还得来这里？我明白，这还不算最好的，但我也是越做越好嘛。我跟孩子们没问题啦，你凭啥还叫我过来？

1.

2.

练习 11.2　　使用深层反映、双面式反映及放大式反映回应不和谐与持续语句

现在请用深层反映（深层）、双面式反映（双面）及放大式反映（放大）来做回应。大家复习一下：双面式反映是将当事人矛盾心态的两个方面都反映出来；放大式反映是会继续强调话语中绝对化或不和谐的地方。请就当事人的每一句话写出三种形式的反映。如有需要，可参看讲义"与不和谐共舞的技术"。

我原来以为红酒会对心脏有益，所以我天天晚上喝。

1. 深层：

2. 双面：

3. 放大：

我知道锻炼身体的好处，但就是很难规律进行。我太忙了。

1. 深层：

2. 双面：

3. 放大：

我觉得他们都在小题大做，我不就是圣诞聚会时略微喝高了一点儿嘛。

1. 深层：

2. 双面：

3. 放大：

我承认这件事干得不到位，但你是理解不了的。现在的情况不一样了。

1. 深层：

2. 双面：

3. 放大：

好吧，是会有代价的。但我不想一辈子都活在条条框框里，我想花点儿钱，找找乐子。

1. 深层：

2. 双面：

3. 放大：

我觉得这些药没啥大的帮助，我也真心不喜欢那种吃药的感觉。

1. 深层：

2. 双面：

3. 放大：

你听着，我知道老板是气坏了。但我可不吃那一套，他要乱喷一通，我就让他好看！你要服软示弱了，他们就拿你当软柿子捏！

1. 深层：

2. 双面：

3. 放大：

这些我都试过了啊，没有用。你怎么就听不懂呢？

1. 深层：

2. 双面：

3. 放大：

凭啥我还得来这里？我明白，这还不算最好的，但我也是越做越好嘛。我跟孩子们没问题啦，你凭啥还叫我过来？

1. 深层：

2. 双面：

3. 放大：

练习 11.3　使用其他技术回应不和谐与持续语句

我们仍旧用一次上面的素材，这次要尝试运用其他形式的回应（重构、稍作更动后同意、顺势而为、强调个人选择、转换焦点）。最后这两种，也不用每次都使用，以免显得啰唆多余。大家尽量实践就好，看看怎么安排更合理。如有需要，可参看讲义"与不和谐共舞的技术"。

我原来以为红酒会对心脏有益，所以我天天晚上喝。

1.

2.

3.

我知道锻炼身体的好处，但就是很难规律进行。我太忙了。

1.

2.

3.

我觉得他们都在小题大做，我不就是圣诞聚会时略微喝高了一点儿嘛。

1.

2.

3.

我承认这件事干得不到位，但你是理解不了的。现在的情况不一样了。

1.

2.

3.

好吧，是会有代价的。但我不想一辈子都活在条条框框里，我想花点儿钱，找找乐子。

1.

2.

3.

我觉得这些药没啥大的帮助，我也真心不喜欢那种吃药的感觉。

1.

2.

3.

你听着，我知道老板是气坏了。但我可不吃那一套，他若乱喷一通，我就让他好看！你要服软示弱了，他们就拿你当软柿子捏！

1.

2.

3.

这些我都试过了啊，没有用。你怎么就听不懂呢？

1.

2.

3.

凭啥我还得来这里？我明白，这还不算最好的，但我也是越做越好嘛。我跟孩子们没问题啦，你凭啥还叫我过来？

1.

2.

3.

练习 11.1、练习 11.2 及练习 11.3 参考答案

我原来以为红酒会对心脏有益，所以我天天晚上喝。

1.你感到困惑。你原本认为，自己在做有益于心脏的事儿。（表层反映）

2.你说得对，红酒对健康好像有一些益处，同时也伴随着一些风险。（稍作更动后同意）

3.你喝红酒是为了保健。你还会做哪些促进健康的事情？（转换焦点）

4.你是一个很重视养生保健的人。（深层反映）

我知道锻炼身体的好处，但就是很难规律进行。我太忙了。

1.你真的很忙碌。（表层反映）

2.你没有可能去锻炼，因为你已经完全应接不暇了。（放大式反映）

3.你很难把锻炼身体跟这么忙的生活结合起来，同时你明白这很重要。（双面式反映）

4.你想安排好自己看重的各种事情，决定出哪些最优先，安排出个轻重缓急。（深层反映）

我觉得他们都在小题大做，我不就是圣诞聚会时略微喝高了一点儿嘛。

1. 你当时略微喝高了一点儿。（表层反映）

2. 一方面，这些人好像是有点儿反应过度；同时另一方面，你也知道，自己原本没想喝这么多的。（双面式反映）

3. 嗯，你本来是想开开心心的，但事情却变了味儿——就因为这点儿酒。（重构）

4. 你有点儿担心，因为这件事可能大家对你的印象会改变。（深层反映）

我承认这件事干得不到位，但你是理解不了的。现在的情况不一样了。

1. 情况有变化了。（表层反映）

2. 也许这方面现在还是改变不了。（顺势而为）

3. 我没有理解到。假如可以理解到的话，或许我会明白，改变有多辛苦，你有多难。（稍作更动后同意）

4. 你希望我能真正理解你的处境，能站在你的角度看问题，可以真正地支持你。（深层反映）

好吧，是会有代价的。但我不想一辈子都活在条条框框里，我想花点儿钱，找找乐子。

1. 你想要享受生活。（表层反映）

2. 你要享受生活，同时也愿意承受相应的代价。（双面式反映）

3. 有点儿鱼和熊掌的感觉啊，你只能做出选择，也知道自己没法全得到。（重构）

4. 你心里有点儿烦，因为你自己也不认同这个说法。（深层反映）

我觉得这些药没啥大帮助，我也真心不喜欢那种吃药的感觉。

1. 这些药没起到多大的作用。（表层反映）

2. 这些药根本毫无用处。（放大式反映）

3. 你也许愿意忍受自己的情绪，因为这些药太成问题了。（顺势而为）

4. 你希望这些药的疗效能更好。（深层反映）

你听着，我知道老板是气坏了。但我可不吃那一套，他要乱喷一通，我就让他好看！你要服软示弱了，他们就拿你当软柿子捏！

1. 你没打算示弱服软。（表层反映）

2. 你知道自己够硬，扛得住；同时你也会想，这么做会跟老板搞得多糟，会有多大的代价。（双面式反映）

3.这次的斗争很艰苦。因为你也明白，这会给他们更多的口实支配你做这做那。（稍作更动后同意）

4.你审时度势在行，看得准人和事儿，也明白怎么做会有效，怎么做没有用。（深层反映）

这些我都试过了啊，没有用。你怎么就听不懂呢？

1.好像是我没有理解你。（表层反映）

2.毫无用处，甚至连一丁点儿都没有。（放大式反映）

3.尽管实际情况还没有进展，但你仍一直在努力尝试。（重构）

4.你全身心地投入，努力做改变，让你感到受挫的是，仍未达到目标。（深层反映）

凭啥我还得来这里？我明白，这还不算最好的，但我也是越做越好嘛。我跟孩子们没问题啦，你凭啥还叫我过来？

1.你准备结束咨询了。（表层反映）

2.情况越来越好了，同时还有一些问题需要解决。（双面式反映）

3.听起来，似乎是我让你来的，而不是你自己决定过来的。我认为还有一些问题需要咱们继续一起工作，同时呢，只有你自己才有权决定值不值得过来。当然，法庭方面还跟你有些协议，但这些我也不能替你决定。决定权在你自己手中。（强调个人选择）

4.你觉得现在情况还不错，你这也是想着回家照顾孩子，踏踏实实地做个好妈妈。（深层反映）

练习 11.4　觉察当事人的不和谐与持续语句

大家都听到过自己当事人讲的持续语句和不和谐语句，请大家回想一下，自己列个清单，然后尝试运用不同的回应方式来降低不和谐。方法多多益善（就当事人的每一句话，至少写出三种回应）。如有需要，可看讲义"与不和谐共舞的技术"。

当事人说的话

1.

2.

3.

当事人说的话

1.

2.

3.

当事人说的话

1.

2.

3.

当事人说的话

1.

2.

3.

当事人说的话

1.

2.

3.

练习 11.5　广播和电视里的唇枪舌剑

我们仍然用广播和电视里的谈话节目作为练习素材。不过在这个练习上，大家可能会遇到些困难，因为大家需要先有素材，即找到一场主持人跟嘉宾之间沟通不和谐的谈话类节目。如果你居住的地区正在进行政治辩论，你就可以收看、收听或者录制下这些辩论会作为练习素材了。在美国，周日播出的政论类谈话节目都是挺不错的练习资源。大家可以先选择与自己政治立场和价值观较为贴近的节目来做练习。

和之前一样，请先听一句话，然后关掉声音给出回应。大家要练习各种形式的回应，就像一名伟大的高尔夫球选手会练习各种击球技术一样——不只限于自己擅长的，其他各种技术也都要练习。如有需要，可参看讲义"与不和谐共舞的技术"。

之后，大家也可以尝试去倾听那些坚定秉持与自己不同立场的人。同样，大家仍然可以使用政论类节目作为练习素材（这次请使用与自己立场相左的节目）。不过请记住，练习时不要挖苦讽刺。

练习 11.6　慧眼识珠

有时，看似不和谐的语句也明显蕴含着改变的珍珠——或者，也许改变的珍珠在话语措辞之间寻觅不得，却藏于未明言之处。该练习能帮助我们看见这颗珍珠，发现这种改变的机会，我们可尽力通过自己的回应将其带出蚌壳。这是一种高阶技巧：炉火纯青的反映性倾听可让我们顺利地看见这颗改变的珍珠。而一旦你发现了它，最常用到的回应方式还是深层反映。下面请大家阅读当事人说的一些话，尝试发现改变的珍珠，再选用最适宜的技术（如深层反映或其他的方式）给出自己的回应。

1. 忽悠人骗钱！你并不是真心在意我、关心我。

2. 弄这些东西很累，也很傻。我就不明白了，这种写来写去的家庭作业能给我的生活带来什么变化！

3. 你听我说。我们家住在小镇上，那里的人就知道两件事儿——喝酒跟嗑药。但凡我认识的人，要么占了其中一项，要么两项都占了。咱这些方案乍一听都不错，但实际上是帮不到我的。确实没什么办法了。

4. 与喝酒相比，抽大麻的问题少多了。大麻是全天然的植物。就是有一小撮人老想吓唬你，天天嚷嚷着有害。根本没有！

5. 你乐意浪费时间——随你便啊。我才不管呢。等我一自由，我就躲得远远的，再也不来了。

6. 我不信任他。这种情况都两年了，没人管，没人问。我找人反映过，啥用都没有。对，所以我怒了，我自己试着解决。他才需要改变。

练习 11.6　参考答案

画下划线的语句表示其中可能蕴藏着改变的珍珠。我们做回应时会聚焦在这些改变的可能性上。

1. 忽悠人骗钱！<u>你并不是真心在意我、关心我</u>。

你愿意考虑改变的前提条件是我关心你，这是你此刻的感受。

2. 弄这些东西很累，也很傻。我就不明白了，这种写来写去的家庭作业，<u>能给我的生活带来什么变化</u>！

如果可以明白其中的联系，可以感受到这些活动带来的变化，你很愿意做这些事。

3. 你听我说。我们家住在小镇上，那里的人就知道两件事——喝酒跟嗑药。但凡我认识的人，要么占了其中一项，要么两项都占了。咱这些方案乍一听都不错，但实际上是都不到我的。确实没什么办法了。

嗯，这听起好像是说："如果我想有成就，就必须做出更重大、更深远的改变，而不能只停留在那些表面功夫上。我一定要找到新的生活方式，找到会给我支持的新朋友。"我能明白，为什么你会觉得这很不容易，很艰辛。

4. 与喝酒相比，抽大麻的问题少多了。大麻是全天然的植物。就是有一小撮人老想吓唬你，天天嚷嚷着有害。根本没有！

有些话都让他们唠叨腻了，所以，能以开放的心态面对这些潜在的问题也是不容易的。（请注意讲话的态度，这一点非常重要。如果当事人感觉到了讽刺挖苦，那么开放性会更低。）

5. 你乐意浪费时间——随你便啊。我才不管呢。等我一自由，我就躲得远远的，<u>再也不来了</u>。

所以，你其实也一直想着能有改观。我想知道，是什么让你要改变呢，如果你不介意说说的话。

6. 我不信任他。这种情况都两年了，没人管，没人问。<u>我找人反映过</u>，啥用都没有。对，所以<u>我怒了</u>，我自己试着解决。他才需要改变。

有些事儿你是特别关心的，大家却都置若罔闻，这真让人失望啊。

练习 11.7 　与当事人练习

这是一个实践性的练习。大家可能都遇到过感到"卡住"的当事人。请大家在近期安排的预约中找出一个让你有些压力、感到不轻松的个案。如果你盼着某位当事人能提前取消预约，那么这个人可能就是你要找的人，你适合与他做这个练习。

请大家使用本章学习过的技巧及其他核心技术（OARS+I），旨在理解当事人为什么感到卡住与停滞。我们可以这样开场："我们已经工作了一段时间，感觉上好像很难取得进步。也许，我们需要先退一步，看看目前整体的情况，也许可以有所发现。那么，你觉得进展到现在，哪些方面还不错？"请大家练习使用不同形式的反映，因为大家不想强化对方的持续面，所以自然也应该问问"不太好的方面"。当事人谈到不太好的方面时，我们要记得使用**详细展开**这一技术，以寻找其中的改变元素。

如果听到了不和谐，请尝试用学过的技术来处理。在与这位当事人会面之前，可以回顾一下讲义"与不和谐共舞的技术"，并把讲义单独拿出来放在手边，随时参考。

练习 11.8 　极难一起工作的当事人

大家在工作中一定遇到过特别难一起工作的当事人，请从中选择一个进行扮演，由你的伙伴扮演从业者角色进行练习。只要你的伙伴做得还不错，就请给他一些鼓励和夸奖，当然，在真实的情况中，这类当事人大概是不会如此鼓励从业者的。你的做法是，如果伙伴的工作软化了你的不和谐，减少了你的持续语句，那就去鼓励一下对方，并把你的感受反馈给他。当然，这是个练习，即使伙伴做得没那么完美，也同样要给对方一些鼓励。请别忘了，这是在做练习！大家聚到一起的目的在于学习，而不在于要证明什么。

做完练习后，请回答下面几个问题，并相互反馈。

你的倾听者（伙伴）哪里做得不错？

哪些技术降低了你的不和谐？

是否有某些时刻，你的不和谐上升了，或者你更想留在持续现状这一面了？

是否倾听者做了一些事儿让你的不和谐降低了，没那么想待在持续现状的一面了？

通过这样的角色扮演，你对自己的当事人有了哪些了解？

第五部分

计划：通向改变的桥

韦氏英英词典对 "planning" 一词的定义有：

- the act or process of making a plan to achieve or do something.

　　终于，我们来到了计划过程，所以大家也自然觉得，我们已经穿过了矛盾心态的激流，改变也即将发生。在某种意义上，这个说法也正确，但并不全面，无法体现问题的全貌。在计划过程中，虽然普遍而言水流平缓温和了很多，但（矛盾心态的）暗流涌动依然存在。我跟当事人年复一年地一起工作让我学到了很多重要的东西，其中之一就是：矛盾心态无法彻底得到解决，矛盾的天平只是发生了倾斜，这种倾斜足够一个人开始朝着改变进发。所以接下来，矛盾的天平如果又再度复位了，这也不足为奇。矛盾心态的再度现身也不表示当事人缺乏改变的决心与承诺。当我们来到计划过程时，当事人对于改变的决心与承诺已经建立，但这只是迈出了落实改变的第一步。这一步的落脚处不是旅程的终点，而是一系列投入与承诺步履的起点：在当事人考虑计划的具体细节、开始时间、实施方式时，还有执行计划遭遇问题考虑如何调整修正时，这些承诺的步履都要反复很多遍。所以，承诺改变不是一锤定音的事情。相反，它更像是经由思维、行为和语言体现出的一系列重复性的承诺。

　　计划过程让当事人从谈论可能的改变迈向实际执行。米勒和罗尼克将计划过程比作连接改变语句引擎的离合器。这一比喻着实精彩，同时还可以再引申一步。计划过程不仅连接了动力引擎，而且还将行程的详细路线在我们面前铺陈展开。假如缺了这份详细的行程路线，那我们开车就是无目的地的闲逛了，因为没有目的地，自然也不知道走的路线对不对，当然更不可能知道什么时候能到达目的地了。

　　我们回到漂流之旅的三大主题上，即在哪里、要做什么、该怎样做。其实，我们已经通过了最困难的水域。当事人的矛盾心态已经松动，改变的水流平稳顺流而下。前路仍可能有湍流颠簸晃动我们的皮筏子，但如今也更好应对了。"要做什么"聚焦于从业者与当事人共同制订出一个改变的计划，随时评估，按需修改，落实执行。"要做什么"还要求从业者支持当事人完成这一主动的改变过程。"该怎样做"涉及所有的核心技术。我们保持引导风格，虽然会着重于分享信息，但开放式问题与各种反映技术仍是关键所在。同样，在计划过程中，做肯定也对当事人特别有帮助，因为面对前方的行程，他们正聚精会神在自身的能力上，估量自己能不能顺利通过，走完行程。

　　最后还要提醒大家，计划过程虽然看似顺畅，但实际上我们做不到那么快直奔主题。即使问题领域需要进行更直接的讨论，我们还是会在先前的过程中多停留一些时间，我们也始终不会用生活里的核心问题去面质当事人。例如，对拉塞尔，我们目前还没有充分讨论他被转介来访的原因——吸食大麻。好像果真如此啊。

　　时机未到，我们不会过早跳到问题解决或计划过程中。相反，从业者要放眼远方的地平线，也要意识到当事人也许还没有准备好马上就聚焦问题领域。而且就算他们准备好了，可能也需要多谈一些，而不是立刻给出解决方案——这方面大家可以参考我滴眼药的经历。我们要在心中权衡是转介的问题更重要，还是帮助到当事人更重要——让当事人更多地参与（导进）、更好地与我们合作，让双方有关问题领域的谈话更具有建设性。现在回到拉塞尔的案例，我们看看在抽大麻的问题上，从业者是如何关注这些影响因素的。

活动Ⅴ　　与拉塞尔做计划

　　在上段对话的末尾，拉塞尔已经向我们谈起，他知道自己需要做哪些改变。让我们回到此处，继续往下进行这番谈话。请大家留意，我们的从业者怎样运用了OARS+I 及其他的方法策略，请在第一栏中填入相应的技术名称。之后，等大家全部学完了计划过程的这几章，再返回头重读表格里的对话，并填写第二栏"计划"部分。

	OARS+I 或其他的方法策略	计划
拉：对。其实我用不着改变自己正在做的事儿，但我确实需要改变视角，改变自己的看法。		
咨：这样一来，压力也会下降一些。		
拉：我有点儿说不上来了，不过感觉上是对的。		
咨：就好比，你的身体能知道是这么回事。		
拉：对。		
咨：看来，你已经想好怎么办了。		
拉：想好了。我教给孩子们的事儿，不用改变，因为是正确的。但我需要改变自己的视角和看法。		

（续表）

	OARS+I 或其他的方法策略	计划
咨：看我有没有充分理解了你说的内容。关于怎样教育孩子，你父母是好的榜样，你也继承和遵循着这些原则。你知道，这就是你骨子里的东西。你要做个好父亲，要让女儿们感受到爱，同时还要让她们知道大家期望着她们对家庭的付出，所以她们不能只想着自己。你已经在教给女儿们这些事儿了，但你也认识到，你现在更多的是把教育孩子当成了一种负担，而不是好爸爸要做的分内事。你意识到，自己需要接纳这一切。		
拉：你说得对，是这样的。		
咨：那，下一步呢？		
拉：呃，我也不太确定……我估计，接下来我会琢磨琢磨，等女儿们再过来时，我怎么对待她们。		
咨：你有个计划，就是怎么培养她们的价值观——谁都不是世界的中心，不能只想着自己。		
拉：对！我不能总靠临场发挥，那样的话搞不好最后又说狠话了，或者又开始怪罪孩子的妈妈了。那样不好，真的，啥用都没有。		
咨：你不想那样做。我在想，你自己是不是有一些思路了，要改变之前的做法，哪些行为最重要？我想到的呢——但你一定要跟我说，是否同意我的看法哈——我认为，你如果清楚自己想要她俩做什么，就更容易跟女儿们沟通了，告诉她们你希望的行为。你觉得呢？		
拉：（笑了起来）对对。我要都不清楚想让她俩做什么，那估计她俩就更糊涂了。		
咨：（也笑了）是啊，那样你们也不知道，算不算做到了嘛。我是说，比如你明确提出，她们不管愿不愿意的事儿都要讲出来"好的"或"不行"，她们要收拾玩具、布置餐桌，或者做其他别的事儿也可以明确安排安排。你觉得怎么样？		
拉：刚说的三个，就挺好的啊（笑了）。其他的我也想想看。		
咨：嗯，这些基本上把你心里想的事儿都说到了吧。		
拉：不算吧。		

（续表）

	OARS+I 或其他的方法策略	计划
咨：那就还有更重要的。		
拉：态度。		
咨：嗯，让孩子们改变态度，以我的经验看，这挺难的。因为态度这东西比较模糊，孩子们也不清楚要做什么。你有什么体会吗在这方面？		
拉：嗯，对，你说得对。情况就是这样。我跟孩子们可能需要具体一些，保持具体明确。		
咨：我还有一个分享，你想听听吗？		
拉：当然想听。		
咨：这是我从当事人那里学到的，如果开始先聚焦一小步，并成功做到了，再以此为基础继续前进，这对他们的帮助最大。所以，他们不会一上来同时着手三种行为，而是只聚焦在一种上，等这种做好了、稳定了，才会再聚焦于下一种行为。你认为呢？		
拉：完全同意。我平时就是这么干的。		
咨：嗯，你是知道这些的，你也在这样做。		
拉：（微笑）对，我觉得还行。不过，能听到反馈，说我做得对，这也很好嘛（笑了起来）。我想，开始就先让孩子们每个人都为家里做一件小事儿吧，这样安排最好了。她俩可以自己决定具体做什么。等我接她们过来时，也许可以列个清单，她们可以自己选。你看，这样就成日常习惯了。每次接她俩回来，书包往屋里一放，我们就坐下来，选出要做的事儿。		
咨：嗯，你真的很希望她俩能习惯成自然，你在努力创造条件帮助她们养成习惯。无论是因为你父母的影响，还是你自己的经历，你都很确信也很清楚，要培养女儿们哪些品质。		
拉：嗯，是的。有点儿意思哈。我都没往这个方向想过，但我好像就是这么做的。		
咨：而且你可能还有一些点子。		
拉：有的。我们可以弄个创意板挂冰箱上，她们做到的话，就可以往上面贴贴纸，她俩都喜欢贴纸。		

（续表）

	OARS+I 或其他的方法策略	计划
咨：嗯，这个过程，你们三个人也是在一起合作。你觉得，孩子们需要做某种行为多少次，才算做到了，能贴贴纸了？		
拉：呃，这我倒没想过。我需要想想，对吧？		
咨：哦，是否需要，还是你自己来决定，不过想想这方面，可能对你和孩子们都有好处。你觉得呢？		
拉：那肯定要想想啊。		
咨：好，看我有没有准确理解你的意思啊。你想让女儿们感受到被爱、被保护，但也希望她俩能为家里做点儿贡献。这样一来，她们也能懂得，做人不能只想着自己。你已经认识到了，这就是你要在自己家做的事儿，你也不再担心前妻会怎么做。你想好了，要列出一个行为或要做的事情的清单，这样孩子们就能落地执行了，你也努力打造这样的日常习惯，她俩每次过来都会这么做。你会弄个创意板，挂在冰箱上，记录孩子们的行为，等她们做到了就贴贴纸。你也想到了，提前确定做几次给一张贴纸，还有你们觉得这种行为要做多少次就算成功培养起来了——这都是很重要的。嗯，我漏掉了什么没？		
拉：都说到了，我觉得。		
咨：还有个事儿，我想问问。可以吗？		
拉：问吧。		
咨：给贴纸就足够了，还是，你需要设置别的奖励——可以拿这些贴纸做兑换的奖励吗？有时孩子们更喜欢这种形式。你怎么看呢？		
拉：她俩很喜欢贴纸的，不过我也觉得，再安排点儿别的奖励很不错。我还得想好了频率、怎么兑换、怎么给。		
咨：嗯，这一点好像很重要啊。你现在想讨论这个吗？		
拉：不用，这我自己可以想出来。但我需要把这事儿写下来，好记住了。		
咨：好记性不如烂笔头。		
拉：对的。		

（续表）

	OARS+I 或其他的方法策略	计划
咨：什么时间开始这样做呢，你估计？		
拉：等她俩下次过来时。我会多准备一些贴纸，也把相关的行为写下来，列个单子。		
咨：这些都需要提前准备好，但你打算这周五就开始执行了。听起来，你蛮有信心可以准备好。		
拉：嗯，有信心。感觉不错，不过我没想到这次会谈还能聊这个。挺有帮助的。		
咨：你有惊喜，可能在想，之后会再来。		
拉：对啊，我不还有工作上的问题得解决嘛。		
咨：嗯，所以我们还有更多的话题可以交流。很期待听到你怎么和女儿们安排的，效果如何。同样期待听你说说别的方面，比如咱们可以怎么解决工作上的麻烦——就跟今天这样的交流一样。		
拉：嗯，我觉得可以。		

活动Ⅴ 参考答案

这个例子呈现了从业者与当事人一起做计划的过程。在接下来的两章里，我们会详细讲解计划过程。现在，请大家先留意，在这个过程中从业者是如何运用引导风格的，其间使用了哪些核心技术。等大家阅读第 12 章和第 13 章后，请再回来填写计划一栏，并核对参考答案。

	OARS+I 或其他的方法策略	计划
拉：对。其实我用不着改变自己正在做的事儿，但我确实需要改变视角，改变自己的看法。		
咨：这样一来，压力也会下降一些。	深层反映	拾取"准备好了"的信号
拉：我有点儿说不上来了，不过感觉上是对的。		决定 / 解决
咨：就好比，你的身体能知道是这么回事。	深层反映	"准备好了"的信号
拉：对。		决定 / 解决

（续表）

	OARS+I 或其他的方法策略	计划
咨：看来，你已经想好怎么办了。	深层反映	"准备好了"的信号
拉：想好了。我教给孩子们的事儿，不用改变，因为是正确的。但我需要改变自己的视角和看法。		预想未来
咨：看我有没有充分理解了你说的内容。关于怎样教育孩子，你父母是好的榜样，你也继承和遵循着这些原则。你知道，这就是你骨子里的东西。你要做个好父亲，要让女儿们感受到爱，同时还要让她们知道大家期望着她们对家庭的付出，所以她们不能只想着自己。你已经在教给女儿们这些事儿了，但你也认识到，你现在更多的是把教育孩子当成了一种负担，而不是好爸爸要做的分内事。你意识到，自己需要接纳这一切。	摘要	通过概括重温过渡到计划过程，巩固改变语句，向着初次付诸行动进发
拉：你说得对，是这样的。		
咨：那，下一步呢？	开放式问题	通过关键问题过渡到计划过程
拉：呃，我也不太确定……我估计，接下来我会琢磨琢磨，等女儿们再过来时，我怎么对待她们。		意味深长的停顿
咨：你有个计划，就是怎么培养她们的价值观——谁都不是世界的中心，不能只想着自己。	深层反映	引出拉塞尔的点子
拉：对！我不能总靠临场发挥，那样的话搞不好最后又说狠话了，或者又开始怪罪孩子的妈妈了。那样不好，真的，啥用都没有。		开始思考目标
咨：你不想那样做。我在想，你自己是不是有一些思路了，要改变之前的做法，哪些行为最重要？我想到的呢——但你一定要跟我说，是否同意我的看法哈——我认为，你如果清楚自己想要她俩做什么，就更容易跟女儿们沟通了，告诉她们你希望的行为。你觉得呢？	反映，E-P-E	缩小目标焦点
拉：（笑了起来）对对。我要都不清楚想让她俩做什么，那估计她俩就更糊涂了。		与咨询师同步
咨：（也笑了）是啊，那样你们也不知道，算不算做到了嘛。我是说，比如你明确提出，她们不管愿不愿意的事儿都要讲出来"好的"或"不行"，她们要收拾玩具、布置餐桌，或者做其他别的事儿也可以明确安排安排。你觉得怎么样？	反映，开放式问题	塑造目标

（续表）

	OARS+I 或其他的方法策略	计划
拉：刚说的三个，就挺好的啊（笑了）。其他的我也想想看。		缩小目标焦点
咨：嗯，这些基本上把你心里想的事儿都说到了吧。	放大式反映	安排目标的优先级
拉：不算吧。		拓宽焦点
咨：那就还有更重要的。	深层反映	探索其他的目标
拉：态度。		明确了高优先级
咨：嗯，让孩子们改变态度，以我的经验看，这挺难的。因为态度这东西比较模糊，孩子们也不清楚要做什么。你有什么体会吗在这方面？	提供信息，询问反应	塑造目标
拉：嗯，对，你说得对。情况就是这样。我跟孩子们可能需要具体一些，保持具体明确。		目标焦点清晰化
咨：我还有一个分享，你想听听吗？	提供信息，后半句征求许可	塑造目标
拉：当然想听。		给出许可
咨：这是我从当事人那里学到的，如果开始先聚焦一小步，并成功做到了，再以此为基础继续前进，这对他们的帮助最大。所以，他们不会一上来同时着手三种行为，而是只聚焦在一种上，等这种做好了、稳定了，才会再聚焦于下一种行为。你认为呢？	提供信息，询问反应	塑造目标
拉：完全同意。我平时就是这么干的。		与咨询师同步
咨：嗯，你是知道这些的，你也在这样做。	肯定	引导谈话
拉：（微笑）对，我觉得还行。不过，能听到反馈，说我做得对，这也很好嘛（笑了起来）。我想，开始就先让孩子们每个人都为家里做一件小事儿吧，这样安排最好了。她俩可以自己决定具体做什么。等我接她们过来时，也许可以列个清单，她们可以自己选。你看，这样就成日常习惯了。每次接她俩回来，书包往屋里一放，我们就坐下来，选出要做的事儿。		选择方法
咨：嗯，你真的很希望她俩能习惯成自然，你在努力创造条件帮助她们养成习惯。无论是因为你父母的影响，还是你自己的经历，你都很确信也很清楚，要培养女儿们哪些品质。	肯定	培养"能够执行计划"的信心

（续表）

	OARS+I 或其他的方法策略	计划
拉：嗯，是的。有点儿意思哈。我都没往这个方向想过，但我好像就是这么做的。		确认资源
咨：而且你可能还有一些点子。	深层反映	选择方法
拉：有的。我们可以弄个创意板挂冰箱上，她们做到的话，就可以往上面贴贴纸，她俩都喜欢贴纸。		又给出了一些点子
咨：嗯，这个过程，你们三个人也是在一起合作。你觉得，孩子们需要做某种行为多少次，才算做到了，能贴贴纸了？	深层反映，开放式问题	选择方法，形成计划
拉：呃，这我倒没想过。我需要想想，对吧？		考虑计划
咨：哦，是否需要，还是你自己来决定，不过想想这方面，可能对你和孩子们都有好处。你觉得呢？	强调当事人的自主权，提供信息	缩小当事人的焦点，同时培养"决策和执行计划"的信心
拉：那肯定要想想啊。		目的清晰
咨：好，看我有没有准确理解你的意思啊。你想让女儿们感受到被爱、被保护，但也希望她俩能为家里做点儿贡献。这样一来，她们也能懂得，做人不能只想着自己。你已经认识到了，这就是你要在自己家做的事儿，你也不再担心前妻会怎么做。你想好了，要列出一个行为或要做的事情的清单，这样孩子们就能落地执行了，你也努力打造这样的日常习惯，她俩每次过来都会这么做。你会弄个创意板，挂在冰箱上，记录孩子们的行为，等她们做到了就贴贴纸。你也想到了，提前确定做几次给一张贴纸，还有你们觉得这种行为要做多少次就算成功培养起来了——这都是很重要的。嗯，我漏掉了什么没？	摘要	概括重温改变的理由与计划方案
拉：都说到了，我觉得。		与计划同步
咨：还有个事儿，我想问问。可以吗？	征求许可来提供信息	根据经验，强化计划
拉：问吧。		与咨询师同步
咨：给贴纸就足够了，还是，你需要设置别的奖励——可以拿这些贴纸做兑换的奖励吗？有时孩子们更喜欢这种形式。你怎么看呢？	经许可的影响	又给出了一些点子

（续表）

对话	OARS+I 或其他的方法策略	计划
拉：她俩很喜欢贴纸的，不过我也觉得，再安排点儿别的奖励很不错。我还得想好了频率、怎么兑换、怎么给。		考虑计划
咨：嗯，这一点好像很重要啊。你现在想讨论这个吗？	反映，提供帮助	强化计划过程
拉：不用，这我自己可以想出来。但我需要把这事儿写下来，好记住了。		确认有能力执行计划
咨：好记性不如烂笔头。	反映	虽然不算一次肯定，但也支持了拉塞尔的自我认识
拉：对的。		当事人积极回应
咨：什么时间开始这样做呢，你估计？	开放式问题	再次确认并强加承诺
拉：等她俩下次过来时。我会多准备一些贴纸，也把相关的行为写下来，列个单子。		明确具体的开始时间
咨：这些都需要提前准备好，但你打算这周五就开始执行了。听起来，你蛮有信心可以准备好。	反映，肯定	再次确认并强加承诺
拉：嗯，有信心。感觉不错，不过我没想到这次会谈还能聊这个。挺有帮助的。		与咨询师合作
咨：你有惊喜，可能在想，之后会再来。	反映	确认治疗的收益
拉：对啊，我不还有工作上的问题得解决嘛。		承认了大麻的问题，同时没有将咨询师视为敌人
咨：嗯，所以我们还有更多的话题可以交流。很期待听到你怎么和女儿们安排的，效果如何。同样期待听你说说别的方面，比如咱们可以怎么解决工作上的麻烦——就跟今天这样的交流一样。	摘要	针对当前的计划，再次确认并强加承诺，提醒讨论大麻的问题
拉：嗯，我觉得可以。		对咨询师和咨询过程，感到安全舒服

在本例中，这位咨询师建立起了信任与安全的感受，并在会谈结束时又提出了一个需要关注的议题。其实，当事人并没有忘记这个话题，他们只是在观望，等着看从业者怎样处理。在本例中，咨询师先帮助拉塞尔处理他最看重的事情。这让我们学习到，具有经验的 MI 从业者是如何有目的、有规划地应对这种挑战性的工作情境。因为这位咨询师所追求的目标并不是落脚在"进行一次谈话"，而是在于"帮助当事人考虑改变"。

第 12 章

过渡到计划过程

开篇

塔尼亚在电话留言中说道:

"我已经尽力了,但也没辙了。这一年太煎熬了,也没个起色。要说我一般不信你们这玩意儿,但我必须得找人帮忙。我给好几个人都留言了,希望能跟你们快点儿见个面,谁都行。请尽快给我回电啊。"

塔尼亚给从业者们打了好几通电话,这说明她做好了准备要去改变。她有些急不可耐,而我们还不清楚她遭遇了什么问题,她又尝试过哪些办法。但很明显,塔尼亚准备好要做些改变了。我们(在评估时)会询问:发生了什么事儿? 她希望情况发生怎样的变化? 她是怎么想的,又是怎么做的? 下面这段对话是双方互相介绍之后由从业者先开启的谈话。

"电话里你留言说'已经尽力了,但也没辙了',发生了什么事情? "

"我在工作时摔伤了后背。我当时爬到货架上拣配零件,结果掉了下来。我不该那样攀爬,但我们那儿人人都这么干,这样快,能完成工作配额。是应该找个梯子,但你要是每次都找梯子,那活肯定是干不完的。我们公司知道这种操作,却根本不上心,直到出了事儿。然后他们就开始扯皮,说这是你自己的责任。说啥说,反正掉下来的人是我,摔伤后背的人是我,背疼折磨得我根本上不了班了。我是个爱运动的人,我之前每周都去踢足球，孩子们的赛事我也去观战，我还会搞自助游和远足活动。可现在呢，我难受得连觉都睡不好。我什么东西都提不了，啥都举不起来，甚至连走路都费劲，超过一个街区的路都走不了了。我很痛苦，心情不好，这也影响了我的家人，孩子们还有我老公都受影响。哦，对了，我们两口子本来还在重新装修厨房呢，家里现在乱七八糟的，我们本来是一起忙活的，因为我木工活儿做得比他好——不过这点儿你就不用跟他提啦。可现在呢，他都得自己干了。他还得送孩子们上学、做饭，我反正都干不了了，全得他来。情况你了解了吧？"

我们对塔尼亚准备度的推测好像得到了验证。显然，她很想改变，很想感觉好一些。但在此刻，我们得帮助塔尼亚将这种改变的愿望转化成具体的行为或情境，这样才能聚焦，才能确保改变的决心与承诺落实到具体的计划上来。那要怎么做，效果才最好呢？下一步工作要往何处推进？又要怎样抵达，如何实现呢？

深入认识

如大家所见，本书行文至此，意在提升各位的 MI 技能，同时也能让大家更为有的放矢地运用这些技术帮助当事人走过前面的三个过程：**导进**、**聚焦**和**唤出**。现在，再往前走一步就进入**计划**过程了。从业者的终极目标也是要帮助当事人制订出改变的计划，加强他们改变的承诺，并在他们投身改变时提供支持。不过，从唤出过程到计划过程，中间还有个过渡，时间上虽短暂易逝，但我们也要好好把握住这个重要的机会。因为此刻，虽说再往前走一步就开始落实改变了，但我们的当事人还没有下定决心最终迈出这一步。恰如一个游泳者脚踩在岸边，正犹豫着要不要纵身一跃，跳入水中。

把握好时机这一重要性也体现在心理治疗的过程中。当事人一旦准备好了，从业者就必须做出回应，不然当事人就有可能又会回落到原先的准备度水平上。当一个人意识到了现状与目标的差距，一心想要奋起直追，却又不得不按兵不动时，他心里有多不舒服、多别扭，我们是可以体会到的。而长此以往，这个人会生出一些策略，如开始回避他所感受到的改变风险。恰如那位游泳者，他在岸边站得太久了，终于决定：这水太凉了，也太深了，反正此刻不宜游泳。于是他回头是岸，转身往回返了。所以，在当事人做好准备的那一刻，从业者一定要敏锐地觉察，并协助当事人完成入水游泳的最初一跃。

◎ "准备好"的信号

有些信号可表明我们跟当事人已经处在了过渡期。并没有证据显示，哪种信号最重要，或者是哪些信号的组合最关键。但在实务工作中，以下前两种似乎最常见，而且它们之间的关系趋势也特别重要，即改变语句增加，同时持续语句减少；如果最开始时持续语句更多，那么理想的状态是改变语句要超过持续语句。

1. **改变语句增加**。当事人越来越多地谈及改变的可能。他们讲出的改变语句虽然可能以预备型为主（即愿望、能力、理由和需要），但我们还是有可能逐渐听到行动型的改变语句（承诺、启动和采取步骤）。而且，我们在第 9 章中也提过，动机的绝对强度好像很重要，但这种趋势也很重要。虽然我们也担心"当事人的动机太弱，还不足以开启这种过渡"，但我们更担心"当事人的动机在呈现上升趋势时，这种过渡却戛然而止了"。

2. **持续语句减少**。当事人更少去维护现状了，即便曾经有过不和谐，风浪也逐渐平息。当事人对自己关心的领域知无不言、言无不尽，并开始探讨下一步怎么做。

3. **采取步骤**。一旦当事人打破平衡、朝着改变倾斜时，他们就可能开始尝试新的行为。这就如同先试后买，当事人先试试尺码是否合身，然后再做决定。虽然还没付费，但他们（对于之后要怎样改变）也获得了更多的经验，所以更可能完成这次购买。举个例子，人们在新的一年里下定决心"好好锻炼，好好减肥"，然后会在健身馆办个会员卡。很明显，办会员卡是大家尝试迈向目标的一步，但是成为健身馆的会员并不等于规律锻炼；不过，成为会员还是为锻炼创造了条件，让后者更可能发生。

4. **决定／解决**。当事人似乎下定了决心，不再犹豫了；或者，问题得到了一定程度的解决。当事人也看起来更平和、放松或冷静了，他们如释重负，或内心安顿了下来。这种平静还可能表现为，当事人接受了丧失，谈话时流下了眼泪，或者已经知天命心释然了。

5. **对改变发问**。当事人可能开始询问：面对问题自己可以做些什么；或者其他人遇到这类情况都是怎么解决的。这表明当事人正在搜寻"**怎样**做改变"的信息。

6. **预想未来**。当事人开始谈论改变之后的生活可能是什么样子，可能遭遇哪些困难与挑战。这些话虽然同时包含了改变语句和持续语句，但也有一些展望性的元素存在，超越了前面的两种语言形式。这种预想未来的谈话，表明当事人很用心地在展望：假如自己做出了改变，会迎来怎样的变化。

这 6 个信号提醒我们，当事人可能已经准备好了，可以从"考虑改变"转入到

"落实改变"了。作为从业者，我们不但要辨识出这些信号，并继续运用核心技术，秉持引导风格，而且还要试个水（tests the waters）[1]，探一探当事人是不是准备好进入计划过程了。米勒和罗尼克提出了试水的三种方法：概括重温（recapitulation）、关键问题（key questions）以及意味深长的停顿（pregnant pause）。

◎ 概括重温

概括重温通常始于一个过渡性摘要，在**唤出**过程即将结束时予以衔接，继而引出关键问题。再次提醒大家，做摘要为的是帮助当事人组织经验，旨在纳入必要的信息元素，同时避免给当事人造成压迫感。而此处的过渡性摘要的篇幅虽比常规做的那种摘要略长，但是言简意赅仍然很重要。米勒和罗尼克如此描述**概括重温**——"这好比一大束花，是把你所收集到的改变语句之花聚拢在了一起"。

概括重温应该纳入持续语句吗？对此，MI 业界尚存在争论。目前稍显明朗的是，我们不想忽略持续语句，但也不希望突出和强调它。我建议在概括重温时提一下持续语句，但一带而过就行，尽量少着笔墨。我们可以参照以下的顺序做概括重温。

1. 先声明，我们要将当事人说过的话汇总起来了。
2. 简述当事人的矛盾心态，尤其是刚开始（合作）时的矛盾体验。
3. 简述当事人现在进展到哪里了，以及他们说过的改变语句。
4. 询问下一步怎么办。

概括重温是为了让当事人意识到自己最初的状态，觉察自己改变的动机，并回顾随着会谈的发展情况都发生了哪些变化。

◎ 关键问题

关键问题（key questions）用的是复数形式，大家注意到了吗？因为我们会多次询问这种问题，而不是只问一次就停止。**关键问题**是在问当事人有没有准备好进入改变历程的下一个部分，即驶入改变之河的下一段水域。这种方法也为我们创造了一个机会，让谈话可以切换成指导风格，同时还能与当事人保持合作。

但在这个关键节点上，我们心里容易犯痒痒，很想把当事人的承诺语句也问出来，不过这可能为时尚早，还可能造成当事人开倒车。我们询问关键问题不是要求当事人做出改变的承诺，而是在问他们有没有兴趣试水，即"对于改变方案的考虑，你

---

[1] 英语中"试水"（test the waters）的含义为在采取进一步行动之前，先判断某人的感受和意见。——译者注

进展到哪里了"。

对于"关键问题"还有几点要提醒大家。询问封闭式问题会增加当事人"做承诺"的压力，恐怕会适得其反。询问开放式问题可以降低这种压力，但也不是所有的开放式问题都可以减压。例如，"你愿意做的是什么"这样的问句就大大增加了当事人的压力。再比较下面这句话："或许，（你）可以怎么做呢？"请注意二者的区别，很微妙，但也很重要。

关键问题在本质上是询问下一步怎么做，同时还要唤出当事人自己的看法，而非强加从业者的意见。示例如下。

既然如此，那下一步，你觉得自己会怎么做呢？

你觉得，自己下一步会怎么做呢？

你下一步有什么打算吗？

◎ 意味深长的停顿

意味深长的停顿是心理治疗领域中众所周知的概念，但 MI 的文章却对此着墨有限。该术语是指在当事人思考事情的变化、自己的进展、目前的处境时，从业者不要急于打破这种沉默的时刻，急于填补。因为在这一刻，当事人很有可能在探索内心深处的想法、感受、价值以及动机。从业者倾向于打破沉默、填补沉默往往是出于自身的不适感。所以我们需要训练自己，可以安静地坐着，可以意味深长地停顿。那需要停顿（沉默）多久呢？这可能因人而异，因为每位来访者在信息加工上可能都不一样。一般原则是，当那种想要打破沉默的冲动第一次涌上来时，请你再等 10 秒钟，然后如果有必要，你还可以继续保持沉默。留出沉默的时间，就如同在沙漠中创造出了一片绿洲，先容口渴的当事人畅饮一番甘泉，再开口讲述。

从业者在询问关键问题之后留出意味深长的停顿时间尤其有益。这让当事人有时间回顾，在改变的历程中，自己进行到了哪里，之后又要往哪里发展——正是在这沉默的时间里，当事人思考着人生的方向。仍要提醒大家，虽然我们从业者很想举证说明改变的意义，但还是当事人自己的看法与主张对其最具有说服力。

保持沉默也是练习"无念"（uncluttered mind）的好契机。我们抽身而出，不执迷于"我们觉得什么对当事人最好"，相反，我们怀着好奇与兴趣沉默端坐，安静等待下一刻将会如何发展。此刻，不仅当事人在组织着思绪、孕育着领悟，而且我们从业者也在践行着自身的准则——没有想当然地觉得"我最懂当事人，我知道什么对他们最好"。我们与"未在掌控"的不适感共处，静观当事人自己脱离内心的苦海。你说自己感受到了"禅"意？是啊，"禅"就在这停顿中，"禅"就在这沉默的一刻啊！

回看塔尼亚的例子，就更清晰了：从业者可以先询问关键问题，然后留出意味深长的停顿时间，这样的过渡可将工作引入计划过程。不过也有可能当事人还没有准备好进入新的阶段。下一章会讨论遇到这些不同的情况时我们该怎么回应。现在，我们还是先把焦点放在过渡时期的工作上。

概念自测

[判断正误]

1. 过渡时期的摘要旨在概括重温当事人取得的进展、当前的情况，也用来判断时机是否适宜转入计划过程。

2. 如果从业者过于拖沓、迟迟没有进入过渡期，那么当事人就有可能退到防御模式中。

3. 当事人开始询问"怎样做改变"可能意味着他们已经准备好转入计划过程了。

4. 如果当事人开始谈论改变可能遇到的困难，那说明他们还没有准备好做出改变。

5. 一般是通过询问关键问题来**开启**过渡期，逐渐转入计划过程。

6. 当事人被询问关键问题时，如果他们沉默停顿，一时没有回答，那从业者就应该给予助推，让当事人进入计划过程中。

7. 意味深长的停顿让我们从业者也有机会汇总自己的想法，即下一步我们想让当事人往哪里发展。

8. 在过渡期，从业者应当改变谈话的风格，采用其他的沟通技术，这样才能帮助当事人理解"为什么现在要落实到行动上了"。

9. 如果当事人已经准备好，可以过渡到计划过程了，那他们可能表现得更安心、更放松，也更少抗拒。

10. 一旦当事人做出决定进入计划过程，矛盾心态也就彻底解决了，不会再有了。

[答案]

1. 正确。过渡时期，回顾当事人取得的进展、当前的情况，并判断现在是否适宜转入计划过程。

2. 正确。在过渡期，从业者既不能走得太冒进，也不能走得太拖后。MI 在有的研究（如 MATCH[1]项目）中效果不明显，其实是因为当事人已经准备好要做出改变了，但从业者还在探索矛盾心态，或者还在培养改变动机，这样反而阻碍了改变的发生。遇到这种情况，如果没有及时过渡到计划过程，那么当事人就有可能退到防御模式中。

3. 正确。当事人询问如何改变通常表示他们已经准备好了。同时，如果还有其他的信号（如改变语句增加、持续语句减少）存在，就更表明当事人已经准备就绪了。

4. 错误。当事人通过预想（envisioning）未来估计着改变之后的情况。这种预想就有可能会料到今后的困难。大家还记得我们在第 2 章中对"矛盾心态"的说明吗？改变上的困难总会勾起矛盾心态，所以我们在此刻又听到这种矛盾的声音也是再正常不过了。但是，如果除了这种矛盾，我们听到的改变承诺也不温不火，那从业者可能就需要先回过头来探索当事人的矛盾心态和改变动机，然后再考虑计划过程了。

5. 错误。询问关键问题虽然是过渡期试水的一种方式，但一般还是通过**概括重温**来开启过渡，协助当事人将他们自己的改变想法组织起来。这样的概括重温也可以水到渠成地引出关键问题。等当事人决定进入计划过程了，过渡期也就完成了。

6. 错误。咱们可别助推。大家也许觉得，有时只要轻轻的一个助推，当事人就会进入到计划阶段了，但我们还是不推荐这样做。

7. 错误。沉默停顿的时刻并不是留出来让从业者琢磨下一步该如何。相反，这是我们清空臆断的时刻，从而可以怀着好奇与兴致了解当事人认为下一步要如何。

8. 错误。这是不对的。我们要秉持引导风格，也要怀着好奇、充满兴致。换成其他的谈话风格可能有违 MI 精神中的"接纳"和"唤出"要素。

9. 正确。用米勒和罗尼克的话来讲，即便曾经有过不和谐/持续语句，风浪也会逐渐平息。当事人更加平静了，也已下定决心。

10. 错误。我们有句口诀：人们对于改变普遍抱持矛盾的心态。所以即便他主动进入计划过程、主动参与改变，同时仍有矛盾感也很正常（当然强度会有所降低）。但相反，坚定强烈的持续语句则表明从业者需要更多地针对这种矛盾心态进行工作，而不能就这样进入计划过程，开始着手加强承诺。

实践运用

让我们回到塔尼亚的例子，接着前面的对话继续谈。她讲述了生活中的种种困

---

[1] MATCH 是 "Matching Alcoholism Treatment to Client Heterogeneity" 的缩写，即 "匹配当事人异质性的酒瘾治疗"。——译者注

难，然后，从业者开始回应，下面这段对话就是从这里开始的。前面说过，塔尼亚的动机总体上比较高，所以我们可能不需要花费太多的时间在另外三个过程上。因此，过渡到计划过程也相对较快。

谈话	评注
从：这一年对你来说太煎熬了。你受了伤，就连喜欢的事情都没办法做了，更别提那些必须做的工作和家务了。你生活的各个方面都被影响了。太难了，太难承受了。	首先做了过渡性摘要
当：是啊，我不想再忍受这种痛苦了。我做过理疗，而且康复练习我做得那叫一个认真啊，虽然有些效果，但很有限。大夫又让我去咨询背部手术的事情，我真不想走这一步啊，但也只能去问问了。我吃止疼药管点儿用，但吃完这药又总晕晕乎乎的。我不喜欢这种感觉。我想改成别的注射剂，但是大夫不太支持，他认为没用。我都快急死了，心情也越来越差，所以我就找你们啦，看看能给我点儿啥帮助啊。	当事人给出了更多的信息
从：听起来你都准备好采取些行动了，虽说还不确定具体做哪些才能管用。	这句回应不是问句形式，但请大家注意，这句话相当于一个关键问题。这句话的后半句又自然而然地引出了计划过程。这句回应发挥了应有的作用，但还没有为意味深长的停顿创造出机会
当：是啊。你有什么建议？	当事人在搜寻信息
从：我这儿有些建议，有些人跟你情况类似，根据他们的经验是有一些办法和建议的。不过，我还是想先明确一下，刚说的这些事儿里，你觉得哪个最重要。你想先说哪个呢？	从业者会回应塔尼亚的要求，但首先需要确认一下当事人的议题优先级，这样就能引出关键问题了
当：嗯，要是能先解决疼痛的事儿，那就太好了。	当事人回答得很直接
从：擒贼先擒王。	比喻

在这个例子中，当事人已经准备好进入计划过程了，所以她更关心的是"**怎样改变**"，而不是"**是否改变**"。因此，过渡到计划过程也相对较快。前文说过，如果当事人做好了改变的准备，那我们从业者可不要拖后腿。当然，随着会谈的进展，当事人有可能表现出更强的矛盾感，这是我们需要探讨和处理的。而且，塔尼亚虽然表示自己准备好做出改变了，但她并没有提到具体的目标行为。因此看来，她的改变承诺仍然是泛泛而谈。等我们进入计划过程后，就要聚焦在具体的行动上了，我们所要探讨

和加强的承诺都要落实在具体的目标上。

本章练习

　　下面这些练习可以帮助我们锤炼技艺，更好地识别承诺语句，做过渡性摘要，询问关键问题。还有一些练习需要结伴进行，在互动中完成。但就跟前几章讲的一样，大家要将这些技术融入自己的临床会谈中，至少要先尝试使用，这才是最重要的。如果大家觉得这样的临床运用还是太难了，那么建议再找一些培训和/或督导资源来学习。同时，即便大家在自己的工作设置下运用这些技术并不犯难，但研究数据也表明，接受培训和督导对于技能的获得与保持还是非常重要的。这部分内容我们会在第14章中讨论。

◎ 练习 12.1　他们准备好了吗

　　在该练习中，大家会读到当事人说的话，请根据"准备好"的6个信号判断当事人有没有准备好进入计划过程；并说明自己的判断依据。

◎ 练习 12.2　途中驻足，往前走，或回头路……

　　做完上一个练习，现在我们来练习说出过渡性摘要。

◎ 练习 12.3　那下一步呢

　　接下来，我们要练习询问关键问题。请尝试询问5个不一样的关键问题，目的都在于转入计划过程。

◎ 练习 12.4　练习意味深长的停顿

　　该练习需要有其他人互动才便于进行。大家做练习时可能会略感尴尬，因为人跟人之间怎么沟通说话，怎么来言去语，还是有一套社会规范的。而练习要求我们耐心等待对方的答案，给对方留出大段的时间充分组织自己的思路，所以大家可以先想好找哪个时机做练习，然后就在生活中实践吧。做完练习后，请回答后面的几个问题。

搭伴练习

　　练习12.6、练习12.2及练习12.4都适合搭伴进行。下面的练习指导语稍有改动，以方便搭伴练习使用。大家也可以头脑风暴一下，想想练习 12.3 询问关键问题如何可以搭伴进行。

◎ 练习 12.1　他们准备好了吗

先阅读当事人说的话，然后请你们根据"准备好"的 6 个信号各自独立判断当事人有没有准备好进入计划过程。说说自己判断的依据。如果你们有分歧，请充分讨论，直到达成共识（或者最终认同"保持不一样的看法"）。

◎ 练习 12.2　途中驻足，往前走，或回头路……

该练习请大家说出过渡性摘要。请就每一句话说出两个不同的摘要，然后再讨论哪种摘要最符合你们各自的风格，最有助于你们组织素材。

◎ 练习 12.4　练习意味深长的停顿

请你们轮流讲讲对自己重要的事情。一个人讲完，另一个人停顿沉默。这样一来，讲述者便有机会更深入地思考了。你们还可以互相询问下面这几个问题，这样更有可能创造出意味深长的停顿（沉默）：（a）人生中最棒的时刻；（b）克服困境的时刻；（c）值得追忆的儿时往事；和/或（d）对自己有重要意义的一次成功（成就）。做完练习后，请大家再充分讨论一下表格中的问题。

其他想到的……

我们在向**计划过程**过渡时可能会遇到一些挑战。前文曾提到，三个试水方法的顺序有可能会被搞错，除此之外，从业者很可能也会低估当事人的矛盾心态。

要唤出当事人的动机峰值着实需要艰苦而漫长的跋涉。前文说过，米勒和罗尼克将前三个基本过程比作了通向山顶（动机峰值）的艰辛上山路。当从业者终于登上了顶峰，却在此时突兀遭遇了当事人矛盾心态的回潮，那种错愕与失望可想而知。虽然我们都会说改变是个循序渐进的过程，而非一蹴而就的事情（就是说当事人不会一下子就顿悟了改变的意义，同样也不一定就会落实在行动上），但当矛盾心态再度现身时，就算我们之中的佼佼者都同样会想着轻轻助推来访者一下，好帮他们跨过那个临界点而开始改变。这种做法好像有违 MI 精神，好像在说："我们才知道，怎么样对他最好。"遗憾的是，从业者如此转变也会催生出当事人同样的反应模式，这些我在第 11 章中已经阐述过了。实际上，米勒援引过相应的数据表明，有些毒品成瘾的当事人在一次动机式访谈的尾声会出现动机下降现象，而这一时间节点恰好是标准化治疗方案要求治疗师制订出改变计划的时刻。所以我们务必正常化这种矛盾心态并对之加以探讨，要等当事人做好准备，再向前推进。但是，如果当事人还在思考如何改变，而没有准备好行动，那我们就要回过头来采取先前的策略，找到最适合当事人的办法，帮助他们处理矛盾心态。此刻，倾听往往是最好的选择。

除了上面讲到的这些，我们还需要知道一些例外。其实，我们可能都有这方面的经验，无论是我们自己还是当事人，身处临界点时，只要轻轻助推一下就能促发改变。这种情况的确会发生，但同时，大多数人被助推时也都会报以不和谐的回应。所以，我建议大家要避免这种"助推"，除非你觉得这么做是有明确意义的、必要的。让我们回到前文那个比喻上，即犹豫中的游泳者，如果我们牵着对方的手，邀请他一起跃入水中，通常是好过我们推对方一把很多的。

练习 12.1　他们准备好了吗

先阅读当事人说的话，然后请根据"准备好"的 6 个信号判断当事人有没有准备好进入计划过程。请说明你的判断依据。

"准备好"的信号

1. 改变语句增加。当事人越来越多地谈及改变的可能。他们讲出的改变语句虽然可能以预备型为主（即愿望、能力、理由和需要），但我们还是有可能逐渐听到行动型的改变语句（承诺、启动和采取步骤）。虽然我们也担心"当事人的动机太弱，还不足以开启这种过渡"，但我们更担心"当事人的动机在呈现上升趋势时，这种过渡却戛然而止了"。

2. 持续语句减少。当事人更少去维护现状了，即便曾经有过不和谐，风浪也会逐渐平息。当事人对自己关心的领域知无不言、言无不尽，并开始探讨下一步怎么做。

3. 采取步骤。一旦当事人打破平衡、朝着改变倾斜时，他们就可能开始尝试新的行为。这就如同先试后买，当事人先试试尺码是否合身，然后再做决定。虽然还没掏钱，但他们也获得了更多的经验（对于之后要怎样改变），所以更可能完成这次购买。

4. 决定 / 解决。当事人似乎下定了决心，不再犹豫了；或者，问题得到了一定程度的解决。当事人也看起来更平和、放松或冷静了，他们如释重负或内心安顿了下来。这种平静还可能表现为，当事人接受了丧失（loss），谈话时流下了眼泪，或者已经知天命心释然了。

5. 对改变发问。当事人可能开始询问：面对问题自己可以做些什么；或者其他人遇到这类情况都是怎么解决的。这表明当事人正在搜寻"**怎样**做改变"的信息。

6. **预想未来**。当事人开始谈论改变之后的生活可能是什么样子，可能遭遇哪些困难与挑战。这些话虽然同时包含了改变语句和持续语句，但也有一些展望性的元素存在，超越了前面的两种语言形式。这种预想未来的谈话，表明当事人很用心地在展望：假如自己做出了改变，会迎来怎样的变化。

示例

真是没想到。我还以为，你会因为酒驾这事儿狠狠地训我呢。咱们这交流更像是在工作坊学习啊，哪像在局子里啊。不过这倒让我真正开始考虑这些了，我没想到自己会有这种转变。

从这段话来看，当事人是否准备好进入计划过程了？ 否____是 √

如果选"是"你发现了哪种信号？

____改变语句增加　　　　____决定 / 解决

√ 持续语句减少　　　　____对改变发问

____采取步骤　　　　____预想未来

你为什么这样判断？

当事人明确说，自己没想到谈话会是这个样子，而且这次谈话让他有了转变。他到底有没有准备好进入计划过程还不好说，不过根据他回应的这段话来看，可能他准备好了。

当事人的话 1

那，别的当事人是怎么说的？

从这段话来看，当事人是否准备好进入计划过程了？ 否____是____

如果选"是"你发现了哪种信号？

____改变语句增加　　　　____决定 / 解决

____持续语句减少　　　　____对改变发问

____采取步骤　　　　____预想未来

你为什么这样判断？

当事人的话 2

我认同这样选择风险会更低，但我也想跟朋友们寻开心啊。我跟他们在一起可开心啦。

从这段话来看，当事人是否准备好进入计划过程了？ 否___ 是___

如果选"是"你发现了哪种信号？

____改变语句增加 　　　____决定 / 解决

____持续语句减少 　　　____对改变发问

____采取步骤 　　　　　____预想未来

你为什么这样判断？

当事人的话 3

你没有明白我的意思。就算我说"不用了，谢谢"，这帮大姐也不会消停，还是会来烦我。我得硬气点儿回绝她们了。

如果选"是"你发现了哪种信号？

____改变语句增加 　　　____决定 / 解决

____持续语句减少 　　　____对改变发问

____采取步骤 　　　　　____预想未来

你为什么这样判断？

当事人的话 4

我不会再有这种情况了。太糟糕了。我觉得特别丢人。

如果选"是"你发现了哪种信号？

____改变语句增加 　　　____决定 / 解决

____持续语句减少 　　　____对改变发问

____采取步骤 　　　　　____预想未来

你为什么这样判断？

当事人的话 5

你知道我这人社交不怎么行，不过我开始尝试大声些讲话了。

如果选"是"你发现了哪种信号？

____改变语句增加 　　　____决定 / 解决

____持续语句减少 　　　____对改变发问

____采取步骤   ____预想未来

你为什么这样判断?

当事人的话 6

这事儿我觉得没必要谈。

如果选"是"你发现了哪种信号?

____改变语句增加   ____决定 / 解决

____持续语句减少   ____对改变发问

____采取步骤   ____预想未来

你为什么这样判断?

练习 12.1   参考答案

当事人的话 1

那,别的当事人是怎么说的?

是。对改变发问。

虽然,我们并不清楚当事人说这句话时的整体语境是什么,但"对改变发问"表明当事人想了解这个问题,也想听听其他人的看法。

当事人的话 2

我认同这样选择风险会更低,但我也想跟朋友们寻开心啊。我跟他们在一起可开心啦。

否。

这段话,前面的部分有点儿像改变语句;"但是 / 不过"却否定掉了前面说的内容。"是啊,不过……"表明矛盾心态仍然很强。

当事人的话 3

你没有明白我的意思。就算我说"不用了,谢谢",这帮大姐也不会消停,还是会来烦我。我得硬气点儿回绝她们了。

是。预想未来。

这位女士似乎在考虑，之后可以做些什么来改变局面，她特别提到了想怎么解决自己遇到的麻烦。她在想，自己必须怎样"回绝对方"，才能顺利解决。

当事人的话 4

我不会再有这种情况了。太糟糕了。我觉得特别丢人。

是。改变语句增加，好像也下了决心。

当事人说得很明确，也讲到了为什么要改变。

当事人的话 5

你知道我这人社交不怎么行，不过我开始尝试大声些讲话了。

是。采取步骤。

当事人在尝试新的行为。当然，我们还不清楚这是不是目标行为，而且这段话也可能跟当事人来求助的问题没有关系。但是，这段话里还是表达出了当事人为求改变而做的一番努力。

当事人的话 6

这事儿我觉得没必要谈。

否。

虽然当事人表示不需要谈论这件事儿，但我们可知的信息还是太少了。就目前的信息来看，这说的好像是一种不和谐语句或持续语句。

练习 12.2　途中驻足，往前走，或回头路……

该练习请大家说出过渡性摘要。建议在摘要中包括以下这 4 个元素。

1. 先表明，我们现在要做一个摘要了。
2. 承认当事人刚开始（合作）时和 / 或目前仍存在的矛盾心态。
3. 把那些最重要的改变语句聚拢在一起呈现、重温。
4. 询问当事人"进入计划过程"的准备度（即"下一步如何"）。

当事人的话 1

目标行为：用功学习

"我不想我妈掺和进来。我也想不出她有啥必要掺和这事儿。我知道，有些情况是得变变了，我也在跟我爸说这事儿。我跟他一块儿生活，他给我花钱，所以我觉得跟我爸谈才对嘛。我知道，要想毕业的话，我得干点事儿了。我也在和老师商量呢，多少说了点儿。我知道自己该干什么。反正从现在起到年末，够我忙的。"

当事人的话 2

目标行为：写东西

"昨天一晚上，又被我浪费了。我坐下来想写东西，然后就开始从旧电脑中往新电脑上倒腾文件了；然后我又查了查自己的工作邮件，因为我想起来有个说好要发的邮件给忘了发了；然后我又看了看自己的私人邮件，也回了几封；再然后电脑就死机了。那时候我才发觉已经九点了，可我连一页都还没写完呢。好几周了都是这个样子，没啥进展，因为总有这事儿那事儿的。但时间也快让我耗没了，我必须得写了，要不就死定了！"

当事人的话 3

目标行为：改善亲密关系

"我愿意道歉，但他也得认错。我承认，我做得不对。我不该说那种话，但他说的那些话也难听到家啦，他还不承认。凡事儿不都有个因为所以嘛，现在倒好，朋友们都在责怪我。我一直都懂，怄气没有好处，但我就是心情更差了，更难过了。唉，我知道应该想开点儿，但是做不到啊。"

当事人的话 4

目标行为：考虑服药

"吃药的感觉不好，副作用太多了，所以我不吃了。我 18 岁之后啥药都没吃过，我觉得自己得想些办法了。这一天到晚的，我就没个舒服的时候，一直感觉紧张、不自在。有时我只能在家坐着，因为出个门我都觉得特别费劲。心情也越来越低落了，啥都不顺心。我现在就是这种状态，差不多有三周没出过家门了。"

当事人的话 5

目标行为：健康饮食

"我决定了，我要更健康地饮食。我相信，只要这么做了，一定有利于健康，但我坚持得不好，我还爱吃甜食。不过总体上看，吃甜食我已经试着在改变了，克制得更好一些了。我想多吃点儿沙拉。拿沙拉当午餐很不错，我很喜欢。早餐、午餐，甚至晚餐，都吃沙拉也挺好的。真的，我其实就一个坏毛病：夜里吃零食。我爱吃的还是冰淇淋，这就成问题了。我知道，如果自己要吃的话，也应该吃点儿水果，这才健康。说实在的，别的我都能控制好，就夜里吃零食这事儿不行，需要解决。"

当事人的话 6

目标行为：喝酒

"咱们这么说吧。我觉得就是因为我运气不好被抓了，才来这里的。你看，警察让我停车时，我血液酒精浓度也才 1.0。我真没喝多少，我就是累了嘛，你也给我讲过疲劳驾驶跟喝酒这俩事儿会互相影响。万幸没人受伤，我现在觉得这一点还是比较走运的。我还没想好要戒酒，不过我很希望能有办法在安全的范围内喝一点。我不想再被抓过来上课了。浪费时间啊。"

练习 12.2　参考答案

当事人的话 1. 目标行为：用功学习

"我不想我妈掺和进来……"

"看我是否充分理解了你的意思。你已经跟爸爸谈了目前的情况，但你不确定要不要让妈妈也参与讨论。你想要毕业，同时你也担心能不能都顺利搞定。你知道情况需要改变了。你觉得自己可以怎么做呢？"

当事人的话 2. 目标行为：写东西

"昨天一晚上，又被我浪费了……"

"看我是否理解了你的意思。你不太顺心。任务期限快到了，你还有很多工作要做。你尝试去做工作上的事情，但似乎总有别的事情先蹦出来。所以，工作很没成效，这是最揪心的问题了。你想找些方法来解决这个问题，同时，你还没想好具体做什么。那现在你打算怎么办呢？"

当事人的话 3. 目标行为：改善亲密关系

"我愿意道歉，但他也得认错……"

"我想我理解了你的意思，我先说说看啊。你挺纠结的，卡在这儿了，因为你没法就这么给自己消了气。站在你的角度看，感觉他就是不愿意认个错，但你也有些体会，抓着这种看法不放的话，自己也不好过。那么下一步呢，在等待他道歉的同时，你觉得自己会做些什么呢？"

当事人的话 4. 目标行为：考虑服药

"吃药的感觉不好……"

"看我是否理解了你的意思。你现在什么都不顺心。你在家不舒服，出门也不舒服。就算你想心情好点儿，你也担心药物有副作用。还有，你很久没有出门了，这是三周来的第一次。你觉得自己需要做些改变了。你跟我讲了这些情况，听你讲到了吃药，似乎聊聊这件事儿，也算有点儿意义吧。你觉得呢？"

当事人的话 5. 目标行为：健康饮食

"我决定了，我要更健康地饮食……"

"你谈了好几个方面。你决定要更好地饮食，吃得更健康一些，同时，顿顿饭坚持贯彻还是很难的。夜宵和甜食就是你面对的难题。理论上讲，吃水果还是蛮不错的，不过这个方案你执行得还不顺利。你仍然有决心。你想要健康起来，想要顺利达成目标。你觉得自己下一步会怎么做呢？"

当事人的话 6. 目标行为：喝酒

"咱们这么说吧。我觉得就是因为我运气不好被抓了，才来这里的……"

"这么一会儿工夫，发生了很多转变啊。你刚过来时，对这件事情就一个看法，现在，你的看法已经有了转变。刚开始你觉得运气不好，而现在，你觉得是走运了。你还没想好要不要戒酒，但你很确定低风险的饮酒方式肯定是更好。当然，再有酒驾的话你的麻烦可能就更大了，同时，你也很清楚自己不希望发生这种情况。这是个很大的转变啊，你自己也深有体会。那下一步你会怎么办呢？"

练习 12.3   那下一步呢

接下来，我们要练习询问关键问题。请尝试写出 5 个不一样的关键问题，都旨在询问当事人"进入计划过程"的准备度。

示例：之后你准备……

1.

2.

3.

4.

5.

练习 12.3　参考答案

关键问题，都旨在询问当事人"进入计划过程"的准备度。

1. 那现在你会怎么办呢？

2. 你觉得自己会怎么做呢？

3. 你准备怎么做呢？

4. 那，现在怎么办呢？

5. 或许（你）可以怎么做呢？

6. 你觉得自己接下来可以怎么做呢？

7. 你是怎么想的呢，对于开始着手做计划？

8. 你好像准备好做出改变了。（这句话其实不算一个问题，不过起到了关键问题的作用。）

9. 你下一步的打算是什么？

10. 下一步你会怎么做？

练习 12.4　练习意味深长的停顿

该练习需要有其他人互动才便于进行。大家做练习时可能会略感尴尬，因为人跟人之间怎么沟通说话，怎么来言去语，还是有一套社会规范的。而练习要求我们耐心等待对方的答案，给对方留出大段的时间充分组织自己的思路，所以大家可以先想好找哪个时机做练习，然后就在生活中实践吧。做完练习后，请回答后面的几个问题。

如果是跟自己认识的人深入讨论一些情感性或观点性的话题，那练习的效果会最佳。所以，讨论天气如何估计引不出意味深长的停顿，但讨论对气候变化的看法则有可能创造出这样的机会。提前酝酿一些可提问的问题，如多了解一下对方的生活背景，从而有利于你设计出相应的问题。你们还可以互相询问下面这几个问题，这样更有可能创造出意味深长的停顿（沉默）：（a）人生中最棒的时刻；（b）克服困境的时刻；（c）值得追忆的儿时往事；和 / 或（d）对自己有重要意义的一次成功（成就）。

这段对话的相关背景是什么？

你问了对方什么问题呢？

你停顿后对方有怎样的表现？请具体描述。

你内在的体验是什么？请具体描述你当时的想法、情绪及躯体感受。

在这一过程中，你有什么发现（或者多次进行时，有什么新发现）？

Building
Motivational
Interviewing
Skills

第13章

制订改变计划、加强承诺并支持改变

开篇

"我已经尽力了，但也没辙了。这一年太煎熬了，也没个起色。要说我一般不信你们这玩意儿，但我必须得找人帮忙。我给好几个人都留言了，希望能跟你们快点儿见个面，谁都行。请尽快给我回电啊。"

以上是塔尼亚的电话留言。我们在第12章中讲过，从业者如何引导塔尼亚完成了向计划过程的过渡。现在，让我们回到这个过渡工作的末尾部分，当时塔尼亚已经决定了聚焦在"管理自己的疼痛"，制订相应的计划。但截至那一刻，她说的这些话仍然是泛泛之谈，并不具体的。我们接着第12章中的对话往下看，从业者提供了一些信息，是有关抗抑郁药的。

"嗯，要是能先解决疼痛的事儿，那就太好了。"

"擒贼先擒王。"

"对。要是身体感觉能好点儿，那别的事儿也都好办了。你懂我的意思吧？"

"这就好比打游戏时先打掉 boss，杂务兵也就好解决了。"

"没错。"

"这么做的意义你好像已经很清楚了。那请再讲讲，你觉得情绪和疼痛之间有什么关系呢，特别是抑郁情绪。"

"当我感到疼痛时，我什么事都不做了，心情也不好。我也不见朋友，很容易发火，跟孩子老公说话我也没个好气儿。然后我就觉得自己没用，心情很低落。"

"你观察到了疼痛是怎么引发坏心情的，疼痛带来了哪些影响。另一方面——你可能也发现了——心情不好，反过来也会加剧疼痛感。你怎么看？"

"我觉得在理。心情低落时，一切都感觉更糟糕了。"

"嗯，很多人也都发现了这个现象，如果能处理好自己的抑郁情绪，那么其他的事情——包括管理疼痛——感觉也会更好办一些。这并没有根治疼痛，但能帮助我们更好地管理和控制疼痛。你觉得这些怎么样？"

"好像还不错，也许能从这里入手。"

"可能你自己也试过一些方法来管理情绪，请讲讲你曾试过的方法吧，效果如何。"

"呃……我跟大夫聊过这些，他建议我吃点儿抗抑郁药，但我犹豫要不要吃。总觉得一吃就离不开了。"

"嗯，抗抑郁药你考虑过了。"

"后背受伤前，我经常运动，这对调节坏心情很有帮助。"

"到户外走走和做运动是有帮助的。"

"但我现在可做不了呀。"

"不能像以前一样做运动了。其他的方法，还试过哪些？"

"我之前做过一次咨询，因为那会儿我实在是太痛苦了，实在熬不住了，咨询还是有点儿用的，可以有个地方让我说说这些事儿。"

"能有个地方让你梳理一下这些困难。其他还有呢？"

"也就这些了。"

"你知道有些方法曾经管用，或者可能管用吧，但你也有顾虑，不确定现在还奏不奏效。我可以跟你分享一些相关的信息吗，是关于其中一些方法的？"

"我就是冲这个来的呀。"

"嗯，是啊。对抗抑郁药的这种矛盾感很多人也都有，这不是个别现象。我们也担心这类药被开过量了，尤其有的人可能本来就不需要服药。不过，就你刚刚跟我说到的情况看，我认为服药对你来说是适当的，当然这方面你也要再和医生确认一下。我们有理由对前景保持乐观。首先，药物一般会改善抑郁。其次，某些特定取向的咨询也可以改善抑郁。最后，以上两种方法相结合的话，治疗成功的概率也最大。你怎么看这些？"

"我觉得有些道理吧。我只是不想对这些药成瘾，别回头觉得离不开了，只能靠吃药了。我想靠自己。"

"你担心这种情况……担心自己会或多或少地身不由己了，会逐渐丧失做选择、做决定的能力。"

"对。就是这种情况——我明白其实不见得真会这样，但我还是担心这些。"

"一方面你担心这种情况，而另一方面你也知道这其实不太可能发生，而且服药会有帮助。"

"我觉得会有帮助吧。可能我就是需要把这些说出来。不过我还是得问，这药之后不会成瘾，对吧？"

"这些药没有这类作用，不会像酒精或海洛因一样形成依赖，让人总渴望着，觉得离开就活不下去了。"

"我知道。我有朋友偶尔也吃这种药，他们说这药很有帮助。"

"同样有理由相信的是，抗抑郁药对你也会有帮助，当然，主意还是由你来拿，看服药是否适合自己的情况。有些人告诉我，抗抑郁药不但能改善低落的心情，同时因为药物对脑部的作用，也能直接缓解疼痛体验。所以根据你的情况，我认为服用抗抑郁药是适合的。你怎么看？"

"嗯，可能我是应该服药。"

"听起来，你觉得药物有可能起到帮助作用。实际上，我在这方面也不是专家，也有拿不准的地方。我的看法是，除了家庭医生，你还要跟精神科医生讨论一下药物的类别。这类药毕竟不同于抗生素，需要斟酌药物的选择与剂量调配。所以我一般都建议患者和专科医生谈谈用药的事儿。你觉得呢？"

"我觉得在理。"

"你现在对服药的看法是……"

"我觉得，我会吃吧……"

"你可能谈不上多喜欢这个选项，同时，你也愿意推动自己试一试。"

经过这番谈话，塔尼亚往前迈进了。她矛盾心态的平衡已经被打破，朝着改变的一侧发生了倾斜。也许我们无法彻底解决矛盾心态——实际上，塔尼亚也还会感到犹豫——但她的这种心态已经有了变化，塔尼亚处在了临界状态，向前一步就可以开始"寻求药物帮助"的行动。但究竟要怎么做呢，目前还缺少一个行动方案。所以，从业者现在需要帮助塔尼亚将这种决心与承诺转化成具体的行为，从而落实到行动上。那下一步，我们的工作要往哪里推进呢？我们可以询问哪些问题，来帮助达成这些目标呢？

深入认识

导进过程、聚焦过程、唤出过程以及计划过程虽说是分开独立呈现的，但我们也明白，这四个过程之间其实并不存在泾渭分明的界线。我们在"改变之河"的比喻中说过，这是同一条河流，各种各样的元素不断混合交织，一起汇入河水之中。于是自然而然，这些过程之间也始终存在着动态交互。所以即便某位来访者进入了计划过程，我们也会回过头来联系其他过程中的元素，再度呼应。

如果回到皮筏漂流的比喻中来看，我们会说此时的河水可能急流少见，也更易行船了，但从业者仍要主动担当起向导角色。不是急流不再了，向导们（从业者）就可以跳离皮筏，站在岸上挥挥手大喊："一路顺风啊！"因为就在此时，向导们（从业者）分享信息对当事人而言恰恰是特别有帮助的，就如我们在塔尼亚的例子中所见。我们的知识储备、我们对改变历程的理解正好可以协助当事人。不过，请大家注意这里的措辞——协助。因为这些工作仍然是基于合作的，也仍然是由当事人来决定哪种方案最适合自己的情况。作为从业者，我们依旧保持引导风格，协助当事人制订符合自己情况的计划，形成方案。

从业者若想保持好引导风格，就需要达成一种刻意的平衡，以此来做依托：有时候，哪种方案最有效，我们可能有自己的见解；但表达出这些见解并不是关键所在，关键在于如何既能分享这些见解，又能不忘 MI 的信条，即请当事人来做最终的决定，这一点贯穿于全书，一直在提醒着我们。MI 精神与核心技术仍然是计划过程的关键所在；计划过程分为5个步骤，可用首字母缩写SOARS来表示，分别是：设定目标（Set goals）、选择方法（sort Options）、形成计划（Arrive at a plan）、再次确认并加强承诺（Reaffirm and strengthen commitment）以及支持改变（Support change）。

◎ 设定目标

相关文献表明，很多因素对于设定目标都很重要，包括目标的具体性、目标的合意性与可行性以及目标本身的属性。鉴于本书篇幅所限，我们无法深入探讨这些因素，但以下几点原则需要谨记在心。第一，务必对"一般的总目标"和"具体的子目标"（或称"可实现的目标"）加以区分。其实这两类目标都是越具体越好，而对子目标来说更是如此。第二，当事人要将这些目标视为重要的、可达成的。第三，将目标聚焦于自主、促发和习得某种（些）行为上比聚焦于阻止某种（些）行为的发生（即趋近一些情况，而不是回避一些情况）上似乎更能激发出当事人追求目标的行为。我们需要将这几点原则融入 MI 的计划过程中，基于 MI 的精神，协助当事人做出"哪些目标对他们重要"的决定，然后再帮助他们塑造（shape）这些目标。例如，某位青少年当事人的目标是"父母别再跟我找事儿了"，经过讨论可以塑造成一些具体的目标。例如，我和父母谈好，我周五下午几点做家务，然后周末怎么安排我就有更大的自主权了。请大家注意该目标中的自主性和促发性元素。

在设定目标时，翻正反射可能又会再度现身。我们对当事人的关切与担心也好，愿望与期盼也好，可能都不符合他们的需要或处境。所以，我们要对自己的这种倾向保持敏锐的觉察，而且还要聚焦在当事人自己的希望和期待上，并将这些具体化为特定的目标，从而应对翻正反射的影响。我们可以通过提问来聚焦这些信息。示例如下。

"你希望生活有哪些变化？"

"你希望看到哪些变化？"

"假如情况好些了，会有哪些不同？"

"你更希望出现什么情况？更不希望出现什么情况？"

询问完这些问题，大家可以接上其他的核心技术，特别是反映和摘要。我们在会谈之初可以把焦点放宽，这样就不会漏掉当事人生活中某些重要的方面了。不过，一旦设定了目标，那就要调节焦点，尽量具体化到可实现的精度上，然后就可以考虑选择什么样的方法。

◎ 选择方法

在这一步，从业者的专业知识就很有用武之地了，能给当事人提供很大的帮助。当然，我们仍要时刻提醒自己，可别一头沉，都变成指导了。在这一步运用引出－提供－引出（E-P-E），会很有帮助。我们先要了解当事人都考虑过哪些办法，然后再加入新的点子。

遵循问题解决取向，我们在这一步会请当事人头脑风暴出一系列的方法，其中包括一些似乎不切实际的办法。这样做是广开思路，有助于当事人形成自己的计划。如果当事人自己想不出这些方法，那我们可以提供一个选项清单，并在其中加入一些极端性的元素。但一如既往，还是由当事人选出最适合自己的方法。

◎ 形成计划

在 MI 中，计划过程是一个主动的过程。也就是说，从业者不会在一旁闲坐观看，而任凭当事人将计划制订得过于复杂或过于简略。相反，作为一名好向导，从业者会协助当事人周全考虑每一个步骤、可能遇到的困难、如何应对这些挑战、有哪些资源可用以及怎么评估努力的成效。通常我们会先问一个开放式问题，以此开始来形成计划。示例如下。

"你第一步怎么做？"

"具体步骤怎么做呢？"

"你的方案是……"

有些当事人觉得书面形式的计划很有帮助，而另一些当事人则可能觉得书面形式很假，是唬人用的，或者单纯就是觉得没有写下来的必要。所以，要不要书面化应该由当事人来主导和决定，不过从业者可以提供一些信息，说说为什么有些当事人觉得书面化有好处（例如，写下来会更清楚、有助于记忆、能强化自己的承诺，等等）。从业者也可以基于自己的工作场合以及当事人的需要，提供一张表格。练习 13.2 就给出了一例改变计划表，该表是基于 MATCH 项目以及米勒和罗尼克的表格编制的。大家可以这样介绍该表格：

"我们在聊可以怎么做。一些当事人觉得，最好把这些可能的做法都写下来，这样就方便参考了。如果把这张纸贴在公共区域，还能帮助自己执行承诺。有资料表明，把自己的行动计划告诉大家的人，更可能成功实现自己希望的改变。写出来的计划也有提醒的作用，提醒我们都做了哪些决定。当然，要不要写成书面的形式，还是请你来决定，有的人就选择不写。你觉得怎样更好呢？"

如果计划不怎么可行，从业者务必表达相应的关切与担心，不过对当事人做这种反馈仍需遵循第 8 章里讲过的形式。在下例中，从业者对当事人过于复杂的计划进行了反馈：

"很明显，你特别想推动这件事情的改变，你也打算从多个方面一同入手。我有一些顾虑，可以和你说说吗？"

"跟我合作过的当事人，根据他们的经验来看，如果把自己铺在太多的任务上，反而会遇到麻烦，每个任务的目标可能都达不成。这样的结果又让他们开始怀疑自己的能力，这不但打击了他们的决心，而且影响了他们计划的执行。他们也分享过觉得有帮助的做法：一般是先聚焦在一个方面，有了成功的体验后，再去解决其他方面。你觉得如何？"

相应地，如果当事人的计划过于简略不充分，从业者也可以给出一些反馈：

"你跟我讲过，自己是个重行动的人，不太愿意花那么多的时间反复琢磨。你一旦想好了，就希望立刻付诸行动。这样的行动力很好，同时，我也想确保咱们是搭好了框架，行动起来有主干、有分支，这样也就更顺利，更可能成功达成目标了。我现在有些担心的是，你可能没给自己创造出最有利的成功条件啊。可以跟你说说，我为什么这么看吗？"

如果当事人同意了，从业者可以分享自己的关切与担心，并在这段话结尾时邀请当事人表达自己的看法。不过，鉴于执行和监控计划者都是当事人自己，所以他们有可能会选择无视从业者的建议。从业者对于这种"断然拒绝"，可以提出一种备选的折中方案，比如这样说：

"这些事情，你倒不是太担心。你觉得自己可以随机应变，计划制订得开放一些，可以更好地根据具体情况再做选择。我在想，可不可以等你下次来时，咱们再来回看这个决定。咱们一起看看实施的情况，也说说你计划中的其他部分。你觉得怎么样？"

◎ 再次确认并加强承诺

下一个步骤是要再次确认并加强当事人对执行计划的承诺。在有些情况下，当事人已经清晰明确地说过了承诺，这时如果从业者要求他们再做一遍，不免有些强人所难或者显出居高临下的姿态了。但就另一些情况而言，特别是在富有意义的讨论之后，回顾一下计划，然后询问一个封闭式问题可能更有帮助，例如，"这是你计划要做的吗？"

此刻，从业者也要留意当事人的犹豫；因为此刻，自然也是当事人心生矛盾的时候。请注意，当事人的口气可能变得不确定或含糊起来，他们会说"我希望是吧""我试试吧""我是这么想来着"。出现这种口气，也不一定就是问题，但的确需要从业者予以回应。如果当事人感到不确定，那么从业者可以帮助他们再次确认承诺，或者帮助他们探索矛盾的根源所在，处理相应的问题。有时，我们使用双面式反映就能展开这种探索。示例如下。

"想到为了执行这个计划可能得放弃一些东西，你有些顾虑；同时，你也很确定，不能再听之任之，就这个样子继续下去了。"

另外，一些研究对计划和目标设定也有了新发现，且这些发现与我们的常识略有不同。例如，我们一般认为向别人讲述自己的改变计划是有益的，但该领域的研究先驱彼得·戈尔维策（Peter Gollwitzer）及其同事却发现：人们明确说出自己的改变计划／方案反而会削弱他们的行动意图。这些发现告诉我们，如果改变的复杂性相对较低，改变的意愿较强，环境中的阻力也不是特别巨大，那么一般性的行动意图可能会有帮助。但是，对许多行为改变而言，上述三个条件很难同时具备，所以人们的"执行意图"就显得尤为重要了。执行意图（implementation intention）表明了人们在何时、何地以及通过怎样的方式来追求自己的目标。而且执行意图还会特别说明具体化的"如果－那么"条件关系，从而能对特定的情况做特定处理。执行意图可以帮助人们对目标启动追求，持续追踪，规避不良策略并免于倦怠耗竭。同样也鉴于本书篇幅所限，这方面的探讨只能点到为止，读者欲知详情可参考戈尔维策对有关因素的文献综述。

我们从实务出发，只强调三个要素。第一，行动要有一个具体计划。第二，当事人要将自己执行计划的意图明确说出来。第三，当事人考虑到了可能出现的阻碍与挑战（"如果……"）并会做相应的应对（"那我就会……"）。回到塔尼亚的例子中，三要素可能被她这样表达出来。

- 计划："我会预约精神科医生，确定一下适合我服用的抗抑郁药。"
- 意图："我明天一早就打电话，预约一个最早的时间。"
- 如果……那么："如果这个医生下周约不上了，那我就问下其他精神科医生的姓名。"

我们务必运用核心技术引导当事人说到这种具体的程度，如使用各种提问／陈述技术。

　　你打算怎么联系到精神科医生？

　　如果你需要，我这里可以提供精神科医生的名单。

　　既然你打电话联系到了我，说明你愿意也知道该怎么联系心理健康工作者。如果是联系精神科医生的话，你觉得可能会遇到什么困难呢？

◎ 支持改变

旅途行至此时，我们遭遇了两条大方向上的岔路：当事人已经准备将计划付诸行动，或者，当事人还没有做好这样的准备。我们先来说说后一种情况，即当事人还没准备好行动。

如果当事人并不准备付诸行动，那我们就要当心自己掉入"施压"的陷阱。作为从业者，我们付出了极大的努力，已经帮助当事人攀上了山之顶峰，现在却要眼睁睁地看着他们转过身去走回头路，所以我们自然特别想做些努力，在这一刻可以扭转乾坤。所以，我们会在这种时候倾向于更多地施压，迫使当事人"达成交易"，但这样做可能会削弱当事人自己的承诺，引发他们主动或被动的抗拒。虽说做起来可能很不容易，不过在这种时候我们恰恰要回归到 OARS，同时确保为当事人留了一扇门，方便他们回来重新聚焦、思考与探讨现在的问题。有一项技术叫"设闹铃"——就如一个人设了闹铃早上叫醒自己一样，这声音不会跟防盗警报一样尖利刺耳，也不是一种警告。使用这种方法，我们只是告知当事人，我们已经了解了他们的立场：

"听起来，你还没准备好现在行动。如果做一下展望的话，你觉得这个时刻会在什么时间出现呢？对于这个时刻，需要有哪些铺垫呢？"

通过这种方法，我们避免了产生不和谐，同时也在鼓励当事人以一种主动的态度来展望未来，展望那些提升他们准备度可能需要发生的事件，而不是只作为一个被动的角色。此方法同样鼓励当事人思考改变会在未来的哪个时刻发生。跟晨起的闹钟一样，虽然设了闹铃并不保证我们一定会起床，但这样做的确增加了起床的可能性。因此，我们要帮助当事人设闹铃，提醒他们在未来可能会发生的改变。

同样，我们还可以跟当事人一起对其先前放弃改变（至少现在暂时放弃）的决定再做审视。重提之前的决定时，如何措辞是很重要的。"你已经决定了？"我们不这样问，而是要以一种更具有建设性的方式来询问："你现在怎么考虑的？"这样措辞避免了询问封闭式问题，开放性更好，也更有可能展开针对该领域的探讨。

对那些做好了准备要改变的当事人，我们也需要继续支持他们的动机，鼓励他们再次做出行动的承诺，协助他们基于各种条件、需求或结果来修改计划。米勒和罗尼克将这部分工作划分成四类：重新计划（replanning）、重新回忆（reminding）、重新聚焦（refocusing）以及重新导进（reengaging）。"重新计划"相对好理解，就是我们使用刚讲过的这些技术，帮助当事人修改方案计划，以适应新的变化，或者从无效的尝试中汲取经验教训。从业者与当事人探讨这些尝试、发现并承认其中的局部成功是这一过程的重要组成部分。

"重新回忆"是提醒当事人记起自己先前讲过的做出改变的理由，因为当改变遭遇困难时，这些内容可能会被当事人忘到脑后。我们用什么样的口气与方式来提醒当事人，此时就很关键了。米勒和罗尼克写道，从业者以"我要提醒你一下……"开头难以传达出支持，反而面质的意味更强。更好一些的表达可以是："咱们跳出来一分钟，全面看看情况的发展，看看你现在进展到哪里了，是你的哪些考虑让你进展到这里的。"在当事人遇到困难时，提醒他们想起先前说过的方案计划，这样做也有帮助，比如说："你在计划开始之前提到了可能会遇到的困难……现在遇到的情况好像就是这么一种困难。我在想，如果你重新讲一遍这个计划，也许会有帮助。你觉得呢？"同样，从业者以什么口气说这番话是非常关键的。

"重新聚焦"也很重要，原因在于最初的目标已经实现，议题优先级发生了变化，出现了新的议题，当事人在回避某个方面的改变，等等。从业者需要回到 OARS+I 上，并与当事人直接讨论："对你来说，好像这个目标已经不太重要了。我在想，你现在更看重哪个方面呢？"和"重新回忆"时一样，从业者在说这番话时的口气以及他们的 MI 精神是至关重要的。如果当事人决定放弃，不再追求什么目标，我们就要当心翻正反射的现身。例如，我们可能会说："但是进展到这里，你都已经付出了那么多的努力了。"我们需要时刻谨记 MI 精神中的接纳，记得目标是当事人自己的，而不是我们的。再说一遍，如果你发觉是你在主张某一目标，请提醒自己：从业者莫去主张。

"重新导进"涉及两种情况。第一种情况涉及那些已经完成导进但开始出现脱离（disengaging）迹象的当事人。例如，某位当事人失约不来、不再完成会谈间隔期布置的任务或者在会谈时好像心不在焉。遇到这类情况，从业者可再度运用那些在最初导进过程中使用过的技术，心怀好奇与兴致，跟当事人直接讨论这个话题会很有帮助："情况好像有了一些变化。我想知道，你有什么发现，关于做家庭作业这件事情？"第二种情况涉及那些与我们合作并已达成了目标的当事人的后续的工作。因为改变来之不易，所以我们明白维持阶段是特别关键的。我们可以只做支持性的沟通，不必展开说得太多太细，而且用一些看似不起眼的东西（如私人便条）就可能深深地影响到当事人的行为。

概念自测

[判断正误]

1. 在计划过程中，承诺是最关键的，也是可以一步到位的。

2. "SOARS"是指计划过程中的 5 个部分。

3. 一旦当事人准备好进入计划过程了，你俩就应该头脑风暴，想出改变的点子来，多多益善。

4. 将宽泛的总目标转为具体可达成的子目标，这样更有帮助。

5. 我们应该鼓励当事人广开思路，想出更多的可能选项，有时也包括极端的、不太实际的方法。

6. 既然是当事人去践行改变，而且方案计划毕竟也是他们自己的，那他们可以选择无视我们的建议。

7. 既然是当事人自己的计划，那么就算他们选择了有问题的目标，我们也不应该干涉。

8. 当事人应该将自己的改变计划写下来，始终如此。

9. "再次确认承诺"是指巩固当事人对改变计划的行动承诺。

10. 如果当事人对执行计划感到犹豫，那我们通过"设闹铃"技术可以帮助他们更主动地思考改变。

[答案]

1. 错误。承诺虽然很重要，但它既不是一蹴而就的，也不是计划过程中唯一重要的内容。承诺需要回顾、加强、再确认，也需要在整个改变过程中始终给予支持。

2. 正确。计划过程分为 5 个步骤，可用首字母缩写 SOARS 来表示，分别是：设定目标、选择方法、形成计划、再次确认并加强承诺以及支持改变。

3. 错误。头脑风暴是一种重要的策略，但一般都是先引出和探讨当事人的改变目标，然后再进行头脑风暴。在当事人对我们询问的关键问题给出了积极的回应时，我们首先要确定当事人希望改变的是什么，然后再制定方法策略，这时候才会用到头脑风暴。

4. 正确。在引出目标时，开始先宽泛、宏观一些。这种宽泛性可以让当事人关注到或许更为重要的需求和背景。但是，一旦宽泛的目标确定了出来，下一步就要集中聚焦，让这些目标更具体、更加可实现，从而有利于当事人制定出适宜的方法和策略、衡量进展以及决定是否需要调整方法。

5. 正确。当然我们并不希望当事人这么冒进、走极端，我们只是希望他们广开思路，富于创造性地考虑改变的方式方法。遵循问题解决取向，含有极端的做法也是为了帮助当事人发现新颖的或者至少是没想过的那些方式方法，有利于实现目标。

6. 正确。当事人对改变负责，所以必须是他们更多地投入到计划之中。他们也必须感受到计划是自己的计划，而不是从业者的。缺少这种主人翁精神，一个人的改变难以持久。

7. 错误。作为优秀的向导，我们不会袖手旁观，让当事人选择有问题的目标，我们会表达自己的关切与担心。虽然必须由当事人最终选择自己的目标，但从业者也会表达顾虑。再次提醒大家，一定要以符合 MI 的方式来表达关切与担心，这也是做好 MI 实务工作必不可少的。

8. 错误。支持"写下来有好处"的理由虽然很多，但道路并非只此一条，构建计划也还有别的方式。而且，有的人就是不习惯写出来。同样，在某些情况下，把计划写出来可能会有风险。例如，从业者会鼓励人际暴力的受害者在回归伴侣身边前创建一份安全计划，作为改变自身处境的一步举措，但一般不会建议其写出来。

9. 正确。当事人虽然已经讲过"要改变"的总体承诺，但这一步又巩固了他们对计划的具体承诺。做这样一步，从业者可能略显强人所难或居高临下，但也有机会引出当事人的执行意图——这方面的研究表明，执行意图有利于启动、维持以及按需修正计划，同时也有利于降低改变历程中的倦怠和耗竭感。

10. 正确。犹豫和矛盾是正常的。有些当事人就意识到，自己还没有准备好行动。通过"设闹铃"有利于他们更加主动地识别、寻找那些代表"自己准备好了"的信号。

实践运用

让我们回到塔尼亚的例子，接着前面的对话继续谈。她已决心寻求抗抑郁药的帮助，不过还没有订好方案和计划。我们来看看下面这个简短但主动的计划过程。

谈话	评注
从：你现在对服药的看法是……	又一个关键问题，询问塔尼亚是否准备好向改变迈进了
当：我觉得，我会吃吧。	较弱的承诺语句
从：你可能谈不上多喜欢这个选项，同时，你也愿意推动自己试一试。你会怎么做呢？	提到了矛盾心态，但也有意地强化承诺，然后再次提问，以引出塔尼亚自己的见解
当：我记过一位医生的名字，记在家里了。我以前跟朋友聊天时，她给我留了这个名字，是她的精神科医生，我也一直留着这张纸呢——我知道在哪儿，绝对能找到。我朋友很喜欢这个医生，我相信她的推荐。	她给出了"怎么做"的具体思路，而不是一些笼统的选择。信任朋友的推荐，这可能也提升了她行动的意愿
从：这个方案感觉很不错啊。那如果约不上这个医生，你会怎么办？	强化，并探讨"如何解决困难"，这也是提供方法和选项的一种方式
当：估计可以问问科室里其他医生的名字。	当事人给出了一个选项

（续表）

谈话	评注
从：你可以问问其他医生。如果需要，我也可以提供一些医生的名字。	先表层反映，然后提供资源，这可能也是在施压插入从业者的议题
当：我先联系这位医生吧，如果约不上，我再给你打电话。	当事人申明了自主性，选择了适合自己的方法
从：听起来，你有了方案。你觉得自己会在什么时候联系她呢？	强化方案，询问何时行动
当：估计可能等今天到家吧。	试探性的话语
从：估计可能……	拾取了"较弱的修饰语"，也想再次确认并加强塔尼亚的承诺
当：（笑了）哈哈，好吧，我一到家就打电话。	当事人与从业者同步，并顺利回应了从业者的施压，没有造成问题
从：（笑了）这也是其他当事人教给我的经验，定好时间是蛮有好处的。	强化，并使用其他当事人的素材来做辅助
当：我明白。就今天了。我今天会联系的。	对方案的坚定承诺
从：要是联系起来不如你预想的顺利呢？	从业者在探讨执行意图
当：那我就问问别人的名字，或者我就给你打电话。	当事人给出了一个完整的思路
从：听起来，你对自己的方案、这样做的决心及能力都很明确了。	强化方案与承诺，确认当事人行动的能力
当：要说也怪，但我现在真觉得好多了，虽然好像也没发生啥。	希望涌现
从：找到希望是很棒的感觉，同时你也知道，"希望"建立在你下一步的行动上，那就是等你到家了，给精神科医生打电话。	从业者确认了塔尼亚的希望感，同时也提醒她公开表明自己的方案反而可能不利于落实行动，所以从业者又再次将希望连接到了"当事人采取行动执行方案"上，而不是只停留在"谈论方案"上

　　在这段对话中，方案并没有写下来书面化，但它已经涵盖了具体的内容，也有了时间节点。首先，从业者询问了当事人的资源，确认了她有能力也有方法将计划落实到行动上；其次，从业者请当事人主导选择过程，自己则进行跟随，但当矛盾心态出现时，从业者也会进行处理，并加强当事人的承诺；最后，从业者也始终关注着执行意图，帮助当事人从"公开表明"通向"开始行动"。这是一种主动引导的风格，同时包含了分享信息以及计划如何应对困难，当然随着计划过程的推进，我们还可以加入

其他的技术元素。针对这一主题，当事人与从业者达成了清晰一致的共识：要做什么、什么时候做、遇到困难怎么办。这让计划更可执行、更可控，当事人也觉得有能力去落实。大家请留意，随着会谈的进行，塔尼亚在情绪和态度上已然出现了转变。

本章练习

现在，我们可以回到第五部分的活动"与拉塞尔做计划"，再仔细看看计划过程的例子了。请大家填写表格中的"计划"一栏，然后与参考答案核对一下。

这里还有一些练习，帮助我们精进计划过程中的种种技术。有些练习包含互动性的部分，所以很适合搭伴进行。而且大家也要尝试将这些技术应用到自己的临床会谈中，这一点非常重要。同时再次提醒大家，如果有人始终觉得这些技术都太难了，那么另寻培训和 / 或督导资源进行学习可能更为合适。

◎ 练习 13.1 制定出方案

在该练习中，我们会再与塔尼亚谈话，针对先前提及但并未处理的那些方面，练习制订计划方案。

◎ 练习 13.2 编制一张改变计划表

现在，请大家编制一张适用于自己当事人的改变计划表。大家可以先使用本章末尾处提供的表格，并加以修改以适合自己的风格、工作环境以及当事人。要记得准备一段简短的引导语，用于向当事人介绍表格。注意，写引导语是为了帮大家组织思路，并不一定非要念给当事人听。设计好表格之后，请找一位当事人试用，然后修订调整，再与另一位当事人试用。请继续这个过程，直到你在介绍和使用表格时已经游刃有余、放松自如了。

◎ 练习 13.3 提问：旨在制订计划

跟第 5 章、第 8 章及第 10 章一样，现在我们仍练习提问题，但这一次，我们旨在与当事人制订计划。大家会读到当事人的一句话，请就此提出两个不同的问题。因为计划过程需要一个具体的目标行为，而这方面的信息并没有在当事人的话语中出现，所以大家必须推断出可能的目标行为。另外，还可能需要运用一句反映性陈述来引出我们的问题。总之这是一个很好的练习，大家做做看吧。可以运用本章以及上一章（"过渡到计划过程"）中学过的各种类型的问题。需要时翻阅前面几章能帮助大家回顾相应的内容。

◎ 练习 13.4　反映：旨在制订计划

　　同样，我们又来练习做反映了，但这一次旨在与当事人制订计划。大家仍会读到当事人的一句话，请就此做出两个不同的反映性陈述。与改变语句类似，计划过程也需要一个具体的目标行为，而这方面的信息并没有在当事人的话语中明确出现，所以大家要基于有限的信息推断出可能的目标行为。需要时翻阅前面几章能帮助大家回顾相应的内容。

◎ 练习 13.5　更多有用的问题

　　我们再来练习旨在计划的提问。仔细看看这些提示，尝试问三个有助于当事人制订计划和 / 或加强承诺的问题。

◎ 练习 13.6　用四个"重新"来支持改变

　　该练习请大家展开自己的想象——想象塔尼亚与自己继续预约，三个月之后，你们完成了一段短程治疗。请根据你对塔尼亚的了解，预测一下她可能会遇到哪些困难，然后想想什么样的应对策略最合适，并写出使用这种策略时的具体做法。

搭伴练习

　　练习 13.1、练习 13.3、练习 13.4、练习 13.5 及练习 13.6 都适合搭伴进行。请大家组成团队，一起完成与塔尼亚的交流，帮助她制订计划或者估计一下你们将如何支持她的改变。还可以请伙伴对你设计的改变计划表做些反馈。先向伙伴介绍表格，然后一起完成。听听对方的反馈：哪里还不错，哪里可能还需要改进。

◎ 练习 13.7　回到未来

　　如果希望做更多的练习，大家可以使用练习 12.2 中已完成的表格，用这些素材来制订计划。请伙伴扮演脚本中描述的当事人，你协助他制订计划，确认承诺（如果合适）。练完后再换下一个脚本，同时交换角色进行。大家也可以扮演试探性的以及决定不做改变的当事人。遇到这种情况，请记得运用"设闹铃"技术。

其他想到的……

在计划过程中，挑战依然存在。我们在第 12 章里探讨过其中的一个：低估当事人的矛盾心态。现在我们再来说说过度处方（overprescription）和指导不足（insufficient direction）。"过度处方"是翻正反射的一种变式，是指在计划过程中从业者不关注当事人的资源与需求。诚然，我们在专业上的知识储备与实践经验对当事人来说是一种巨大的资源，但是，跟前文提过的一样，这些只有在当事人觉得适合自己，可以帮助自己改变时，才可能成为资源。也就是说，必须是当事人接受了这些意见，觉得这些符合自己的情况才行，否则我们就有可能制订出一份华而不实的计划，因为我们忽视了最重要的一点：当事人必须付诸行动落实改变。如果当事人说"是啊，不过……"我们就应该将这种回应当作一种信号，即当事人觉得这是从业者的方案，而不是他们自己的。

另一个问题和过度处方正好相反，即指导不足。我们对当事人不予干涉，完全由他们自己做决定。这就如同在当事人还需要我们继续引导甚至指导时，我们却转入跟随风格了。在计划过程中，反映性倾听依然会穿插进行，特别是在矛盾心态出现时，但是我们也需要提供方法和选项，并提示相应的收益和风险。如果当事人所制定的方案存在严重问题，优秀的向导不会认同——如前所述——不会只耸耸肩说一句"这是他自己的方案"。相反，好的向导会直接表达自己的关切与担心，尤其是在当事人做出高危选择时。但是，表达关切与担心不同于做警告。人们做警告时会说："你要是还喝酒，就凭你那个肝脏的健康程度啊，估计你会死的。"而我们表达关切与担心时则会这样说："我很担心你要继续喝酒的决定，因为你肝脏的健康状况不佳。我怕你的肝脏会衰竭，届时你将有生命危险。这个选择仍然要由你做出，而不是由我做出，但我真的非常担心你现在的情况。你怎么看呢？"

练习 13.1　制定出方案

在该练习中，我们会再与塔尼亚谈话，针对先前提及但并未处理的那些方面，练习制订计划。这段对话最初出现在第 12 章，现在连同注解再次打印，作为练习素材使用。

在这段对话之后，大家会读到一些指导语，是让大家聚焦在对话中特定的点上，因为从该点出发，谈话有可能朝着更具有建设性的方向发展。在指导语说明之后，请你沿着这个新的方向分支展开谈话。练习表格也要求你根据特定的提示来做回应，然后，请你再想象并写下当事人可能怎样回应。这样我们既完成了从业者的部分，也完成了当事人的部分。完成一份练习表后，请继续做下一个。

原谈话	评注
从：听起来你都准备好了，想采取些行动了，虽说还不确定具体做哪些才能管用。	这句回应不是问句形式，但请大家注意，这句话相当于一个关键问题。这句话的后半句，又自然而然地引出了计划过程。这句回应发挥了应有的作用，但还没有为意味深长的停顿创造出机会
当：是啊。你有什么建议？	当事人在搜寻信息
从：我是有些建议，有些人跟你情况类似，根据他们的经验是有一些办法和建议的。不过，我还是想先明确一下，刚说的这些事情里，你觉得哪个最重要。你想先说哪个呢？	从业者会回应塔尼亚的要求，但首先需要确认一下当事人的议题优先级；这样一来，就能引出关键问题了
当：嗯，要是能先解决疼痛的事儿，那就太好了。	当事人回答得很直接
从：擒贼先擒王。	比喻
当：对。要是身体感觉能好点儿，那别的事儿也都好办了。你懂我的意思吧？	明确讲出了改变的方向
从：这就好比打游戏时先打掉 boss，杂务兵也就好解决了。	又给出了一个深层反映
当：没错。	
从：这么做的意义你好像已经很清楚了。那请再讲讲，你觉得情绪和疼痛之间有什么关系呢，特别是抑郁情绪。	做肯定，然后着手 E-P-E（分享信息）
当：当我感到疼痛时，我什么事都不做了，心情也不好。我也不见朋友，很容易发火，跟孩子老公说话我也没个好气儿。然后我就觉得自己没用，心情很低落。	讲出了明确的联系

新方向

请聚焦当事人说的这句话："我什么事都不做了，心情也不好。我也不见朋友。"读一下新的对话，然后根据注解的提示填写表格。如果你不是这个领域的从业者，而且不太了解具体的专业知识，也请不用担心。你就靠直觉好了，想想怎样可以帮助到一个受疼痛困扰的人。在当事人的回应部分，请你想象：假如自己也受困于慢性疼痛，你会怎么说呢？最后还要提醒大家，练习的目标在于商讨出改变的方案。

新谈话	评注
从：你什么事都不做了。	给出了一个简单反映，旨在聚焦
当：对。我就待在家里，什么事也不做，我就只能关注自己的坏心情了。	给出了更多的信息
从：一件事上累加一件事，就像一块砖上叠加另一块砖。	给了一个略微深层的反映；使用比喻可以增加情感共鸣
当：到最后，我就被埋在底下了。	认同，开启了一个双方都参与的议题
从：	引出信息：当事人现在或之前为改变而做的努力
当：	给出了重要的信息
从：	确认信息，但没有急于跳到问题解决之中，而是探询更多的信息
当：	给出了更多的信息
从：	稍微重构了当事人上一句的回应
当：	给出了更多的信息
从：	给出反映，并通过询问问题来试探结束这方面讨论的可能
当：	认同
从：	做摘要并询问了关键问题，旨在过渡到计划过程
当：	承诺做改变，但不具体
从：	给出反映，然后询问了当事人的目标
当：	明确讲出了自己希望出现的情况，同样也提到了不希望发生的情况
从：	给出了一到两个反映
当：	增加了一到两个新目标
从：	做摘要，并询问了塔尼亚要怎样实现目标
当：	对于如何实现，表达了不确定感
从：	用清单的形式，提供了一些点子（但也别忘记征求许可）
当：	选择接受全部的建议
从：	帮助塔尼亚缩小范围，解释为什么方案越聚焦，效果可能越好
当：	认同并明确讲出了自己要如何实现目标
从：	对她的方案提出了建议，并询问她的看法

（续表）

新谈话	评注
当：	就方案达成了共识
从：	询问塔尼亚，确认她执行方案的承诺
当：	承诺
从：	强化承诺

现在稍微改变一下素材，我们的策略不变，聚焦在以下几句话上：

"我很容易发火。"

"跟孩子或老公说话我也没个好气儿。"

新谈话	评注
从：你很容易发火，你跟家人说话的方式，你自己也不喜欢。	给出简单反映，然后做重构
当：是啊，我以前从来不这样的。现在屁大点事儿都能把我点着了。我都想问，这个人还是我吗？谁啊这是？	给出了更多的信息
从：就跟完全变了一个人似的，还不是你特别喜欢的一种人……	给了一个略微深层的反映
当：有时我跟孩子或老公发火，他们也是自找的，他们不明白我到底有多难受。	对深层反映表现出了不和谐
从：	回应不和谐，回到塔尼亚关心的议题上
当：	给出了重要的信息
从：	承认她的处境，但没有急于跳到问题解决之中。探询更多的信息
当：	给出了更多的信息
从：	稍微重构了当事人的回应
当：	给出了更多的信息，但也显得很矛盾
从：	做摘要，承认矛盾心态的存在，并询问了关键问题
当：	承诺做改变，但不具体
从：	给出反映，然后询问了塔尼亚的目标
当：	明确讲出了自己希望出现的情况，同样也提到了不希望发生的情况

（续表）

新谈话	评注
从：	给出了一到两个反映
当：	认同，但也说出了自己的矛盾感
从：	做摘要时关注塔尼亚的矛盾心态，并询问了塔尼亚要怎样实现目标
当：	对于如何实现，表达了不确定感
从：	用清单的形式，提供了一些点子（但也别忘记征求许可）
当：	对选择方法表达了不确定感
从：	探询塔尼亚的顾虑
当：	说明了顾虑，也明确讲出了自己要如何实现目标
从：	对她的方案提出了建议，并询问她的看法
当：	就方案达成了共识
从：	询问塔尼亚，确认她执行方案的承诺（执行意图）
当：	较弱的承诺语句
从：	探索塔尼亚的不确定感
当：	还没有准备好行动
从：	设闹铃，提醒塔尼亚会在什么时间准备好
当：	明确说了自己会在何时准备好
从：	给出摘要

练习 13.1 答案解析

注：在下面两个例子中，我们可能都希望方案制定得再完善一些，但鉴于这些素材的结构特点，它限制了我们在练习中这样做。大家与当事人工作时，谈话时间一般会更长，所以也就有机会来完善方案了。

请聚焦当事人说的这句话："我什么事都不做，心情也不好。我也不见朋友。"

新谈话	评注
从：你什么事都不做了。	给出了一个简单反映，旨在聚焦
当：对。我就待在家里，什么事也不做，我就只能关注自己的坏心情了。	给出了更多的信息
从：一件事上累加一件事，就像一块砖上叠加另一块砖。	给了一个略微深层的反映；使用比喻可以增加情感共鸣
当：到最后，我就被埋在底下了。	认同，开启了一个双方都参与的议题
从：估计你也试过一些方法，想让自己摆脱出来。	引出信息：当事人现在或之前为改变而做的努力
当：我试过的。我尝试过找朋友们倾诉。	给出了重要的信息
从：你给他们打了电话。	确认信息，但没有急于跳到问题解决之中，而是探询更多的信息
当：有时也发短信或邮件，但这招吧，好像一直都不怎么可行。	给出了更多的信息
从：其实你一直都在主动地解决，你尝试用各种方式来联络朋友们，即便不顺利，你也在坚持。	稍微重构了当事人上一句的回应
当：是啊，我觉得是这样。有时会联络上，虽然不是每次都能联系上。	给出了更多的信息
从：不是每次都能……其他还有吗，关于你和朋友们沟通的方面？	给出反映，并通过询问问题来试探结束这方面讨论的可能
当：好吧，每次都联系得上这也不现实啊。有时我打电话、发短信，就是想找人聊聊，但这也不能跟我出门的感觉相提并论啊。	认同
从：看我是否准确理解了你的意思。你认为维持友谊是很重要的。你给朋友们打电话、发短信来检验你们的友谊，同时你自己也希望能不在家待着，可以出门去。虽然觉得难，但你也做到了，你出门，而且你还希望能更经常地出门走走。那要怎么做呢？	做摘要并询问了关键问题，旨在过渡到计划过程
当：我不知道，但现在是需要做些改变了。	承诺做改变，但不具体
从：你准备好尝试做一些改变了。如果多数都进行得顺利，情况会是什么样的呢？	给出反映，然后询问了当事人的目标
当：我希望一周至少能出一次门，或者两次吧——或者每天都可以，这样我就有盼头了。不过这样我也会累坏的，所以还应该留出些时间来休息。	明确讲出了自己希望出现的情况，同样也提到了不希望发生的情况

（续表）

新谈话	评注
从：你考虑了出门的频率，也想了时间的间隔。	给出了一到两个反映
当：要是能安排成出门跟朋友吃午饭或者喝下午茶，那可就好了。	增加了一到两个新目标
从：嗯，经过这样的思考，你明确了一些目标。你希望有些情况可以顺利地出现，这样也就更有盼头了。虽然你说了一周一次，但也提到了最希望是一周两次，而且最好能安排成外出聚餐。那你可以怎么跟朋友们安排呢？	做摘要，并询问了塔尼亚要怎样实现目标
当：这就难了。他们都特别忙。	对于如何实现，表达了不确定感
从：而这也一直是个难题。我有些方法，你有兴趣听听吗？（有。）第一个方法，你可以把朋友们召集在一起，跟他们说说你想见他们，也要一起出门小聚，然后和他们定定时间，让他们排除没空的时间，统计一个你们都方便的时间表出来。第二个方法，是先固定好时段，然后请朋友们在每个月只选一次到两次的时间——当然，时段是按月还是按别的划分，具体要看你有多少个朋友可以约会见面——能不能填补这个时段。最后一个方法，选择一项常规安排的活动，时间安排上很规律的那种，比如书友会或社团活动等，这样你就能外出并与这些固定的团体进行社交互动了，你跟朋友们的时间表也更容易定出来了，因为不用安排得那么满了。这些方法，你觉得哪个适合自己呢？	用清单的形式，提供了一些点子（但也别忘记征求许可）
当：我觉得都挺棒的，应该结合起来啊。	选择接受全部的建议
从：听起来，你觉得三种方法都有帮助。另外我还从别的当事人那里学到了一个经验：如果开始的时候先聚焦一小步，并成功做到了，再以此为基础继续前进，就会更容易一些，也会更有信心。如果开始时步子太大了，可能实现不了，心气儿就会受到影响。	帮助塔尼亚缩小范围，解释为什么方案越聚焦，效果可能越好
当：有道理，我觉得。那好，我想把大家都聚齐了，但我知道这还挺难的，所以，我给大家发邮件告诉他们我的需要吧，看看他们能不能选一到两个有空的时段，这样如何？	认同并明确讲出了自己要如何实现目标
从：这么安排效果可能不错，也可能不好。我在想，如果一上来不设那么多的时段会不会好一些，要是谁没选的话，你也不会太别扭了。你觉得呢？	对她的方案提出了建议，并询问她的看法

（续表）

新谈话	评注
当：嗯，这样可能更好。我也不想自己心里别扭，觉得人家伤害了我，因为大家都太忙了。	就方案达成了共识
从：方案的起点好像是你要先发邮件联络朋友们，说明事由，请他们选择一个时间段——这有利于你实现出门的目标，还有和朋友们多联系的目标。那你想在什么时间发邮件呢？	询问塔尼亚，确认她执行方案的承诺
当：我今天就发，等我从商店回来，一到家就发。	承诺
从：你准备好了行动起来，落实方案。	强化承诺

现在稍微改变一下素材，我们的策略不变，聚焦在以下几句话上：

"我很容易发火。"

"跟孩子和老公说话我也没个好气儿。"

新谈话	评注
从：你很容易发火，你跟家人说话的方式，你自己也不喜欢。	给出简单反映，然后做重构
当：是啊，我以前从来不这样。现在屁大点事儿都能把我点着了。我都想问，这个人还是我吗？谁啊这是？	给出了更多的信息
从：就跟完全变了一个人似的，还不是你特别喜欢的一种人……	给了一个略微深层的反映
当：有时我跟孩子或老公发火，他们也是自找的，他们不明白我到底有多难受。	对深层反映表现出了不和谐
从：他们不明白你在经历怎样的煎熬，不明白你是因为疼痛才做出了那种方式的回应，而那种方式你也并不喜欢。	回应不和谐，回到塔尼亚关心的议题上
当：我好像是沾火就着，什么都承受不住了。	给出了重要的信息
从：你本想淡然处之，减小疼痛的影响，事实上却并不容易。	承认她的处境，但没有急于跳到问题解决之中，而是探询更多的信息
当：于是我就说了一些话，我其实并不是那个意思，或者至少，我不希望用那样的方式来说。	给出了更多的信息
从：你心里知道自己想怎么跟家人相处。	稍微重构了当事人的回应
当：对啊，我知道。我希望能支持他们，照顾他们，但我现在太难受了，于是我就脾气暴躁，说话刻薄。	给出了更多的信息，但也显得很矛盾

（续表）

新谈话	评注
从：看我是否全面理解了你的意思。有时，你会左右为难，这种疼痛是切身的，也让你遇事不容易冷静下来。同时，你心里知道自己希望怎么跟家人相处，虽然还没做到，但你想实现自己希望的状态。那要怎么做呢？	做摘要，承认矛盾心态的存在，并询问了关键问题
当：我不知道，但我不能再这样下去了。也是时候变变了。	承诺做改变，但不具体
从：是时候找到新的生活方式了。如果你找到了，家庭生活会有什么变化呢？	给出反映，然后询问了塔尼亚的目标
当：我会更有耐心，也会更爱孩子们和老公，不会因为日常的一些小事儿就跟他们来劲，一顿发飙。	明确讲出了自己希望出现的情况，同样也提到了不希望发生的情况
从：你希望跟家人快乐地相处，大家一起做喜欢的事情，如果遇到日常琐事上的分歧，你也希望自己能缓一缓再回应，别那么冲动。	给出了一到两个反映
当：我现在试着缓一缓再回应，有时是管用，但也不是每次都灵验。	认同，但也说出了自己的矛盾感
从：不是每次，但有时管用，然后你也体会到了成功做好的感觉。你希望更多地感受到这种积极的体验。同时你也希望把这种体验带给家人，希望平时相处中就是这种感觉。你想想看，可以怎么帮自己做到退一步、冷静地回应别人呢？	做摘要时关注塔尼亚的矛盾心态，并询问了塔尼亚要怎样实现目标
当：我不知道。要是知道的话，我就照做了。	对于如何实现，表达了不确定感
从：我有些方法，这也是其他当事人管理愤怒时所分享的经验，你有兴趣听听吗？（当然。）第一种方法，如果想让壶里的沸水平静下来，人们可以把炉子关灭了。这个比喻的意思是，人们可以通过放松身心让自己平静下来，比如做做冥想啊、做做深呼吸啊或者做做渐进式放松啊。这些方法不会完全消除疼痛，但是可以帮助人们缓解紧张，充分放松，从而减缓反应时间。第二种方法，人们允许自己向别人说明："我很生气，但我需要先冷静下来，然后再做回应。"然后给自己一个暂停的机会，等准备好了，再做回应。最后还有一种方法，人们可以学习觉察和应对自己的自动思维，这些思维往往是伴随着愤怒情绪的，所以可以先干预这些思维，然后再回应别人。这些方法，你觉得哪个最适合自己呢？	用清单的形式，提供了一些点子（但也别忘记征求许可）
当：我也说不好，不知道哪个真能管用。	对选择方法表达了不确定感
从：好像都不太适合你。	探询塔尼亚的顾虑

（续表）

新谈话	评注
当：我试过做冥想，但怎么也体验不到那种效果。我觉得暂停回应那种法子，很傻。我也不明白，检查自己的思维、想法怎么就能改变我的回应呢。我倒觉得之前管用的方法可以接着用，就是我先跟自己说："停。深吸一口气。憋住 10 秒。呼出来。"然后再做回应。	说明了顾虑，也明确讲出了自己要如何实现目标
从：听你这么一说，这个方法之前用得蛮成功的。我在想，你是否愿意再了解一些补充性的建议？（当然。）我在想，如果你在憋气以及之后呼气时，同时也跟自己说"保持平静"会有什么样的效果？你怎么看，加上这个部分？	对她的方案提出了建议，并询问她的看法
当：赞成，我觉得应该会不错，而且如果深呼吸后我还没有平静下来，那就可以这样再做一遍。	就方案达成了共识
从：你已经有了一个很棒的方案，适合自己，还能有效。再承诺一遍还是很重要的——落实行动，执行方案，稍作增补，修订完善。你打算这样做吗？	询问塔尼亚，确认她执行方案的承诺（执行意图）
当：我需要这么做。	较弱的承诺语句
从：你好像有些不确定。	探索塔尼亚的不确定感
当：我知道我应该这么做。就是我有时还是容易那么回应——有时，我说了，他们也是自找。	还没有准备好行动
从：听起来，有些时候你可以执行这个计划，但是，当你觉得自己正确时，就不确定要不要按这个方案做了。那么需要出现什么情况，你会觉得自己真的需要做这些改变了，即便你是正确的，错在他们？	设闹铃，提醒塔尼亚会在什么时间准备好
当：这是个很好的问题，我也不知道答案。但我可以肯定，我不想做那种为了证明自己正确而牺牲家人的人。你这个问题，我得再想想。	明确说了自己会在何时准备好
从：情况好像有些复杂。你了解自己，也想和家人好好相处。同时，你对自己也很坦诚，不想自欺欺人。你似乎准备在某些时候执行方案，帮助自己管理愤怒，不对家人发火，但你也想再考虑考虑，要怎样你才会每次都照着方案做。	给出摘要

练习 13.2　编制一张改变计划表

现在，请大家编制一张适用于自己当事人的改变计划表。大家可以先使用该练习所提供的表格，并加以修改以适合自己的风格、工作环境以及当事人。要记得准备一段简短的引导语，用于向当事人介绍表格。注意，写引导语就是为了帮大家组织思路，并不一定非要念给当事人听。设计好表格之后，请找一位当事人试用，然后修订调整，再与另一位当事人试用。请继续这个过程，直到你在介绍和使用表格时已经游刃有余、放松自如了。

引导语示例：

"我们在聊可以怎么做。一些当事人觉得，最好把这些可能的做法都写下来，这样就方便参考了。如果把这张纸贴在公共区域，还能帮助他执行承诺。也有资料表明，如果把自己的行动计划说出来、告诉大家，更可能成功实现自己希望的改变。写出来的计划也起着提醒作用，提醒我们都做了哪些决定。当然，要不要写成书面的形式，还是请你来决定，有的人就选择了不写。你觉得怎样更好呢？"

你的引导语：

改变计划表

我做改变的理由是：

我的变化目标是：

我将这样做改变：

具体行动	什么时间做	怎么做

其他人可以支持我改变：

三个支持我改变的人	我如何借助这个人的支持
1.	
2.	
3.	

两个做过类似改变的人   我如何借助这个人的支持

1.

2.

一个我可以及时求助的人   我如何借助这个人的支持

1.

我可能会遇到什么样的困难？我可以如何解决？

如果困难是……   那我就……

我知道自己的方案奏效了，当我看到这些结果时：

练习 13.3   提问：旨在制订计划

跟第 5 章、第 8 章及第 10 章一样，现在我们仍练习提问题，但这一次，我们旨在与当事人做计划。大家会读到当事人的一句话，请就此提出两个不同的问题。因为计划过程需要一个具体的目标行为，而这方面的信息并没有在当事人的话语中出现，所以大家必须推断出可能的目标行为。另外，还可能需要运用一句反映性陈述来引出我们的问题。总之这是一个很好的练习，大家做做看吧。可以运用本章以及上一章（"过渡到计划过程"）中学过的各种类型的问题。需要时请翻阅前面几章能帮助大家回顾相应的内容。

1. 我觉得小孩儿得明白，我才是家长，他得心里有我。可他总是冲我粗鲁无礼，我可忍不了这个，这是对家长的不尊重。

问题 A：

问题 B：

2. 我搞不懂咱们要在这里做啥。

问题 A：

问题 B：

3. 我爱孩子们，但有时她们真快把我逼疯了，然后我就做了我不该做的事。

问题 A：

问题 B：

4. 我烦透了处理这堆破事儿。我再也干不下去了。必须得做些改变了。

问题 A：

问题 B：

5. 我的问题就是我老婆，还有她没完没了的抱怨。

问题 A：

问题 B：

** 附加题 **

6. 又来这一套：说了半天都是老掉牙的东西，不就是换了个说法嘛。

问题 A：

问题 B：

练习 13.3　答案解析

在有些情况下，我们先做反映性倾听，再提问题可能更合适（也需要这样做）。估计大家也已经认识到这一点了。与改变语句类似，计划过程也需要有具体的目标行为，而这方面的信息并没有在当事人的话语中明确出现，所以大家要基于有限的信息推断出可能的目标行为。最后提醒一点，MI 编码员会将开放式陈述（通常这样表达"跟我说说……"）视为开放式问题。

1.我觉得小孩儿得明白，我才是家长，他得心里有我。可他总是冲我粗鲁无礼，我可忍不了这个，这是对家长的不尊重。

导进：

问题A：请再谈谈"作为家长"对你意味着什么？

问题B：你在生活中是怎样教育小孩儿的？

聚焦：

问题A：你作为家长管教孩子时，最好的情况是什么样的？

问题B：你希望和孩子的关系有哪些改进？

唤出：

问题A：对于这种情况，你有哪些担心？

问题B：假如一直如此，你预计一下，你跟孩子以后会遇到什么情况？

计划：

问题A：你希望有所改变。那你会在生活中怎么做呢？

问题B：你可以先从哪里入手呢？

2.我搞不懂咱们要在这里做啥。

导进：

问题A：你怎么看为什么会来这里这件事呢？

问题B：你觉得什么样的信息会对你有帮助？

聚焦：

问题A：你好像也有些困惑。那你觉得，咱们这段共处时间要怎么安排才能更有意义？

问题B：你似乎也不确定该先谈什么。那如果整体考虑自己的生活，你觉得什么对你最重要，是咱们可以重点关注的？

唤出：

问题A：你好像也有些困惑。那跟现在比，你希望未来有什么变化呢？

问题B：你似乎觉得这没什么用。你希望将精力放在哪方面，做哪些改变呢？

计划：

问题A：你希望有个计划。那第一步可以怎么做呢？

问题B：你有什么想法，可以怎么进行？

3.我爱孩子们，但有时她们真快把我逼疯了，然后我就做了我不该做的事。

导进：

问题 A：你备感压力时，一下子就做出了自己不喜欢的行为，那事后你会对这个有什么感受呢？

问题 B：你没被压垮逼急的时候，情况是什么样的？

聚焦：

问题 A：和孩子们在一起时，通常你这一天是怎么度过的？

问题 B：当家长们被压垮逼急时，我是有些担心的，可以跟你说说吗，然后再听听你的看法？

唤出：

问题 A：你希望自己本该怎么做呢？

问题 B：是什么让你觉得自己可以改变？

计划：

问题 A：你考虑要怎么做呢？

问题 B：在这方面，你想怎么做改变呢？

4. 我烦透了处理这堆破事儿。我再也干不下去了。必须得做些改变了。

导进：

问题 A：你说自己在处理那堆破事儿，那都是些什么事情呢？

问题 B：你整体的生活是什么样的？还有这堆破事儿跟生活之间又是什么样的关系呢？

聚焦：

问题 A：提起这堆破事儿，你觉得其中哪些是咱们可以拿出来说说的？

问题 B：估计你已经在努力改变这种局面了。能不能说说，你觉得哪些努力有效果。

唤出：

问题 A：哪些是需要改变的？

问题 B：你希望有哪些改变？

计划：

问题 A：你想怎么做改变呢？

问题 B：你考虑要怎么做改变呢？

5. 我的问题就是我老婆，还有她没完没了的抱怨。

导进：

问题 A：发生什么事情的时候她就不抱怨了呢？

问题 B：看来，你太太因为某些事情不开心啊！那你呢？

聚焦：

问题 A：哪些方面是你特别需要和太太谈一谈的？

问题 B：你并不喜欢你们现在的交流方式。哪些方面最让你困扰？

唤出：

问题 A：你希望你们的关系有哪些改善？

问题 B：你觉得自己这一方需要做哪些改变就可以让情况好一些？

计划：

问题 A：假如你要做改变了，你觉得第一步可以从哪里入手呢？

问题 B：你考虑要怎么做呢？

** 附加题 **

6. 又来这一套：说了半天都是老掉牙的东西，不过就是换了个说法而已。

导进：

问题 A：你怎么看这套东西？

问题 B：你不喜欢生活里的这一面。那，哪些方面是你喜欢的呢？

聚焦：

问题 A：好像有很多方面咱们今天都可以花时间来说一说。咱们谈这个方面你觉得有帮助吗，还是有别的方面是你更想谈的？

问题 B：听起来，你想聊聊其他的事情。具体是哪些呢？

唤出：

问题 A：假如你乘坐时光机旅行到 6 个月之后，情况发生了改观，那会是什么样呢？

问题 B：假如有一把尺子，上面的刻度为 1~10，1 代表完全不重要，10 代表极为重要，那对你来说，"做出改变"的重要性有多大呢？

计划：

问题 A：你试过这套老办法了。那现在可以怎么做呢？

问题 B：你觉得之前的方法哪些有用，在你尝试使用时？

练习 13.4　　反映：旨在制订计划

同样，我们又来练习做反映了，但这一次旨在与当事人做计划。大家仍会读到当事人的一句话，请就此做出两个不同的反映性陈述。与改变语句类似，计划过程也需要一个具体的目标行为，而这方面的信息并没有在当事人的话语中明确出现，所以大家要基于有限的信息，推断出可能的目标行为。需要时翻阅前面几章能帮助大家回顾相应的内容。

1. 我希望女儿的饮食能健康一些。要是她还像现在这样，我真担心她的健康。估计你也知道，她不太愿意听我的，所以好像我也贯彻不下去。

反映 A：

反映 B：

2. 现在好多地方大麻都合法化了，所以我觉得总提过去如何如何真是没啥意思。当然，啥事儿过度了都是个问题，所以我不会抽得太凶，而且非要那么说的话，喝酒不更是个问题嘛。对，我老婆对我抽大麻这个事很不乐意，她总怕孩子们发现，但我不是还天天去上班嘛，而且我也做家务啊。

反映 A：

反映 B：

3. 家里人觉得我承担得太多了，觉得我太累了。我认为他们根本不懂我才会这么想。我就喜欢做这些，人跟人不一样，他们觉得这是负担，那是他们啊。不过我也明白，做这些事有时真会精疲力竭，而且我也没时间陪他们了，这是我不想要的。

反映 A：

反映 B：

4. 我希望自己有信仰，我向往精神生活。但信教的人里也有一些伪君子，我就是跟他们处不来。我很反感他们说一套做一套，口是心非。还有就是那些宗教团体宣扬的东西，有的我真难以接受，我觉得简直是在搞笑。

反映 A：

反映 B：

练习 13.4　答案解析

与改变语句类似，计划过程也需要一个具体的目标行为，而这方面的信息并没有出现在当事人的话语中明确出现，所以大家要基于有限的信息，推断出可能的目标行为。

1. 我希望女儿的饮食能健康一些。要是她还像现在这样，我真担心她的健康。估计你也知道，她不太愿意听我的，所以好像我也贯彻不下去。

导进：

反映 A：你太想帮助女儿了。

反映 B：你担心女儿的健康。

聚焦：

反映 A：想办法让她参与进来对你很重要。

反映 B：你在寻找可以贯彻下去、保持一致的方法来帮助她。

唤出：

反映 A：你担心这样下去，以后的情况会如何。

反映 B：你的目标是希望跟女儿谈的时候能有方法，好唤出她改变的动机。

计划：

反映 A：你在想，也许是时候尝试新的方法了，更能贯彻下去、保持一致的方法。

反映 B：要怎么帮助她，你想到了一些方法。

2. 现在好多地方大麻都合法化了，所以我觉得总提过去如何如何真是没啥意思。当然，啥事儿过度了都是个问题，所以我不会抽得太凶，而且非要那么说的话，喝酒不更是个问题嘛。对，我老婆对我抽大麻这个事很不乐意，她总怕孩子们发现，但我不是还天天去上班嘛，而且我也做家务啊。

导进：

反映 A：人们这样看大麻好像不太公平。

反映 B：因为大麻的事儿，家里有点不好过啊。

聚焦：

反映 A：你相当重视大麻这个事儿。

反映 B：你相当重视和太太的关系。

唤出：

反映 A：你特别有把握抽大麻不会造成任何问题。（说话时的态度至关重要）

反映 B：大麻对你最重要了，它值得你不顾太太的担忧，值得你冒着被孩子们发现的风险。

计划：

反映 A：你现在还没准备好做出改变，但你可以预见一下这个时刻：如果某些条件成熟了，你就想要做出改变了。

反映 B：你好像也清楚，哪些跟工作、孩子或家庭有关的问题会让你重新思考抽大麻这件事儿。

3. 家里人觉得我承担得太多了，觉得我太累了。我认为他们根本不懂我才会这么想。我就喜欢做这些，人跟人不一样，他们觉得这是负担，那是他们啊。不过我也明白，做这些事有时真会精疲力竭，而且我也没时间陪他们了，这是我不想要的。

导进：

反映 A：你喜欢做这些事儿。

反映 B：家里人担心你。

聚焦：

反映 A：你想平衡好工作和家庭。

反映 B：工作和家庭你都很看重。

唤出：

反映 A：你想平衡好工作和家庭，同时你不确定自己能否办到。

反映 B：嗯，你感到左右为难，但你也知道需要做些改变了。

计划：

反映 A：你有没有想过，当工作和家庭平衡良好时是什么样的？

反映 B：你在努力平衡家庭与工作，但你还是想跟家人沟通一些事儿。

4. 我希望自己有信仰，我向往精神生活。但信教的人里也有一些伪君子，我就是跟他们处不来。我很反感他们说一套做一套，口是心非。还有就是那些宗教团体宣扬的东西，有的我真难以接受，我觉得简直是在搞笑。

导进：

反映 A：你向往精神生活。

反映 B：你一直在尝试融入宗教团体。

聚焦：

反映 A：找到信仰对你很重要。

反映 B：你始终看重宗教信仰，想找到适合自己的。你一直想着这件事呢。

唤出：

反映 A：感觉缺了点儿什么。

反映 B：你想探索某些超然的事物，想跟其他人建立联系。

计划：

反映 A：你一直在寻找和思考重新回归精神生活的方式。

反映 B：你希望通过一些方式，在这方面有所改变。

练习 13.5　更多有用的问题

我们再来练习旨在计划的提问。仔细看看这些提示，尝试问三个有助于当事人制订计划和 / 或加强承诺的问题。

当缩小目标范围时……你的提问是……

示例：你希望有哪些变化?

1.

2.

3.

涉及选择方法时……你的提问是……

示例：你可以怎么做呢?

1.

2.

3.

在形成计划方案时······你的提问是······

示例：可能会遇到哪些困难？

1.

2.

3.

在确认当事人对方案的承诺时······你的提问是······

示例：既然你有了方案，你对落实执行的态度是······

1.

2.

3.

在设闹铃提醒时······你的提问是······

示例：既然现在还不是时候，那需要铺垫些什么，就可以迎来这个时刻了呢？

1.

2.

3.

当事人并未承诺改变，在进行后续讨论时······你的提问是······

示例：上次聊到，你还没准备好改变。我在想，这个"准备好了"的时刻将会出现在什么情况下？

1.

2.

3.

练习 13.5 参考答案

当缩小目标范围时……你的提问是……

1. 你希望情况有怎样的改善？

2. 具体来说，你希望发生什么样的改变？

3. 在你看来，第一步的改变是什么？

涉及选择方法时……你的提问是……

1. 你认为可以怎么做呢？

2. 原先的办法，你觉得哪个管用？

3. 别人都是怎么做的呢？

在形成计划方案时……你的提问是……

1. 第一步怎么做呢？

2. 在什么时间可以执行方案呢？

3. 谁可以支持你改变呢？

在确认当事人对方案的承诺时……你的提问是……

1. 你什么时间行动呢？

2. 对于执行方案，你是怎么想的？

3. 如果遇到困难，你怎么办？

在设闹铃提醒时……你的提问是……

1. 你预计在什么时间改变会发生？

2. 需要先铺垫些什么，做改变的时机就成熟了呢？

3. 哪些事物可以提醒你，改变的时机到了？

当事人并未承诺改变，在进行后续讨论时……你的提问是……

1. 你现在怎么看呢？

2. 自从上次会面之后，对这件事，你又有哪些新的看法了？

3. 嗯，你后来是怎么考虑这个决定的？

用四个"重新"来支持改变

该练习请大家展开自己的想象——想象塔尼亚与你继续预约，三个月之后，你们完成了一段短程的治疗。通过这八次会谈，我们对塔尼亚有了一定的了解。塔尼亚具备一定的资源，有利于她解决生活中的问题。她一直是个主动性很高的人，只要她知道该做什么，她就会行动。但是，背痛给她造成了困难，她动不了了，也没法行动了，然后她就慢慢陷入了抑郁之中。塔尼亚的抑郁带有易激惹性，所以影响了她的人际关系，尤其是跟家人的关系。

在你们合作期间，塔尼亚去看了一位精神科医生，并开始服用抗抑郁药。药物似乎是有帮助的，但也有副作用，这是她不希望的。因为副作用的影响，塔尼亚感觉体重增加了，同时性欲减退。但她知道，服药有利有弊，这一点她是可以接受的。她也开始做冥想，几乎天天坚持，她更专注于正念练习，以帮助自己管理易焦虑的习惯，同时缓解疼痛体验。虽然在管理疼痛上，她的进步符合其预期，但这毕竟是一种慢性病，没办法彻底去除。她的抑郁显著改善了，她也开始去做那些更有愉悦体验的活动了，尤其会和家人们一起做。总体而言，她对疼痛和不适感的评分从原先的9.5分（10分满分；她当时说"我一直感觉很糟糕"）下降到了3.5分或4分。

在结束治疗时，你们达成了共识，每三个月复查一下她的情况。她不想再来会面了，但愿意通过随访电话来复查。你昨天给她打了电话，也给她的手机发了信息。她回了电话，并留言说：

"你好，医生。很高兴你打来了电话。情况总体上是好转的，但我还是有点儿难熬。我感到疼痛又回来了，程度虽然不如原先那么强了，但也维持在 6 分到 6.5 分。我也说不好是否需要预约见面，但如果可以跟你聊一聊那就太好了。如果方便，可以明天 8 点到 12 点之间给我电话，我那时候就到家了，我也会把手机放在身边备着。如果这个时间段不行的话，也请告诉我一个合适的时间。谢谢医生。"

请你推测一下，是什么原因导致塔尼亚的疼痛评分又反弹了？例如，可能是为了减少副作用，她换了新药，新药的效果可能不好，或者尚未达到治疗的剂量水平。请根据我们对塔尼亚的了解，找出四种可能性，写在数字编号的后面，然后再想想采取什么样的应对策略最合适，并写出使用这种策略时的具体做法。

说到策略，大家请看这四个"重新"——重新计划、重新回忆、重新聚焦以及重新导进。这四种策略，怎样匹配你刚刚找出的反弹原因才最适合？等你选好后，再写下使用具体策略时你会跟塔尼亚说的话。

示例：可能是为了减少副作用，塔尼亚换了新药，新药的效果可能不好，或者尚未达到治疗的剂量水平。

策略：重新计划、重新聚焦、重新回忆以及重新导进这四种方法都可以使用。不过，重新计划可能是最适合的。

做法：塔尼亚，上次会谈时，你谈到对抗抑郁药有一些顾虑和担心。我想知道，后来这方面的情况怎么样了？还有，咱们要不要花些时间，重新探讨一下这方面的安排，看看怎样做更有效？

1.

策略：

做法：

2.

策略：

做法：

3.

策略：

做法：

4.

策略：

做法：

练习 13.6　答案解析

1.塔尼亚停止服药了……

策略：重新计划、重新回忆、重新导进都适用——将重新导进与重新回忆结合起来使用，效果可能更好。

做法：假设她已经告诉我停药了，也说了这样做的原因，我可以先做摘要。可以这样说：

"开始阶段，药物给你带来了帮助，有好处。但后来，你感觉副作用的影响已经超过了这些好处。现在，你意识到有些情况正在回头，在向着你不希望的方向发展。我在想，咱们是否可以回忆回忆，在你决心服药治疗时，当时你的一些考虑？咱们重温一下。你觉得可以吗？"

2.塔尼亚的疼痛突然加重了……

策略：对于这种情况，重新计划可能最适合。

做法：假设她告诉我疼痛突然加重了，我可以先询问她：是否愿意花些时间针对这方面做计划（关键问题）。可以这样说：

"在这次突然加重之前，情况一直进展得很好。咱们探讨一下解决方案，这样安排可以吗？（当然。）请讲讲你是怎么考虑的，你试过什么方法来解决，效果如何。（塔尼亚给出了信息）咱们再讲得详细一些会不会更好，这样我就可以了解你做了什么、怎么做的、遇到过什么困难，以及效果如何，咱们再详细说说这些，可以吗？"

3.塔尼亚跟丈夫吵架了，彼此都说了一些气话狠话，这让她陷入了恶性循环，她也不再使用所学的技术了……

策略：对于这种情况，重新导进可能最适合，不过，重新计划、重新回忆与重新聚焦可能也适用。

做法：假设她跟我讲了这次冲突，她也说自己现在感到安全了，并没有暴力相向的风险。我可以先做摘要，可以这样说：

"之前情况一直很好，后来发生了这次吵架，这也让你陷入了不良的循环之中。你本来就跟走钢丝一样，处处小心平衡，但还是掉下来了。现在，你也不知道自己该不该再回到这条钢丝绳上继续走下去。我能想象，再回来，还是不回来，各有利弊。请说说你的考虑吧，你是怎么想的。"

4.塔尼亚的背痛有所改善，她开始考虑回归工作，但也在犹豫时机是否成熟。她做不了原先的工作了，一想到自己的职场前景，痛苦的感受便再度袭来。

策略：这是一个新的议题，所以更适合重新聚焦。

做法："总体来看，一些实实在在的改变已经发生了。这是好消息，不过也有一些情况是咱们没有预料到的，比较复杂。所以，咱们探讨探讨，看看你可以怎么应对这些新挑战。你想先说哪方面呢？"

练习 13.7　回到未来

该练习需要使用练习 12.2 中已完成的表格，用这些脚本素材来制订计划。请一位伙伴扮演脚本中描述的当事人，过程如下。

- 扮演从业者的伙伴做一个过渡性摘要，然后询问关键问题。（大家读完练习 12.2 的素材后，请用自己的话说出摘要，不要照着表格里的内容念，这样的表达才更具真实性。）

- 扮演当事人的伙伴对关键问题做出肯定性的回应，然后继续创作后续的故事，这部分在练习 12.2 中没有展开。

- 从业者帮助制订计划。请记得使用 SOARS，即设定目标、选择方法、形成计划、再次确认并加强承诺以及支持改变。最后还要让当事人确认承诺，并要关注他的执行意图。

- 练完后再换下一个脚本，同时交换角色进行。

- 同样，你们也可以扮演试探性的以及决定不做改变的当事人。练习使用"设闹铃"技术。

第六部分

动机式访谈的练习与实践

韦氏英英词典对"practice"一词的定义有:

- To carry out, apply.

- To do or perform often, customarily or habitually.

- To be professionally engaged in.

- To perform or work at repeatedly so as to become proficient.

- To train by repeated exercises.

　　本书自漂流之旅说起,一路探讨至此,现在,我们需要思考的是:下一步怎么做呢?这是一个关键问题,旨在询问我们如何领会所学的这些内容并付诸练习与实践。

　　如韦氏英英词典所示,"practice"一词多义,我们可以从不同的角度加以理解。本书的最后一章将引领大家一起探讨 MI 的练习与实践,以有助于大家理解在学习 MI 的过程中自己身处何处、该做些什么、如何去做。在此做个剧透:大家阅读完本书并不代表 MI 的学习之路已走完;这听起来不像个好消息。那好消息是什么呢?练习和实践 MI 会改变我们。

第 14 章

学习动机式访谈

开篇

"您好。我们是私立非营利性机构，为_____提供启蒙计划[1]、妇婴幼儿特别补充营养计划[2]、健康家庭计划[3]等服务。我们想请一位有感染力的培训师做一天半的培训，时间想安排在 3 月的某个周二与周五。望您回电。我们的电话号码是……"

"我一直在找_____领域的长程培训。我参加过 1 ~ 2 天的工作坊，不过意犹未尽，时间太短了。您可以针对我们的领域，做一期长程培训吗？假如是我帮着促成了这次培训，那我参加学习的费用能否有一定的折扣？"

"我是_____的常务临床主任，想跟您聊聊给我们这里 25 位治疗师做培训的事情。如果您希望电话沟通，还请拨打_____联络我。非常感谢。"

"我是一名临床社工……"

"我是一名研究生……"

"我们都是缓刑监督官……"

"我们这里的精神科医生读了 MI 的书，也了解这方面的研究，不过他们不太知道

---

[1] 启蒙计划是美国针对低收入家庭儿童的学前教育计划。——译者注

[2] 妇婴幼儿特别补充营养计划是美国对低收入家庭的怀孕妇女及儿童提供营养补助的计划。——译者注

[3] 健康家庭计划是美国对怀孕或初为人母的妇女提供的育儿经验支持计划。——译者注

该怎么运用到实践工作中……"

近几个月来，这样的邮件或留言我收到了很多。来信来电的朋友们都是对 MI 有所耳闻，现在想要更多地学习。大家询问的问题以及后续展开的培训的具体形式可能也与时俱进，逐渐演变，但核心本质是不变的："什么是 MI？我（或我们）又该如何学习呢？"

深入认识

我会将训练与执行科学的研究和本人超过 24 年、横跨多个领域的 MI 实务培训经验相结合来回答以上这两个核心问题。通常而言，举出自助式练习的好处并加以肯定就是对这些问题的回答了，不过这样的传统答案并非客观真相，如此解释既不确切，也不清晰。因为随着研究的持续进展，我们对训练领域的理解更全面，认知上也有了许多更新。有些方面更明确了，但很多方面仍旧是雾里看花，还没有形成清晰一致的认识。所以，接下来的内容也是我自己对科学研究的尽力解读，但同时，我深知自己的浅薄与局限，所以心存谦卑，其他学者可能会对这个问题有自己的不同看法与见解。

不过，如果有谁说自己开发了一种简易七步法（或类似的方法）帮你速成 MI，那我就要建议大家多些理性的质疑了。学习 MI 没有那么容易。想想看，打高尔夫球也不难，对吧？不就是拿个扁头的球杆，对着球洞瞄准，然后轻轻挥杆，球就顺利进洞了，很容易，是吧？这有什么难的呢？不过，你要是真打过高尔夫球，就知道这种认识有多离谱了（我不打高尔夫球的一个原因就是觉得太难了）。所以，学习 MI 也一样，看似简单，实则并不容易。我们还是从本书谈起，看看怎么利用好本书来学习 MI。

本书回顾了 MI 的有关概念，也让大家有机会、有途径来练习 MI 的各种技术，循序渐进，不断提升，日臻自如。本书并不是要取代 MI 的培训学习，而是可以当作学习的有益补充和 / 或者作为学习 MI 的概念的最初"地面课程[1]"，并用作练习素材；或者，我通常是在学员完成 MI 初阶训练后，将本书作为一种资源推荐给他们，用来帮学员们强化概念、扩展并深化技能、保持熟练度。

作为一名培训者，经验告诉我：放慢培训的节奏一般有利于学员学习。我们刚刚也说过了，MI 只是乍看起来简单。辛普森（Simpson）评估了物质滥用各干预方法的

---

[1] 地面课程是飞行员学习理论知识的课程部分，相对于飞行课程而言；飞行课程是学习实际操作驾驶飞机的课程部分。——译者注

复杂程度，结果表明 MI 位于最复杂的一端。为了理顺这种复杂性，我在做培训时会基于以下五步程序进行。

1. 讲解——通过给出一段简要的讲解或者布置练习来引出信息。

2. 观摩——观察或辨识正在使用的技术。

3. 慢做——通常是做书面形式的练习，或者独立练习一种技术，在小组中反复练习多次。

4. 实践——在实际操作中独立运用各种技术。

5. 养成——由易到难地操作技术，并将各种更复杂的技巧结合起来运用。

我所以采用这样的过程，基于以下四个理由。

1. 多模块教学为学员们提供了更多的参与途径。

2. 放慢节奏，观摩细节，识别细微的变化与差异，也让学员们充分体会这些技术的复杂性。

3. 让学员在练习中先磨炼好技能，再实际操作有利于他们建立信心。

4. 让学员们通过支架式教学循序渐进地掌握各种复杂技术，同时领会每种技术的独到之处。

以上思路的落地展开便促成了咱们这本书。我在编排练习时，遵循了由易到难、循序渐进的原则，对于技术也是先练识别，再练专项，最后实际操作。如此编排旨在培养学员们的自我效能感，这对于从业者学习和巩固新的技能是一个非常重要的因素。如此编排，也与杜李惠安讲到的刻意练习一致——聚焦一个小的部分，有意练习，反复练习，直到这些方面的操作非常之纯熟。

对于学习 MI 而言，似乎还存在一些必要的元素，但对于哪些元素是最重要的尚无定论。所以，对于学习技术的顺序、节奏与方式，我们都需要进一步进行研究。即便如此，我们也不奢望能出现一种最优的学习方法，唯此独尊。本章还是会基于目前可获得的资料简要回顾一下有关"学习 MI"的研究成果，旨在为从业者学员提供所需的信息。总体来看，学习 MI 涉及以下三个基本的问题。

1. 如何学习 MI 的基本概念？

2. 如何在 MI 的技术熟练度上达到入门级水准？

3. 如何在 MI 的技术熟练度上达到并保持专家级水准？

◎ 如何学习 MI 的基本概念

学习 MI 的基本概念与原理可以有很多种方式。这方面的经验与证据已经积累了 20 年左右，教学相对高效。汉美克（Handmaker）、海斯德尔（Hseter）以及德兰尼（Delaney）就使用了一段 20 分钟的视频向产科医生们教授了 MI 的基本概念和核心技术，他们注意到，经过培训，这些医生在表达共情、降低患者防御、支持妇女们相信"自己有能力改变"等方面的技术都有所提升。沃斯（Voss）和沃尔夫（Wolf）也记录了通过内容讲解与视频演示相结合的 3.5 小时课程，为住院医生们培训了 MI 的基本原理与技术概念。马蒂诺（Martino）及其同事报告了在若干领域开展 MI 短程培训的情况。例如，他们发现可通过只有一次 2 小时的培训，训练三年级的医科生学习基于 MI 的干预方案。之后，在一次小样本的前导性研究中，他们通过分步教学的方式培训了物质滥用领域的咨询师，而且他们发现，远程 MI 网课的学习，对有些学习者而言就足以有效。但在这些研究发现中，学员自身的技术基线水平非常关键——那些已经展现出高水准核心技术的受训学员，更有可能在只接受 MI 网课（介绍 MI 的技术应用）的情况下就可以技术达标。所以 MINT 的成员们有一个共识：可通过 7 ~ 8 小时的一天培训完成教学。而且，可能有些学习者通过阅读本书或其他的 MI 书籍（MI 现在有很多好书，本书第一章就列出了一些，供读者参考），或者上一次网课就理解并记住了 MI 的基本概念。

◎ 如何在 MI 的技术熟练度上达到入门级水准

这个问题问得直截了当，本来也应该回以一个明确直白的答案，可惜，这个答案却复杂多样、差异入微，难以一言蔽之。我们先要了解什么是"熟练度"（proficiency），然后再谈如何达到。

在对熟练度下定义之前，我们需要说明几点。我们首先要了解的是，什么引发了当事人的改变。已经有越来越多的证据支持"MI 引发改变"的机制。我们可将引发改变的情况分为三大类：第一类，从业者符合 MI 的行为会增加当事人的改变语句；第二类，从业者不符合 MI 的行为会增加当事人的持续语句；第三类，从业者有意图、有方向的技术运用能力（即有选择地做回应）会影响 MI 行为的效果，以及当事人的干预成效。这三个方面都可以较好地预测当事人的干预成效。这些发现也与本书前面章节所述内容一致。

总体而言，这些研究也符合 MINT 培训师们的看法：通过 2~3 天的 MI 初阶培训，学员们的熟练度可达到入门级水准。初阶培训的形式一般是 2 天的工作坊，包括讲解、观摩、体验与练习活动。技术练习是非常重要的一环。很多研究者都报告，通过含有技术练习的 2 天工作坊的培训，学员们的技术水平有了提升。这种技术提升在各从业领域学员的身上都有体现，包括治疗成瘾的医务工作者、心理治疗师、儿童福利工作者、刑事司法工作者，以及医护人员和专职医疗人员等。所以，MI 的这些基本技术似乎是可以通过工作坊的形式（需要包含技术练习环节）来进行教学的。

常规看，从业者要学习 MI 的基本技术，可以参加一次 2 天的初阶技能培训（或类似形式的培训），经培训后，其技术熟练度可达既定的标准。其实，工作坊并不是唯一的教学形式，其他的教学系统也已出现（如模拟教学课程），可补充工作坊的教学，或者替代前者完成 MI 技术的培训。这些新兴的教学形式具有较好的前景。鉴于这些新兴课程的蓬勃发展，我推荐大家在搜索网页输入"动机式访谈模拟课程"（motivational interviewing simulator programs），寻找目前可得的学习资源。

除了会用到研究发现或正式的编码系统，MI 培训师往往还会参照一套内隐规则来评估学员的技术水平。例如，在初阶培训结束时，我会期待学员能做到以下几点。（1）学员每问一个问题，都会做一个反映。这个标准看似不高，但在培训刚开始时，大多数从业者其实都提问更多，做反映更少。（2）学员可以做深层反映了，虽然他们可能还是更倾向于做表层反映。（3）学员在提问时，问开放式问题更多，问封闭式问题更少了。（4）学员理解了肯定的重要性，可以把握合适的时机做肯定。（5）学员在做摘要时能更有方向性、目的性地进行组织，更言简意赅。（6）学员可以区分改变语句和持续语句，能分别做出反映予以回应，虽然他们还更习惯于做表层反映，并且还容易错失更为隐含的改变语句。（7）学员可以区分预备型改变语句和承诺语句。（8）学员可以运用 E-P-E，虽然他们可能还会急于（或有驱迫感）"主动给建议"。（9）学员与当事人合作的取向更强了，这是 MI 精神的体现；同时，如果当事人的参与度更低了，与从业者的同步性更差了，学员能更具有觉察性，能意识到是自己需要做调整了。这可能是"醍醐灌顶，瞬间领悟"的时刻，学员突然就开窍了：自己惯用的导进当事人的方式或许有悖于 MI 的精神。他们通常会对这一领悟感到振奋，并提升了自我效能感，虽然需要舍弃那种掌控的念头。所以总体而言，学员经过培训初步建立了一组技术，但仍需要进一步地练习与实践，后续的教与练应着重在这些技术的巩固、深化和扩展上。

然而遗憾的是，很多从业者的 MI 训练往往到此就戛然而止了。关于出现这种问题的原因，我们前面提过了一些，但也存在一些其他情况。具体而言，一是所学的技术没有应用到日常的实务工作中；二是有些从业者还没有准备好学习 MI，这时急于参加培训反而可能折损他们的兴趣和信心。而最糟糕却也屡见不鲜的培训结果可能就是：

受训后的从业者说"我已经会用 MI 啦",但他呈现出的操作却与 MI 相去甚远。

◎ 如何在 MI 的技术熟练度上达到并保持专家级水准

我们先用事实说话。威廉·米勒和史蒂芬·罗尼克俩人没上过 MI 的课、没参加过相关工作坊也没读过 MI 的书,但也学会了 MI。所以说,MI 可以自学掌握并熟练运用吗?答案是肯定的,但只靠读一本书恐怕不行,学习者还要全情投入,精益求精,实践练习。换言之,大家可以从书本上学到 MI 的概念,但只有落地去实践,才算真正开始学习 MI 了。

这有点像学习音乐,老天赏赐了一些人天生的好耳朵(MI 也有这种"好耳朵"),他们自然学艺又快,用得又好。关于什么人更适合学习 MI,什么人可能不太适合,已有这方面的研究,不过结论上还莫衷一是,未取得共识。好像那些天生具有亲和力的人学习 MI 要比那些在自身风格或在对改变的理解上有悖于 MI 的人需要的训练更少。不过,大多数人学习 MI 的基本概念及技术可能还是要通过有组织的教学活动才能完成。

我们之中的一些人曾有幸亲历了 MI 的诞生,但另一方面,当时的学习资源又远不及现在。于是我们就在"做中学",将教练与反馈结合了起来。而今,学习 MI 的条件已经发生了变化。现在的情况是,一次为时 2 天的工作坊,即便主要培训 MI 的基本概念和基本技术,受训学员通常也达不到熟练掌握的程度。初阶培训之后,大家恐怕还需要进一步的学习。

此外,科学尚且解释不清构成 MI 熟练度的因素有哪些。不过,研究已明确表明:从业者符合 MI 的行为可预测更多的改变语句,而不符合 MI 的行为则可预测更多的持续语句 / 不和谐。虽然当事人的语言与干预成效之间关系复杂,但总体趋势比较明朗:从业者的行为会影响当事人的语言,后者又可以被用来预测并影响对当事人的干预成效。所以,从业者仅有 MI 的知识还不够,更重要的是熟练操作(符合 MI 的行为)。

虽然 MI 熟练度的黄金标准尚不明确,还需要更多的实证研究才能确定,但一些有利的因素已经被识别出来。具体而言,反馈与教练相结合对于技术的提高和保持非常重要。这一发现也与执行科学领域近十年来(尤其是针对从业者胜任力的)的研究结果相符。

但反馈与教练(feedback and coaching)本身也有不明确的地方。米勒等人报告说,无论是单纯的反馈,还是教练与反馈相结合,都有助于从业者习得技术、提升技术以及维持技术。有意思的是,研究结果并没有发现单独的教练可以起到这样的作用;只有教练与反馈相结合才能增加当事人的改变语句。相反,史密斯等人提出,对参加过工作坊培训的从业者提供"实时"教练可以提升其表现。在实时教练中,培训师与从业者通过电话（经改装的入耳式电话）连线，在会谈中为后者实时提供干预上的建议。同样，这种教练也在会谈间歇和会谈结束后进行。虽然这种密集型训练对从业者的技术水平只有小幅度的提升，但效果在三个月后随访时仍然保持，而且 MI 的基本技术（如反映对提问的比例）提升最为明显。综合这些发现来看，由富有经验的培训师或从业者同行进行培训与教练，从业者学员是可以获益的，如果培训还能结合结构性的反馈，那从业者学员的收获会更大。

这些研究也都提到了一个问题，即从业者们一般不会接受进一步的反馈或教练邀约。弗瑞斯特、麦坎布里奇、维斯贝恩、埃姆林 - 琼斯以及罗尼克发现，虽然教练能增进临床工作者的技能，但基本没有社工会接受免费的教练邀约，来参加的最多也只完成了五次课程中的三次。莫耶斯等人同样报告了参加者完成学习任务的依从性较低。贝内特等人发现，学员中自己回看录像带、打电话预约教练以及提交录像带的人数众数为 1。该发现也符合 MINT 培训师们的轶事性记录：在工作坊之后再邀约学员参加后续的教练，几乎无人问津，除非是学员所在的组织机构鼓励或强制，他们才会再来学习。所以结论显而易见，如果我们希望提升水平，那就需要搜寻并利用好这些可得的学习资源。

针对 MI 技术的入微差异、分毫变化再进行训练，也是非常重要的。麦德森、罗伊格诺以及雷恩发现，文献记录的大部分培训都没有涉及米勒和莫耶斯提到的学习 MI 的八大任务中靠后的几项（学习 MI 的八大任务：米勒和莫耶斯曾称之为"阶段"，但后来都同意改称为"任务"更合适，所以我们也用了"任务"一词）。麦德森等人在对 MINT 培训师的调查中发现，培训目标会受一些因素影响，如学员的可用时间、职业背景及其先前的知识 / 技能储备。很多培训师虽然也认同八大任务很重要，但仅作为参考，并不要求学员必须在某一任务上具备完全的胜任力才能进入到下一任务。这种做法似乎反映了 MI 培训师们的观点：各种技术是彼此影响、相互关联的，技术建立与发展的规律并不符合逐级的阶段模型。所以，即使在初阶培训中，培训师也可以灵活安排要学习哪些技术。而学员在培训后，需要继续发展哪些技术，可能也是不一样的。另外，第三版的《动机式访谈法》（MI-3）有了一些变化，但这些变化在八大任务模型中没有体现。本书采用了 MI-3 的系统，所以读者使用本手册可以填补上这些新的信息和技能。同样，学员参加中高阶的培训也可以起到相同的作用。而将本书与中高阶培训结合使用，也可以彼此互补，不过需要注意的是：此处说到的中高阶培训，培训师务必使用 MI-3 的体系与概念，而不是老版本的 MI 体系。

总之，中高阶培训应着重在技术的深化与扩展方面。麦德森及其同事提出，这类培训通常聚焦在引出并加强改变语句、制订改变计划、巩固承诺以及 MI 与其他疗法的切换结合上。我个人建议，要着重训练使用反映性倾听时的细腻变化，这也是高阶培训中的关键一环。

具体而言，当学员们参加完高阶培训，对 MI 更加熟练时，我观察到了以下这些表现。

1. 倾听上的表现：学员可以更稳定、更一致地做出深层反映——他们对深层反映的使用更加游刃有余了。他们可以更专注地倾听，不再费力思考做反映时要说什么内容了。学员可以有方向、有目的地做倾听，能够细致入微地识别出改变语句，或者创造机会引出改变语句。他们所做的反映不仅在辨识改变语句，而且还在寻找和引出改变语句。也就是说，从业者学员不再局限于当事人明显呈现出来的事物，而是可以主动唤出当事人潜在的资源与动机了。

2. 信息分享和做肯定上的表现：更富有节奏感，时机把握得更恰当，并始终关注改变语句。

3. 回应持续语句的表现：不引出持续语句，也不过多地做反映——不去强化持续语句。

4. 对四个基本过程的运用：更全面、更整合地理解四个过程，更顺畅、更无缝地对之加以运用。学员从机械的阶段论观点（即认为四个过程是逐级按阶段进行的）演变为熟练、灵活、顺畅地切换运用，从而更好地回应具体的谈话。这样，从业者的视角不再拘泥于眼前的素材，而是更广角地鸟瞰了当事人的境况全貌，理解了在改变的历程中当事人要如何前行。同时，从业者也觉得运用 MI 不再费力了，可以从容放松、全然投入地进行，而无须刻意为之，总想着"要做 MI"了。

组织机构的支持也很重要，如果从业者所在的机构推崇使用 MI，那将大大促进从业者的技术水平。米勒和索瑞森等人发现，组织机构对于新技术的接受以及支持程度会影响从业者的技术学习。如果组织机构的文化或从业环境不支持使用 MI，那么就算从业者对 MI 再有热情、再训练有素，他也很难持续稳定地实践 MI。我们的一项研究也表明，MI 的"倡导者活动"对于从业者保持技术水准有作用。具体而言，如果机构中有人主动提倡使用 MI，那么短期随访显示，受训从业者的技术水平保持得更好，而且倡导者活动在形式上可以多种多样。例如，设立标志物提醒大家"使用 MI"，在例会中讨论 MI，发邮件提醒，在机构简报中设立 MI 的专栏，在培训后安排复习回顾或技术演练。这类活动还可以包括为 MI 成立学习社群、为技术教练和实务督导留出时间，以及通过评估反馈来提升从业者的表现。鲍威尔（Powell）及其同事列出了一些可协助组织机构落地执行的活动。大规模的执行将更多地依赖于组织机构的推动，而且也可能会改变组织机构的运转方式。同时，组织机构的领导层能对从业者实践新方法、新技术给予支持无疑也是非常重要的。

在领导支持和组织机构推动这两个方面，从业者好像都不太可控。不过，如果从业者想创建有利于自己学习和实践 MI 的环境，那么最起码可以做以下事项。（1）与所属机构的领导沟通，讲明支持运用循证方法的重要意义。（2）寻找线下或线上的 MI 学习社群，社群活动有助于提升和保持参与者的技术水平，同时还能探讨与解决实务工作中遇到的挑战。（3）在所属的机构中建立 MI 的倡导人团队。试想，提倡使用 MI 的人如果只有一个，那一旦此人离职、换岗、生病或有其他类似的情况发生时，这方面的努力可能也就随之前功尽弃了。所以团队很重要。（4）回听自己的工作录音，并做 MI 的编码。自我评估是从业者学习和精进 MI 技术时重要的一项参考。读者可从 MINT 的网站上获取编码系统。

概念自测

[判断正误]

1. 本章记述了学习 MI 的最优方法。

2. 研究已经明确了，MI 中哪些要素是最关键、最需要学习的。

3. 研究已经发现了，MI 中有三种重要的改变机制。

4. 你可以通过速成七步法学会怎么做 MI。

5. 学员可通过一天的培训理解并记住 MI 的概念。

6. 使用本书，可以替代 MI 的技术培训。

7. 鉴于培训师、培训背景以及培训时长的不同，MI 的初阶培训可能也会不一样。

8. 参加一次 2 天的 MI 初阶培训，学员理应学到关于怎么做 MI 的全部内容。

9. 对于从业者保持并提升技术水平，教练与反馈是很关键的一环。

10. 从业者不可控的一些因素（如所在的组织机构是否支持 MI）会影响他们的技术水准，对其长期练习与实践 MI 也会有影响。

[答案]

1. **错误**。本章记述了学习 MI 的一种方法，虽然书里的素材都有实证支持，但研究也支持另一些学习 MI 的方法。

2. **错误**。虽然关于 MI 重要的学习任务已有大体上的共识，但这主要基于专家意见形成，而非基于研究发现。目前，研究还未确定 MI 最关键的学习要素有哪些。

3. 正确。研究发现了三种重要的机制：从业者符合 MI 的行为会引出当事人的改变语句；从业者不符合 MI 的行为会引出当事人的持续语句；从业者有意图、有方向的技术运用能力会影响 MI 行为的效果。

4. 错误。MI 看似简单，但并不容易。学习 MI 没有捷径，没有所谓的七步速成法。正如辛普森所言，MI 是一套复杂的技术，只有花时间练习，才能提高水平。就像有人说"保证你无须付出努力就能减肥成功"一样——我们听到此类说辞时，当然要质疑。

5. 正确。我懂，我似乎听见了大家在抱怨 MI 好难学，不过此处的答案是"正确"。MINT 认为，通过一次一天的培训可以教授 MI 的基本概念；研究表明，这样设置时长的培训很多都效果不错。

6. 错误。目前还没有这样的证据。就我自己的经验，同时也参考别人的经验来看，本书或类似的资源可有助于你的技术培训以及对 MI 概念的学习。鉴于尚无研究数据支持，我将本书视为重要的辅助资源，而非培训的替代品。

7. 正确。虽然 MINT 培训师们对培训的内容存在一定的共识，而且都认同 MI 的八大学习任务，但他们的培训也各有侧重，不尽相同。调查研究也表明，培训环境、目标人群以及培训时长，这些因素都会影响培训内容（元素）的选择。如果还包括了 MINT 之外的培训资源，那么就会体现出更复杂的多样性。

8. 错误。研究表明，学习 MI 的八大任务无法在一次 2 天的培训中完全涵盖，而且，"理解 MI 的概念"（可通过 1 天的培训达到）跟"学会怎么运用 MI"并不是一回事。

9. 正确。执行科学以及针对培训效力的研究都表明：对于从业者保持并提升技术水平，教练与反馈是很关键的一环。

10. 正确。执行科学表明，从业者具备胜任力是忠实运用循证疗法的必要条件，而且组织机构的推动以及领导层的支持对从业者提升和保持技能胜任力都是十分重要的。

实践运用

让我们看看某一次的教练和反馈性会谈是怎样进行的，我们使用了 Prime Solutions ® 课程来做这次教练。该课程是我所在的机构 PRI（成瘾预防研究所）根据卡洛·迪克莱门特博士和泰莉莎·莫耶斯博士的研究，并咨询了吉拉德·舒曼（Gerald Schulman）先生的意见而开发出来的。从业者可使用该课程治疗酒精及药物使用障碍。该课程以 MI 作为主要的临床方法，以改变的跨理论取向模型作为进程蓝

图展开工作。以下是培训师和从业者的交流内容。培训师简称为"培",从业者简称为
"从"。

谈话	评注
培:我给你的反馈,你怎么看?	针对从业者的教练,先问了一个开放式问题
从:好像挺对的。我还没有回顾和听录音,不过我理解你说的意思。	培训师鼓励从业者回顾自己的录音。当然在第一次的反馈性会谈时,从业者一般都没有回听过录音
培:看来跟你预想的都一样啊。	MI 的培训师通常也会使用和 MI 从业者一样的技术。此处做了一个反映,可能稍有放大
从:呃,其实也不是。我没想到自己分数这么高,我还以为会很差呢。	从业者一般都比较关心自己的表现,虽然可能也有例外
培:所以,你有惊喜。嗯,我觉得有些地方今天着重说说会比较好,但我也想了解你的看法,你觉得谈哪方面会有帮助。	我们再次看到了培训师在示范 MI 的使用
从:有几个地方,我一直不太清楚要怎么做。似乎是卡在这里了。	跟当事人一样,对于要聚焦在什么地方,从业者自己也是有洞察的
培:你在用这些技术,但似乎还不得要领。我注意到你在几个点上有些疑惑,所以从哪里入手谈,我是有一些考虑的,不过如果你有具体想谈的内容,那咱们就先谈这些。	反映;给出了一些信息,请从业者来决定
从:不用,我这里倒没有啥。我得回忆回忆这些情况。	从业者没有做回顾,这让他们很难记起与当事人会谈时那些具体的时刻、具体的点
培:好的。那,其他想谈的呢?	如探询当事人一样
从:也有一些其他的吧,不过刚刚说到的那几点疑惑还是最主要的。	同样,从业者也给出了常见的回应。所以只要倾听,往往就可以激发出更进一步的讨论
培:那如果可以的话,我想稍微说一下,我怎么安排会谈。可以吗?(可以。)我想先回顾一下你的优势、优点,哪些地方是你做得不错的,咱们会听录音,回顾这些方面;然后咱们会花些时间,集中探讨一些方面,这些方面也都是你希望聚焦解决的,以帮助自己提升技术的地方;最后,咱们再看看你和当事人的关系跟课程要求的标准契合得怎么样。你觉得这样如何?	征求许可,然后给出了一段结构化的反馈。反馈是有方向的,先从从业者的优点谈起,也就是前几章讲过的"带来积极的感受"。它将技术练习与从业者想要提高的方面结合了起来

通过这段对话,我们有机会领略了用 MI 来进行的教练和反馈工作是什么样的。
很明显,培训师是在用 MI 的技术来教练从业者学习 MI。培训师这样教练,实际也是

在向从业者示范如何使用 MI。我在后文中会就如何找到 MI 的培训师给大家提供一些建议。

本章练习

以下这些不是用来学 MI 的练习。相反，这是我们做回顾的时刻，大家需要考虑精进自己技术的方向。这些算不上循证的心理测验，但为我们提供了一次自评的机会，以此引导自己的学习方向。

◎ 练习 14.1 学习 MI 的九大任务

米勒和莫耶斯明确了学习 MI 的八个阶段。前文说过，我们现在不用"阶段"的说法了，而是改称为"任务"，因为这更符合学习 MI 时的实际情况。该练习又增加了第九个任务，同时会询问大家一系列的问题，以此评估大家在每项任务上的进度如何。

◎ 练习 14.2 MI 的技能表

上一个练习评估的是大家在大类任务上的进度。该技能表则标出了各种 MI 技术的熟练度标准，这种标准虽然也有一定的证据依托，不过总体上还是基于主观经验的。这就好比时尚杂志里的小测试，会针对一个问题或特质让读者做自评。类似地，我们也可以使用这个技能表来自评，但大家不要混淆，这不同于那些循证的编码系统，如动机式访谈治疗忠实度编码系统（MITI）、动机式访谈督导与培训量表（Motivational Interviewing Supervision and Training Scale，MISTS）以及耶鲁依从性胜任力量表（Yale Adherence Competence Scale，YACS）。大家在做自评时，越实事求是，就越有可能进步。

◎ 练习 14.3 找到 MI 的培训师

这里给了大家一些建议，关于要找什么样的人来教练 MI，以及可以询问对方哪些问题。

搭伴练习

这次搭伴练习要根据伙伴的情况来展开。如果是一位给你做教练的培训师，那么你们可以一起回听你的工作录音并做编码。如果这位伙伴跟你一样，也是一同探索 MI

的学习者，那就请他们在练习 14.1 和练习 14.2 上为你打分。你还可以请他们再做两个评价：一是评价一下你刚开始学习 MI 时的表现；二是评价一下你现在的表现。当然，他们自然也会说到你还需要进步的方面，这时就体现出你对伙伴们的信任了——他们的反馈，既如实相告，又给予支持，帮助你继续进步。

其他想到的……

或许在不久的将来，助人工作者的技能胜任力就可以客观真实地呈现出来了。现有的一些科研尝试显示，大规模、高效率地评估从业者技能似乎是可行的。例如，近五年来，MI 领域发表了一系列文章，展现了软件程序有潜力识别咨询师的共情与治疗元素，以及将治疗师的反映性倾听与其他形式的回应区分出来。通过计算机系统计分，有可能预示着从业者可以跨系统地进行技能评估，这样做的性价比远超现行评估方式。这一进展对于从业者的技能呈现很可能意义非凡。虽然这方面的发展恐怕也存在隐患，需要谨慎，但同样也是一种契机——让我们有机会提高自己的技术水准。当然，一切还是要服务于当事人，帮助他们进步改善，这一根本目标我们需要时刻谨记于心。

另外，对于实务和教练工作，是不是说只要我们掌握了这些技术，就一劳永逸、屡试不爽了？答案是否定的。总体来看，MI 是有效的，但并非绝对有效。例如，一些当事人怒气很大，会找理由向从业者发脾气，你遇到的可能就是这种情况。从业者可以先尝试各种符合 MI 的行为，如果都无效，那就要调整做法了。一位曾教过我的教授讲道："你这么做要是不管用，拜托，那就别这么做啦。换换思路，换换方法。你要非得还用这个方法，那也好好想想，总之别再老样子操作了！"

当然，如果很多当事人一直都对你反应不佳，或许你真得改变原有的方法或做法了。或许你可以使用本手册再练一遍核心技术，但建议你也一定要去寻求专家的反馈与教练。

最后，从业者寻求专家顾问的指导——我几乎可以保证——那肯定是大有收获的，即便是训练有素、技术高超的从业者，这样的请教也一样有收获。实际上，我工作的机构里就有许多技艺高超的同道，但这些从业者和培训师们依然常说："反馈才是那顿最有营养的早餐。"这里我顺便也加上自己的建议，可能也是大家耳熟能详的一句话："一顿好的早餐最重要了！"所以用好反馈和教练资源，就跟大家用好本书一样——都是吃好这顿早餐。预祝大家马到成功！

练习 14.1　学习 MI 的九大任务

　　米勒和莫耶斯明确了学习 MI 的八个阶段，为学员提供了一个很有帮助的学习框架，不过我们现在不用"阶段"这个说法了，而是改称为"任务"，因为这更符合学习 MI 时的实际情况。该练习基于米勒和莫耶斯的框架，又增加了第九个任务。练习还会针对每项任务，询问大家几个问题，以此评估大家在每项任务上的进度如何。请以 1~5 来回答，1 代表"完全不同意"，2 代表"不太同意"，3 代表"一半一半"，4 代表"比较同意"，5 代表"完全同意"。

崇尚并发扬 MI 精神					
1. 我发现 MI 精神的四要素跟我对"当事人需要什么"的认识一致。	1	2	3	4	5
2. 对于改变，当事人怎么想、怎么看，比我的想法重要多了。	1	2	3	4	5
理解和运用四个基本过程					
3. 我可以阐明这四个基本过程。	1	2	3	4	5
4. 我很清楚在每个过程中如何切换自己的做法。	1	2	3	4	5
有方向、有目的地运用 OARS+I					
5. 我可以灵活顺畅地切换使用这五个核心技术。	1	2	3	4	5
6. 我是有目的、有方向地在使用这些核心技术。	1	2	3	4	5
识别并强化改变语句					
7. 我可以听出改变语句，即便是在对方讲得比较含蓄时。	1	2	3	4	5
8. 我可以自如地运用反映来回应改变语句。	1	2	3	4	5
引出并强化改变语句					
9. 我可以在持续语句和不和谐中发现改变语句的契机。	1	2	3	4	5
10. 虽然我没有听到改变语句，但我知道如何引出这样的语言来。	1	2	3	4	5
与不和谐共舞，度过不和谐					
11. 面对不和谐，我感到放松。	1	2	3	4	5
12. 我知道如何处理不和谐能让我和当事人不陷于其中。	1	2	3	4	5
制订并修订改变的计划方案					
13. 我知道如何以符合 MI 的方式来制定改变方案，包括如何确保执行意图。	1	2	3	4	5
14. 如果方案不如想的那样顺利，我知道如何以符合 MI 的方式来展开对话。	1	2	3	4	5
巩固并重新确认当事人的承诺					
15. 我知道询问承诺的时机与方式。	1	2	3	4	5
16. 对于改变中的当事人，我知道如何处理他们的矛盾心态。	1	2	3	4	5
在 MI 和其他咨询方法之间切换					
17. 在使用其他的咨询方法时，我一般可以发现使用 MI 的机会。	1	2	3	4	5
18. 我知道如何在秉持 MI 精神的前提下转入其他的咨询方法。	1	2	3	4	5

每项任务下涵盖了 2 个问题，将这两个问题的得分相加，分数写在该任务栏的最右侧位置上。每项任务最低得 2 分，最高得 10 分。说明如下：

- 2 ~ 4 = 信心较低
- 5 ~ 7 = 信心中等
- 8 ~ 10 = 信心较高

如果你在某个（些）任务上信心较低，可以考虑重读本书相应的章节，回顾这方面的内容。如果在九个任务上信心都较低，那么你可以考虑额外参加 MI 的初阶培训，或者寻求培训师的教练式辅导。对于那些中等信心的任务，你可以看看是否其中一道题比另一道题的得分高。如果是，你可能需要特别聚焦在这个任务，回顾学过的内容。当然，寻求培训师的教练式辅导也会让你大有收获。如果你对这九项任务全都信心较高，那恭喜你！当然，可能你也需要问问自己：这个评分是真实地反映了你的 MI 技能呢，还是反映了你期望但尚未达到的情况呢。教练式辅导能有助于你提高，但你也需要确保自己找到的培训师可以在这些入微之处帮助到你。

练习 14.2　MI 的技能表

大家可以使用该表对这些重要的 MI 技术做熟练度方面的自评。请在最符合自己现有水平的一栏［即初级（beginning）或高级（advancing）］内画"√"。如果你觉得自己的技术有时是初级水平，有时又符合高级熟练度的表现，那就请在基础级（emerging）或在初级栏内画"√"，具体就看更符合哪种水平了。另外，提醒大家一下，无论现有的水平如何，咱们都在进步中呢。

	初级熟练度	基础级	高级熟练度
四个基本过程	可以讲明白四个过程，但目前仍停留在不太运用四个过程或者还运用得比较机械		在四个过程间灵活顺畅地转换，更全面、更整合地理解和运用四个过程
开放式问题	问开放式问题更多，问封闭式问题更少		有方向、有目的地提问开放式问题，也能视需要、有计划地运用封闭式问题
肯定	能区分肯定、打气和赞扬；遇到资源提示时，可以给出肯定		自然自发地做肯定，引导当事人觉察自身资源
反映性倾听：反映与提问的比例	1∶1，即一个反映对一个提问		2∶1，即两个反映对一个提问

（续表）

	初级熟练度	基础级	高级熟练度
反映性倾听：深度	主要是表层反映，也有一些深层反映		主要是深层反映，也能视需要、有计划地运用表层反映
反映性倾听：方向性	倾向于跟随当事人，能回应较明显的改变语句		倾向于引导当事人的关注点，能回应含蓄或潜在的改变语句
反映性倾听：持续语句	倾向于表层反映，也有一些深层反映		倾向于深层反映——承认持续语句，同时不会陷入其中，可以带动谈话向中立语句或改变语句发展
摘要	较之前更简短、更具组织性了		言简意赅、有的放矢、具有规划
信息分享	在征求许可和主动给建议之间取得平衡，有时把握不好是否合适分享意见		可以自如地先征求许可再分享意见，但也更注重引出当事人的见解与智慧
改变语句	能区分改变语句和持续语句，能区分预备型语句和行动型语句，能强化各类型的改变语句		能识别并回应含蓄、不明显的改变语句
持续语句/不和谐	能区分持续语句与不和谐；能根据需要运用基本技术做回应；倾向于表层反映，或者又回到了原先（与当事人工作时）的惯用做法上		从容面对持续语句与不和谐，理解这是改变历程的一部分；倾向于深层反映，能将谈话带离持续语句与不和谐；能在持续语句与不和谐之中找到机会回应改变语句
制订改变计划	认识到要使用 MI 的技术，但往往又回到了原先的惯用做法		可以持续稳定地运用 MI 的引导技术和信息分享技术
巩固承诺	倾向于一次性地加强承诺，将"缺乏行动"理解为"（当事人）没有准备好改变"的信号		认识到承诺是一个持续的过程，需要反复确认；将"缺乏行动"理解为"要探索和加强（当事人）承诺"的信号
在 MI 和其他方法之间切换	倾向于各自为战，只当作不同的技术来独立使用，只在某些时刻切换		倾向于将 MI 融入其他的技术中；不是各自为战，而是持续稳定、顺畅灵活地自然切换

　　在实务工作中，MI 精神的各种要素是不太好区分的。因此，这里将 MI 精神视为

一个整体，但我们也鼓励从业者关注谈话时的情感要素，以及思想和态度层面的要素。

	初级熟练度	基础级	高级熟练度
MI 精神	认识到需要合作，但还是倾向于给出专业性的建议（未经许可的劝说）		主动引出当事人的愿望与抱负，鼓励当事人选择适合自己的方法
	能发现并说出当事人的价值，但在当事人做出可能不利于自己或他人的决定时，就不容易支持其自主性了		能传达准确的共情，保持卷入，即便当事人做出了有问题的选择；肯定当事人有能力做改变
	认识到要至诚为人，但在当事人做出高危选择时，可能就难以保持了		在发现当事人的某些选择有危害时，既能始终服务于当事人的最大利益，又能尊重他们的自主性
	可以引出当事人的一些见解，但还是倾向于过快、过早地开始做计划，或者给出备选方案		持续稳定地引出当事人的见解；只在有需要时才给出意见，而且是以符合 MI 的方式给出
	情感卷入，担心自己做的是否正确；对当事人抱有好奇和兴趣，但也急于向前推动谈话；因为总想着"要做 MI"，所以难以全神贯注地投入谈话		情感卷入，放松自如；对当事人抱有好奇和兴趣，对谈话的走向持开放的态度；心平气和，冷静坦然

　　画了"√"的初级部分，可作为你寻求教练和反馈时的最初素材。同时，大家也要用好其他的学习资源：学习社群、高阶训练和 / 或模拟课程。当然，大家随时都可以回顾本书的有关章节，重做相应的练习。如果只看一遍这些学习素材，其实很难物尽其用，研习充分——所以大家重做练习，或许会有不一样的收获。

练习 14.3　找到 MI 的培训师

　　如果你想找一名 MI 的培训师，那么 MINT 是个不错的选择。MINT 提供了培训师的名单，并介绍了每位培训师具体的培训内容，大家可以就近寻找。不过，鉴于远程桌面共享软件的普及，找培训师也不必再以"就近"为原则了。但很关键的一点是，得有条件录制和回放你与当事人的会谈。你和培训师只是讨论一次会谈与你们先一起回听会谈再做讨论相比，效果差异十分巨大。培训过程还可以包括技术的演示和练习。最后提醒大家，也有很多技艺高超的 MI 从业者并未加入 MINT，但他们也是很棒的培训师。

不管你是不是通过 MINT 寻找培训师，以下几点都要谨记在心。优秀的培训师一般都具有三个特质。第一，他们精通 MI，也对 MI 充满热情；他们不但心有学识，身怀技艺，而且还能呈现、演示出来。第二，他们都对自己的学员有高期望。当然，这种高期望不见得合理，但也指引着学员们锐意进取、日新月异。培训师期望我们学无止境，能将自己的技术一直发展、精进下去，他们会给予助推，帮我们更上一层楼。培训师在帮助学员提升技艺时，也应该给出具体、翔实的方法。虽然对于 MI 的运用，学员需要找到自己的感觉和风格，但这并不意味着培训师可以给出模棱两可的指导，让学员依靠这些模糊不清的信息提升倾听技术或者加深反映深度。第三，也是我认为最最重要的一点，即培训师能给予学员有力的支持，他们鼓励学员实践，虽然学员可能对有些技术还做得不够好，但培训师会支持学员循序渐进地掌握这些技艺。而且，培训师始终要从学员的最大利益出发，学员也应该对培训师感到安心放松，二者应该良好契合。如果没有这种安心信任，教学恐怕会走入歧途。例如，学员顾虑重重，一心袒护自己的不足，而非专注反思、精进技术。这倒不是培训师谁比谁好的问题，而是要看谁更适合你的需求、兴趣还有性格特点。最后再补充一句，大家需要知道，随着我们的成长和成熟，有朝一日就不再需要培训师了：可能我们已经掌握了这位培训师所教授的内容，或者只是需要一些更新颖的观点与视角了，又或者我们也已整装待发，做好准备成为他人的培训师了！

大家在寻找自己的培训师时，可以考虑询问下面一些问题。

* 您最早是怎么学 MI 的？
* 您是怎么发展自身技艺的？
* 您接受过哪些督导 / 培训？
* 您觉得，学员应该跟培训师学什么呢？哪些内容是重点？
* 对于 MI 的改变与技术，您怎样保持更新，与时俱进？
* 在您看来，如何可以成为一名出色的培训师呢？
* 在教练 MI 时，您喜欢怎么做？
* 您预期我在培训后会有什么样的表现？
* 在教练 MI 时，您怎样结合录音素材？
* 您在用录音 / 观察素材来教练学员时，会使用哪个编码或反馈系统？
* 您是怎么安全保存这些录音素材的？
* 在教练 MI 时，您一般聚焦在哪些地方？

- 作为培训师，您觉得自己具有哪些优势？
- 在教练 MI 时，哪些时刻或者哪部分工作是您享受的呢？
- 哪类学员和您不好磨合，可能不太适合您？
- 您的培训收费是？

建立动机式访谈的学习社群

　　除了和伙伴一起练习，大家还可以考虑建立一个 MI 的学习社群。作为社群的带领者，最重要的是愿意做建设，愿意努力发展这样的学习小组，所以这个人选也不一定就得是 MI 领域的专家。我们在研究中将此类活动叫作"成为 MI 的倡导者"。鉴于这类学习社群具有多样化的背景，所以有关的建议也很多。采纳这些建议时，大家还需要考虑自身的情况，因地制宜。

成为 MI 的倡导者

　　如果你决心做一名 MI 的倡导者，那就需要提前做些准备来筹建学习小组。第一，你需要知道而且确定，自己热衷于更多地学习 MI、更好地提升技术。你购买了本书，这便说明你已经踏上征程了。第二，请把你的热诚传递给其他人。通过邮件群发信息也许是个好办法，但我们发现这种形式无法与直接联系相比拟，后者才能让对方做出回应与承诺。所以还是给同事们分别打电话或私聊吧，谈谈你成立学习小组的想法，等他们表达出兴趣了，后面你就可以用邮件沟通了。第三，跟感兴趣的伙伴们确认出一个首次会议的时间；跟大家说说你的心意与志向，也征询下大家的意见。开会时，要鼓励列席的各位多了解情况，有问题尽量问，然后再决定是否加入学习小组。要知道，大家第一次来参会并不代表其已经决心加入了，与会者可能只是想了解一下。第四，确定好会议的设置（如时间、地点、频率、议程等），做好相应的记录。第五，请告知各位介绍者会议安排，还有首次会议的时间。如果有的朋友第一次未能出席，只要他们有兴趣，之后的会议也建议继续邀约。

这里再提一些建议，帮助你维护学习社群。首先，随着会议时间的临近，还是要发邮件再提醒一下参会者会议的时间和地点。确保有关素材准备妥当。例如，如果会议中安排了回听录音，那就要确保音频播放设备准备就绪、功能良好，并且也要给成员准备好所需的编码表格；然后准时开始会议，并按时结束，同时要保证学习小组按部就班地开展活动。这并不是说要你掌控会议，而是希望成员均有所收获，觉得花时间参加这个活动有意义、有成长。如果会议跑题，参会者立刻就会觉得没意思，不想参加了。所以再次提醒大家，MI 的倡导者不一定就是 MI 的专家，只要他们有热情也愿意带领学习小组活动即可。倡导者的角色在于促进小组成员们相互帮助，彼此支持，避免误解。

MI 学习小组的结构化安排

关于如何结构化安排 MI 学习小组，MINT 的培训师们也给出了一些建议。

◎ 定期开展会议

成立学习小组的初衷在于促进成员们的 MI 技艺，所以开会时，别把时间浪费在事无巨细的事务性安排或类似的议题讨论上。如果可以，每月开两次会，每次一小时。如果频率再低，恐怕不利于维持小组的能量与凝聚力。每周一次例会，对于很多工作单位来说可能并不现实，成员们也会觉得负担过重。

◎ 会议既有议程，又灵活展开

与会者如果能提前了解会议的议程，那么开会讨论时可能更具有建设性。

第一种方式：你可以参考本书制定议程，每次会议就对应某一章的内容，而成员则需要提前读完该章。这样安排可以让大家按顺序学习 MI 的技术。

第二种方式：小组也可以基于米勒和莫耶斯的八大学习任务安排活动。成员们先聚焦一个阶段（一项任务），等大家感觉可以胜任了，再进入下一个阶段（任务）。

第三种方式：小组还可以在初次会议时使用其他的 MI 文献素材。成员们可以探讨感兴趣的话题，并为下次会议选出一个主题。现在 MI 的书籍和文章大量涌现，这些都可以从 MI 的相关网站上查询到，选择性地阅读。如果大家对 MI 领域的研究很感兴趣，可以在会议的开始部分或结束部分设立一个 20 分钟的"文献俱乐部"活动，或者设为会议的延长部分也可以。这些期刊文献可以在 MINT 的网站上查找到。《MINT

快报》也能提供有关 MI 的最新观点和最新动向，所以也是一个很好的参考资源。

◎ 注重练习与实践

大家可以考虑使用本书中的这些练习或类似的一些形式作为学习小组的初阶训练内容。大家可以先来讨论这些练习，说说经验与窍门：怎么能做好？会遇到什么困难？怎么精进技术，越做越好？大家也可以使用其他的一些资源，如模拟会谈视频评估的素材来安排小组活动。

◎ 回看专家演示的 MI 视频录像

这类资源都是免费的。MINT 的网站上有这类素材，YouTube 上也方便查到。但提醒大家注意，这类技术演示的水平也参差不齐——所以你在 YouTube 上找到的资料也不见得就是很棒的 MI 演示。不过，这些不同水平的演示也让我们提升了分辨力，能更好地区分出哪些是优秀的 MI 工作，而哪些差强人意。

◎ 对视频录像进行编码

对于录像 / 录音素材，大家别只是看一看、听一听而已，还需要使用结构化的工具进行编码。这些工具可以帮助我们聚焦在具体的技术上，关注对话中的特定部分，更加敏锐。编码系统的解析度也有区别，可以是基础性的，也可以是精细度更高的系统。例如以下这些情况：

- 数出提问与反映的个数；
- 对 OARS 进行编码；
- 对反映的深度（"表层"对"深层"）进行编码；
- 数出当事人改变语句的个数，记录这些语句出现之前发生了什么；
- 在会谈中追踪当事人的改变准备度，及其准备度发生变化的关键时刻。

这类编码表可从 MINT 的网站获得。例如，动机式访谈评估 - 提升熟练度的督导工具包（Motivational Interviewing Assessment-Supervisory Tools for Enhancing Proficiency，MIA-STEP）就是一个版权公开的编码系统。小组成员可以使用同一张编码表，然后对比各自的编码结果；或者针对会谈中的不同部分使用不同的表格来编码。

◎ 回听自己的录音

回听你们自己或者别人的 MI 会谈录音，然后大家再一起讨论，这是非常重要的学习环节。有些人可能从没有过这样的经历——被别人公开评价自己的工作，即使在他们的从业训练中也从来没有这样的环节——那安排这种活动可能就比较困难了。但这一环节毕竟极具效果，非常有助于大家学习和提升技术，所以这里也给出一些建议，帮助大家处理可能的不适感。第一，如果成员们不习惯这种活动，那就不要安排了，还是优先让小组成员们建立凝聚感、增进信任，安排一些大家曾讨论且达成共识的活动更为合适。第二，你作为 MI 的倡导者，可以带个头，让大家先听你的会谈录音。第三，在回听录音时，大家任务明确，都知道自己要听什么、关注什么。第四，大家在讨论录音时，一定以提交录音的从业者为中心，问问他的看法：哪里做很不错，哪里觉得可以调整一些或者多做一些，然后再邀请其他成员发言，之后你再给出反馈。第五，还要提醒大家：我们这是在学习，不是在追求完美。从业者在收到反馈时，往往都有被冲击感，比较脆弱，所以你给的反馈虽然需要实事求是、实话实说，但也应该兼顾支持性。

关于录音，还有一些事情需要考虑到。从业者要有一台录音设备，便携式的数码录音设备就很好用，而且价格都不高。虽然大家也可以用智能手机录音，但往往音质欠佳，而且把当事人的资料存放在自己的私人手机里是存在一定风险的。总之，音质好的录音素材会更有助于我们学习 MI。另外，还要设定好成员们轮流展示录音的顺序和时间表，这样方便大家准备素材。在每次会议上，成员们回听并讨论一次会谈的录音素材，而且只截取一段 20 分钟的录音片段作素材就足够了。最后提醒大家，如果从业者需要使用这样的录音素材，务必还要获得当事人的书面同意。知情同意书中要说明如何使用录音，什么人会听到，会在什么时间以及怎样销毁录音，以及是否跟听录音的人签订了保密协议。

米勒对回听录音给出了一些重要的建议。从业者在介绍录音背景时，应说明目标行为是什么（或是哪些）。如果不提供这些信息，听者就没办法识别改变语句了，因为改变语句是基于具体目标的。大家在讨论录音时，还应该讨论会谈有没有符合 MI 的精神和方法，以及具体都是怎么体现的。同样的道理，讨论时也应以提供录音的从业者为中心，请他先发表看法。小组成员之间可以互相提问："如果要让会谈更符合 MI 一些，我们还可以怎么做调整？"

◎ 就困难个案进行磋商

请成员们提供自己的困难个案，大家集思广益，共同磋商，探讨怎样运用 MI 与这样的来访者工作。有时也可以进行角色扮演，请一位成员扮演较难工作的来访者，这样可能更有助于个案磋商。

◎ 考虑进一步的培训

现在，MI 的培训师们可以更多地提供远程教学了。形式上可以是电话会议，或者是视频电话，由 MI 培训师就某一特定领域进行教学。学习小组可以提前准备，告知培训师大家希望解决什么问题，以及如何进行、如何呈现。

◎ 会议结束时的安排

会议结束前，一定要留出一点时间来确认下次会议的时间、相关议题以及主持该议题的人；然后发邮件提醒大家，就算大家都很重视这个活动，多设个提醒也是有必要的，特别是要提醒那些有任务的人（如轮到分享案例录音的人）。如果是每月一次例会的话，MI 的倡导者可以在月中发邮件提醒大家。

其实还有一些情况需要考虑。如果你的工作单位规模太小，人员不足以组建 MI 学习小组，那你可以考虑加入当地的其他 MI 小组。如果你是个人执业，那也可以联络本地的其他从业者，问问他们是否有兴趣参加这种小组活动。请考虑好学习小组的设置：是有时间限制的，还是开放性的；对参加者是来者不拒，还是有一定的预期要求。先讨论好这些内容，之后会避免很多麻烦。最后再强调一点——学习越快乐，越开心，你也就越想学——虽然这是四岁小孩都懂的道理，但我们还是要提醒自己。所以，我们的学习小组一定要办得开开心心，让大家怡然自得！

Building Motivational Interviewing Skills: A Practitioner Workbook (Second Edition)

《动机式访谈手册》术语简表

第一部分

第一章

Motivational interviewing（MI） 动机式访谈

Practitioner 从业者

Client 当事人

MI-3 《动机式访谈法》第三版

Engaging 导进 / 参与

Focusing 聚焦

Evoking 唤出

Planning 计划

Deliberate practice 刻意练习

Prevention Research Institute（PRI） 成瘾预防研究所

Implementation science 执行科学

Motivational Interviewing Network of Trainers（MINT） 动机式访谈培训师网络

第二章

Asking 提问

Listening 倾听

Informing 告知

Directing 指导

Following 跟随

Guiding 引导

Readiness to Change 改变准备度

Transtheoretical model 改变的跨理论取向

模型

Ambivalence 矛盾心态

Righting reflex 翻正反射

Push back 往回推 / 反抗

Resistance 阻抗

Discord 不和谐

Person-centered counseling 以人为中心的咨询

Client-centered 当事人中心

Partnership 合作

Acceptance 接纳

Compassion 至诚为人

Evocation 唤出

Absolute worth 绝对价值

Autonomy 自主性

Accurate empathy 准确共情

Affirmation 肯定

Open-ended questions 开放式问题

Reflective listening 反映性倾听

Summary 摘要

Information exchange 信息交换

Change talk 改变语句

Sustain talk 持续语句

Discrepancy 差距

Self-evaluative process 自我评价的过程

Confrontation 面质

第三章

Processes of change　改变过程

第二部分

Disengagement　脱离 / 不参与

第四章

MI coding systems　MI 编码系统

Depth　深度

Direction　方向性

Overstatement　夸大陈述

Amplified reflection　放大式反映

Counterargument　抗辩反驳

Understatement　保守陈述

Leading　引领

Continuing the paragraph　接续语段

Double-sided reflection　双面式反映

Simple reflection　简单反映

Coherent narrative　连贯叙事

第五章

Open-ended statements　开放式陈述

Rhetorical questions　反问句

MI Treatment Integrity coding system (MITI 4.1)　《动机式访谈治疗忠实度编码手册》

Key question　关键问题

Compliments　赞扬

"I" statement　"我"字陈述

Self-affirmation theory　自我肯定理论

Envision　预想

Cheerleading　打气

Collecting summary　汇集性摘要

Linking summary　连接性摘要

Transitional summary　过渡性摘要

Video Assessment of Simulated Encounters-Revised（VASE-R）　修订版模拟会谈视频评估

Defensive bias　防御偏差

第六章

Values card sort（VCS）　价值卡片分类

Inner imaginal experience　内在意象体验

Integrity　一致性

Screening, Brief Intervention, and Referral for Treatment (SBIRT)　筛查、短期干预及转介治疗

Future timeline　未来的时间线

第三部分

Finish-line focus　终点线焦点

第七章

General goals　总体目标

Specific goals　具体目标

Refocusing　重新聚焦

Agenda continuum　议题连续体

Known agenda　议题已知

Agenda mapping　议题规划

Orienting　定向

Normalize　正常化

Persuasion-without-permission　未经许可的劝说

Agenda setting　议题设定

第八章

Self-perception theory　自我知觉理论

Elicit-provide-elicit（E-P-E）　引出 – 提供 – 引出

Ask-provide-ask　征询 – 提供 – 征询

Chunk-check-chunk　组块－核对－组块

Persuading　劝说

Persuading with permission　经许可的劝说

Influencing with permission　经许可的影响

MI coder　MI 编码员

第四部分

Neutral talk　中立语句

第九章

Preparatory language　预备型改变语句

Mobilizing language　行动型改变语句

Desire　愿望

Ability　能力

Reason　理由

Need　需要

Commitment　承诺

Activation　启动

Taking steps　采取步骤

DARN　愿望、能力、理由和需要

Self-efficacy　自我效能

Commitment talk　承诺语句

Self-competence　自我胜任

Self-derogation　自我贬抑

Fundamental attribution error　基本归因谬误

Correspondence bias　符合偏差

Overattribution effect　过度归因效应

Nonadherence　不遵医嘱／不依从

Kinesthetic activity　动觉型活动

Readiness for treatment　治疗的准备度

Adherence talk　依从语句

第十章

Evocative questions　唤出式问题

Elaboration　详细展开

Using extremes　询问极致

Looking back　回顾过去

Looking forward　展望未来

Exploring goals　探索目标

Assessment feedback　评估反馈

Readiness rulers　准备尺

Scaling question　量尺问句

Value-driven behavior change　价值驱动的行为改变

Reverse psychology　逆反心理

第十一章

Shifting focus　转换焦点

Recognizing personal choice and control　提醒个人选择与个人控制

Reframing　重构

Agreement with a twist　稍作更动后同意

Siding with the negative　顺着消极立场

"Bank shot" reflections　"翻袋式"反映

第五部分

Signs of readiness　"准备好了"的信号

Resolve　决定／解决

第十二章

Recapitulation　概括重温

Pregnant pause　意味深长的停顿

Uncluttered mind　无念

Matching Alcoholism Treatment to Client Heterogeneity（MATCH）　匹配当事人异质性的酒瘾治疗

Target behavior　目标行为

第十三章

Set goals　设定目标

Sort Options　方法选项

Arrive at a plan　形成计划

Reaffirm and strengthen commitment　再次确认并加强承诺

Support change　支持改变

Goal specificity　目标的具体性

Goal desirability　目标的合意性

Goal feasibility　目标的可行性

Goal-striving behavior　追求目标的行为

Implementation intention　执行意图

Setting the alarm　设闹铃

Replanning　重新计划

Reminding　重新回忆

Refocusing　重新聚焦

Reengaging　重新导进

第六部分
第十四章

Proficiency　熟练度

Motivational interviewing simulator programs　动机式访谈模拟课程

Implicit guideline　内隐规则

Feedback and coaching　反馈与教练

MI "champion activity"　MI 的"倡导者活动"

Motivational Interviewing Supervision and Training Scale（MISTS）　动机式访谈督导与培训量表

Yale Adherence Competence Scale（YACS）　耶鲁依从性胜任力量表

附录

The MINT bulletin　《MINT 快报》

Motivational Interviewing Assessment-Supervisory Tools for Enhancing Proficiency (MIA-STEP)　动机式访谈评估－提升熟练度的督导工具包

Building Motivational Interviewing Skills:
A Practitioner Workbook
(Second Edition) | 译者后记

　　作为助人者，我们都深谙助人工作的原则——贴近来访者（或称当事人[1]）展开工作，让来访者感到安全，建立并维持融洽的咨询关系，寻找可以一起合作的方向与目标，形成良好的工作联盟，细心倾听、深入共情、恰当地提问、适时地总结（摘要），让来访者尽可能地多参与，保持谈话的交互性，觉察和处理来访者的阻抗，关注和加强他们的改变动机，帮助他们制订计划并将改变落实到行动上……那么，我们具体要做什么？在什么时候做？又要怎么做呢？

　　大卫·罗森格伦博士的这本书便为我们传授了这方面的方法与经验，而且难能可贵的是，这本书不是只停留在让助人者"知道和了解这些"，而是更着重于培养相应的技能——帮助我们"做到这些"！

　　可以说，本书旨在帮助咨询师在咨询室内与来访者展开真诚的交谈，既能在会谈中融入助人技术，又能做到"润物细无声"，让人与人的自然沟通成为咨询会谈的必要元素，将人际功能发挥到最大。这些也正是 MI 所追求的目标。

　　在从事助人工作时，心理咨询师会兼顾共同因素与特定的治疗成分。前者是指大部分疗法都会涉及的个人或人际要素，一般包括良好的工作联盟（即在关系、目标与方法上咨访双方一致且同步）、真诚接纳与表达共情以及灌注乐观与希望；后者则是指循证干预方案中具有的技术成分，如自我监测、认知重构以及自信决断表达技能等。现在，越来越多的研究证据支持共同因素对于咨询（治疗）成效具有巨大贡献。而 MI 恰恰是共同因素实操化的集大成者，作为一种循证的实务方法，MI 从培训到实践都体现了共同因素的影响。

　　那么，什么是 MI 呢？MI 是一种注重合作与引导的谈话方式，用于强化个体的内部动机与改变决心。MI 最早是针对酗酒及其他物质使用障碍而开发的，尝试解决来访者无治疗动机或抗拒治疗等问题，经过 30 多年的实证研究，MI 已被证明是一种有效的、循证的、一线的干预方法，有助于来访者做出积极健康的行为改变，而且该方法的应用领域也更加广泛，涵盖了成瘾问题、健康医疗（如遵医嘱行为）、心理治疗与咨询、企业管理、司法矫治、运动员培养以及文化教育等领域。

　　我在学习运用认知行为疗法（CBT）干预人格障碍时与 MI 结缘。我很幸运，能跟随王建平教授学习 CBT 多年，耳濡目染，有机会细心体会和反思"如何贴近来访者工作""如何灵活

---

[1]　全书正文使用了"当事人"这一措辞，因为 MI 的应用领域广泛，包括但不限于心理健康领域。

地使用技术""怎样做引导发现",并且我颇为留意这方面的积累,也始终记得老师的叮嘱"一定要打好人本的基础"。尤其当我接触到人格障碍时,这种体会就更为强烈了,这也促使我回过头来全面回顾自己在人本受训上的不足,更深入地理解人际因素,体会人际历程,而且不只是"知道和明白",还要"做到"。正是抱着这种渴求,我初识并学习了 MI,还特别幸运地读到了罗森格伦博士的首版《动机式访谈手册》(于 2009 年出版)。MI 之于我,恰如久旱逢甘霖,当我拿着 CBT 的概念化"航海图",装备上认知与行为的技术时,我也更懂得了注视自己的旅伴(来访者),倾听他们的想法与见解,学习他们的智慧与经验,我发现我原有的航船知识与技能(CBT)反而运用起来更加得心应手,也更加高效了——我想,这可能是因为自己终于懂得了合作,在心中和行动上都有了同行者,所以,真正的同行开始了。

《动机式访谈手册》英文版第二版于 2017 年问世,我再次阅读此书,温故而知新,收获仍然巨大。罗森格伦博士在安排学习素材上,一如既往地精彩巧妙,就连 MI 的基本概念,他都特意编写了非常棒的判断题,读者如果"觉得自己明白了",那一定要在这些题目上闯闯关:题目设计得深入浅出,非常有助于学习者对 MI 概念和原理的准确理解。同样,在 MI 核心技术的教学上,这本书更加独具匠心,无论是情景带入、角色扮演还是使用现实中的素材进行练习,全书都十分着重细节,给出详细的反馈,而且配套练习可以让学习者循序渐进地从书本到试练,再从试练到实际操作,逐渐养成扎实且灵活的 MI 技艺——这种安排本身也符合刻意练习模型。所以,全球的读者群体,无论是 MI 的初学者、咨询师、培训师还是督导师,都对罗森格伦博士这本著作推崇有加,而且这种普遍的好评也从第一版延续到了第二版。

当然,我在翻译本书时也遇到了很多挑战。首先,MI 经历了三次体系更新,很多概念与技术都进行了更新,甚至连基本框架都做了调整。译者如何理解 MI 的变化,承接 MI 自身的传统与发展,这本身就会影响全书的翻译质量。其次,MI 术语的汉化问题。除了上述体系更新带来了新术语外,MI 传统术语的汉化翻译也不统一。以"engagement"这个词为例,香港地区和内地翻译成"导进",台湾地区学者翻译成"融入",美国学者翻译成"参与"。最后,MI 非常关注会谈中的语言内容,在咨询师的训练与实操中,分辨率高到需要他们着重听(倾听)或说(回应)哪类话、哪句话、一句话里的哪半句话,甚至是哪个词(如使用连词"and"还是"but")。而语言又具有文化的特异性,英汉差异自不必说,就算同是汉语,南方话与北方话有时也差异显著,假如翻译时不考量英汉的语言习惯,忽略推敲案例中不同背景的来访者在汉语口语上的细微差异,那么罗森格伦博士细心挑选的案例素材便会大打折扣,倘若书里翻译出的对话严重偏离了日常口语,是大家在咨询会谈时不可能听到的形式,那阅读本书的读者又何谈聚焦语言,提升自己的敏感性呢?

综上,我尽力呈现汉语口语化的对话,在忠实原文的基础上,翻译成我们日常"听得到"的语言。同时,我对比了 MI 新旧体系的异同,在翻译时做到新内容新译,旧内容查文献,找参考,再根据术语的内涵,最终确定合适内地语言的措辞。例如,"engagement"这个术语,我最终选择了"导进"这个译法,偶尔可能根据上下文调整为"参与",因为 MI 强调 engagement 是"咨询师主动创造条件,从而使来访者**参与**进来",也就是说咨询师不能被动等待,想当然地觉得来访者自然而然就会**参与**进来。咨询师需要主动地创造这样的氛围与环境，所以"**导进**"更突出咨询师的这种主动性。基于这样的考虑，我采用了现有翻译。我在确定 MI 术语的中文翻译时，不但得到了王建平教授的指导，也咨询过谢东教授，同时我也查阅了许多中文翻译资料，所以在此也要特别感谢 MI 汉化领域的先行者们，虽然还未谋面，但这些学者也是我的老师，他们包括但不限于郭道寰老师、江嘉伟老师。

我个人的成长与学习，离不开王建平教授的帮助与指导，无论是翻译这本书，还是作为一名心理咨询师的实践与进步，感恩之情无以言表。王老师治学严谨、专注勤奋，这些品质一直激励着我，我也特别荣幸加入了老师的 CBT 助教团队，成为其中的一员。我现在仍然记得那个时刻，就好像一名足球运动员被国家队征招，被最好的俱乐部选中加盟一样，荣幸与激动历历在目，唯有继续努力才能不辱使命。另外，我还要感谢梁宝勇教授、贾晓波教授以及贾凌云老师在工作和生活上给我的帮助，还有人民邮电出版社普华文化柳小红编辑的支持。当然，还要再次感谢罗森格伦博士本人，感谢他为中文版特别作序，感谢他的这部好书，该书意义非凡！

最后感谢大家阅读本书的中文版，翻译上的不尽之处，还请各位同仁、各位老师不吝指正。我的邮箱是：101407748@qq.com。

再次感谢大家！

辛挺翔

2020 年 7 月 1 日于天津

80个表格

价值卡片